日本甲冑圖鑑

三浦一郎 著

永都康之 繪　王書銘 譯

作者

三浦一郎

甲冑研究家。1958 年生於名古屋。1977 年愛知縣立名古屋養護學校高等科畢業。監修過的特別展覽包括 1988 年岐阜縣岩村町立歷史資料館「武田信玄與岩村城」、1990 年愛知縣蟹江町立歷史民族資料館「甲冑展－蟹江城的時代－」、1995 年岐阜縣岩村町立歷史資料館「中近世甲冑」等。同年設立「尾州甲友會」。於 1997 年岩崎城歷史記念館的特別展覽「日本的甲冑－岩崎城的時代－」中負責「從胴丸到當世具足之變遷」的綜合解說。2007年出版《復甦的武田軍團－武具與武裝－》（暫譯）。現任日本甲冑武具研究保存會評議員。

個人網站：katchu.com

繪者

永都康之

日本畫家。1956 年生於名古屋。1983 年愛知縣立藝術大學畢業，同年以作品《愛好》初次入選日本美術院展。在學期間師事片岡球子。1985 年同校研究所修畢。同年參加愛知藝大「法隆寺壁畫摹寫」。摹寫技巧師事田中穰。1986 年至 1991 年擔任愛知藝大兼任助教，並參與「法隆寺飛天」、「名古屋城復元摹寫」等工作直到 2004 年。自第一回愛松會（松坂屋）以後，多次參加團體作品展覽。1999 年於東武池袋本館舉辦初次個展，後於近鐵四日市分館等處舉辦個展。2005 年由三浦一郎監修、奉納「勝賴公像」呈獻淺間大社。現為日本美術院院友，繪畫研究會、四日市中日文化中心、Irinaka文化中心講師。

譯者

王書銘

輔仁大學日文研究所肄業。翻譯作品《召喚師》、《魔法的十五堂課》、《圖解鍊金術》、《圖解近身武器》、《圖解太空船》、《圖解魔法知識》、《圖解克蘇魯神話》、《圖解吸血鬼》、《圖解陰陽師》、《圖解吸血鬼》、《圖解北歐神話》、《圖解天國與地獄》、《圖解火神與火精靈》、《圖解魔導書》、《中世紀歐洲武術大全》、《凱爾特神話事典》、《日本甲冑圖鑑》等書。

前言

　　一般來說，甲冑的「甲」是指鎧甲，而「冑」則是指頭盔，不過有時也會以「甲」指稱頭盔。製作甲冑的職人工匠稱為甲冑師或鎧師。由於日本屬於島國，甲冑的樣貌固然會受他國影響，但經過不斷演變，卻也衍生出日本獨特的形式，並且與刀劍、火器等攻擊武器相互影響。中世以降，武士階級更是擁有裝飾各異的私人甲冑；相對於其他國家將甲冑視為公有財，日本的私人甲冑文化可謂極為特殊，而日本人也從此漸漸開始追求所謂「戰場上的美學」。

　　筆者對甲冑的興趣萌生自小學三年級，當時我對父親人偶店裡的甲冑深深著迷，這個契機便促使我踏上研究甲冑的道路。

　　可惜當時甲冑的相關書籍艱澀難懂，非筆者所能理解。於是筆者遂師從已故甲冑師佐藤敏夫，長年以來承蒙恩師傳授甲冑相關知識。恩師屢屢直接取實物講解甲冑各部位，非常容易理解，於是筆者遂將這種易於理解的指導模式用在書中的解說。

　　本書採圖鑑的形式，以日本畫家永都康之五百餘幅的圖畫為基礎，再加上筆者的說明。即便是平時不易觀察的部位，本書都有特別精細的描繪，因此筆者相信，透過這本書，絕對能讓讀者深入淺出地認識甲冑。無論是對甲冑或日本史感興趣的讀者，筆者皆由衷期盼您能一窺這本書。

三浦一郎

日本甲冑圖鑑 ● 目次

第二章　甲冑的構造　187

小札

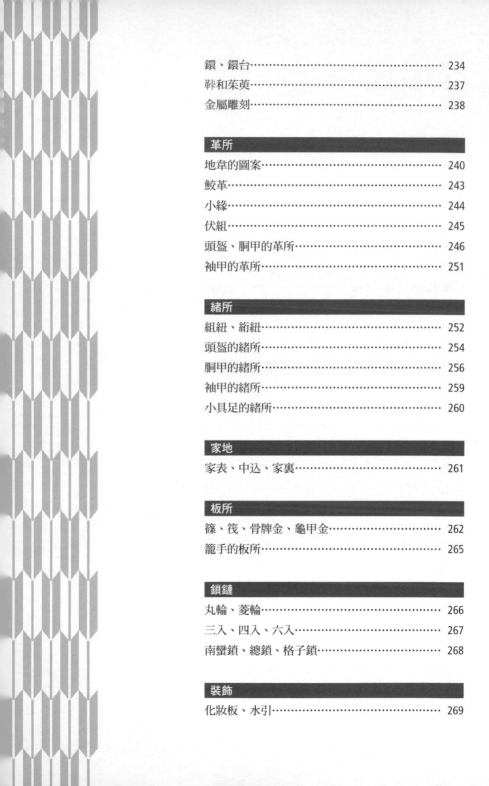

閱讀之前：
補充注釋集中
於P.492~498。

■ 短甲武人埴輪 ①
從排列在古墳上的埴
輪，可以看出短甲的
著裝方式。

日本甲冑速寫

古墳時代～奈良時代

源於彌生時代的日本甲冑，在進入
古墳時代以後，發展成短甲、掛甲
等鎧甲部位，以及眉庇付冑、衝角
付冑等冑部位。

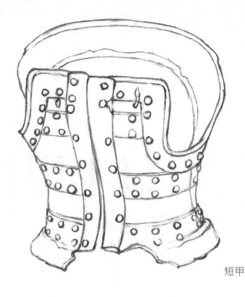

甲

短甲

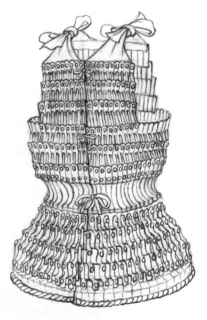

胴丸式掛甲

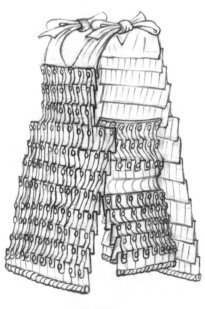

襠襠式掛甲

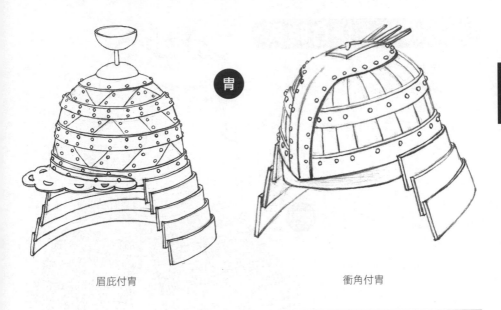

冑

眉庇付冑

衝角付冑

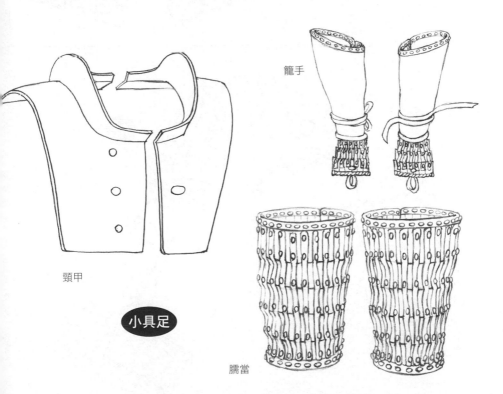

籠手

頸甲

小具足

臑當

平安時代～鎌倉時代

平安時代末期，武士間的殺戮越發激烈，大鎧亦隨著星兜應運而生。當時的戰鬥是以騎射戰為主，是故大鎧均附有防禦弓箭的大袖。但為了拉弓方便，武士右手並不穿戴籠手，只有左手配戴。

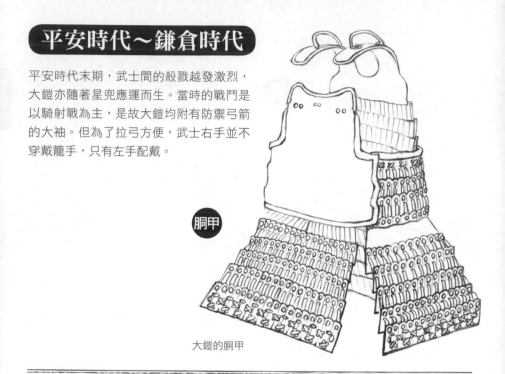

胴甲

大鎧的胴甲

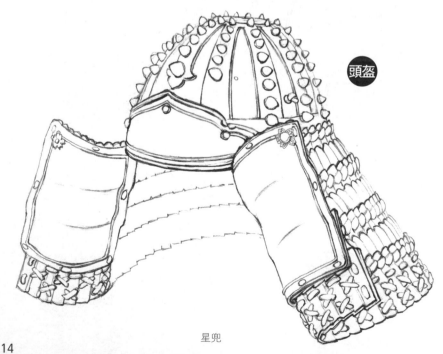

頭盔

星兜

14

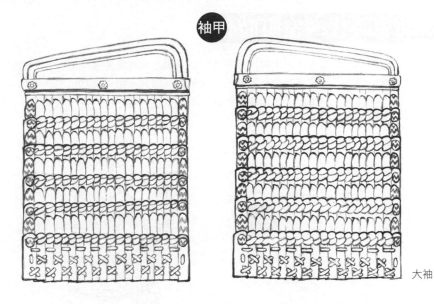

袖甲

大袖

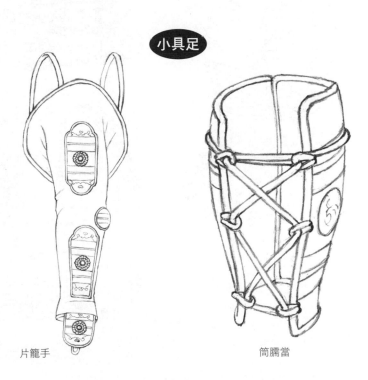

小具足

片籠手　　　　　　　　　筒臑當

鎌倉時代

15

南北朝時代～室町時代

進入動亂的南北朝時代以後，武士開始需要進行徒步戰，因此逐漸採用適於步行的胴丸。再者，為抵禦太刀等當時的劈砍武器，頭盔的錏（護頸）變得寬如斗笠，袖甲也以方便手臂活動的寬袖為主流。到了室町時代，突盔形兜、頭形兜、桃形兜問世，就連低階士卒也開始穿戴腹卷、腹當。

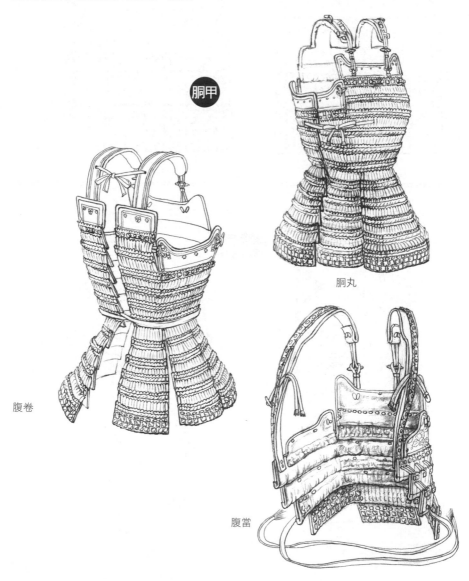

胴甲

胴丸

腹卷

腹當

16

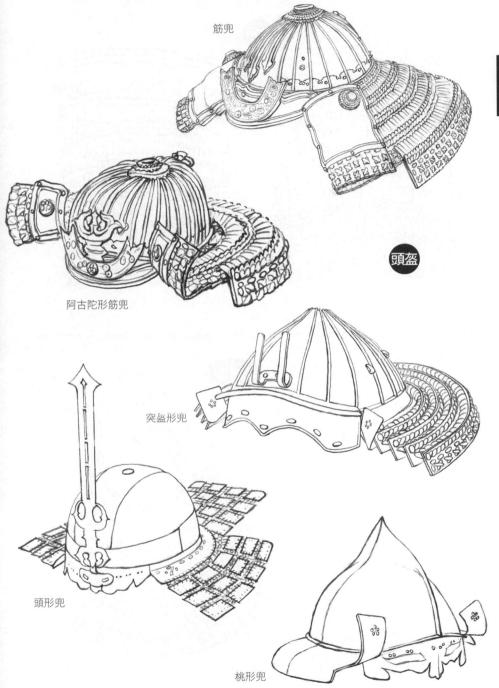

筋兜

頭盔

阿古陀形筋兜

突盔形兜

頭形兜

桃形兜

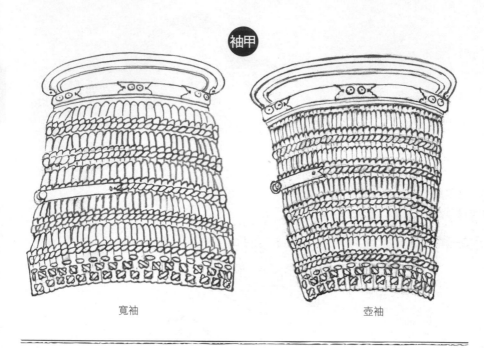

袖甲

寬袖

壺袖

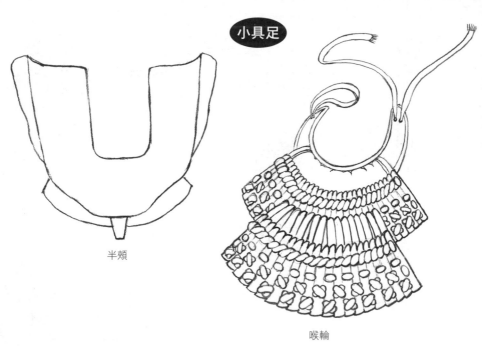

小具足

半頰

喉輪

18

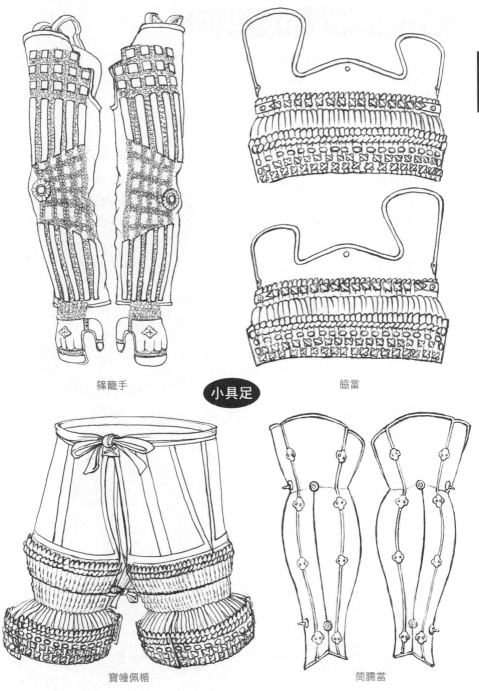

篠籠手

小具足

脇當

寶幢佩楯

筒臑當

安土桃山時代～江戶時代

日本逐漸走過戰國時代的動亂，天下一統的曙光乍現。這個時期，又有改良自舊有頭盔的日根野頭形兜、越中頭形兜等頭盔問世。為了在戰場上顯得更加顯眼，亦有武士開始使用總髮形兜或野郎形兜等風格特異的頭盔。另一方面，胴甲則是從室町時代的胴丸開始逐漸衍化，形成機能性極佳的當世具足，還備齊了袖甲與籠手等部件。

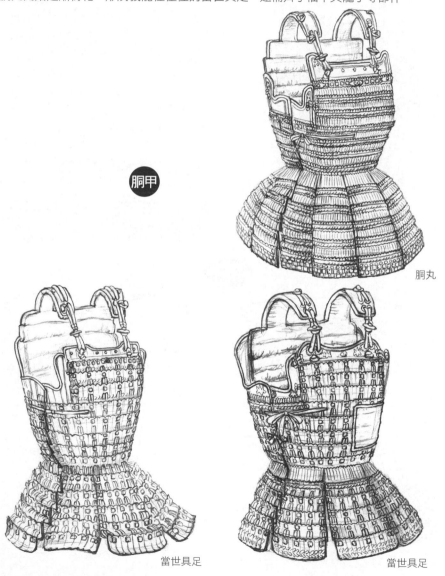

胴甲

胴丸

當世具足

當世具足

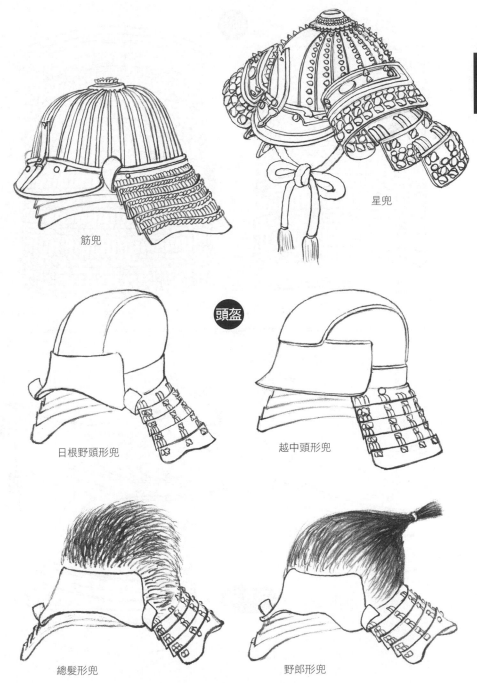

筋兜

星兜

頭盔

日根野頭形兜

越中頭形兜

總髮形兜

野郎形兜

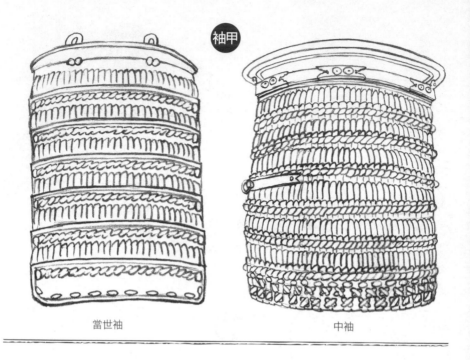

袖甲

當世袖

中袖

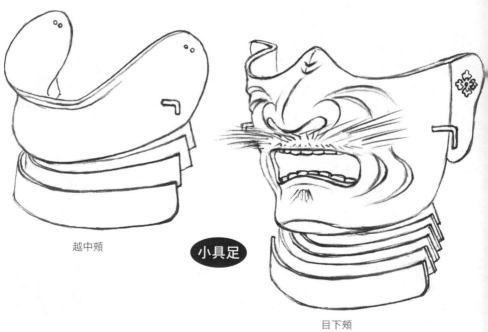

越中頰

小具足

目下頰

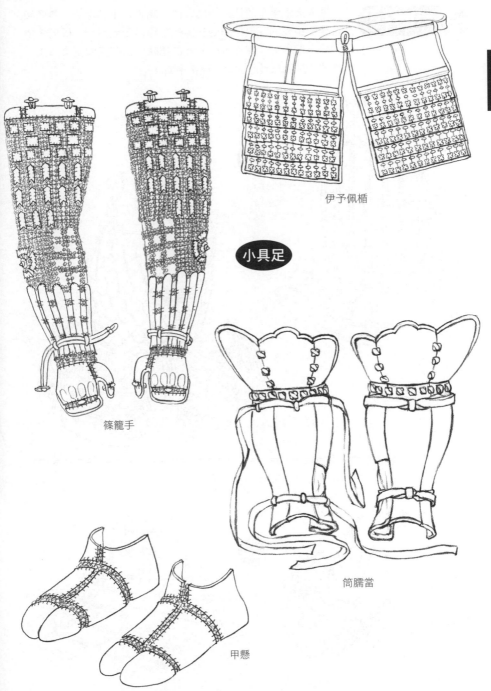

伊予佩楯

小具足

篠籠手

筒臑當

甲懸

23

江戶時代

進入天下承平的江戶時代以後，為應付不時之需，疊兜和疊胴組成的疊具足因便於攜帶，相當受到重視。同時，出於緬懷平安、鐮倉時代的懷古趣味，人們又開始製作以大鎧、星兜為模版的復古風格甲冑。

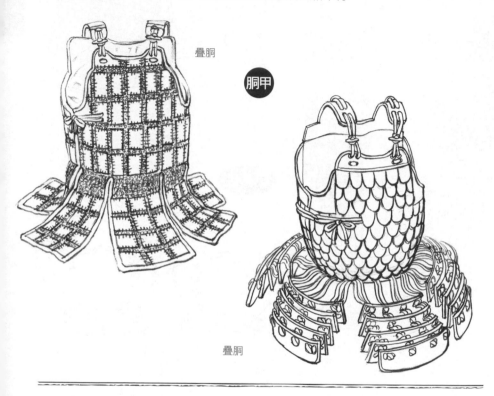

疊胴

胴甲

疊胴

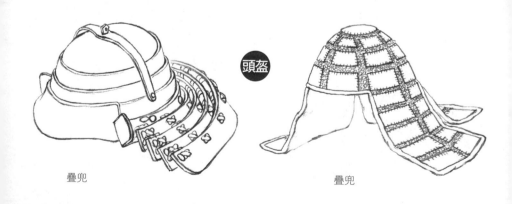

頭盔

疊兜

疊兜

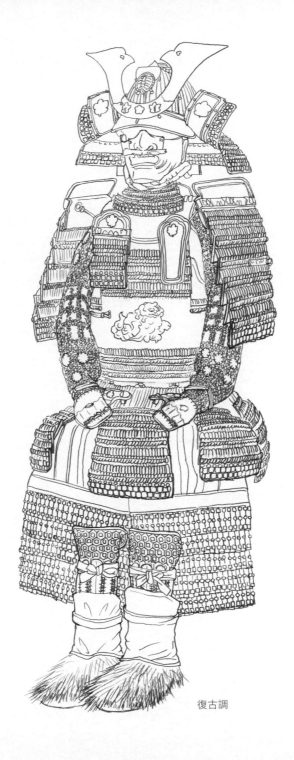

復古調

第一章

甲冑的歷史

　　日本的甲冑誕生於彌生時代。因為稻作的興起，人們開始為土地發生糾紛，甲冑遂作為「戰鬥中用來保護身體的武具」而誕生。

　　彌生時代以後，爭端仍不止息，從此甲冑遂隨著時代不斷變化，從古代使用的短甲、掛甲、綿甲冑，到中世武家政權時代使用的大鎧、胴丸、胴丸鎧、腹卷、腹當，一直不斷演變成近世的當世具足。

　　本章將從時代背景出發，檢視甲冑的變遷。

祭祀用木製短甲

　　日本甲冑之起源可溯及彌生時代。靜岡縣浜松市的伊場遺跡曾有木甲出土，研判其為彌生時代的文物。這種甲叫作「短甲」，一般認為是板甲的原型。所謂「板甲」，就是利用繩索或鉚釘將一塊塊的板材組裝、製成的堅固胴甲，屬於完全沒有伸展性、不利彎曲的立胴式鎧甲。雖說短甲在進入古墳時代以後，曾被使用於徒步戰（不騎乘馬匹的徒步戰鬥），不過彌生時代的短甲多是木材或皮革（以牛皮等鞣製成的鞣革）材質，再根據其造型特徵判斷，學者認為這些短甲應是以祭祀為目的，而非戰鬥用途。

伊場遺跡出土的木製短甲

　　伊場遺跡是個橫跨繩文到室町時代的複合式遺跡，其中屬於彌生時代的地層有柳木材質的立胴短甲出土，應為當時的短甲。出土的短甲僅有右前胸至側腹的片段以及後背的左半部。該短甲整面布滿雕刻，並以紅漆作底、用黑漆勾勒出線條。附圖雖然看不出來，但文物的後胴是利用繩索穿過左側的小孔，與前胴組裝穿戴，故應為板甲之原型。不過從其極富裝飾性的造型看來，這短甲恐怕並非後世那種用於戰鬥的板甲，而是屬於某種儀式用的道具。

■ 後胴
應為後胴的左半部。雖然在附圖中看不出來，但塗上黑漆的左側有 1 排小孔，應該是用來穿繩，跟前胴固定在一起。

■ 前胴
研判應為前胴從右胸包覆至側腹的部位。

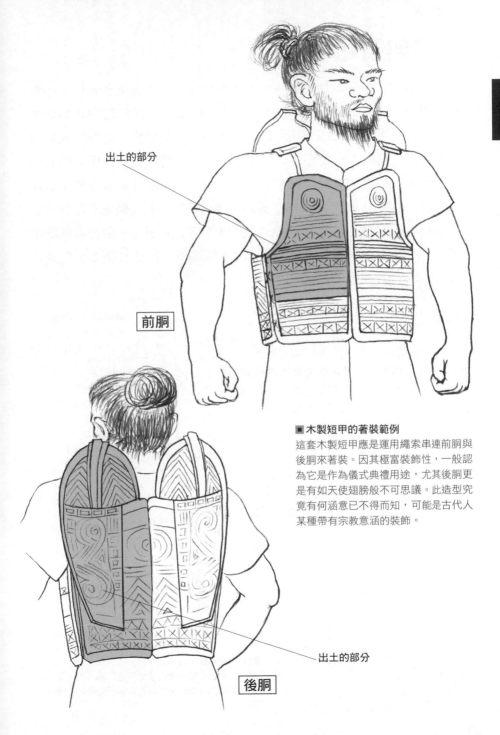

出土的部分

前胴

後胴

出土的部分

■ 木製短甲的著裝範例

這套木製短甲應是運用繩索串連前胴與後胴來著裝。因其極富裝飾性，一般認為它是作為儀式典禮用途，尤其後胴更是有如天使翅膀般不可思議。此造型究竟有何涵意已不得而知，可能是古代人某種帶有宗教意涵的裝飾。

短甲與掛甲

　　三到四世紀的日本為古墳時代，各地豪族為爭奪領地和權柄，不斷展開戰事，「古墳」便是他們為炫耀權威而建造的。我們從中找到許多深受亞洲大陸影響的文物，其中當然也包括古代的甲冑。這個時代的甲冑主要有兩大特徵：一是短甲改為鐵製材質，二是名為「掛甲」的新形式甲冑出現。相對於被視作板甲原型的短甲，掛甲則被視為小札甲之原型。所謂「小札甲」，乃指以繩索縱向、橫向連繫小札（鐵或皮革材質的細長板材）的胴甲，是種可伸縮、關節處可彎曲的甲冑。由於這種胴甲亦可配合上下方向震動、搖晃，適合騎馬的騎兵，因此被認為原是北方遊牧民族的用品。

短甲

短甲是連接無伸縮性的立胴製成，為板甲之原型。自古墳時代起，短甲開始改為鐵製材質，其功能也從原本的祭祀道具，轉變為武士戰鬥（徒步戰）時實際穿戴的戰鬥道具。

■短甲武人埴輪
從排列在古墳上的埴輪，可以看出短甲的著裝方式。

■短甲模擬圖
考古人員從古墳中發現了短甲陪葬品。約至五世紀末，古墳的陪葬品便再也沒有出現短甲，只有掛甲而已。

掛甲

掛甲是將鐵或皮革材質的細長板材縱向、橫向連結而成的胴甲,適合騎馬時穿戴,一般認為是小札甲的原型。

■ **掛甲武人埴輪**
這是穿著掛甲的武人埴輪,上頭寫實地呈現出鐵板或皮革板材縱橫連結的模樣。腰際收束,上下的線條看起來相當柔軟。

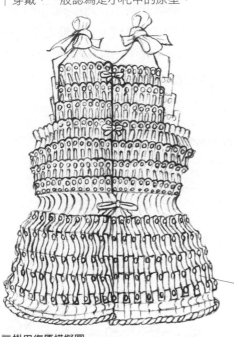

小札

■ **掛甲復原模擬圖**
古墳中的掛甲在出土時大多揉成一團,看不出甲冑原本的形狀。此圖是將掛甲復原成用繩索連結鐵板或皮革板的模樣。可以看到這種甲冑重視騎馬時的便利性,更甚於防禦功能。

短甲跟板甲是一樣的嗎?

其實我們對古代的短甲、掛甲並無精確的認識。實際上,就連當時的人如何稱呼這些甲冑都已不得而知,「短甲」、「掛甲」也僅是取後世文獻中的名稱作為暫稱,藉此指稱該文物而已。更有甚者,有些文獻(例如《東大寺獻物帳》、《延喜式》)還把「短甲」、「掛甲」都分在「小札甲」類別,使狀況變得更加複雜。順帶一提,這些文獻中,所謂「掛甲」指的是只有胴甲的甲冑,而「短甲」則是附有小具足配件的重武裝鎧甲。

無論過去文獻的分類如何,本書按照現今普遍的分類方式,分別把短甲定位為板甲的原型,掛甲定位為小札甲的原型進行說明。

鐵製短甲的出現

　　四世紀中葉至五世紀後半這段期間，短甲（也就是板甲）開始改以鐵板製成。起初鐵板的形狀細長，至四世紀末漸漸演變出三角形與四角形的鐵板。進入五世紀以後，人們開始用鐵製鉚釘固定鐵板，著裝時必須使用鉸鏈才能開闔。板甲毫無伸縮性，關節處無法伸展，因此後人研判應是使用於徒步戰。約莫五世紀末葉，短甲便逐漸從古墳的陪葬品中消失了。

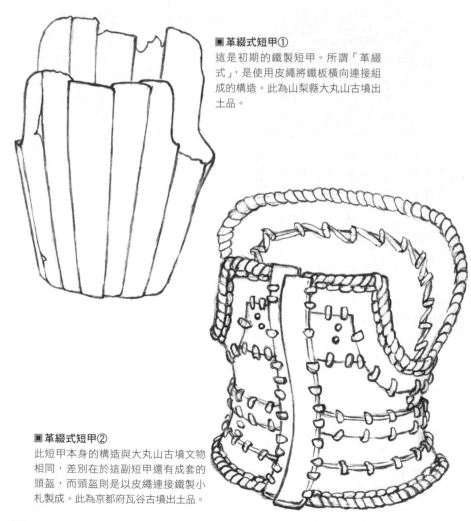

■革綴式短甲①
這是初期的鐵製短甲。所謂「革綴式」，是使用皮繩將鐵板橫向連接組成的構造。此為山梨縣大丸山古墳出土品。

■革綴式短甲②
此短甲本身的構造與大丸山古墳文物相同，差別在於這副短甲還有成套的頭盔，而頭盔則是以皮繩連接鐵製小札製成。此為京都府瓦谷古墳出土品。

短甲的著裝例

下圖為革綴式短甲②的著裝模擬圖，研
判應是在肩頭綁結固定在身上。

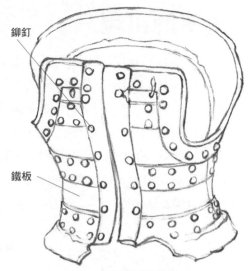

鉚釘

鐵板

■ 鐵鉚釘短甲

鐵板的形狀從四世紀末開始轉
變為三角形與四角形，五世紀
又捨棄皮革連接的方式，改以
鐵鉚釘固定鐵板。附圖雖然看
不出來，但此短甲是利用右邊
側腹的鉸鏈開闔穿脫，左右甲
片稱作「引合」的接縫處落在
正前方。故意讓背部看起來很
寬大的誇張造型也是此短甲很
重要的特徵。此為熊本縣馬羅
塚古墳出土品。

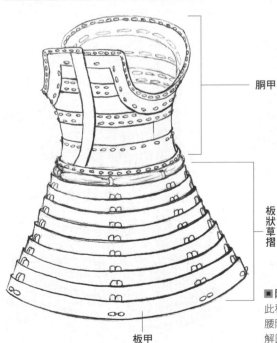

胴甲

板狀草摺

板甲

■ 附草摺的短甲

此種短甲的主體以鐵板或小札串連而成，
腰際則接上可拆卸的草摺。此為奈良縣帶
解圓照寺墓山出土品。

掛甲的出現

　　掛甲首見於五世紀中期。所謂掛甲，就是指用繩索將小札（鐵或皮革的細長板材）縱橫連結、拼接製成的鎧甲，其胴甲和腰際的草摺部位為連接成一體的造型。掛甲不像立胴那般毫無伸縮性，一般認為掛甲過去被用在騎馬戰當中，是小札甲的原型；不過這種小札形狀不一，有別於平安時代以後的小札，因此又特別稱作「掛甲札」。短甲於五世紀末至六世紀初越見衰退，漸為掛甲取代，這恰巧可以佐證當時的戰鬥模式由徒步戰演變為騎馬戰。

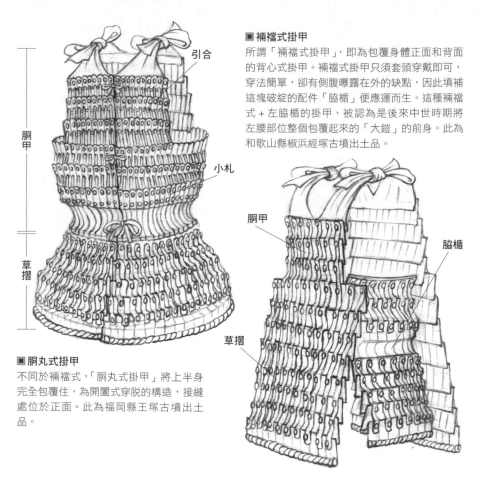

■襠襠式掛甲
所謂「襠襠式掛甲」，即為包覆身體正面和背面的背心式掛甲。襠襠式掛甲只須套頭穿戴即可，穿法簡單，卻有側腹曝露在外的缺點，因此填補這塊破綻的配件「脇楯」便應運而生。這種襠襠式＋左脇楯的掛甲，被認為是後來中世時期將左腰部位整個包覆起來的「大鎧」的前身。此為和歌山縣椒浜經塚古墳出土品。

引合

胴甲

小札

草摺

胴甲

脇楯

草摺

■胴丸式掛甲
不同於襠襠式，「胴丸式掛甲」將上半身完全包覆住，為開闔式穿脱的構造，接縫處位於正面。此為福岡縣王塚古墳出土品。

■ 身著掛甲的武人

一般認為掛甲是古代小札甲之原型，不過掛甲的
每片小札形狀不一，有別於平安時代以後的小札
甲，故特別稱作「掛甲札」。此圖的武人頭戴眉
庇付冑（參見 P.40），身穿掛甲，還搭配袖甲等
配件，重現當時的真實狀況。

衝角付冑

　　相對於短甲和掛甲等胴甲，古墳時代的冑類則有衝角付冑和眉庇付冑兩種。所謂「衝角付冑」，就是前額中央有條如刀鋒般突出的頭盔，該突出便稱為「衝角」。衝角付冑的下緣有種叫作「錣」（又稱『錣』）的護具，是以繩子連接板子，用來保護後頸與後腦。一般認為衝角付冑應該與短甲一樣，起初都是用木板或皮革製作；至於衝角的部分，則應是由盔材接縫的隆起處演變而成的。至四世紀末，始有鐵製衝角付冑出現。

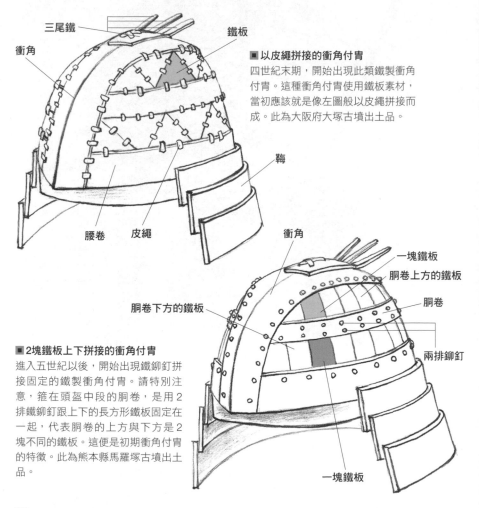

三尾鐵　　　　鐵板
衝角

■以皮繩拼接的衝角付冑
四世紀末期，開始出現此類鐵製衝角付冑。這種衝角付冑使用鐵板素材，當初應該就是像左圖般以皮繩拼接而成。此為大阪府大塚古墳出土品。

錣

腰卷　皮繩

衝角

一塊鐵板
胴卷上方的鐵板

胴卷下方的鐵板

胴卷

兩排鉚釘

■2塊鐵板上下拼接的衝角付冑
進入五世紀以後，開始出現鐵鉚釘拼接固定的鐵製衝角付冑。請特別注意，箍在頭盔中段的胴卷，是用2排鐵鉚釘跟上下的長方形鐵板固定在一起，代表胴卷的上方與下方是2塊不同的鐵板。這便是初期衝角付冑的特徵。此為熊本縣馬羅塚古墳出土品。

一塊鐵板

■ 單片縱向鐵板的衝角付冑

胴卷上的鐵鉚釘只有 1 排，代表胴卷上下的鐵板是同一塊。與馬
羅塚古墳的付冑相較之下，單片拼接屬於比較晚期的造型。此為京
都府久津川車塚古墳出土品。

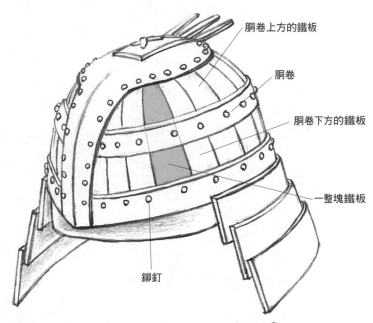

胴卷上方的鐵板

胴卷

胴卷下方的鐵板

一整塊鐵板

鉚釘

■ 單片橫向鐵板的衝角付冑

時至五世紀末，開始出現以胴卷為中
軸、搭配上下 2 段長方形鐵板的衝
角付冑。請注意，鐵板的面積變大
了，而且鐵板的方向從縱向變成了橫
向；此類頭盔當中，甚至不乏有以銅
板鍍金的衝角付冑。此為京都府二子
山南古墳出土品。

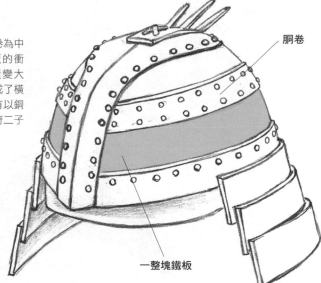

胴卷

一整塊鐵板

衝角付冑的演變

進入六世紀以後，頭盔的衝角與頭頂分成2塊，使得衝角的線條變得比較和緩，而原本用來固定鐵板的胴卷構造也不見了。古代的衝角付冑便是如此漸漸演變為中世的「圓鉢」（半球形鉢）。

■ **無腰卷構造的衝角付冑**

衝角構造變小了，底部也不再是封閉式。像這樣的付冑是取整塊的方形鐵板直接拼接，並以鉚釘固定而成，因此不需要加上胴卷的構造，一下子變得與圓鉢極為相似。此為琦玉縣大宮町出土品。

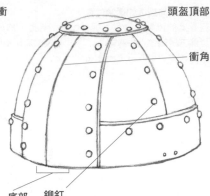

頭盔頂部

衝角

鉚釘

底部

過去的頭盔是利用胴卷，間接將上下2塊鐵板固定住，這個頭盔則是將兩旁的鐵板直接固定在一起。

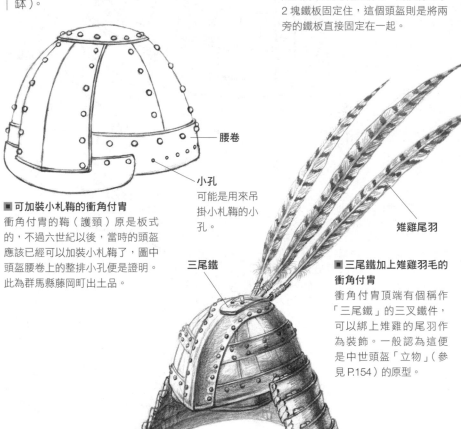

腰卷

小孔

可能是用來吊掛小札鞙的小孔。

■ **可加裝小札鞙的衝角付冑**

衝角付冑的鞙（護頸）原是板式的，不過六世紀以後，當時的頭盔應該已經可以加裝小札鞙了，圖中頭盔腰卷上的整排小孔便是證明。此為群馬縣藤岡町出土品。

三尾鐵

雉雞尾羽

■ **三尾鐵加上雉雞羽毛的衝角付冑**

衝角付冑頂端有個稱作「三尾鐵」的三叉鐵件，可以綁上雉雞的尾羽作為裝飾。一般認為這便是中世頭盔「立物」（參見 P.154）的原型。

■ **身著衝角付冑與短甲的武人**
圖中模擬當時的武人，頭戴三尾鐵
上飾有雉雞羽毛的衝角付冑，身穿
草摺短甲與肩甲。

眉庇付冑

　　眉庇付冑應誕生於五世紀初，是一種前後左右的直徑幾乎相同的圓缽型頭盔。「眉庇」為這種頭盔正面的鍍金構造，如同屋簷般向外突出，遮蔽武者眉毛的上方。眉庇付冑使用三角形或四角形鐵板，並以鉚釘固定製作，大致可以分成兩種：單一胴卷的兩段式構造和兩條胴卷的三段式構造。到了五世紀末期，又衍生出細長鐵板橫向排列的上下兩段式頭盔，如兵庫縣龜山古墳的出土物。這種頭盔的頭頂裝有「受缽」，還有其他眾多配件裝飾，帶著濃濃的大陸風格。

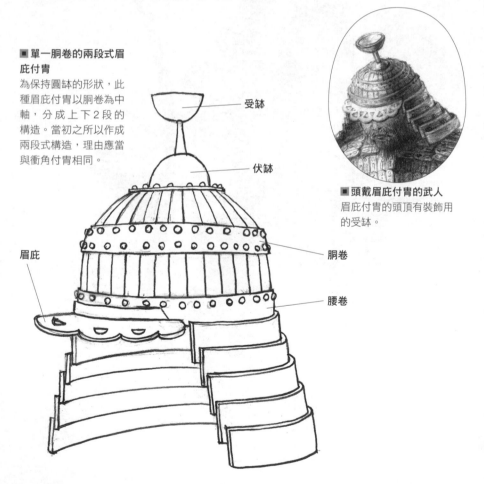

■單一胴卷的兩段式眉庇付冑

為保持圓缽的形狀，此種眉庇付冑以胴卷為中軸，分成上下2段的構造。當初之所以作成兩段式構造，理由應當與衝角付冑相同。

受缽

伏缽

眉庇

胴卷

腰卷

■頭戴眉庇付冑的武人

眉庇付冑的頭頂有裝飾用的受缽。

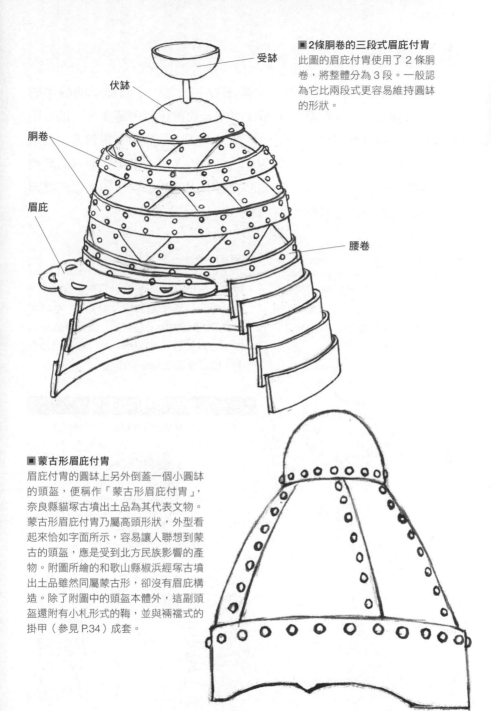

受缽

伏缽

胴卷

眉庇

腰卷

■2條胴卷的三段式眉庇付冑
此圖的眉庇付冑使用了 2 條胴
卷，將整體分為 3 段。一般認
為它比兩段式更容易維持圓缽
的形狀。

■蒙古形眉庇付冑
眉庇付冑的圓缽上另外倒蓋一個小圓缽
的頭盔，便稱作「蒙古形眉庇付冑」，
奈良縣貓塚古墳出土品為其代表文物。
蒙古形眉庇付冑乃屬高頭形狀，外型看
起來恰如字面所示，容易讓人聯想到蒙
古的頭盔，應是受到北方民族影響的產
物。附圖所繪的和歌山縣椒浜經塚古墳
出土品雖然同屬蒙古形，卻沒有眉庇構
造。除了附圖中的頭盔本體外，這副頭
盔還附有小札形式的鞆，並與裲襠式的
掛甲（參見 P.34）成套。

小具足

　　相對於頭盔、胴甲、袖甲等主體部分，名為「小具足」的附加防具則是用來保護顏面、喉嚨、手腳等部位，或蓋住盔甲縫隙，以提升甲冑整體機能。古代使用的小具足包括頸甲、肩甲、籠手、臑當等。古墳時代小具足的出土品雖少，但奈良時代成書的《日本書紀》卻有記載到頸甲、籠手、臑當等名詞。一般來說，短甲使用的小具足多是以板材製作，掛甲使用的小具足則多以小札製作。

頸甲

所謂「頸甲」，就是披甲者用來保護喉嚨周圍、肩頭、胸口、上背部的小具足。《日本書紀》當中有其記載。

肩甲

所謂「肩甲」，是指包覆肩頭至上臂的小具足，後來逐漸演變為肩上與袖甲。從熊本縣馬羅塚古墳出土品可知，肩甲分成左右兩邊，以鐵板分別製作，並與頸甲組合著裝，以保護肩膀和脖子部位。

頸甲與肩甲著裝例

此圖為古墳時代的武人裝配小具足的想像圖。

肩甲

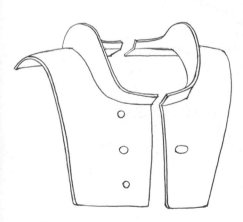

■頸甲

籠手

從奈良縣帶解圓照寺古墳的出土品可知，這個時代的「籠手」(《日本書紀》記作「手纏」)是打造成圓筒形狀，藉以包覆前臂部位。根據武人埴輪等遺物推測，籠手應該是利用手腕處的繩子來綁定著裝。

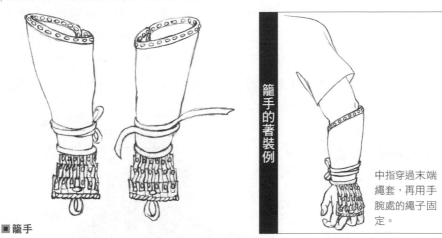

■ 籠手

籠手的著裝例

中指穿過末端繩套，再用手腕處的繩子固定。

臑當

「臑當」(《日本書紀》記作『足纏』)是用來保護小腿的裝備，有用 2 塊圓筒狀鐵板製成的形式 (例如：奈良縣帶解圓照寺古墳出土品)，也有以小札包覆小腿的形式 (例如：群馬縣強戶村〔現在的太田市〕出土的埴輪)。後人推測臑當應是用兩邊的繩子在上下處打結，固定在小腿上。

臑當著裝例

圖中模擬用繩子在小腿肚附近打結、固定好臑當的樣貌。

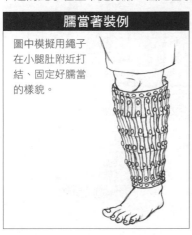

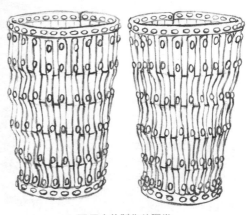

■ 用小札製作的臑當

綿甲冑

　　大和朝廷成立以後，頒布了古代律令制，規定唯獨官兵（國家的士兵）才能使用甲冑，私人持有武裝甲冑遭到禁止，並從生產到管理一律為國家獨佔。甲冑在國衙（國司的官署）的監督下製作完成後，便收進國家的武器庫，並會定期整理修繕。這個時期，甲冑的形狀和製作方法也起了很大的變化。進入平安時代以後，皮革甲冑開始成為主流，漸漸沒有新造的鐵製甲冑了；想必就是因為這些變化，下個世代才會發展出以皮革小札製作的甲冑。

奈良時代的甲冑

奈良時代的文獻（《續日本紀》、《續日本後紀》）有記載，若非高級武士，而是經由徵召編入部隊的一般士兵，使用的是一種稱作「綿甲冑」的武具。據信這種綿甲冑與中國唐代發明的新形式甲冑「綿襖冑」幾乎是相同的東西。

頭盔

胴甲

沓靴

■身著綿甲冑的一般兵
一般認為綿甲冑是以布料為底，再以鉚釘在上頭加裝鐵板或皮革所製成，是種類似大衣的甲冑，除此以外的細節便不得而知了。

平安時代前期的甲冑

　　由於至今幾乎沒有發現當時的甲冑，因此平安時代前期一直被稱為日本甲冑史的空白時代。不過近年來，倒是發現了疑為九世紀前半襴襠式掛甲所用的小札（數量幾乎可以組成整套掛甲），以及木製兜缽等文物。

襴襠式掛甲的小札與小札板出土物

秋田城曾挖出長寬約 10cm×3cm 和長寬約 16cm×3cm 兩種尺寸的小札。過去，原始的襴襠式掛甲都是由一張張小札拼湊組成的集合體，但秋田城的出土物卻是採取另一種名為「小札板」的單位形式。所謂小札板，就是將諸多小札分類、橫向疊合並上漆固定，再用這些小札板組合成一整套的掛甲。這也可以說是中世並札的前身。

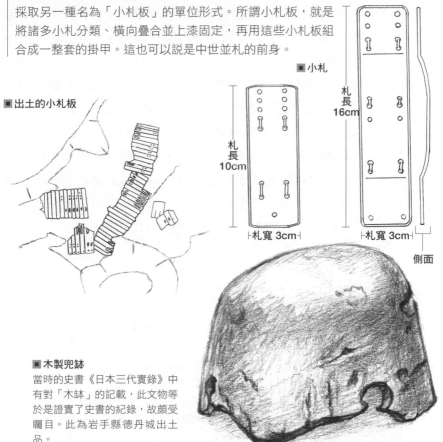

■ 出土的小札板

■小札

札長
10cm

札長
16cm

札寬 3cm

札寬 3cm

側面

■ 木製兜缽
當時的史書《日本三代實錄》中有對「木缽」的記載，此文物等於是證實了史書的紀錄，故頗受矚目。此為岩手縣德丹城出土品。

大鎧的誕生

　　律令制約莫在平安時代中葉漸趨崩壞，各地豪族和從京都被派到地方擔任國司的低階貴族開始整飭軍備，有力人士也開始組織武士團。武士勢力逐步發展，漸漸地可以和高階貴族分庭抗禮，中世的甲冑很可能就是十世紀前後由這些武士從頭打造的產物。相較前一個時代，所有武具都是國有財產，這個時期武士的甲冑卻是私人所有物；即便放到整個世界史來看，像日本如此發達的甲冑私有案例可謂極為罕見。就像在反映這種時代差異般，到了中世，甲冑無不匠心獨具、各有其特殊的美感。這個時期的文獻紀錄，諸如《太神宮諸雜事記》、《帥記》等有記載「綴牛皮」一詞。所謂綴牛皮，是指騎馬的武士穿戴的甲冑，推測是以繩索串連牛革小札製成的掛甲。綴牛皮在歷經時代演變後，終於形成了中世名為「大鎧」的形式。

　　大鎧是由頭盔、胴甲、大袖（袖甲）3個部分組成的1套甲冑，它是中世最正式的甲冑，室町時代又稱其為「式正之鎧」（古代僅稱為「鎧」）。當時的頭盔從正上方鳥瞰幾近於正圓形，並有好幾個「星」（鉚釘頭）突出於盔缽表面，掛在盔緣下方的鞠（杉形鞠）大到幾乎快碰到肩頭。另外，大袖在面對飛射過來的弓箭時，則可以充當盾牌使用。大鎧曾經出現在《源平盛衰記》、《平治物語》和其他許多軍記物語中，並因其美麗的造型而獲得了「著背長」、「御著背長」的美名。

從裲襠式掛甲到大鎧

大鎧源自古代的掛甲（特別是裲襠式掛甲），其間經過平安時代所謂綴牛皮的過渡形態後於焉誕生。從大鎧的演變過程，不難看出這是種騎馬武者穿戴的鎧甲，其構造很適合披甲者在馬背上做出各種動作。組成裲襠式掛甲的基礎單位原是一片片的小札，後來才漸漸演變成將諸多小札橫向排列疊合、上漆固定製成的小札板，正如前頁的秋田城出土品（參見 P.45）。而正對敵人的「射向側」（左側）更是特別使用一種稱為「長側」的小札板製作，前後完全連接在一起。這樣的胴甲再加上圓缽頭盔與大袖，就是一套大鎧了。

各時代胴甲的演變

■古墳時代

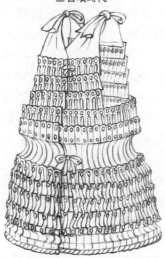

胴丸式掛甲。於正面綁結穿戴。

■古墳、飛鳥、奈良時代

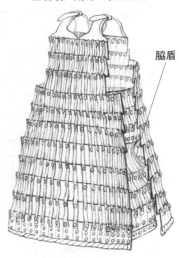

脇盾

套頭穿戴的裲襠式掛甲。側腹以名為「脇盾」的小具足作為防護。

■平安時代前、中期

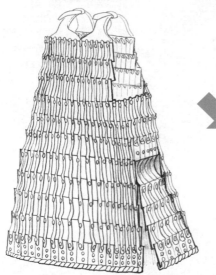

此為「綴牛皮」的模擬圖，屬於射向（左方）脇盾與胴甲一體化的掛甲。

■平安時代後期

一般認為，大鎧源於一種稱作「綴牛皮」的掛甲，後來搭配圓缽頭盔和大袖，始有大鎧之形式。

47

大鎧的胴甲、障子板、草摺

　　大鎧除頭盔、胴甲、大袖等主要部件以外，還有逆板、草摺、脇楯、栴檀板、鳩尾等細部配件。若依照配件的材質做分類，則可以分成小札、金具迴（主要金屬配件之總稱）、金物（裝飾用金屬零件之總稱）、革所（皮革材質部分之總稱）、威毛、緒所（除威毛以外繩索類之總稱）等種類。

　　在日文中，「威」（おどし／odoshi）一詞來自「緒通し」，代表穿繩之意，講明白點其實就是用縫繩縱向連繫上下2塊小札板，因此所謂「威毛」，就是指連接小札板的繩索。甲冑師往往會在威毛下足各種裝飾工夫，諸如名為「繧繝」的漸層手法（又細分為『匂』、『裾濃』等不同形式），或選用「澤瀉」手法，讓威毛排列出色調不同的三角形區塊，又或者使用「妻取」手法，改變威毛末端的色調，有些也會繪以櫻花或蕨類等小圖案作為裝飾。

■ **大鎧的左斜前方視角圖**

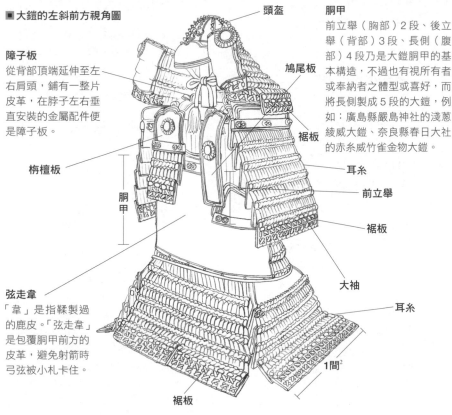

頭盔

鳩尾板

裾板

障子板
從背部頂端延伸至左右肩頭，鋪有一整片皮革，在脖子左右垂直安裝的金屬配件便是障子板。

栴檀板

胴甲

弦走韋
「韋」是指鞣製過的鹿皮。「弦走韋」是包覆胴甲前方的皮革，避免射箭時弓弦被小札卡住。

胴甲
前立舉（胸部）2段、後立舉（背部）3段、長側（腹部）4段乃是大鎧胴甲的基本構造，不過也有視所有者或奉納者之體型或喜好，而將長側製成5段的大鎧，例如：廣島縣嚴島神社的淺蔥綾威大鎧、奈良縣春日大社的赤糸威竹雀金物大鎧。

耳糸

前立舉

裾板

大袖

耳糸

1間²

裾板

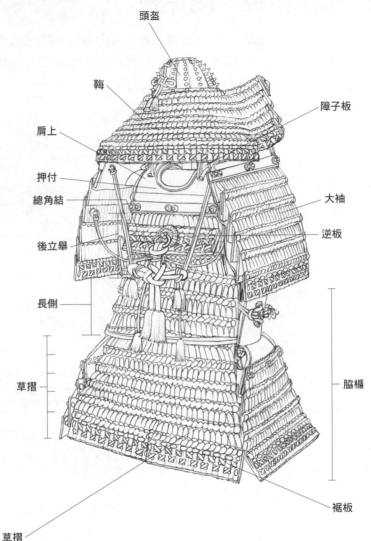

頭盔

鞧

障子板

肩上

押付

總角結

後立舉

長側

草摺

大袖

逆板

脇楯

裾板

草摺

大鎧的草摺前後左右各1間、共計4間，基本上每間草摺都是由5段小札板構成。平安時代後期比較古老的大鎧或許還看得到前後僅4段的草摺（如廣島縣嚴島神社的小櫻威大鎧、岡山縣的赤韋威大鎧等），不過自平安時代末期以降，前後左右5段的形式便已經固定了下來（如東京都御嶽神社的赤糸威大鎧、廣島縣嚴島神社的紺糸威大鎧等）。為免造成騎馬時的不方便，若採前後5段構造，通常會將裾板（最下段的小札板）從中切開、分成兩半。然而，愛知縣猿投神社的樫鳥糸威大鎧雖屬前後5段構造，卻例外地並未將裾板劃作2塊。草摺的構造也算是判斷大鎧製作年代先後的線索之一。

大鎧的栴檀板、鳩尾板

　　拉弓射箭往往會使側腹、胸口曝露在外，而栴檀板和鳩尾板便是拿來保護這些部位的防具。右胸處的叫作栴檀板，左胸處的叫作鳩尾板，兩者以繩索吊掛在連接大鎧「肩上」與「胸板」的繩索處（高紐）。平安時代栴檀板和鳩尾板做得特別大，為避免影響拉弓射箭時右腕、右胸的動作，栴檀板採用3段小札板的構造；相對地，左側上半身無須從事複雜動作，再加上鳩尾板是用來保護正對敵兵的心臟部位，因此往往都是以一整片鐵板製作。

栴檀板　　　　　鳩尾板

■栴檀板（東京都御嶽神社樫鳥糸威大鎧）
所謂栴檀板就是覆蓋右胸鎧甲縫隙的板材。乃將3段小札板以繩索連接製成，並吊掛於上方名為「冠板」的金屬零件上。

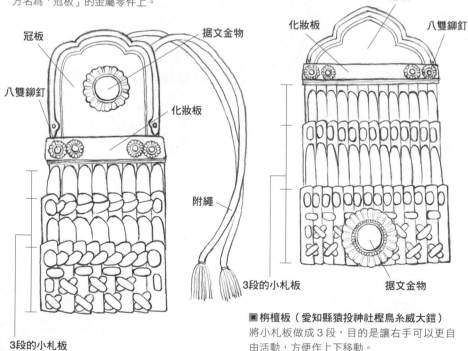

冠板

据文金物

八雙鉚釘

化妝板

附繩

3段的小札板

冠板

化妝板

八雙鉚釘

据文金物

3段的小札板

■栴檀板（愛知縣猿投神社樫鳥糸威大鎧）
將小札板做成3段，目的是讓右手可以更自由活動，方便作上下移動。

■鳩尾板（東京都御嶽神社赤糸威大鎧）

所謂鳩尾板乃指覆蓋左胸鎧甲縫隙的板子。
此處是面對敵人時的「射向」（左側），必須
優先考慮防禦機能，故僅以單片鐵板製作。

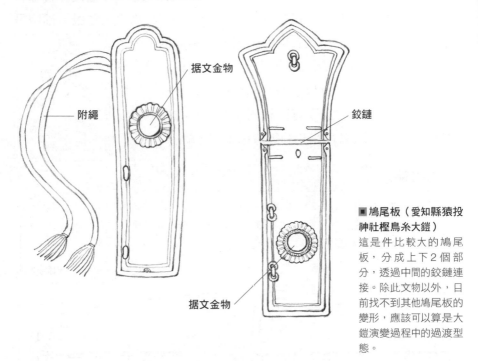

附繩

据文金物

鉸鏈

据文金物

■鳩尾板（愛知縣猿投
神社樫鳥糸大鎧）

這是件比較大的鳩尾
板，分成上下2個部
分，透過中間的鉸鏈連
接。除此文物以外，日
前找不到其他鳩尾板的
變形，應該可以算是大
鎧演變過程中的過渡型
態。

栴檀板和鳩尾板之異同

　　栴檀板是由上半部名為「冠板」的金屬配件，搭配下半部的3段小札板所構
成，小札部分可自由活動；相對地，鳩尾板是由單一鐵板製作，無法活動。

　　會採取這種左右不對稱的形態，是因為兩種防具的機能不同。右腕在騎射戰
當中的動作相當複雜，右手必須先從箭筒裡抽出一支箭矢、搭在左手所持的弓
上，最後還要放箭；另一方面，左腕就不須從事如此複雜的動作，反而比較著
重於防禦正對敵人的心臟一帶。

　　正因為兩者的功能差異甚大，栴檀板和鳩尾板才會分別演變成重視機動性和
重視防禦性的防具。

大袖

　　「大袖」相當於抵禦弓箭的盾牌，從鎧甲的肩膀往下覆蓋到上臂部。其與大鎧幾乎同時誕生，通常射向（左邊）袖甲和馬手（右邊）袖甲是成對的，但實際上也不乏有僅裝備射向袖甲的例子，在日本的合戰繪卷《平治物語繪詞》中也有描繪。鎌倉時代中期以前，名為「冠板」的金屬配件下方，一直都是接續 6 段的小札板，上下寬度相同（此時期的標準寬度約為 33cm），因此各段小札的數量都是固定的。

大袖外側

起初，大袖的作用有如盾牌，以左右移動的方式來防禦，但也因為如此，大袖成為了最惹敵我雙方注目的區塊，甲冑師便在威毛的色調（參見 P.214）上下足工夫。

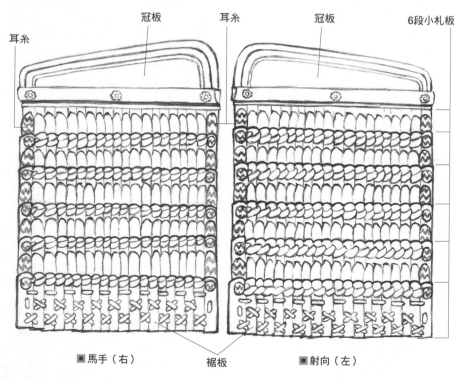

耳糸　　冠板　　耳糸　　冠板　　6段小札板

■馬手（右）　　裙板　　■射向（左）

大袖內側

大袖上方的冠板上有3個金屬環排成1排，每個環都有綁繩子。前方金屬環上的繩子稱作「受緒」，綁在肩膀前方的金屬配件「茱萸」上；中間金屬環的繩子稱作「執加緒」，綁在肩膀靠近中央的茱萸上；後方金屬環的繩子則稱作「懸緒」，綁在背部的緒所（繩索）「總角」左右的繩圈上。除此以外，小札板第三段或第四段後方的金屬環稱作「水吞鐶」，從其延伸出來的繩子則稱作「水吞緒」（圖中僅有環無繩）；水吞緒會綁在總角的繫繩處。以上4條繩子合稱為「袖付緒」（編按：繩結與總角的連繫方式可參見 P.49 的附圖）。

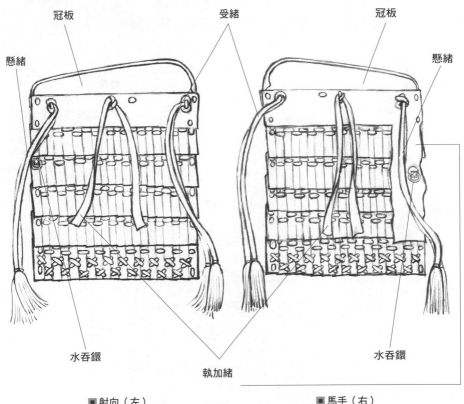

冠板　　　　　　　受緒　　　　　　　冠板

懸緒　　　　　　　　　　　　　　　　　　懸緒

水吞鐶　　　　　　　　　　　　　水吞鐶

執加緒

■ 射向（左）　　　　　　　　■ 馬手（右）

矢摺韋

矢摺韋是1片縱長形皮革，貼在袖甲內側的後方（靠近背部該側）。當武者騎馬時，其激烈的動作可能會使箭筒中的箭羽不慎插進小札板的縫隙中，貼上矢摺韋的目的便是防止這樣的事情發生。

大鎧的逆板

通常在組合小札板時，都是將下層的小札疊在上層小札之上，然而大鎧的後立舉（後背部分）的第三段卻是例外，反而將第三段小札裝在上層第二段之下，因此，在第一、三段上方的第二段小札板便是所謂的「逆板」。大鎧的肩上（肩膀部分）因為被障子板固定住了，無法伸縮，遂以逆板充當鉸鏈的功能，提高大鎧背部的柔軟度，方便穿脫鎧甲。逆板的中央設有一個稱作「總角鐶」的金屬環。

總角鐶

在這個金屬環上會綁上後背的繩子「總角（結）」（參見 P.258）。將大袖固定在肩上的「袖付緒」（懸緒、水吞緒）則又會綁在總角的繩子上。

菱縫

將橫向的小札穿在一起時，繩索會繞成「╳」的形狀，這種「╳」形的穿繩方式便稱為「菱縫」。菱縫總共有上下 2 段，逆板的菱縫和大袖底部「裙板」的菱縫相同。連接小札板的繩結（日文稱作「絨³」）通常為組紐或皮繩，菱縫便可以補強小札板的結構，同時作為一種裝飾。

畦目

「畦目」是在橫向平行線上以刺縫⁴的方式穿繩，目的也是為求在裝飾上變換色調，就如同裙板的菱縫。只不過逆板上的畦目，是用來將逆板及下方小札板固定住的縱向縫繩（也就是「威」）的一部分。

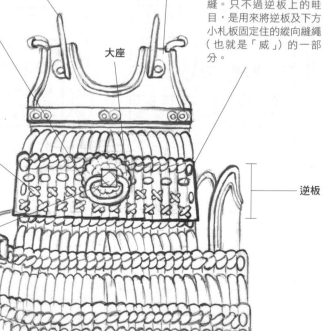

障子板

肩上

大座

逆板

鐶頭

■ 逆板之構造圖

大鎧的脇楯

大鎧的正面、左側、背面3面連成一片，從正上方鳥瞰呈U字型，因此勢必要利用其他小具足來覆蓋馬手（右）側的鎧甲縫隙，這個小具足便是大鎧特有的「脇楯」。脇楯上方是名為「壺板」的金屬配件，下方為草摺，並利用「蝙蝠付韋」來連接兩者。

穿戴大鎧時，必須先從脇楯開始著裝，接下來才穿上事先裝好大袖的胴甲。

脇楯

脇楯是種大鎧獨有的小具足。作戰時，要先穿上脇楯，再穿戴胴甲本體。跟射向（左側）的草摺一樣，壺板底下也是由蝙蝠付韋與草摺構成，因此亦不乏武士僅穿戴脇楯，輕裝上陣。像這樣只裝備小具足等配件的輕裝備戰狀態，稱為「小具足姿」，合戰繪卷上對這種打扮也多有紀錄。

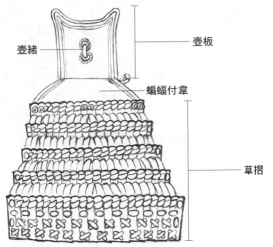

壺緒

壺板

蝙蝠付韋

草摺

壺板

為顧及騎馬作戰的姿勢，平安時代大鎧的裾（下襬）都做得特別寬（如岡山縣赤韋威大鎧、廣島縣嚴島神社紺糸威大鎧等）。為配合胴甲的形狀，有些壺板是上下同寬，有些則將底部做得比較寬。

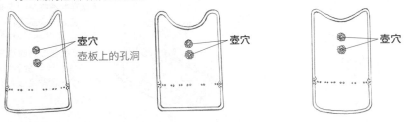

壺穴
壺板上的孔洞

壺穴

壺穴

55

星兜

　　基本上，頭盔的缽體是以鉚釘固定多片鐵板製成，而平安時代中葉，開始出現鉚釘頭突出於缽體表面的頭盔，此即「星兜」。古人將突起的鉚釘頭比擬為天上的星辰，故稱為星。頭盔是大鎧的主要配件之一，因此平安時代特別流行體積較大的「嚴星兜」。一般認為，星兜乃起源於古代的衝角付冑（參見 P.36）。冑的衝角在進入六世紀以後越變越小，後來才誕生出平安、鎌倉時代的圓缽形頭盔，並以星兜為代表。

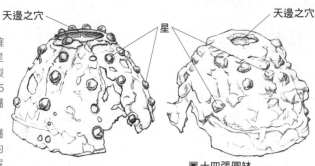

■ 初期的缽體
附圖的出土品雖無法得知正確製作年代，但應屬於初期星兜。選用 4 顆連芯材都是鐵製的無垢星，採 4 點固定，將 5 片鐵板緊緊固定在一起。雖屬圓缽，整體看起來卻偏錐形。天邊（頂端）有個圓形的金屬零件，應為後來「八幡座」的原型。此為德島縣藍住町小塚出土品。

■ 十四張圓缽
研判此圓缽是由 14 張鐵板製成。如同德島縣藍住町小塚出土品，整體呈尖錐造型，利用各處的無垢星（無法確知顆數）嵌合製成。此為北海道大學的收藏品。

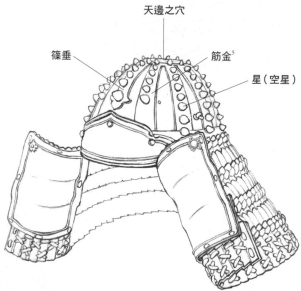

■ 保存狀態完整的星兜
這是廣島縣嚴島神社所藏小櫻威大鎧的頭盔。整體造型稍尖，包括正面的篠垂在內共有 13 條鐵板（筋金），每條筋金各自以 6 顆空星嵌合而成。

星兜缽體之製作

星兜缽體有「矧板鋲留式」和「一枚張筋伏」兩種。所謂矧板鋲留式，就是利用鉚釘（日文稱「鋲留」，鉚釘頭就是上述的「星」）固定數片到數十片的矧板（鐵板）。鎌倉時代初期以前是從頭盔的左右（突出部）開始固定矧板。另一方面，所謂一枚張筋伏就是僅使用1片鐵板製成半球狀，表面再以鉚釘固定數片鐵板，兼顧補強與裝飾兩個目的。以這兩種方法製成的頭盔，都還要用一種叫作「腰卷」的鐵環圈住缽體，並以鉚釘固定起來。

■一枚張筋伏缽體的鳥瞰圖

敲打鐵板製成半球狀盔缽，再於其上以星固定鐵板（鐵條）。鐵板都是以空星嵌合固定。左右前方的孔洞叫作「響穴」。

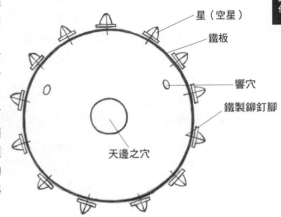

星（空星）
鐵板
響穴
鐵製鉚釘腳
天邊之穴

星的製作方法

頭盔的星有兩種製作方法。一是切削鐵塊製成「無垢星」，初見於平安時代後期（如岡山縣赤韋威大鎧）；二是以鐵板打製成較大的「空星」，可見於平安時代末期至鎌倉時代初期（如廣島縣嚴島神社小櫻威大鎧的頭盔、三重縣鵜森神社十六間四方白星兜缽等）。一般認為，空星是為了彰顯威嚴與身分，才故意把星做得較大，亦稱「嚴星」。相對於無垢星從裡到外都是實心鐵材，內部中空的空星重量更輕，可以使頭盔達到輕量化的效果。

敲平的鉚釘腳

■無垢星的構造

無垢星乃是將鐵塊削成外形圓潤的圓錐形。特意將底部造得特別細，作為鉚釘腳使用。使用時先以鉚釘腳貫穿欲接合處，然後再從另一面將鉚釘腳敲平來固定。

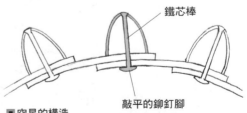

鐵芯棒
敲平的鉚釘腳

■空星的構造

空星是取鐵板，打造成外形圓潤的圓錐形。中心插入1支細鐵棒作芯，當作鉚釘腳接合使用。使用步驟與無垢星相同，先以鉚釘腳貫穿欲接合處，然後從另一面將鉚釘腳敲平來固定。

星兜的八幡座

　　許多星兜缽體均有八幡座、篠垂、地板等裝飾，這些裝飾皆有鍍金或鍍銀，整體來說屬於相同鐵材的金屬件。「八幡座」是裝在頭盔天邊之穴邊緣的一種裝飾，製作方式是將多枚「座金」（金屬材質的墊片）重疊起來，再用名為「玉緣」的金屬零件從上方嵌壓、固定而成。從平安時代末期到鎌倉時代初期這段期間內，使用的座金有「葵葉座」、「裏菊座」、「小刻座」等。

八幡座的構造

　　「座金」是統稱墊在金屬配件（此處為玉緣）底下的金屬零件，八幡座的座金即指葵葉座、裏菊座、小刻座三種。鎌倉時代初期以後，八幡座的構造普遍為葵葉座上疊裏菊座、裏菊座上疊2層（2片）小刻座，頂部再以玉緣固定住整個八幡座的5層構造。

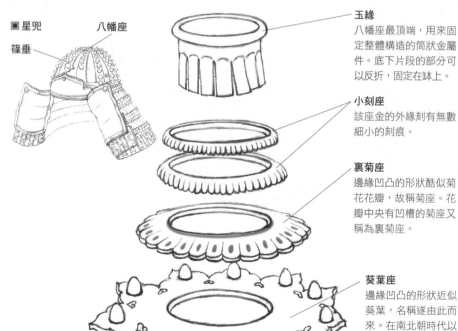

■星兜

八幡座

篠垂

玉緣
八幡座最頂端，用來固定整體構造的筒狀金屬件。底下片段的部分可以反折，固定在缽上。

小刻座
該座金的外緣刻有無數細小的刻痕。

裏菊座
邊緣凹凸的形狀酷似菊花花瓣，故稱菊座。花瓣中央有凹槽的菊座又稱為裏菊座。

葵葉座
邊緣凹凸的形狀近似葵葉，名稱遂由此而來。在南北朝時代以前，葵葉座是使用相當頻繁的座金。亦稱葵座。

■ 東京都御嶽神社赤糸威大鎧頭盔的八幡座

此八幡座採葵葉座、裏菊座、小刻座（兩層）、玉緣共 5 層的構造，是該時代的標準型式。座金、玉緣全都有鍍金。最底下葵葉座因為會與矧板、篠垂、鐵條上的星連成 1 條，因此上面也釘有 16 顆星，並鍍上銀。

星

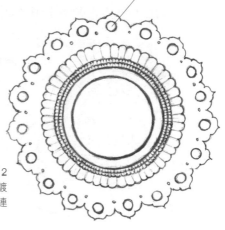

星

■ 廣島縣嚴島神社紺糸威大鎧頭盔的八幡座

此八幡座同樣採葵葉座、裏菊座、小刻座（2層）、玉緣共 5 層的構造。座金、玉緣全為鍍銀。最底部的葵葉座也會與矧板、篠垂上的星連成一條，故釘上 19 顆星、鍍上銀。

八幡座此名的由來

日本人自古便相信頭盔頂端有神明，是神聖之處，遂將裝飾天邊之穴邊緣的座金稱作「天邊之座」，或借八幡大菩薩之名稱為「八幡座」、「神座」。

天應元年（781 年），朝廷賜給宇佐八幡一尊菩薩，同時給予大菩薩之尊號，並奉其為鎮護國家的神祇，此便為「八幡大菩薩」的由來。朝廷這樣的舉動，背後其實有神佛習合 6 思潮的背景。平將門 7 便曾經憑藉八幡大菩薩之權威自稱「新皇」，可見這尊八幡神在武士間信仰之盛。

另一方面，進入近世以後，人們又借佛教教義中聳立於世界中心的須彌山之名，將原屬神道信仰的八幡座稱作「須彌座」。除此以外，由於八幡座本身是用來裝飾天邊（頂端）之穴邊緣的座金，故亦有「天邊之座」的稱呼。

星兜的篠垂

　　從頭頂的八幡座沿著兜缽表面往下延伸的金屬件，稱作「篠垂」。篠垂看起來如劍般狹長，末端則有花瓣般隆起而細尖的形狀，是謂「花先形」。篠垂下方鋪有稱作「地板」的金屬板材，通常會鍍金、鍍銀或雕刻。視篠垂、地板的設置位置與數量，又有片白（前方1條）、二方白（前後共2條）、三方白（前方與左右斜後方）、四方白（前後左右）、六方白、八方白等類型區分。平安時代的星兜以片白和二方白為主流，鎌倉時代前期也有四方白頭盔出現（如三重縣鵜森神社的十六間星兜缽）。

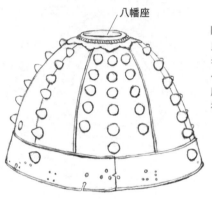

八幡座

■單一篠垂的星兜
此星兜是使用1條鐵製篠垂作為前額1列星的座金。此即所謂「片白」類型，應屬於最初期的篠垂之一。此為廣島縣嚴島神社所藏小櫻威大鎧之兜缽。

■無篠垂的星兜
此種星兜應為平安時代後期的產物，相對比較古老。雖無篠垂構造，卻看得出甲冑師在前額星有變化列數、位置分布也有所講究。一般認為此類星兜應是篠垂誕生前一階段的形態。此為山梨縣菅田天神社所藏小櫻黃返大鎧的兜缽。

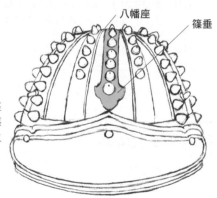

八幡座

篠垂

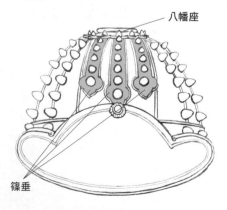

八幡座

篠垂

■三條篠垂的星兜
這是由14片矧板構成的矧板鋲留式星兜。構造相當特殊，頭後部僅有1條伏板（參見P.371）而已。此為東京都御嶽神社所藏赤糸威大鎧的頭盔。

星兜的鍬形

　　所謂「鍬形」，是指頭盔正面如一對頭角般聳立的金屬製立物（裝飾）。相傳鍬形起源自古代的農具「鍬先」（鋤頭），本是農耕的象徵。鎌倉時代中期以前的鍬形稱作「鐵鍬形」，使用鐵材打造，連同底座（鍬形台）一體製成。到了鎌倉時代後期，鍬形與鍬形台逐漸分化，演變成左右鍬形分別連接於鍬形台左右的構造。

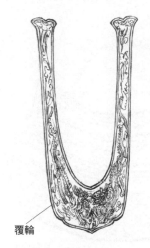

■鎌倉中期與鍬形台一體成形的鐵鍬形
此鍬形與鍬形台一體成形，為最原始的鐵鍬形。鍬形邊緣帶有覆輪（參見 P.233），而末端並無猪目或鳩目等鏤空孔洞。鍬形與鍬形台整體均繪有左右對稱的雲朵與龍的圖案。此為滋賀縣木下美術館雲龍紋鑲嵌鐵鍬形。

覆輪

■鎌倉後期已與鍬形台分離的鍬形
此處的鍬形與鍬形台是利用鉚釘連接固定。鍬形末端開有鳩目孔洞，鍬形台邊緣則有覆輪。雲朵和龍的圖案僅止於鍬形台。此為長野縣清水寺雲龍紋鑲嵌鐵鍬形。

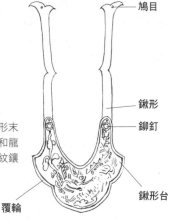

鳩目

鍬形

鉚釘

鍬形台

覆輪

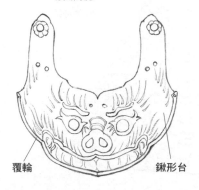

覆輪　　　　　鍬形台

■鍬形台
此文物的鍬形雖已殘缺散佚，卻仍看得出來應是利用鉚釘固定在鍬形台上。鍬形台邊緣裝有覆輪，中間是獅嚙（獅子張牙嚙咬）的圖案。此為三重縣八代神社獅嚙紋鑲嵌鐵鍬形台。

錏

　　所謂的「錏」，就是指用來防護後頸到後腦杓這個廣大區塊的小札板。兜鉢下緣有個如同腰帶般環繞的腰卷（參見 P.85），錏就是吊掛在腰卷的後半部。從正面看，錏的左右會對開並往後反折，此反折部位稱為「吹返」，整個表面會以皮革包覆起來，兼具防止小札損傷與裝飾用途。平安時代至鎌倉時代中期的錏下襬極寬，甚至覆蓋住整個肩頭，體積非常龐大。一般認為這是針對在馬背上的騎射戰，為抵擋箭矢而設計。又因其形狀酷似杉木，故稱「杉形錏」。

四段錏

錏通常都是由 5 段小札板構成，這組大鎧頭盔的錏卻是 4 段構造。為避免實戰中的動作受到阻礙，最底層的小札（裾板）一般是不會反折的，不過這副頭盔卻是將 4 段小札板均做成吹返構造，此形態稱作「總吹返」。此為廣島縣嚴島神社小櫻威大鎧的頭盔。

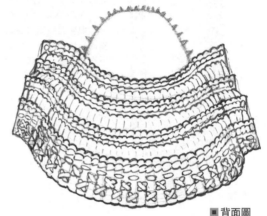

■背面圖

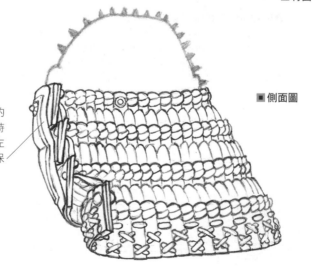

■側面圖

吹返
錏的左右兩端往後反折的部分就叫作吹返。穿戴時要將錏原本朝向正面的左右兩端往後反折，藉以保護顏面左右兩側。

五段鉢

5段小札板是鉢最普遍
的類型。這種類型的鉢
多半不會把裾板也做成
吹返構造，而且裾板還
能配合肩膀的運動上下
活動。此為廣島縣嚴島
神社紺糸威大鎧的頭
盔。

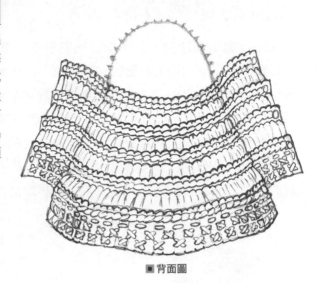

■背面圖

■側面圖

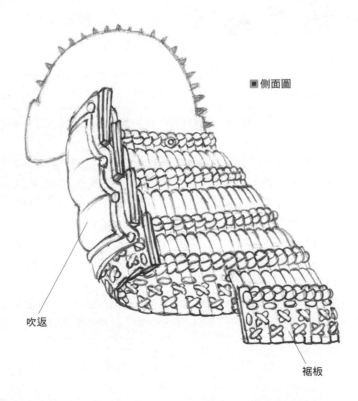

吹返

裾板

頭盔的穿戴方法

　　恰如合戰繪卷所繪，此時期頭盔的穿戴方法極具特色。首先在頭頂綁好髮髻、以揉烏帽子將髮髻包裹起來，接著戴上甜甜圈形狀的墊圈使髮髻穿過墊圈中央的洞，最後才將頭盔戴在這墊圈的上方，使髮髻露出於兜缽的天邊之穴。如此做法能使髮髻起到中軸的作用，讓戴在頭上的頭盔更穩定。也是因為這個緣故，平安時代頭盔的天邊之穴都做得很大，直徑有 5 公分左右。可是如此穿戴方法，勢必要以腦袋去承擔整個頭盔的重量，而當時的頭盔又相當重，料想應是個相當沉重的負擔。因

《平治物語繪詞》所繪武者

此武士其實只會在交戰前刻才戴上頭盔，其他時候則是由叫作「冑持」的隨從拿著頭盔跟隨在旁。

盔繩如何固定？

　　這個時代的繪卷上，有畫到兜缽左右各有 1 個叫作響穴的小洞，並從中有短繩突出。這到底是什麼呢？

　　首先，可能會有人認為這是穿戴頭盔的「忍緒」（即盔繩）前端。換句話說，此說法認為當時的人是直接以忍緒穿過響穴，然後在前端打結固定。可惜此說法有個難處，能夠穿過響穴的繩子一定相當地細，如果整條繩子都如此細，便容易晃動而失去穩定性。若按照這個想法，這條繩勢必越往根部越細。當時忍緒的樣貌已不得而知，但如果使用的是編繩的手法（廣島縣嚴島神社小櫻威大鎧和紺糸威大鎧的頭盔皆然）而非暗縫繩 [8]，要編這種繩不但極為費事，同時也必須面對繩索根部的強度問題。

　　由此推測，當時一般的做法應該並非直接取忍緒穿過響穴，而是先用一種末端帶有金屬、叫作「綰」的繩圈穿洞，然後再取忍緒跟這條綰繩綁在一起。

揉烏帽子

使用薄質布料為素材，以五倍子樹[9]漂染，或稍加漆液揉製成的軟質烏帽子。

響穴

兜缽左右兩側偏前方處有一對的孔洞，起初本是為穿過縮繩連接忍緒而設置的。鎌倉時代以降，製作者開始在兜缽的四方鑽開響穴，亦稱四天穴。後來又演變成使用鴟目（參見 P.481），只是形式性地露出縮繩而已。

根緒（縮繩）

據推測，忍緒應該是穿綁在縮繩末端的繩圈上。詳細模樣雖無從得知，不過根據當時的合戰繪卷記載，縮應該是條赤紅色的繩子。

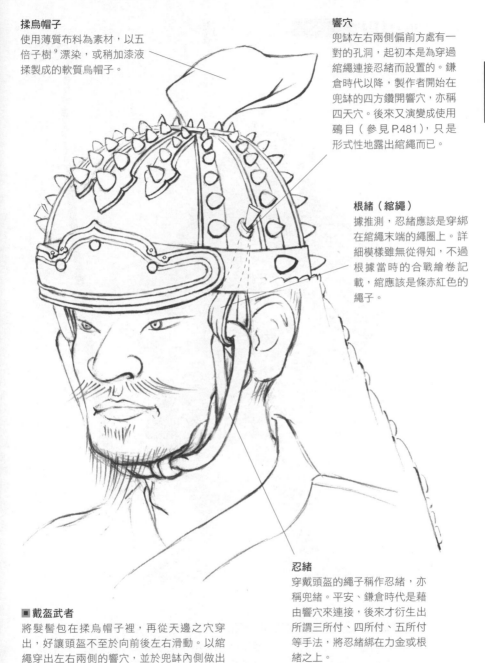

忍緒

穿戴頭盔的繩子稱作忍緒，亦稱兜緒。平安、鎌倉時代是藉由響穴來連接，後來才衍生出所謂三所付、四所付、五所付等手法，將忍緒綁在力金或根緒之上。

■ 戴盔武者

將髮髻包在揉烏帽子裡，再從天邊之穴穿出，好讓頭盔不至於向前後左右滑動。以縮繩穿出左右兩側的響穴，並於兜缽內側做出繩圈，再用另一條繩子（忍緒）穿過左右的縮，於下顎處打結，完成穿戴。

武士與甲冑 源義家[10]

此為愛知縣猿投神社樫鳥威大鎧的復元圖。源家留下了 8 套名甲，盛傳這套甲冑為其中的「無楯」（甲冑名），為源義家所用。不過後來根據文獻記載，逐漸釐清這套甲冑其實應是前述 8 套名甲當中的「薄金」。這套甲冑令人聯想到後三年之役 [11]（1083 ～ 87 年），指其為源義家所用亦頗為可信。

武士與甲冑 平重盛[12]

此為廣島縣嚴島神社所藏，傳為平重盛奉納之大鎧。甲冑最重要的三物（頭盔、胴甲、袖甲）自是不在話下，就連栴檀板、鳩尾板等也都保存得很好，可謂原汁原味地將當初的模樣保留了下來。此甲冑使用藍染威繩串連厚重的小札，這種深藍色在日文中稱為「濃紺」，當時的人將此種濃紺色的威毛稱為黑糸威。

武士與甲冑 畠山重忠

畠山重忠是源賴朝 [13] 的重要家臣之一，圖中肖像穿戴的是赤糸威大鎧，相傳畠
山重忠將之奉納給東京都御嶽神社。據說畠山重忠雖然統率了當時最強悍的部
隊，卻總是身先士卒、親自上陣。圖中描繪他騎馬拉弓，以銳利眼神瞄準敵
人、準備放矢的瞬間。

武士與甲冑 源惟康

源惟康為東京都御嶽神社所藏紫裾濃大鎧的奉納者，他是鎌倉幕府第七代將軍，終其一生與元寇 [14] 糾纏不休。圖中描繪惟康在奉納大鎧之前凝視著紫裾濃大鎧的模樣。惟康手捧頭盔、向頭盔上華麗的威毛發願，祈求能順利擊退蒙古軍。

胴丸

有別於高級武士是騎乘馬匹作戰，郎黨[15]、下人等低階士卒只會穿戴適於徒步作戰的胴甲上場，此即所謂「胴丸」。一般認為，胴丸和大鎧約莫誕生於相同時期，古代胴丸的腰際部分較粗，模樣也跟大鎧相當類似。胴丸在更早以前稱為「腹卷」；中世後期以後，「胴丸」和「腹卷」這兩個稱呼便已可以相互替代使用。因此，中世前期成書的《平治物語》和《平家物語》中所提及的「腹卷」，就不是後世那種將引合（甲衣開闔處）設在背後的腹卷，反而是指胴丸。

胸板

後立舉

引合

草摺

前立舉

長側

■**《平治物語繪詞》中的胴丸**

《伴大納言繪詞》和《平治物語繪詞》等合戰繪卷中，均有描繪到許多胴丸。基本上胴丸都是單獨使用，不過從繪卷看來，似乎也可以臨時加裝頭盔和袖甲。

■**胴丸**

一般來說，胴丸跟大鎧同樣都是前立舉2段、後立舉3段、長側4段的設計，只不過它的構造更為簡單。甲衣的引合（開闔處）雖然設在右側，卻有一整圈的小札板將胴甲整個包覆起來，使右側腹不致留下縫隙，因此並無使用脇楯的必要。引合部分通常是將後胴的長側疊在前胴的上方，卻也有些胴丸只須將前後對齊穿著即可。

杏葉

杏葉恰如其名，是種樹葉形狀的零件裝在肩膀上，用於保護肩頭。自從鎌倉時代後期胴丸流行加裝大袖以後，杏葉遂轉而設於左右胸前。

■穿戴胴丸的郎黨

圖中是身著胴丸的郎黨。平安、鎌倉時代的小札較長，故附圖也將草摺畫得稍長。為方便雙腳活動、適合徒步，特意將草摺下襬分成8間。圖中的郎黨頭戴烏帽子，手持纏繞藤蔓的薙刀，彷彿正要隨著主人同赴戰場。

胴丸的草摺

先以平札（平板狀小札）疊合，組成5段、8間的小札板，再以小札板製成整件草摺。之所以將胴丸的草摺製成8間，目的在便於雙腳活動。從甲冑演變史的角度來看，這樣的草摺應是將大鎧的4間草摺從中央分成2股所形成的。《伴大納言繪詞》中便有描繪到這種初期的胴丸。

胴丸鎧

　　大鎧適於騎射戰，胴丸適於徒步戰，而介於兩者之間的便是所謂「胴丸鎧」（古作「腹卷鎧」）。早從初期開始，胴丸鎧便會搭配頭盔和大袖使用，因此後人推測胴丸鎧應為高級武士的裝備。胴丸鎧的草摺下襬呈8間構造，胴甲整圈並無縫隙，所以不須使用脇楯。除上述這兩點以外，胴丸鎧跟大鎧都有逆板和障子板，也都會以弦走韋包覆胴甲前方，胸前也有栴檀板、鳩尾板。

　　儘管現存的胴丸鎧僅有愛媛縣大山祇神社收藏的赤糸威胴丸鎧而已，不過《平治物語繪卷》、《蒙古襲來繪詞》等合戰繪卷中，皆有描繪身穿胴丸鎧的武者。除此以外，《平家物語》（長門本、南部本）及《源平鬥諍錄》等文獻中也有出現「腹卷鎧」一詞。考量中世後期習慣將胴丸與腹卷交替稱呼，可以斷定文獻中的「腹卷鎧」應為胴丸鎧。順帶一提，大山祇神社所藏赤糸威胴丸鎧的草摺目前為7間，不過依照胴甲最底部的胴尾形狀，並比對日本國立歷史民俗博物館收藏的零件看來，此草摺原本應屬8間構造。

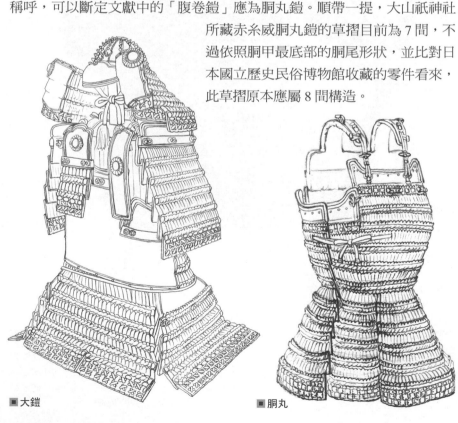

■大鎧　　　　　　　　　　　　　■胴丸

■ 身著胴丸鎧的武士

胴丸鎧由於兼具騎射戰與徒步戰兩種特性，研判應是誕生於鎌倉時代初期。合戰繪卷對它多有描繪，因此可以推測鎌倉時代末期胴丸鎧的使用頗盛。不過後來徒步戰越來越吃重，使得胴丸鎧在功能面上顯得不上不下，漸漸地也就不為武者所用了。

障子板

鳩尾板

栴檀板

弦走韋

籠手

除大鎧以外，武士還會穿戴其他各種小具足配件，其種類亦因身分而有差異。

正如《平治物語繪詞》所繪，平安、鎌倉時代的高級武士使用的是「片籠手」，也就是只有持弓的左手穿戴籠手。另一方面，持弓、薙刀、長卷等長柄武器徒步作戰的低階士卒，則大多使用兩手均有籠手的「諸籠手」。

此外，高級武士還會穿戴筒臑當、腳穿毛皮材質的貫，低階士卒則穿草鞋或「足半」。所謂足半，是一種僅有前半部腳掌有鞋底，後半腳掌懸空的草鞋。

片籠手與諸籠手

所謂「籠手」，就是保護整個手臂直到手背的小具足。早期的籠手經常會將其主要部位的座盤塗成黑色。現今固然有不少金屬籠手留存，不過從甲冑的本體研判，籠手應是以皮革塗漆為主流。只使用單邊的稱作「片籠手」，雙臂穿戴的則稱「諸籠手」。

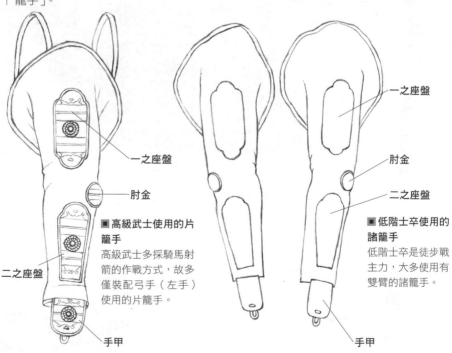

一之座盤

肘金

二之座盤

■ **高級武士使用的片籠手**
高級武士多採騎馬射箭的作戰方式，故多僅裝配弓手（左手）使用的片籠手。

二之座盤

手甲

一之座盤

肘金

二之座盤

■ **低階士卒使用的諸籠手**
低階士卒是徒步戰主力，大多使用有雙臂的諸籠手。

手甲

片籠手實例

日本公認最古老的籠手,是滋賀縣兵主神社所藏的籠手,與奈良縣石上神宮傳承的籠手的手甲部分。兩者均為金屬材質。

一之座盤

肘金

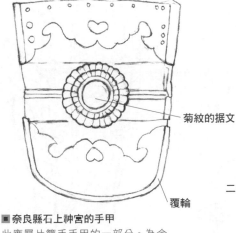

菊紋的据文

覆輪

■ 奈良縣石上神宮的手甲
此應屬片籠手手甲的一部分。為金屬打造,邊緣有鍍銀覆輪,表面有二引 [16] 紋樣與菊紋的据文。

二之座盤

■ 滋賀縣兵主神社的籠手圖
滋賀縣兵主神社的片籠手體積偏小,但卻是金屬製。保護手腕的座盤和手甲是以鉸鏈連接,頗具特色。

鉸鏈

手甲

■《平治物語繪詞》所繪之騎射戰
從描繪眾多武士身披大鎧的合戰繪卷中便不難發現,當時騎乘馬匹、以弓箭攻防的騎射戰極為盛行。根據《平家物語》、《源平盛衰記》等文獻記載,當時武士作戰時會先互報名號、騎馬拉弓向彼此衝刺,待擦身而過之際放箭射擊,是非常固定、近乎儀式性的戰鬥方法。

筒臑當

　「筒臑當」是「臑當」之古形。恰如其名所示，它是種呈筒狀、包覆臑（小腿）的防具。就構造而言，筒臑當是以鉸鏈連接 3 塊縱長形板材製成。

筒臑當

筒臑當是以鉸鏈連接正面與左右兩側板材，可任意開闔。它將整個小腿包覆起來，後方以繩索交叉作千鳥掛[17]形狀穿戴使用。《平治物語繪詞》等合戰繪卷對此類臑當亦有描繪。圖為岐阜縣可成寺收藏的臑當，據信它跟滋賀縣兵主神社所藏並列，同為最古老的筒臑當。

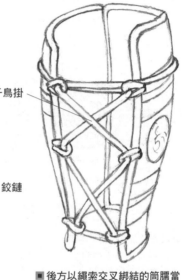

千鳥掛

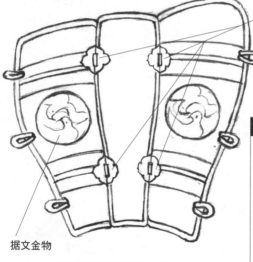

鉸鏈

据文金物

■ 筒臑當的展開圖（正面）

■ 後方以繩索交叉綁結的筒臑當

筒臑當的著裝例

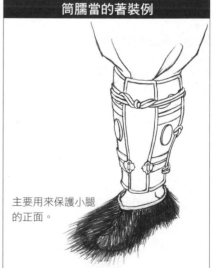

主要用來保護小腿的正面。

半首

　　所謂「半首」，就是種覆蓋額頭與兩頰部位的面具，讀作「はつむり」（Hatsumuri），亦讀作「はっぷり」（Happuri）或「はつぷり」（Hatsupuri）。《太平記》、《難太平記》、《庭訓往來》等軍記物語均有記載，《伴大納言繪詞》、《前九年合戰繪詞》、《平治物語繪詞》等合戰繪卷中也有描繪。從當時的圖畫可以發現，半首大多都塗成黑色，也不乏表面繪有一些圖案的半首。當時的半首幾乎沒有流傳至今，故其材質和穿戴方法已不得而知，不過從圖畫判斷，主要應該是用來保護顏面、抵禦敵箭。

高級武士與低階士卒的半首

一般認為，半首在平安、鎌倉時代相當盛行，可惜目前沒有文物可以佐證。根據文獻，上至有頭盔的高級武士，下至低階士卒，許多士兵都會裝備半首。

■高級武士用例

■低階士卒用例

錣的變化

　　經過平安時代後期的源平合戰以後，武士在鎌倉建立幕府、打下了武家政治的基礎。甲冑在此之後亦無太大變化，一直維持著已算相當完整的形式。然而以元寇之戰（1274年、1284年）為界，甲冑從鎌倉時代後期到南北朝動亂期又有了很大變化。

　　元寇之戰當時，元軍曾兩度揮兵直指北九州，日本軍因作戰方式與元軍不同而陷入了苦戰。隨著戰爭越來越激烈，過去傳統的騎射戰越漸式微，使用太刀、薙刀等劈砍兵器的作戰形式開始盛行，取代了原本用弓箭攻防的主流地位，而此現象也為錣的形狀帶來了極大變化。

初期的笠錣

平安時代末期使用的是垂至肩頭的杉形錣（參見P.62），後來則漸漸被狀如斗笠的「笠錣」取代。進入鎌倉時代後期，武士主要攻擊手段從弓箭變成了太刀、薙刀，需要揮舞武器，因此對手臂的活動性有更高的要求。為避免影響手臂活動，遂出現了將杉形錣往上掀起的笠錣。廣島縣嚴島神社的淺蔥綾威大鎧和岡山縣的赤韋威大鎧（赤木家所傳）等頭盔的錣，其形態更是介於杉形錣和笠錣之間，恰恰揭示著其間的演變過程。

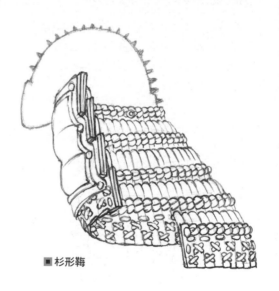

■杉形錣

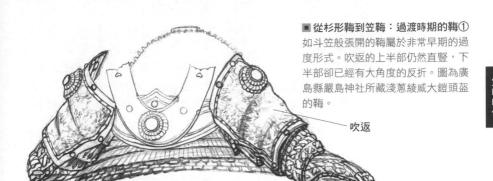

■ **從杉形鞶到笠鞶：過渡時期的鞶①**
如斗笠般張開的鞶屬於非常早期的過度形式。吹返的上半部仍然直豎，下半部卻已經有大角度的反折。圖為廣島縣嚴島神社所藏淺蔥綾威大鎧頭盔的鞶。

━ 吹返

■ **從杉形鞶到笠鞶：過渡時期的鞶②**
附圖鞶的形狀和廣島縣嚴島神社所藏淺蔥綾威大鎧頭盔的鞶相當類似。由於使用的是有3排小孔的三目札，小札會拼成3層的小札板，變得相當厚。如此一來，便會使得吹返的反折部分承受相當大的負擔。圖為岡山縣赤韋威大鎧頭盔的鞶。

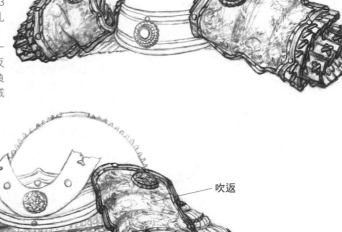

吹返

━ 吹返

■ **笠鞶**
鞶歷經嚴島神社大鎧和岡山縣赤韋威大鎧頭盔的演變過程，到了鎌倉時代末期，已有圖中島根縣日御碕神社白糸威大鎧頭盔這般雄偉的笠鞶出現。笠鞶的吹返大角度反折，進一步提升了手臂的活動性。與前述2個鞶相較之下，可以發現笠鞶吹返的反折相當平均。

鞠裝設方法的變化

兜缽下緣有圈如腰帶般的腰卷（參見 P.85），鞠便是裝設於此處。隨著鞠的演變，鞠裝上腰卷的方式也有很大的變化。起初腰卷都是垂直的，唯有鞠向外張開，兩者固定得並不牢靠。漸漸地，就連腰卷也開始往水平方向張開，一之板（缽付板）便裝在水平展開的腰卷上。

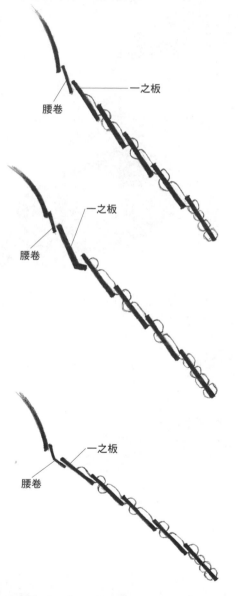

一之板

腰卷

一之板

腰卷

一之板

腰卷

■ 杉形鞠
杉形鞠的腰卷和一之板幾乎是呈平行的。

■ 一之板反折的笠鞠
廣島縣嚴島神社淺蔥綾威大鎧的頭盔所使用的鞠，是斜向朝外伸出於腰卷之外。一之板下緣向外側反折，藉以承載上頭裝設的二之板。另外，島根縣日御碕神社白糸威大鎧頭盔的鞠則是直接斜向裝設於腰卷之上。此類屬於形式較古老的笠鞠，鞠跟腰卷固定得不怎麼牢固，遭遇武器劈砍時穩定性不佳。但若只論鞠本身的穩固性，卻是相當良好，足以有效防禦弓箭攻擊。

■ 將腰卷向外反折的笠鞠
為彌補早期笠鞠缺乏穩定性的缺點，可以發現南北朝時代會將腰卷向外反折，才在腰卷上裝設一之板，例如美國大都會美術館收藏的黑韋威中白二十二間筋兜（京都府篠村八幡宮舊藏，足利尊氏所獻），和愛媛縣東雲神社所藏紫糸威中赤三十八間筋兜等文物。不過此時腰卷的反折仍然很淺，不容易使鞠完全展開成有如斗笠的形狀，穩定性依然不盡理想。

室町時代的笠鞠

到了室町時代以後，將腰卷向外反折的情況變得更加顯著。從青森縣櫛引八幡宮收藏的白糸威肩紅胴丸、奈良縣春日大社所藏黑韋威胴丸（2號）等頭盔便可以看到，此時已經會將腰卷以 90° 直角向外反折，再加裝一之板，鞠至此終於可以長時間維持斗笠形狀。腰卷和鞠的這種設置方式，維持了整個室町時代都不曾有改變。

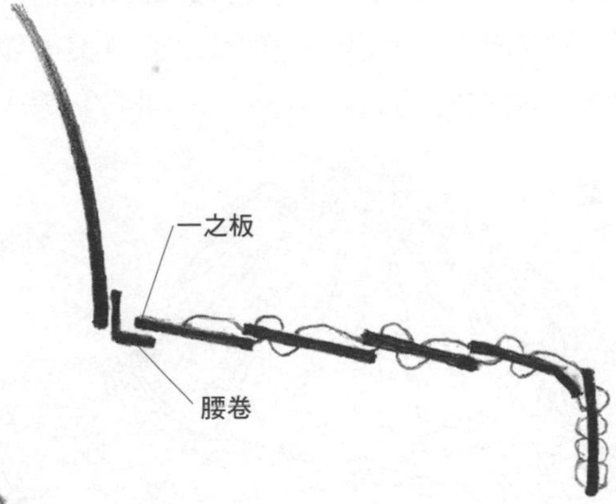

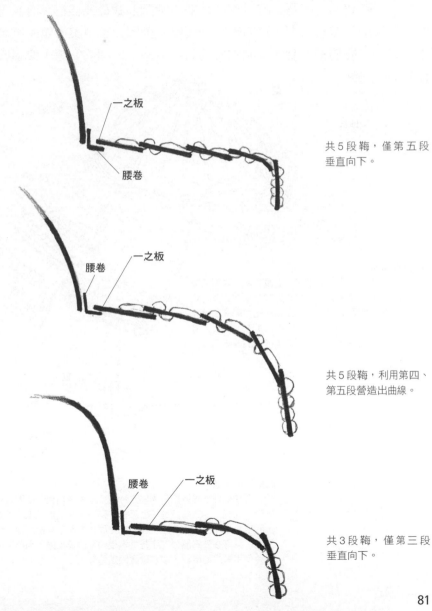

共 5 段鞠，僅第五段垂直向下。

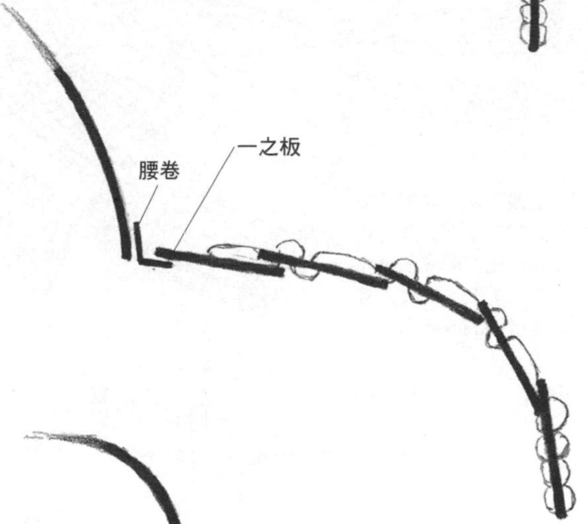

共 5 段鞠，利用第四、第五段營造出曲線。

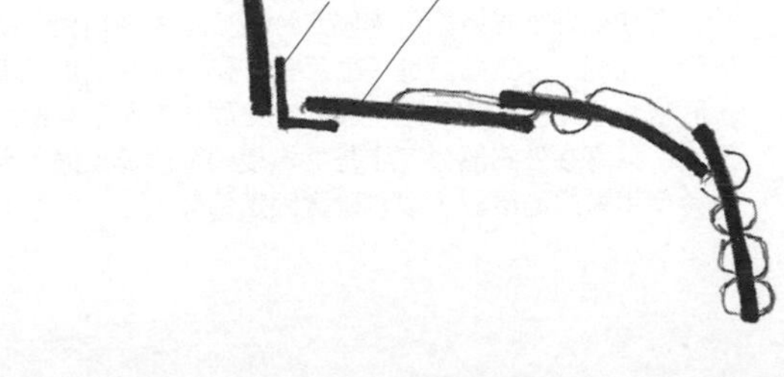

共 3 段鞠，僅第三段垂直向下。

筋兜的誕生

　　鎌倉時代末期即將進入南北朝時代時，又有名為「筋兜」的新型頭盔問世。筋兜是用鉚釘將矧板固定於鉢體外側，再將矧板的一端反折，形成所謂的「筋」，是種不顯示出星、僅強調筋構造的頭盔。頭盔上不再有星，一般認為是因為此時以劈砍武器的戰鬥形式最為盛行，而較光滑的表面有助於減緩太刀、薙刀劈砍的衝擊。美國大都會美術館的黑韋威中白二十二間筋兜、愛知縣明眼院的匂肩白四十六間筋兜等，便屬於初期的筋兜文物。

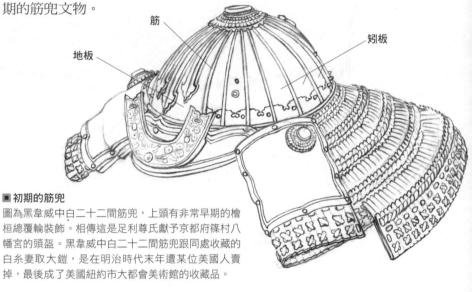

筋
地板
矧板

■ 初期的筋兜
圖為黑韋威中白二十二間筋兜，上頭有非常早期的檜桓總覆輪裝飾。相傳這是足利尊氏獻予京都府篠村八幡宮的頭盔。黑韋威中白二十二間筋兜跟同處收藏的白糸妻取大鎧，是在明治時代末年遭某位美國人賣掉，最後成了美國紐約市大都會美術館的收藏品。

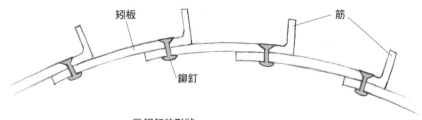

矧板
筋
鉚釘

■ 鉚釘的形狀
筋兜會使用好幾支鐵鉚釘來固定矧板。首先在矧板正面開幾個盤子形狀的洞，從正面打進平底鉚釘，再從背面固定起來，最後將表面打磨平整、上漆收尾，因此從正面根本看不見鉚釘頭。也就是說，鉚釘在外側部分完全是靠鐵板的厚度來支撐，因此早期筋兜會使用較厚的鐵板，以求確實固定鉚釘。

武士與甲冑 足利尊氏

決定揭竿反抗鎌倉幕府的足利尊氏穿著黑韋中白大鎧，鼓吹跟隨者起兵倒幕。
由於實現了戰勝的心願，尊氏便將當時他穿的這套大鎧獻給了篠村八幡宮。經
過幾多波折，現在僅剩頭盔收藏於美國紐約市的大都會美術館。

筋兜的裝飾

　　筋兜的缽體同樣也會使用八幡座、篠垂、地板、檜桓、覆輪等金屬裝飾，只不過此時的八幡座並非平安、鎌倉時代那種葵葉座，而是「圓座」，甚至直接使用菊座。此外，基本上八幡座和篠垂上頭並沒有星，而地板構造也在進入室町時期以後逐漸消失。不過另一方面，從美國大都會美術館所藏黑韋威中白二十二間筋兜、福井縣永平寺三十四間筋兜缽也可以發現，部分筋兜卻也會在檜桓或腰卷部分使用星，仍帶有從前星兜的遺風。

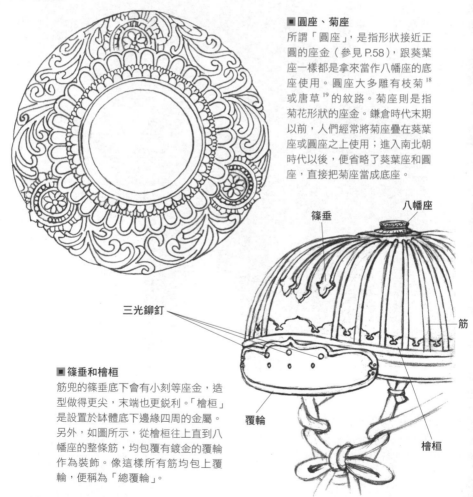

■圓座、菊座

所謂「圓座」，是指形狀接近正圓的座金（參見 P.58），跟葵葉座一樣都是拿來當作八幡座的底座使用。圓座大多雕有枝菊[18]或唐草[19]的紋路。菊座則是指菊花形狀的座金。鎌倉時代末期以前，人們經常將菊座疊在葵葉座或圓座之上使用；進入南北朝時代以後，便省略了葵葉座和圓座，直接把菊座當成底座。

篠垂　　　　　　八幡座

三光鉚釘

筋

覆輪

檜桓

■篠垂和檜桓

筋兜的篠垂底下會有小刻等座金，造型做得更尖，末端也更銳利。「檜桓」是設置於缽體底下邊緣四周的金屬。另外，如圖所示，從檜桓往上直到八幡座的整條筋，均包覆有鍍金的覆輪作為裝飾。像這樣所有筋均包上覆輪，便稱為「總覆輪」。

留有星兜痕跡的筋兜

從美國大都會美術館的黑韋威中白二十二間筋兜，和
福井縣永平寺三十四間筋兜缽可以發現，檜桓和腰卷
處留有星兜退化留下來的星（鉚釘）。

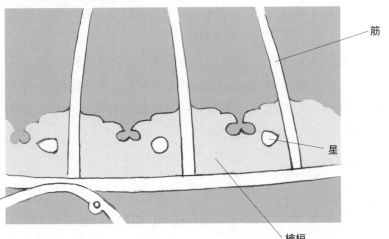

筋

星

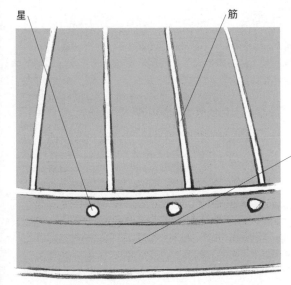

星　　　　　　　　　筋

檜桓

檜桓通常是以鉚釘固定，唯獨使用總
覆輪手法時，是將檜桓的邊緣和天邊
之穴折進覆輪中固定，故不需要使用
星（鉚釘）。美國大都會美術館的黑
韋威中白二十二間筋兜雖然屬於總覆
輪構造，卻仍然承襲從前以鉚釘固定
檜桓的遺風，上頭的星是種形式化的
鉚釘。圖為美國大都會美術館收藏的
黑韋威中白二十二間筋兜的檜桓。

腰卷

腰卷通常都是使用星（鉚釘）固定。
就上頭沒有星的筋兜而言，照理來説
也不會有用來固定腰卷的星，卻也不
乏出現形式化的星構造，如福井縣永
平寺三十四間筋兜缽，承襲了從前以
星固定腰卷之遺風。圖為福井縣永平
寺三十四間筋兜缽的腰卷。

室町時代的大鎧

　　鎌倉幕府滅亡後雖有建武中興，卻也旋即崩壞。其後武家再度建立政權，於京都的室町開設幕府（北朝）對抗吉野（南朝），使得全日本進入了南北朝紛亂時期。南北朝合一以後，天下看似終於回歸平靜，實際上，在室町幕府底下，東國一帶依舊內戰頻仍。

　　為應付徒步戰鬥的需要，這個時期大鎧的胴高和草摺變短，壺板的下襬則做得更窄，而且還將草摺兩端往內側彎折，謂之「草摺撓」。草摺撓後來變得越來越深，一般認為，這應該是為了滿足徒步戰需求，而將原本平直的草摺小札板改成包覆兩腳的形狀。

壺板的下緣

壺板的下緣越做越窄，這也反映了大鎧的穿戴方式，從原先以肩膀承受鎧甲全部重量，變成於腰際打結固定，而這也是原本設計成騎乘使用的大鎧，為追求徒步便利性得到的結果。

壺板

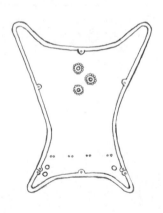

■南北朝時代壺板的下緣
進入南北朝時代以後，大鎧也變得像胴丸一樣，在腰際打結穿戴；與此同時，壺板的下緣也跟著變得越來越細窄。這種傾向自鎌倉時代後期就有，從廣島縣嚴島神社淺蔥綾威大鎧便已經可以發現此特徵。

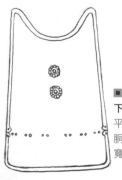

■平安、鎌倉時代的壺板下緣
平安、鎌倉時代的壺板與胴甲同樣，都是呈上下同寬抑或下緣較寬的形狀。

栴檀板、鳩尾板

從京都府鞍馬法師大惣仲間白糸妻取大鎧、廣島嚴島神社黑韋威肩紅大鎧等甲冑便可以發現，栴檀板、鳩尾板同樣也在南北朝時代以後，漸漸越變越小。這是因為大鎧已經不作原本預設的騎射戰使用，此時期的栴檀板與鳩尾板只是一種權威性的象徵，徒留形式。

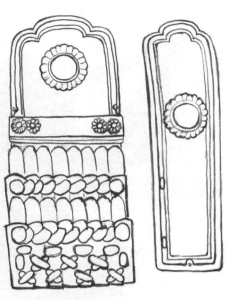

■平安、鎌倉時代的栴檀板、鳩尾板
為保護騎射戰當中經常曝露在外的側腰與胸口，平安、鎌倉時代的栴檀板和鳩尾板通常做得較大，整體形狀線條也較為柔和。

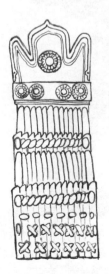

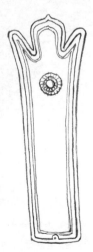

■南北朝時代的栴檀板、鳩尾板
南北朝時代的栴檀板、鳩尾板已經純為裝飾，不再作原本的用途使用，因此不但尺寸變得較小，整體形狀也變得較多稜角。圖為京都府鞍馬法師大惣仲間白糸妻取大鎧的栴檀板與鳩尾板。

武士與甲冑 南部信光

後村上天皇賞賜南部信光的甲冑，後來奉納於青森縣櫛引八幡宮，至今仍然收藏於此。此鎧甲的整體以白繩為主體，並以有顏色的繩索串連甲冑末端「妻」，這樣的形式便是所謂的「白糸妻取大鎧」。重要部分更有桐紋浮雕的金屬裝飾，在在昭示著信光的戰功對南朝來說究竟是何等地重要。

武士與甲冑 足利義教

島根縣出雲大社藏有 1 套傳為室町幕府第六代將軍足利義教所獻的大鎧。這是 1 套赤
糸威肩白鎧甲，威毛著實華麗。唐草鏤紋的金屬件上，還飾有圓形與 2 條粗線組成的
足利家家紋──兩紋。圖中站在甲冑後方的，便是希望藉由奉納大鎧，祈求西國安泰
的義教。

寬袖與壺袖

　　南北朝時代以後，徒步戰越發盛行，武士不斷追求更加輕盈的甲胄，為騎乘戰設計的大鎧自然也就漸無用武之地，而高級武士也紛紛以原屬低階士卒配備的胴丸搭配頭盔與袖甲，取代大鎧，只不過這胴丸並非搭配星兜使用。

　　儘管寬袖多是由 6 段或 7 段的小札板組成，卻也不乏 5 段式寬袖，如愛媛縣大山祇神社所藏薰韋包胴丸所附的寬袖。同神社甚至還藏有 1 套紫韋威胴丸，使用的是 3 段式寬袖，更為罕見。有些寬袖採包小札（參見 P.130）形式，還有些則是原本搭配最上胴丸、最上腹卷（參見 P.116）使用的板式寬袖。

寬袖

寬袖的冠板通常都與小札板呈直角裝設，謂之「折冠」，不過也有冠板是像大袖一樣，與小札板呈平行設置，例如美國大都會美術館的色色威胴丸的寬袖。室町時代後期以前，寬袖原本也都跟大袖一樣，是用 4 條袖繩穿在環上（參見 P.53），但到了室町時代末期，卻已經改為直接在冠板的 2 處各挖 2 個洞綁繩的使用方式，就如長野縣諏訪市博物館收藏之紅糸威胴丸（諏方大祝家傳承）所附的寬袖。

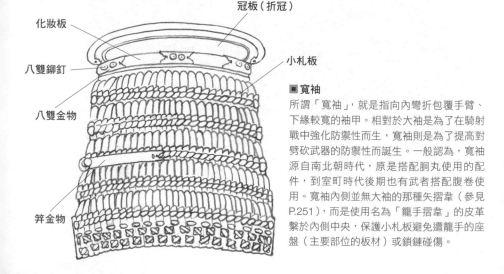

冠板（折冠）

化妝板

八雙鉚釘

八雙金物

小札板

笄金物

■寬袖

所謂「寬袖」，就是指向內彎折包覆手臂、下緣較寬的袖甲。相對於大袖是為了在騎射戰中強化防禦性而生，寬袖則是為了提高對劈砍武器的防禦性而誕生。一般認為，寬袖源自南北朝時代，原是搭配胴丸使用的配件，到室町時代後期也有武者搭配腹卷使用。寬袖內側並無大袖的那種矢摺韋（參見 P.251），而是使用名為「籠手摺韋」的皮革繫於內側中央，保護小札板避免遭籠手的座盤（主要部位的板材）或鎖鏈碰傷。

壺袖

壺袖普遍都是在折冠下方串連6段至7段的小札板,石川縣藩老本多藏品館收藏的紅白段威壺袖,則是少數屬於5段構造的壺袖。此外,愛知縣洲崎神社的色色威壺袖則是9段,有的壺袖段數甚至更多。壺袖主要是腹卷的附屬配件,與寬袖同樣也有包小札(參見P.130)和板式等形式。通常壺袖跟大袖、寬袖同樣都是用袖緒綁在環上,然而室町時代末期,卻出現了於冠板擇2處各開2個洞、直接穿繩的壺袖,例如山形縣上杉神社的紅糸威壺袖。有些壺袖也會將袖緒打結固定於上臂內側,以免袖甲翹起。

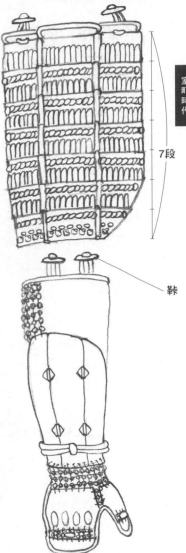

7段

鞐

冠板

八雙鉚釘

八雙金物

化妝板

笄金物

■壺袖

壺袖與寬袖恰恰相反,乃指下緣較窄的袖甲。壺袖於室町時代後期出現,是為了追求輕量化而誕生,保留了寬袖原本的機能,但變得更輕便。室町時代後期以後,壺袖使用得特別頻繁。

■繼籠手

利用鞐(參見P.237)或釦,將保護上臂的袖甲與保護肘部的籠手連接而成的籠手,即所謂「繼籠手」。大分縣祚原八幡宮收藏的金白檀磨淺蔥糸威肩紫壺袖,乃屬利用鉸鏈使袖甲與籠手連動的7段板材構造。從第六段下方可以發現有個帶著責鞐構造的縒,一般認為其下連接的應該是短籠手的笠鞐(日本甲冑學者山岸素夫的見解)。繼籠手應是壺袖演變成「仕付袖」之前的過渡產物。

腹卷的誕生

　　鎌倉時代又有兩種新型的鎧甲問世，分別為「腹卷」（古稱胴丸）與「腹當」。

　　腹卷是比胴丸（參見 P.70）輕便的鎧甲，甚至也可以說它就是由輕便的腹當演變而來的。腹卷的形狀等於是將腹當兩邊的側腹部位向後延伸，胴甲的部分則是使用小札板從腹部包裹，在背後連接起來。

　　除引合（接縫）的位置和後立舉段數以外，腹卷和胴丸其實沒什麼太大差異。胴丸的引合大多位於右邊側腹、前胴在上後胴在下；腹卷的引合卻是在後背。如此設計有個很大的優點──無論何種身形、體格都能穿戴，不過反過來說，這卻也使得鎧甲在背後產生縫隙，形成防禦上的嚴重弱點。

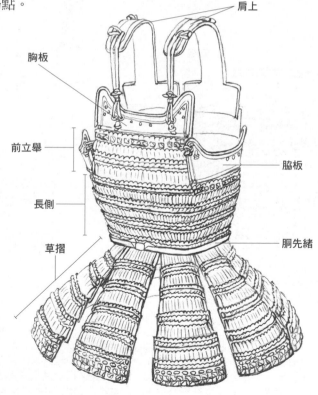

肩上

胸板

前立舉

長側

草摺

脇板

胴先緒

■腹卷的左斜前方視角圖

腹卷的構造

腹卷乃採背後接縫的「背割」形式，故後立舉有左右之分，其上亦有左右2塊押付板，除此以外，肩上、押付板及裝設方法等全都與胴丸相同。其次，左右脇板均採與胴丸射向（左側）脇板相同的形狀，就連胸板形狀也跟胴丸相同。

相對於胴丸採偶數的8間草摺，腹卷草摺則是奇數7間。基本上，是先於正前方設置1間，然後才在左右兩側各添設3間草摺。此外，亦不乏有腹卷採用5間草摺構造，如大阪府金剛寺洗韋威腹卷、島根縣日御碕神社色色威腹卷等。5間草摺的構造，同樣也是先在正前方設置1間草摺，然後才在左右裝設2間草摺。

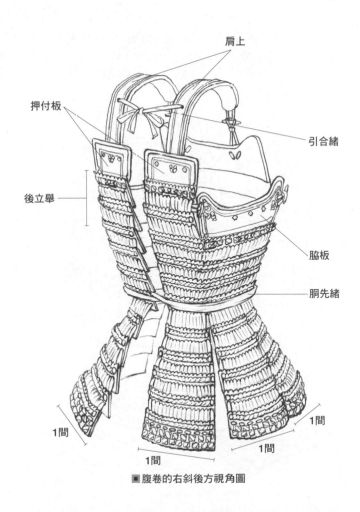

肩上

押付板

後立舉

引合緒

脇板

胴先緒

1間　1間　1間　1間

■腹卷的右斜後方視角圖

腹當的構造

　　腹當古稱「當」，恰如字面所示，是種僅能包覆腹部、最輕便的甲衣，因此向來就是低階士卒的基本武裝，但高階武士有時也會以此作輕武裝。鎌倉時代末期所繪、滋賀縣來迎寺的《十界圖》便繪有身穿腹當、騎著裸馬的老兵模樣。其次，載明日期為永仁6年（1298年）5月20日的〈順性御物以下進狀案〉（《青方文書》[20]一）也寫道：「腹當一件，赤韋威」，可見腹當應是誕生自鎌倉時代後期左右。

■左斜前方視角圖

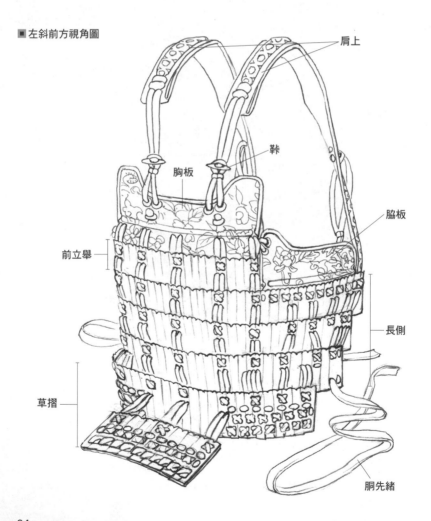

肩上

鞐

胸板

脇板

前立舉

長側

草摺

胴先緒

腹當的構造

從形狀判斷，長崎縣松浦史料博物館收藏的素懸紅糸威腹當（松浦家流傳）應是室町時代末期的產物。前立舉 1 段、長側 3 段，草摺則是前 2 段、左右 1 段。左右胴甲的繩索並不在背後交叉，而是直接繞過胸板，最後以鞐固定在背心處。圖為上述松浦家所傳的素懸紅糸威腹當。

■右斜後方視角圖

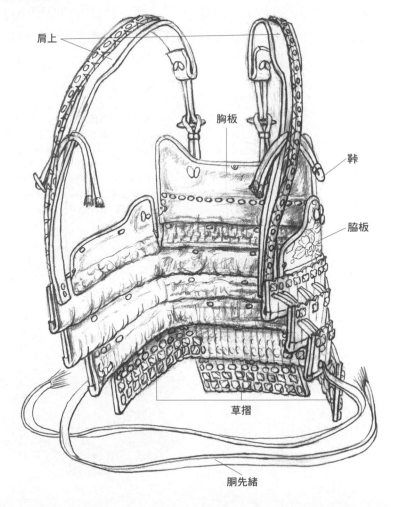

肩上

胸板

鞐

脇板

草摺

胴先緒

半頰

隨著劈砍成為戰鬥中的主要攻擊手段，小具足配件也產生了很大的變化。鞢演變成笠鞢，頭盔和肩甲之間因而產生了縫隙，使頸脖和下顎曝露出來，遂有保護下顎與兩頰的面具誕生，即所謂「半頰」。

半頰一詞可見於《太平記》卷十七，南北朝時期以後就有使用。半頰又因其形狀，亦稱「頰當」，恰巧就像把鎌倉時代的半首給顛倒過來。

同樣為因應徒步戰，胴甲、草摺越做越短，勢必就要利用小具足來補足上下的縫隙。因此，先出現了防禦喉嚨到胸口的小具足，謂之「喉輪」，後來幾經演變，形成了「曲輪」，甚至還有曲輪的簡略版小具足，稱作「領輪」。除此之外，還出現了不戴頭盔也能防禦額頭的小具足「額當」。

■半頰與喉輪併用

就如同《二人武者繪》所描繪的那般，早期半頰似乎都會搭配喉輪或曲輪（參見 P.98）使用。有些半頰也會帶有跟近世的「面頰當」同樣的垂[21]，不過初期的半頰都沒有可以用來加裝垂的小孔，為保護喉部，就必須搭配喉輪或曲輪使用。

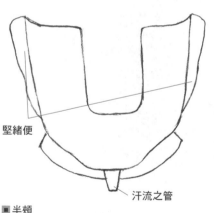

堅緒便

汗流之管

■半頰

所謂半頰，是為補足鎌倉時代後期笠鞢之短處而誕生，面具的形態可以保護臉頰到下顎，抵擋劈砍武器攻擊。室町時代以後，由於笠鞢體積變得更小，對顏面的防禦更顯關鍵，使得半頰跟著受到廣泛使用。

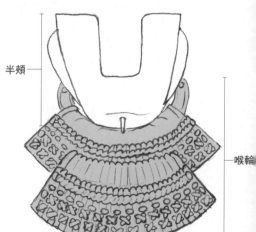

半頰

喉輪

從半頰到近世的面具

各種保護喉嚨到胸口的小具足中，又有帶鼻子造型的「目下頰」，以及山口縣源久寺所藏、覆蓋整張臉的「總面」問世。這些小具足跟後來近世名為「面頰當」的面具有著很深的淵源。

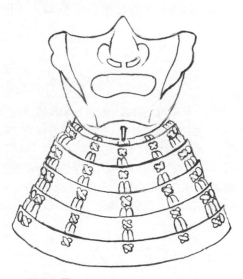

■ 目下頰

中世的「目下頰」，是有鼻子與下半邊臉的造型。初期的目下頰和半頰一樣都沒有垂，因此目下頰很可能也是搭配喉輪或曲輪併用。

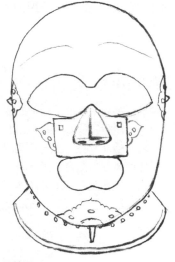

■ 總面

上圖為山口縣源久寺所藏的「總面」，鼻子部分已經破損，此為形狀簡樸的三角形鼻子復原圖。其下方可以看到 1 排連續的小孔，很可能就是拿來吊掛垂，代替喉輪。

■ 平安、鎌倉時代的半首

平安、鎌倉時代主要使用半首。

97

喉輪、曲輪、領輪

　「喉輪」是種保護喉嚨到胸口一帶的小具足。一般認為，喉輪誕生於鎌倉時代末期，不過南北朝時代到室町時代中葉似乎並不普遍。到了室町時代後期，隨著戰爭越激烈，喉嚨部位的防禦越發重要，喉輪方才開始盛行。

喉輪的構造

喉輪是以名為「月形」的主要金屬件為基礎，再用蝙蝠付韋懸掛 2 段小札板構成。月形是將鐵板製成 U 字形以貼合喉嚨曲線，並用名為「懸緒」的繩索繫在後方；通常懸緒一邊是繩圈，另一邊則是 2 條繩索。蝙蝠付韋的皮革左右會以名為「伏組」的手法做裝飾並滾邊。第一段小札板作長扇形，第二段則會稍短，使第一段左右兩側突出。室町時代末期，有些喉輪會將第一段的左右切開、分成 3 股。穿戴喉輪時，要先把頭套進月形，再取後方 2 條懸緒的其中 1 條穿過繩圈，最後綁在另一條懸緒上。

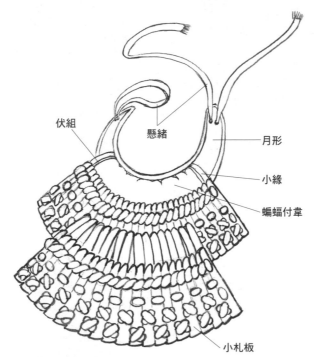

伏組

懸緒

月形

小緣

蝙蝠付韋

小札板

繪畫史料中的喉輪使用例

《細川澄元畫像》中，可以看到喉輪是穿在肩上底下，相對地《齋藤大納言正義畫像》則是穿在肩上上面，可見兩種裝備方式均可行。唯獨裝備大鎧時，因為胸板呈多層次構造而且還有障子板，喉輪勢必要穿在肩上底下。也因為這個緣故，許多繪卷都會清楚地畫出肩上與胸板的線條。

■ **《細川澄元畫像》**
從永青文庫收藏的畫像中可以看到，喉輪是穿在肩上的內側。

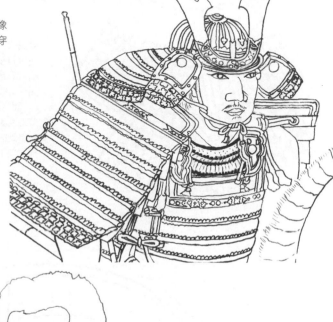

■ **《齋藤大納言正義畫像》**
圖中的武士是將喉輪穿在肩上外面，所以看不到肩上和胸板的線條。

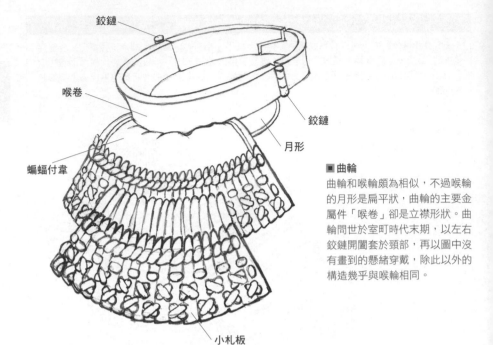

鉸鏈

喉卷

蝙蝠付韋

鉸鏈

月形

■曲輪

曲輪和喉輪頗為相似，不過喉輪的月形是扁平狀，曲輪的主要金屬件「喉卷」卻是立襟形狀。曲輪問世於室町時代末期，以左右鉸鏈開闔套於頸部，再以圖中沒有畫到的懸緒穿戴，除此以外的構造幾乎與喉輪相同。

小札板

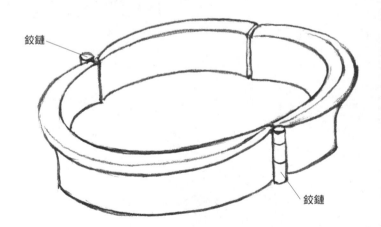

鉸鏈

鉸鏈

■領輪

名為「領輪」的小具足，僅具備相當於曲輪中喉卷的部分。跟喉卷不同的是，它並沒有用來縫上蝙蝠付韋的小洞，穿戴方法也與曲輪不同。曲輪是把懸緒綁在後頸穿戴，領輪則是以金屬釦固定。根據後人考證，領輪主要使用於室町時代末期至安土桃山時代的這段期間。

額當

「額當」是讓沒戴頭盔者也能保護額頭的小具足。《集古十種》甲冑卷第六有幅「半首圖」，從形狀來看，指的應該就是額當。額當的主體是鐵板或皮革，經過反覆捶打，做出貼合額頭的曲線。額當頂緣呈一直線，底部則裁出銳利的眼睛形狀，再打造出眉毛、皺紋等特徵，最後塗漆收尾。額當主要有兩種穿法，一種是將額當和名為「家地」的布帛疊起來，以繩索綁在後腦固定；另一種則是把家地做成帽子形狀，直接戴在頭上（此處引用山岸素夫的見解）。

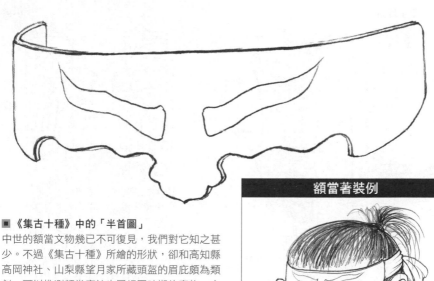

■《集古十種》中的「半首圖」
中世的額當文物幾已不可復見，我們對它知之甚少。不過《集古十種》所繪的形狀，卻和高知縣高岡神社、山梨縣望月家所藏頭盔的眉庇頗為類似，可以推測額當應該也屬相同時期的產物，亦即室町時代後期前後。

額當著裝例

額當的具體穿戴方法已不得而知，圖為以繩索綁在後腦固定之重現圖。

籠手

　　南北朝、室町時代的籠手，以雙手使用的諸籠手為主流，其中又以筒狀的「筒籠手」和細長板材製作的「篠籠手」最常見。室町時代末期，則又有「瓢籠手」和「產籠手」問世。

　　籠手的構造，由上而下依序是繫有籠手付緒（繩索）的「冠板」，上、下腕的「座盤」（以鐵板、皮革製作的主體板材），中間手肘處則有「肘金」，最後就是手背處名為「手甲」的板子。將這些零件縫在裁成手臂形狀的家地（布帛）上，便是籠手。這種諸籠手的穿戴方法，應該是

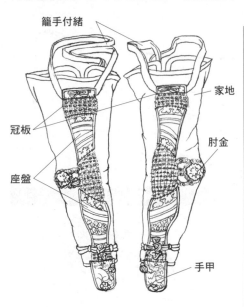

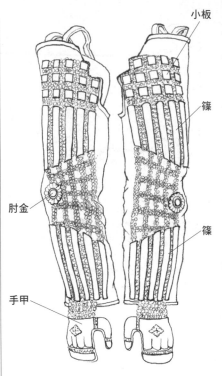

■「義經籠手」

由於鎌倉時代末期劈砍武器的使用越來越頻繁，遂開始使用諸籠手，以保護雙臂。從奈良縣春日大社收藏的籠手（俗稱義經籠手）可以看到，這個時期籠手的手甲末端較圓，形狀就像鯰魚的頭，故稱「鯰籠手」。合戰繪卷描繪的籠手大多都把座盤和手甲部分塗成黑色，不過義經籠手卻是用鐵鎖鏈連接各塊板材（或皮革），再搭配雕上枝菊的精巧金物。

■ 五本篠籠手

這個深藍色麻布底的篠籠手，為室町時代後期的文物。手甲部分以鐵鎖鏈連接姆指和其他指頭，這樣的結構稱作「摘手甲」。格子鐵鎖鏈的中央設有肘金，上臂處置有五本篠（5根鐵條）和小板。此為兵庫縣炬口八幡宮收藏品。

利用繫在冠板上或家地上的籠手付緒，交叉綁在胸部和背部固定。

　　籠手有各種型式與種類，《蒙古襲來繪詞》中，就有描繪到筒籠手與篠籠手。筒籠手是以數片板材箍成筒狀的籠手，篠籠手則是將上臂和手腕的座盤縱向剖開、使用幾片名為「篠」的細長板材製成。

　　除此以外，還有山形縣上杉神社熏韋威腹卷（上杉家家傳）所附的籠手那般，將座盤、鐵鎖鏈、龜甲金等主要構造全部埋進家地（布帛）中的「產籠手」；也有愛媛縣大山祇神社色色威最上腹卷所附的籠手那種，上臂處帶有小型袖甲的「毘沙門籠手」（亦稱仕付籠手）等。

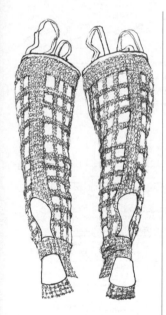

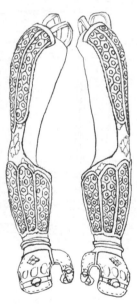

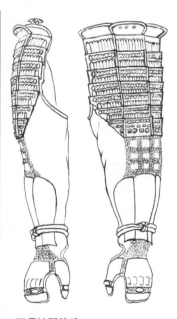

■瓢籠手

葫蘆的日文漢字寫作「瓢箪」。上圖籠手的座盤乃呈葫蘆形，故稱瓢籠手。此為山口縣防府天滿宮收藏品。

■產籠手

圖為山形縣山杉神社熏韋威腹卷（上杉家家傳）所附的籠手。座盤、鐵鎖鏈、龜甲金等主要構造全都埋在家地（布帛）之中，屬於產籠手類型。此為山形縣上杉神社收藏品。

■毘沙門籠手

圖為愛媛縣大山祇神社色色威最上腹卷所附的籠手。上臂帶有小型袖甲，即所謂毘沙門籠手或仕付籠手。此為愛媛縣大山祇神社收藏品。

佩楯

「佩楯」是用來保護大腿的諸多小具足之一。鎌倉時代後期以降，徒步戰趨於主流，為提升機動性，甲冑變得較短，使得胸部和大腿曝露在甲冑外，因此必須以小具足補強防禦。佩楯應誕生於南北朝時代，它固然可以像足利尊氏的〈騎馬武者像〉那般，直接將鐵鎖鏈或骨牌金縫在袴[22]上使用，不過主要還是分成「伊予佩楯」和「寶幢佩楯」兩種形式。

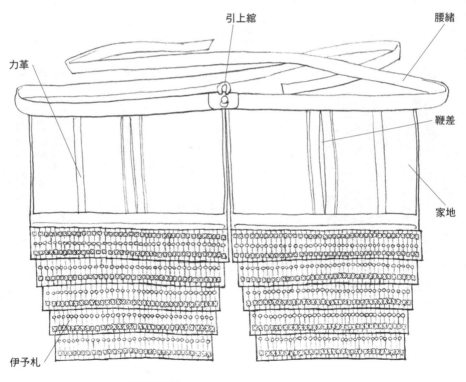

引上縮

腰緒

力革

鞭差

家地

伊予札

■ 伊予佩楯
伊予佩楯是將圍裙狀的家地（布帛）置於正面，並將伊予札以細繩或皮繩連接起來，再縫在左右兩邊而成。穿著時，要將如同圍裙綁繩的腰緒環繞於腰際，在正面打結固定；而佩楯的主要結構——伊予札區塊，則是要綁在大腿上。此為兵庫縣太山寺收藏品。

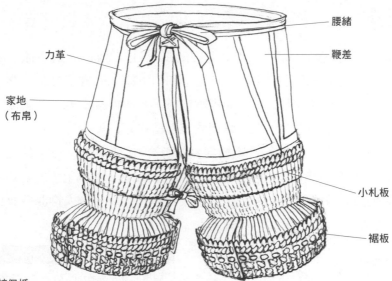

力革

家地
（布帛）

腰緒

鞭差

小札板

裾板

■ 寶幢佩楯

寶幢佩楯是將小札板塗漆、固定成筒狀，再縫在袴狀家地（布帛）所製成，就如愛媛縣大山祇神社與大阪府金剛寺的收藏品。上面3段的小札板採用從下方堆疊的「下重」手法製作，只有裙板分成3個部分。圖為愛媛縣大山祇神社收藏品。

寶幢佩楯的著裝例

穿法與袴相同，再將上面3段小札板綁在大腿上，分成3部分的裙板則垂在膝蓋附近。

臑當

　　進入南北朝時代以後，臑當穿法改以「上下結式」為主流。所謂上下結式，是用2條分別叫作「上緒」和「下緒」的繩子打結來穿著臑當。一般認為，這是因為當時徒步戰盛行，才使得臑當著裝方式從原本的「千鳥掛」（參見 P.76）改為輕便的上下結式。

　　《二人武者繪》、《結城合戰繪詞》中所繪的徒步武者，配備的是「篠臑當」。這種臑當疊合數片叫作「篠」的細長板材，並以上下結式穿著。目前幾乎沒有篠臑當出土，但由於它較筒臑當輕便，後人推測應該更常用於徒步戰。

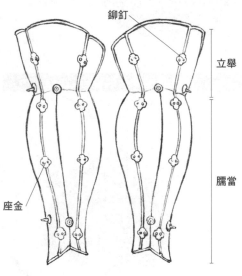

鉚釘

立舉

臑當

座金

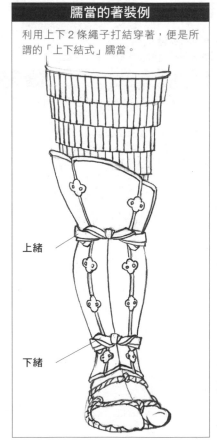

臑當的著裝例

利用上下2條繩子打結穿著，便是所謂的「上下結式」臑當。

上緒

下緒

■ 筒臑當

這個時代的臑當，多半都跟山口縣防府天滿宮所藏的筒臑當一樣，是以鐵鉚釘將正面與兩側的鐵板或皮革板牢牢固定住，最後再用名為「臆病金」的板材封住後方的開口，因此無法像從前的筒臑當那般開闔。其次，此時期的筒臑當更多出名為「立舉」的部分，延伸到膝蓋附近。有些臑當為抵禦薙刀、長卷等長柄武器，將立舉做得特別大，稱作「大立舉」。此為山口縣防府天滿宮收藏品。

甲懸

　　所謂「甲懸」，是種用來保護腳背的小具足。甲懸起初應是從筒臑當下緣向下延伸，直至包覆腳背而形成的，因此甲懸可算是筒臑當的一部分，而非獨立的小具足。《二人武者繪》中描繪的筒臑當，便有利用鎖環連接正下方及左右兩側板材的模樣。像這樣的中世文物幾乎全數散佚，不過山口縣防府天滿宮收藏的筒臑當，下緣倒是有排小孔和 1 個鎖環，堪為上述說法佐證（此處引用山岸素夫的見解）。

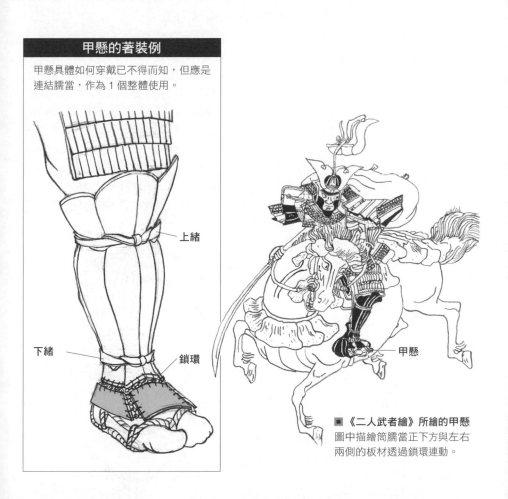

甲懸的著裝例

甲懸具體如何穿戴已不得而知，但應是
連結臑當，作為 1 個整體使用。

上緒

下緒　　　　鎖環

■《二人武者繪》所繪的甲懸
圖中描繪筒臑當正下方與左右
兩側的板材透過鎖環連動。

甲懸

阿古陀形筋兜

　　到了室町時代中葉前後，筋兜的缽體形狀產生了相當大的變化。平安時代到室町時代初期，常見前後左右直徑相等、幾乎呈半圓形的兜缽，稱作「圓山」。後來為對應劈砍武器的興起、減低劈砍衝擊的力道，遂將前後的直徑做得比左右直徑來得長，並將整體製成大幅隆起的造形。這種筋兜的缽體，看起來就像當時從海外傳入日本的阿古陀瓜（一種南瓜），遂稱作「阿古陀形」。其次，該時期戰鬥變得越發激烈，配戴頭盔時間變長，勢必追求更輕的頭盔，於是名為矧板的鐵板變得越來越薄，同時兜缽也做得更大，好讓兜缽和頭之間保留更多的空間。這樣設計的用意，便是要減緩劈砍武器所造成的衝擊力道。

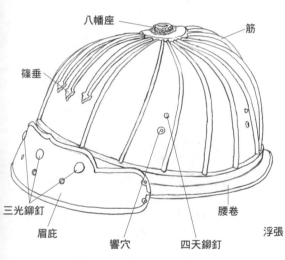

八幡座　　　　　　　　　　　筋

篠垂

三光鉚釘

眉庇　　　響穴　　四天鉚釘

腰卷

阿古陀形筋兜的構造

室町時代的頭盔形狀看起來與阿古陀瓜相當類似，故稱作「阿古陀形」。當時的頭盔大部分都帶有「鍬形」（參見 P.228）構造，而正中央有 1 根如劍直豎的「三鍬形」特別流行。除此之外，這個時期同樣也盛行檜桓、總覆輪等金屬裝飾，就連錏也為了追求質輕和擴大視野，在形狀上產生了相當大的變化。

浮張

浮張的構造

室町時代時，為對應劈砍武器帶來的強大衝擊，頭盔表面越來越光滑，才能使武器滑過頭盔、減低衝擊，因此頭盔的主流也逐漸從原本的星兜變成了筋兜。為進一步緩和衝擊力道，兜缽內側鋪上了名為「浮張」的皮革或布帛作為緩衝；而兜缽無論前後或左右的直徑也都越做越大。

阿古陀形筋兜的特徵

從茨城縣水戶八幡宮的黑韋威肩淺蔥二十八間筋兜、山口縣源久寺的紅糸威中白三十八間筋兜等頭盔可以發現，阿古陀形筋兜大多均有檜桓、總覆輪等裝飾。這些頭盔的間數（筋的數目）幾乎都在 16 間到 48 間之間；摒除前後部位不論，矧板數量和筋的數量幾乎完全一致。只不過當時人們似乎認為筋與覆輪越多，代表筋兜越費工、越高級，因此筋與覆輪多的頭盔特別受到喜愛。有些筋兜甚至還會在矧板上方設置裝飾性的筋，好讓它看起來比實際的矧板數量更多。

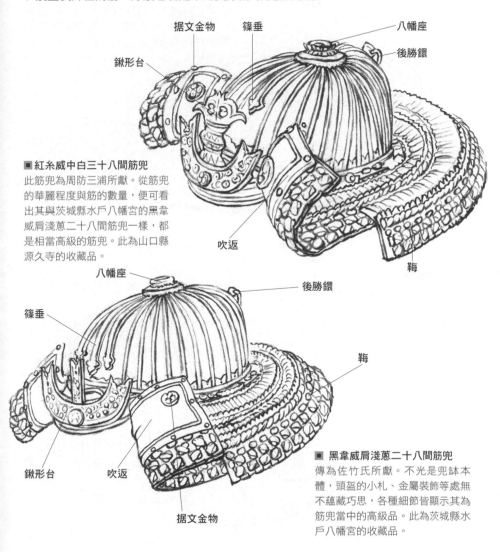

■紅糸威中白三十八間筋兜
此筋兜為周防三浦所獻。從筋兜的華麗程度與筋的數量，便可看出其與茨城縣水戶八幡宮的黑韋威肩淺蔥二十八間筋兜一樣，都是相當高級的筋兜。此為山口縣源久寺的收藏品。

■ 黑韋威肩淺蔥二十八間筋兜
傳為佐竹氏所獻。不光是兜缽本體，頭盔的小札、金屬裝飾等處無不蘊藏巧思，各種細節皆顯示其為筋兜當中的高級品。此為茨城縣水戶八幡宮的收藏品。

關東型筋兜的特徵

戰國時期，在關東地區流行一種獨特的筋兜。這種筋兜使用精心鍛造的矧板衛合製成，並根據筋的數目，而有「三十二間筋兜」、「六十二間筋兜」等稱呼。頭盔前方的「祓立」是這種筋兜的最大特徵，用來輔助向前突出的「出眉庇」（參見 P.196）與「前立」（參見 P.154）。到了江戶時代，關東型筋兜已經傳播至全日本。

■十六間筋兜

許多關東型筋兜在眉庇中央裝有合金祓立，而從琦玉縣騎西（私市）城址出土的十六間筋兜，算是當中最古老的形式，可謂探究此類頭盔起源的珍貴資料。

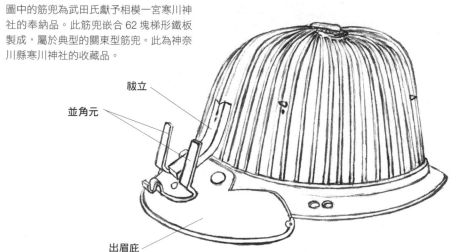

祓立

出眉庇

■六十二間筋兜

圖中的筋兜為武田氏獻予相模一宮寒川神社的奉納品。此筋兜嵌合 62 塊梯形鐵板製成，屬於典型的關東型筋兜。此為神奈川縣寒川神社的收藏品。

祓立

並角元

出眉庇

110

武士與甲冑 （島津貴久）

鹿兒島神宮有套傳為島津貴久所獻的胴丸。此胴丸附有總覆輪的阿古陀形頭盔和 7 段大袖；胴丸最頂端的 1 段使用紫繩串甲，其下則是紅繩、白繩交錯穿甲，實為華麗。貴久在戰國眾多諸侯當中，確立了薩摩地區的重要地位，被譽為「島津之英主」。

鞗的形狀

室町時代中期以後，鞗的形狀有了很大的變化。原本為5段的笠鞗，段數越變越少，後來甚至還有僅止1段的鞗問世。一般認為這是因為隨著戰鬥越發激烈、穿戴頭盔的時間越長，使用者追求更輕的頭盔與更開闊的視野所使然，然而如此卻也使得頸脖和顏面曝露在頭盔的保護之外。

為因應這樣的變化，便出現了「內鞗」。所謂內鞗，就是裝在笠鞗裡面的另一個鞗，用來彌補小型笠鞗段數少的缺陷。

■5段笠鞗
廣島縣嚴島神社黑韋威肩紅大鎧、島根縣佐太神社色色威胴丸的阿古陀形筋兜，都是屬於最基本的5段笠鞗。

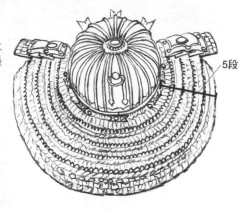

■3段笠鞗
圖中笠鞗的第一段和第二段有如斗笠般整面張開，唯獨第三段的裾板近乎垂直地向下垂。此為山口縣源久寺的紅糸威中白三十八間筋兜。

■2段笠鞗
圖中笠鞗的第一段如斗笠般張開，第二段裾板則垂直向下。此為大阪府大聖勝軍寺的十六間筋兜。

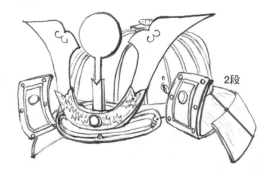

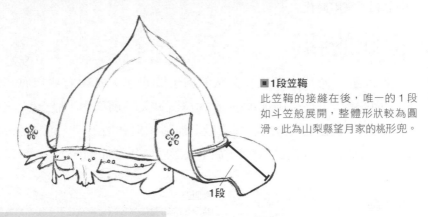

■**1段笠錣**

此笠錣的接縫在後，唯一的1段如斗笠般展開，整體形狀較為圓滑。此為山梨縣望月家的桃形兜。

1段

內錣

右圖色色威腹卷的頭盔（上杉家所傳）中，可以看到長度非常長的內錣。這是將伊予札縫在家地（布帛）上製成，伊予札又分為左右兩側及後側共3股。另外，下圖金小札淺蔥糸威胸取二枚胴具足的頭盔（直江家所傳），也可以看到串連6段板材製成的內錣。這兩頂頭盔的上半部均附有2片吹返的3段笠錣，同為山形縣上杉神社的收藏品。

■**上杉家所傳內錣**

笠錣

內錣

■**直江家所傳內錣**

笠錣

內錣

板狀的鞜

　　進入室町時代末期後，板狀的鞜也問世了。其中有些只有一之板（最上面的板）的左右兩端做成吹返構造，又特別稱作「最上鞜」。一般認為這個稱呼應是來自山形縣的最上地區，但詳情不明。近世的「當世鞜」、「日根野鞜」可說是承繼了最上鞜形狀的後繼產物。

最上鞜

　　僅有一之板做成吹返構造的鞜，稱為最上鞜。最上鞜幾乎是沿著兜缽本體的輪廓向外張開，底端則呈一直線。最上鞜通常採 5 段構造，從後腦杓到左右兩側，將整個頭顱完全包覆起來，而這正是從前的笠鞜無法提供完整保護的部位。同時，最上鞜還將吹返的數量限制在 1 片，如此一來第二段以下的鞜便能夠上下活動，使得最上鞜兼具杉形鞜的保護性和笠鞜的機能性，稱得上是解決了中世以來諸多問題的成功形態。圖為靜岡縣淺間大社舊藏之紅糸威六十二間星兜。

■ 側面
靠近眼睛的開口處，鞜呈垂直往下，以確保寬廣的視野；後方的鞜則往下傾斜，以確保手臂和肩膀可以自由活動。

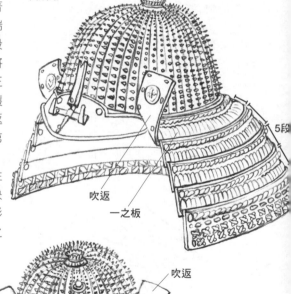

5段

吹返

一之板

■ 背面
鞜的左右兩側和後方均呈斜向，以確保手臂和肩膀活動自如。

吹返

一之板

骨牌金的鞍

下圖的頭盔為大阪府金剛寺的
頭形兜，其鞍是在家地（布帛）
縫上鎖環、骨牌金等，製成簡
易型的鞍。奈良縣法隆寺的十
二間阿古陀形筋兜同為這樣的
類型。其機能性佳，室町時代
後期以後相當盛行。但此頭盔
的家地（布帛）已經破損，所
以現在上面其實並沒有鞍。

■側面
第一段板狀構造如斗笠般張
開，其下則是縫有鎖環、骨牌
金等物的家地（布帛），因此
會垂直向下垂。

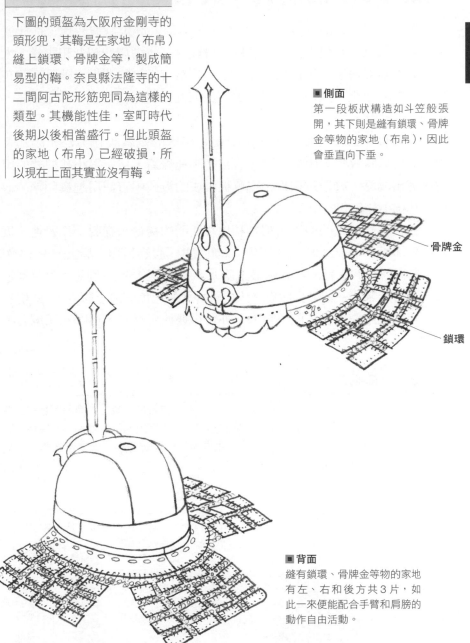

骨牌金

鎖環

■背面
縫有鎖環、骨牌金等物的家地
有左、右和後方共3片，如
此一來便能配合手臂和肩膀的
動作自由活動。

戰國時期的胴丸、腹卷

　　應仁之亂（1467～77 年）以降，日本進入群雄割據時代，從此展開了戰國亂世。戰場上出現色色威、段威等華麗絢爛的胴丸和腹卷。太刀、薙刀漸漸被淘汰，長槍取而代之，甚至有火槍的問世。戰爭形式有如此劇烈的變化，許多武士都會選用比胴丸更輕便的腹卷，搭配頭盔、袖甲奔赴戰場。

　　上述攻擊武器的變化，大大改變了甲冑的基本製作方法。因為長槍、火槍是將攻擊集中於一點，容易把小札弄斷，這使得小札型式的甲冑曝露出弱點，於是以鐵板、皮革板製成的板式甲冑使用越發頻繁，取代了傳統小札型式的甲冑。

　　通常小札型式的甲冑，都是利用小札間的接縫來穿脫；相對地，板式甲冑卻是利用鉸鏈來開闔甲冑，此類胴丸、腹卷稱作「最上胴丸」（例如：靜岡縣淺間大社的紅糸威最上胴丸）、「最上腹卷」（例如：東京都靖國神社的素懸紫糸威最上腹卷、大山祇神社的色色威最上腹卷）。此稱呼的由來與最上鞍一樣，已不可考。亦可根據使用材質，稱呼為鐵胴丸、革胴丸。

穿威繩的新手法

　　這段期間，威（穿繩）亦有新手法問世，例如毛引威、素懸威等；而因素懸威的普及，使得傳統的威毛之美不復存在。受此影響，小札板也不再像從前只有黑色，開始出現色調艷麗的小札板，諸如茶色、朱紅色、金色等塗色，晚期又有青色、銀色、白檀色等塗色加入行列。

■毛引威

簡單來說，這是種將威繩縱向一一穿過每片小札的手法。換句話說，整排小札的大部分面積都被威毛覆蓋住了。取其不留縫隙之意，故稱毛引威。

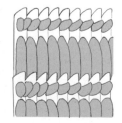

■素懸威

右圖的穿繩方式稱作素懸威，威毛的覆蓋面積會看起來較毛引威分散。素懸威由於穿繩的孔洞數目較少，非但較能抵禦集中於一點的攻擊，同時也能大幅降低製作工時。戰國時期以降，除板式甲冑以外，就連小札式甲冑也開始大幅採用素懸威工法。

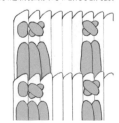

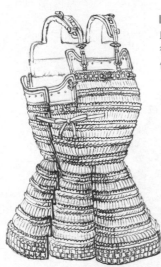

■ 室町時代的胴丸

此為室町時代後期的正統胴丸（前立舉2段、後立舉3段、長側4段）的形式。草摺左右兩側向內反折，呈左右8間、上下5段之構造。

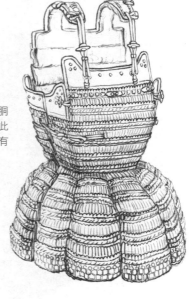

■ 戰國時期的胴丸①

此為織田信長贈送給上杉謙信的胴丸。與室町時代的正統胴丸相比，此胴丸的特徵是後立舉多了1段、共有4段，草摺的間數則有11間之多。

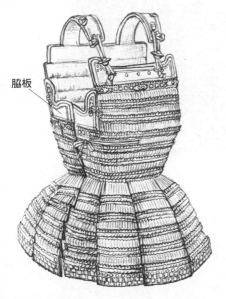

脇板

■ 戰國時期的胴丸②

庄內藩的酒井家奉德川家康的家臣酒井忠次為開藩之祖，圖為酒井家家傳的胴丸。跟室町時代的正統胴丸不同的是，不光是後立舉多了1段、共達4段，前立舉也多了1段、共有3段。此胴丸特別強調誇張的脇板構造，草摺間數跟信長贈送給謙信的胴丸相同。不同的是，草摺並未採「撓」的形式，將左右向內側反折，反而幾乎是平的。此為山形縣致道博物館所藏。

武士與甲冑 尼子經久

　　島根縣佐太神社收藏了 1 副傳為尼子經久奉納的腹卷。尼子經久當時脫離了出雲守護京極氏，獨立成為戰國諸候之一。此頭盔前方有片樹葉狀的鍬形（構樹[23] 樹葉），其氣勢之磅薄，恰如尼子氏當時的威勢。圖中的經久身披華麗的色色威腹卷，手握軍配圓扇，令人望而生畏。

武士與甲冑 山中鹿介

吉川家與小早川家共同輔佐毛利宗家，而享有「毛利兩川」之名。其中，吉川
家有頂代代相傳的頭盔，據說是山中鹿介使用過的。這頂頭盔前方豎有新月形
狀的前立，是頂粗獷的十二間阿古陀形筋兜，可能是山中鹿介從前在上月城之
戰使用的裝備。圖中畫的是山中氏身披簡易的最上腹卷、向新月祈禱的模樣。

武士與甲冑 德川家康

靜岡的淺間神社有副腹卷，傳說是德川家康還使用其乳名「竹千代」的時候，
舉行元服成人式所用。這華麗的腹卷以紅繩連接本小札，並使用素銅 [24] 的金屬
裝飾。此腹卷是附有背板的高級品，而且較小型，讓人覺得恰如傳說所述，乃
是少年的用品。

武士與甲冑 毛利元就

毛利家有副使用紫、紅、白3色威毛穿繩的家傳元就腹卷。該腹卷附有總覆輪阿古陀形筋兜、7段構造大袖以及喉輪等配件。圖為元就乘船正欲前往嚴島擊退陶晴賢軍，手握太刀佇立於一文字三星旗下，蓄勢待發的模樣。

戰國時期的小具足

　　為了填補暴露在外的縫隙，以應付長槍、火槍的攻擊，戰國時期的人在小具足的設計上下足了工夫。除原本就有使用的喉輪、曲輪以外，還新發明了名為「脇當」的小具足。脇當又稱脇甲，是種用來填補胴丸、腹卷左右兩邊側腹空隙的小具足。像這樣利用各式各樣的小具足搭配甲胄本體，使得武士非但能抵禦太刀、薙刀和弓箭，同樣也能對應長槍、鐵砲的激烈攻擊。有許多這時期的小具足，後來就直接演變成當世具足（近世甲胄之統稱）的小具足。

脇當

脇當是比脇板大上一圈、中央隆起的金屬配件，下方懸有 2 段小札板。脇當應是穿在外側、覆蓋住脇板，以抵禦火槍彈丸和長槍等武器入侵。圖為新田家家傳的脇當。

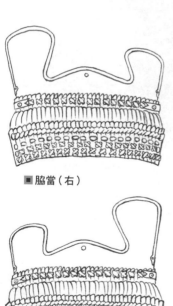

■脇當（右）

■脇當（左）

脇當的著裝例

以繩子穿過左右脇當的孔洞，再將繩子繞過肩膀，在背後交叉。

武士與甲冑 上杉謙信

織田信長曾將狩野永德所繪的洛中洛外圖屏風二雙，連同 1 副胴丸贈予謙信。
這副胴丸使用金色小札，搭配色色威，目前收藏於東京都西光寺，而山形縣的
上杉神社則藏有 1 件設計概念相同的大袖。想必當初應是連同頭盔、大袖一併
贈予謙信才是。

頭形兜

　　頭盔的形式也變得越來越簡單。除固有的星兜、筋兜以外，此時期也開始使用「頭形兜」、「突盔形兜」、「桃形兜」等造型簡單的頭盔。此類頭盔有 2 個優點：一是從構造上來說，這種頭盔很適合量產製造；二是長槍、火槍的攻擊容易掠過頭盔。這些頭盔統稱為「形兜」，自此以後使用越見頻繁。

　　初期的頭形兜喚作「古頭形」。根據構造，可以分成三枚張頭形和五枚張頭形兩種。根據《應仁記》[25] 的記載，三枚張頭形當時稱作「三枚重之鐵甲」，是以左、右、上板共 3 片板材製成，底下再接續腰卷與眉庇。天邊（頂端）有個圓孔，有些頭形兜也會設置響穴。至於五枚張頭形，則是用左側、右側、上板、前板（眉庇）、腰卷共 5 片板材製成。天邊（頂端）有個小孔或六曜 [26] 形狀的鏤空設計，有些也會比照三枚張頭形使用響穴。

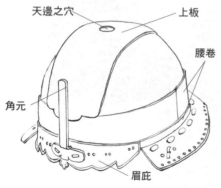

■ **三枚張頭形兜**
在二段式腰卷與眉庇的上方，是由左右側與上板共 3 片板材製成。圖中頭盔的天邊（頂端）亦開有圓孔，屬於典型的三枚張頭形兜。眉庇中央有個拿來插前立（參見 P.154）的「角元」；在眉庇上則有兩兩成對的小孔，這小孔是用來縫浮張，好讓頭盔與頭部分離，避免碰撞。此為大阪府金剛寺收藏品。

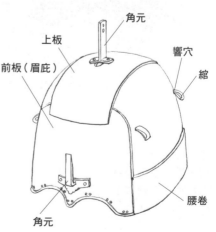

■ **五枚張頭形兜**
傳為稻葉一鐵的用品。由左右側、上板、前板（眉庇）、腰卷共 5 片板材構成，是典型的五枚張頭形。頭頂部分有個用來設置頭立的角元，直接橫跨天邊（頂端）的圓孔。從響穴中還有綰（繩圈）伸出，前板上則有另一個用來設置前立的角元。眉庇上同樣有兩兩成對的小孔，用來縫浮張。此為岐阜縣清水神社的收藏品。

武士與甲冑 稻葉一鐵

稻葉一鐵的故鄉岐阜縣揖斐川町的清水神社，收藏有副傳為一鐵曾經使用過的甲胄。除了最上胴丸以外，還搭配偌大的頭形兜、7段構造壺袖以及半頰。其中，最上胴丸的鉸鏈處是使用小札板代替，可說是極為特殊的設計。甲胄整體相當輕盈，從推定的製作年代來看，很可能是他晚年的用品。

突盔形兜

　「突盔形兜」是種銜接數張至數十張梯形板材製成的尖頂頭盔，不少會在眉形眉庇上方，搭配偌大的棚眉庇或波浪狀的天草眉庇。雖不乏有檜桓、總覆輪裝飾的高級品，例如大分縣柞原八幡宮的二十二間突盔形兜，不過大部分還是一些粗製品，例如奈良縣談山神社和三重縣伊勢神宮的收藏品。

■ 突盔形兜

右圖是以 18 張梯形鐵板製作的典型突盔形兜。縮繩從響穴中伸出，正前方還有個用來設置前立的並角元。眉庇上有排兩兩成對的小孔，以便在缽體內側縫上浮張。此為奈良縣談山神社的收藏品。

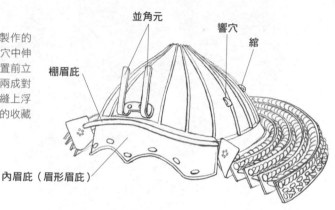

並角元
響穴
縮
棚眉庇
內眉庇（眉形眉庇）

■ 突盔形兜的構造

突盔形兜是將數張至數十張的梯形鐵板接合製成，就構造上來說，它和筋兜是相同的，只不過有的突盔形兜會做出筋的構造，有的不會，圖中所繪的便無。也因其構造與筋兜相同，我們知道突盔形兜雖然從外面看不到鉚釘，實際上卻是靠著內側的幾個鉚釘進行固定。由於構造簡單，當時應該大量製造了相同形狀的突盔形兜，也有較多文物留存至今。

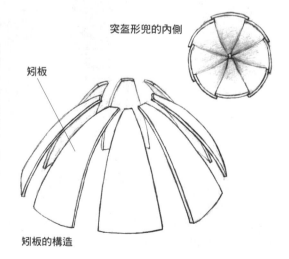

突盔形兜的內側
矧板
矧板的構造

桃形兜

　　「桃形兜」顧名思義，就是桃子形狀頭盔。通常用左右各 2 塊鐵板製成，或以 1 塊鐵板打造而成。桃形盔有條前後方向的「鎬」[27]，是用鉚釘掐住似地將其固定住。從奈良縣法隆寺和山梨縣望月家的收藏品便不難發現，桃形兜的製作品質大多相當粗糙。由於構造簡單，當時曾大量製造同型的頭盔，留下的文物也相對較多。

■桃形兜

圖為左右兩邊各使用 2 塊鐵板製成的典型桃形兜。天邊（頂端）末梢尖起，前後形狀也幾乎對稱。圖中的眉庇形狀酷似大阪府金剛寺的三枚張頭形，卻沒有可供設置立物（參照 P.154）的角元。眉庇上方有排兩兩成對的小孔，用來縫上浮張。此為山梨縣望月家的收藏品。

天邊

鎬

眉庇

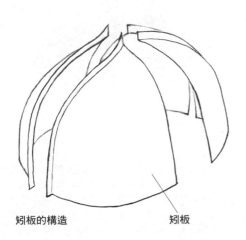

矧板的構造　　　　　矧板

■桃形兜的構造

桃形兜是左右兩邊各用 2 塊，或以 1 塊鐵板製成。圖中所示屬於前者，大部分的桃形兜均是採取此構造。左右 2 塊鐵板的固定方式就跟筋兜一樣，所以雖然從外側看不到鉚釘，但只要從內側，就可以發現桃形兜是以數個鉚釘固定住的；從前方往後有道小幅折起的構造，桃形兜便是從這裡用鉚釘固定住，就像把 2 片鐵板夾起來一般。因為桃形兜不像星兜、筋兜、突盔形兜必須從內側鎖上鉚釘，製作起來也較為容易。也有人認為，桃形兜是從某些西洋頭盔演變而來的（此為笹間良彥的見解）。

當世具足的誕生

　　待室町幕府滅亡、天下統一曙光乍現，戰爭規模又再次有了大幅的增長。武士漸漸開始運用長槍隊、火槍隊等組織進行團體戰。

　　隨著戰鬥越發激烈，甲冑又在填補縫隙上面下了許多工夫。先是增加立舉、長側、草摺的段數，接著連金具迴、肩上的形狀都改變了，最後終於形成世稱「當世具足」的近世甲冑形式。當世具足一詞，其實就是「現代甲冑」之意，應是從過去的胴丸發展而成。當世具足除頭盔、胴甲、袖甲「三物」以外，還有名為「三具」（籠手、佩楯、臑當）的小具足，加上用來收納這三物三具的櫃（箱子），才稱為一整套甲冑。我們可以發現，許多當世具足都相當輕便、易於活動，是適合徒步戰鬥的實用導向甲冑。

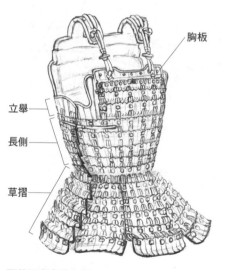

胸板

立舉

長側

草摺

■ 前田利家的丸胴

「丸胴」一詞，是為與正統胴丸區別才有此稱。相傳這副丸胴是前田利家的用品，收藏於東京都的前田育德會。不光是前後立舉，就連長側也多加 1 段，成為 5 段構造。此丸胴取消了胸板左右的突起構造，避免肩頭的不適感。

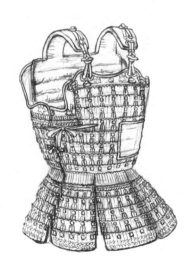

■ 豐臣秀吉的丸胴

這副丸胴傳為豐臣秀吉所用，現收藏於仙台市博物館。為緩和肩頭附近的壓力，甲冑師將胸板左右兩端做成圓角，並順著胸口剪裁，符合人體的曲線。草摺是 7 間 5 段構造，搖糸（參見 P.446）留得較長。這副當世具足的胴甲已接近完成形態，自此以後的當世具足基本上均不出這個形式。

武士與甲冑 織田信長

清須市的總見院收藏了 1 頂信長的頭盔，據說是織田信長次子信雄在本能寺之變後從火災廢墟中找到的。這是頂突盔形兜，由 6 塊板材製成，構造簡單。本圖重現左右偌大的角元插上輕盈搖曳的孔雀羽毛。

當世具足的小札

　　進入織田豐臣時期以後，日本對甲冑的需求更甚，意味著需要更大量的供給，因此除小札、板材以外，也經常使用以皮革包覆小札製成的「包小札」，同時，人們也開始將板材做得酷似小札。為了與過去的小札做區分，便將真正使用小札製作的小札板稱作「本小札」（編按：「本」即為「原本」之意）；而看似小札的板材，則依形狀區分，有「切付小札」（當世小札）、「縫延」等類型，為甲冑形態開創出另一個新的系統。

　　所謂「包小札」，是先用皮繩將小札（大多是伊予札）串起來，然後用皮革（馬皮）包裹起來、上漆固定製成。跟本小札相較之下，可以大幅縮減製作工時。這是種為短時間生產大量甲冑，所衍生出來的小札板製作方式，又因其塗漆打底的手法，亦稱「革著」。

板材的札頭

通常板材的札頭都呈一直線，卻也不乏將札頭切割成小札、矢筈[28]、碁石[29]等形狀的板材，分別稱作「～頭板材（或板札）」。有些板材甚至會重複塗上多層漆，使其看起來就像是一整排的小札。這些板材可因外觀而分為切付小札、縫延。

■一文字頭板材
板材頂緣切成一直線，是最簡單的札頭。

■小札頭板材
將板材札頭切割成間距較密的斜向鋸齒狀，這種裝飾使板材看起來像一整排小札。

■矢筈頭板材
將板材的札頭切割成連續的矢筈（Ｖ形）形狀作裝飾，看起來就像整排的矢筈頭伊予札。

■碁石頭板材
這也是板材札頭裝飾的一種，將札頭切割成連續的半圓形，看起來就像是整排的碁石頭伊予札。

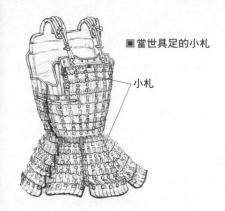
■當世具足的小札

小札

切付小札

切付小札是將札頭切割成小札形狀，並塗漆使其看起來酷似本小札板的一種板材。也稱作「當世小札」，即「現代的小札」之意。

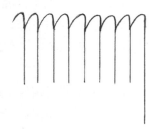

■切付小札
看起來像本小札，其實是塊板材。

縫延

所謂縫延，就是將札頭切割成一直線、矢筈或碁石形狀，然後上漆的板材，目的是為了使其看起來像實際以伊予札製成的「本縫延小札板」。當時的人試圖將傳統小札固有的凹凸起伏之美應用於板材，才會發想出這些產物。

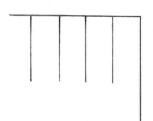

■一線頭縫延
將板材札頭切成一直線，塗漆使其看似一線頭本縫延的裝飾。

■矢筈頭縫延
將板材札頭切割成連續矢筈形狀，再塗漆使其看似矢筈頭的本縫延。

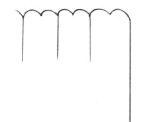

■碁石頭縫延
為使其看似碁石頭的本縫延，而將板材札頭切割成連續的半圓形然後塗漆。

當世具足的胴甲

　　當世具足的胴甲大致可以分成小札式和板式兩種。小札式胴甲的穿戴方法跟胴丸、腹卷一樣，都是利用小札板可活動的特性來開闔穿著；相對地，板式胴甲則是如同最上胴丸、最上腹卷，利用鉸鏈開闔；到了江戶時代中期，連小札式胴甲也開始用起鉸鏈。這種設計可以直接將鉸鏈的芯抽出、將胴甲分解，如此要收納在具足櫃裡就比較方便了。

　　板式胴甲是利用鉸鏈開闔進行著裝，又視與鉸鏈連動的胴甲數量（鐵板或革板）而有一枚胴、二枚胴、三枚胴、四枚胴、五枚胴、六枚胴等不同形式。

　　當世具足的胴甲接縫大多都在右邊側腹，卻也有少數左右均有接縫（引合），稱為「兩引（合）胴」，還有接縫設在背後的「背割胴」，以及接縫置於前方的「前割胴」等。除此以外，另有一種叫作「疊胴」的簡易型可折疊胴甲。順道一提，許多當世具足的胴甲甚至還附有用來插旗指物的裝置和形形色色的草摺。

■ 丸胴的橫切面

以本小札、伊予札製成的小札式胴甲，基本上，從前胴到後胴的長側是一體的，屬於丸胴的形式。前立舉 3 段、後立舉 4 段、長側 5 段是當世具足胴甲的基本構造。

■ 當世具足的胴甲

■ 一枚胴的橫切面

一枚胴其實就是指僅有前胴的胴甲，足輕具足的胴甲多屬此類。此外，幕府末年也有高級武士為求形式意義，而將一枚胴穿在陣羽織[30]底下，那種一枚胴屬於高級品。一枚胴因其形狀，又稱「前掛胴」。

■ 二枚胴的橫切面

所謂二枚胴，就是以前後共 2 片板材製成的胴甲。有的二枚胴鉸鏈設在左側，也有無鉸鏈的兩引合胴這兩種形式；前者是最普遍的當世具足胴甲形式，但後者卻有各種體型都能著裝的優點，因此經常被用於足輕具足的胴甲上。

■ 三枚胴的橫切面

三枚胴就是指以前方、右後方、左後方共 3 片板材製成的胴甲，又可分成左右設置鉸鏈的背割胴以及前掛胴兩種。

鉸鏈

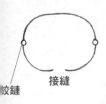

鉸鏈　接縫

背割胴類型

背割胴式的三枚胴是指以前方、右後方、左後方共 3 片板材製成的胴甲。左右兩側設有鉸鏈，引合接縫則設在背部。

前掛胴類型

前掛胴式的三枚胴是指以前方、右側腹、左側腹共 3 片板材製成的胴甲。前胴左右各有鉸鏈，穿戴方式與一枚胴一樣，都要把胴甲的肩上拉到背部，再用襷[31]固定綁住。

接縫

鉸鏈

■ 四枚胴的橫切面

四枚胴是指以前方、後方、右前側腹、右後側腹共 4 片板材製成的胴甲。左側腹設有 1 個鉸鏈、右側腹設有 2 個鉸鏈，早期的當世具足中，亦有少數是屬於這種形式（如山口縣毛利博物館的紺糸威四枚胴具足）。

接縫

鉸鏈

■ 五枚胴的橫切面

五枚胴是由前方、後方、左方、右前側腹、右後側腹共 5 片板材構成。左右側腹各設有 2 個鉸鏈，雪下胴、仙台胴亦屬此類（如德川美術館的銀箔押白糸威五枚胴具足、仙台市博物館的紺糸威仙台胴具足）。

■ 六枚胴的橫切面

六枚胴是由前方、後方、左前側腹、左後側腹、右前側腹、右後側腹共 6 片板材製作的胴甲，又可以分成左右各有 2 個鉸鏈的兩引合胴，以及左側 3 個、右側 2 個鉸鏈的右引合胴兩種。

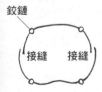

鉸鏈

接縫　接縫

兩引合胴類型

兩引合胴式的六枚胴是由前、後、右前側腹、右後側腹、左前側腹、左後側腹共 6 片板材製成。左右各有 2 個鉸鏈，接縫設於左右兩側（如仙台市博物館的紫糸威胸萌黃兩引合胴具足）。

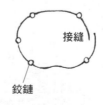

接縫

鉸鏈

右引合胴類型

右引合胴式的六枚胴是由前、後、右前側腹、右後側腹、左前側腹、左後側腹共 6 片板材製成。左側有 3 個鉸鏈，右側則有 2 個，接縫設於右側（少數加賀具足屬於此類）。

板式胴甲

　　最能體現板式桐甲特有形態的胴甲，包括：威胴、綴胴、橫矧胴、縱矧胴、佛胴等，其他也有南蠻胴、和製南蠻胴、鳩胸胴等，甚至還有打出胴、裸體胴等裝飾性較強的板式胴甲。

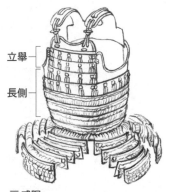

立舉
長側

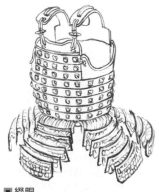

■威胴
威胴與小札式胴甲同樣都分成立舉、長側各段，再用繩線或皮革以毛引威、素懸威（參見 P.116）等手法連接製成胴甲。

■綴胴
綴胴同樣分成立舉、長側各段，但會以繩索或皮革編成菱形、畦目（參見 P.54）形狀。

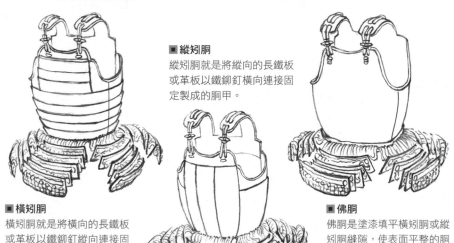

■縱矧胴
縱矧胴就是將縱向的長鐵板或革板以鐵鉚釘橫向連接固定製成的胴甲。

■橫矧胴
橫矧胴就是將橫向的長鐵板或革板以鐵鉚釘縱向連接固定製成的胴甲。因其外觀的形狀，亦稱「桶側胴」。

■佛胴
佛胴是塗漆填平橫矧胴或縱矧胴縫隙，使表面平整的胴甲。亦可指以單一鐵板或革板製成的胴甲。

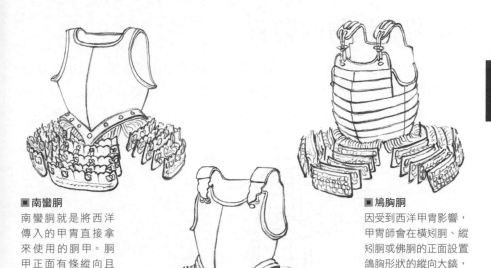

■南蠻胴

南蠻胴就是將西洋傳入的甲冑直接拿來使用的胴甲。胴甲正面有條縱向且顯眼的鎬是其重要特徵。

■和製南蠻胴

和製南蠻胴是指日本當地模仿南蠻胴所製作的胴甲。

■鳩胸胴

因受到西洋甲冑影響，甲冑師會在橫矧胴、縱矧胴或佛胴的正面設置鳩胸形狀的縱向大鎬，這樣的胴甲便是鳩胸胴。亦有少數鳩胸胴是使用威胴、綴胴為基底。

■打出胴

打出胴是從鐵製胴甲內側敲打出各種圖案、花紋、文字的胴甲。

■裸體胴

裸體胴就是模擬人類裸體所製成的胴甲，會從胴甲內側敲打出肋骨、背骨、肩胛骨、乳房、腹部等人體特徵，抑或是塗漆呈現出上述特徵。又因其外觀而有肋骨胴、仁王胴、飢餓腹胴、布袋胴、彌陀胴、片脫胴等種類。

135

安裝旗指物的裝置

　　所謂「旗指物」，主要是指插在胴甲背後的小旗等旗幟，而用來插這些旗指物的裝置，便是此節所介紹的「合當理」、「受筒」、「待受」。

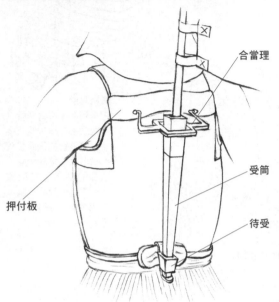

合當理

押付板

受筒

待受

■**合當理、受筒、待受的裝設方式**
受筒會穿越合當理，下方再以待受承接。可視需要拿來插旗指物或是馬印（參見 P.306）。

合當理

合當理又叫蜘蛛手，設置於押付板（少數設於後立舉）上，是用來支撐受筒的金屬件，又為配合受筒的形狀，而有圓框和方框兩種。文祿、慶長時期（1592～1615年）使用的大多是木板製作的「板式合當理」；還有另一種叫作「姜合當理」，形狀為方框，其中一角有個轉軸，轉一下便可將其從胴甲卸下。

■**圓框合當理**
插口呈圓形的合當理。

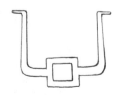

■**方框合當理**
方框合當理是搭配角柱形的受筒使用，亦稱角合當理。

■**板合當理**
板合當理是以木板製作，方框圓框都有，安裝方式是以繩索綁在押付板上

受筒

受筒就是裝設於背部、用來插旗
竿的筒子。以木頭或竹子製作，
有圓筒形和方筒形之分。有時也
會省略受筒不用，將旗竿穿過合
當理、直接插在待受上樹立旗
幟。使用受筒的胴甲屬於較古老
的形態，這種胴甲配備的合當理
圓框會比較小，可以此作判別。

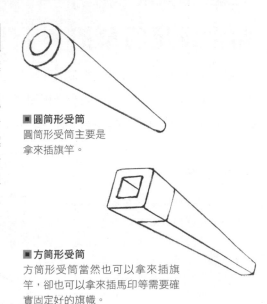

■ 圓筒形受筒
圓筒形受筒主要是
拿來插旗竿。

■ 方筒形受筒
方筒形受筒當然也可以拿來插旗
竿，卻也可以拿來插馬印等需要確
實固定好的旗幟。

待受

待受就是設置於胴甲後方腰骨附近、
承接受筒的箱型金屬件。

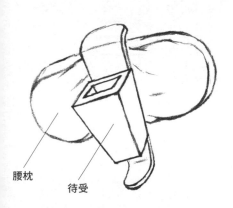

腰枕

待受

■ 待受與腰枕
腰枕就像靠墊一樣，鋪設於待
受下方作為緩衝。

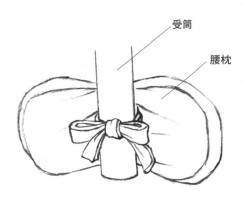

受筒

腰枕

■ 土龍付
有些情況可以直接將受筒裝在
腰際上，不用待受，這種方法
叫作土龍付。

當世具足的草摺

　　草摺的製作方法基本上與胴甲相同，但這個時期的板式胴甲有時會搭配小札式草摺，相反地小札式胴甲也會搭配板式草摺使用。有些甲冑也會特意改變胴甲和草摺兩者的塗色或威毛的手法。

草摺的間數

　　一般來說，當世具足的草摺間數為7間，小札板段數為5段；也有許多6間、4段的草摺，但通常較為古老。在一般的規格外，還有各種不同形式、間數、段數的草摺。有些會將不同區塊塗成不同顏色，抑或唯獨裾板塗成特別顏色、在裾板插上獸毛等，許多作工都相當講究。

■七間五段的草摺

「七間五段」是當世具足的胴甲最常見的草摺形式。圖中草摺的7間寬度都相同，至江戶時代以後，才開始出現唯獨正面1間的寬度稍寬的草摺。

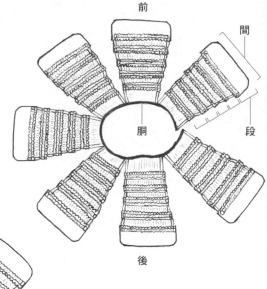

前

間

胴

段

後

■六間四段的草摺

「六間四段」的草摺常見於江戶時代初期較古老的當世具足胴甲，唯獨右前方的1間寬度稍窄。雖然是4段構造，但由於小札長度較長，總長度跟5段草摺其實差不多。

前

胴

後

胴甲與草摺的連結方式

將草摺裝設於胴甲有三種方法：威付、
蝙蝠付和腰革付。通常多以威付著裝。

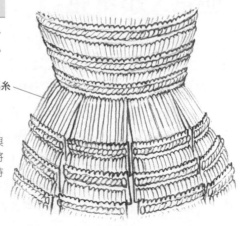

搖糸

■威付的草摺

「威付」就是使用威繩或皮革連接胴甲與
草摺的方法。這是最常見的著裝方式，將
搖糸留得特別長是當世具足胴甲的一大特
徵。

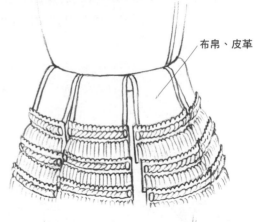

布帛、皮革

■蝙蝠付的草摺

「蝙蝠付」是使用1片皮革或布帛連接胴
甲與草摺的方法。此法的優點就是裝設容
易、拆卸簡單。亦有少數橫矧胴和縱矧胴
之類的鐵製胴甲使用此方法。

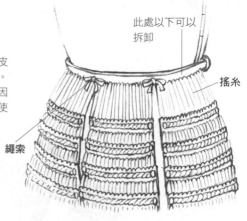

此處以下可以
拆卸

搖糸

■腰革付的草摺

「腰革付」是將草摺的搖糸繫在成排的皮
革上，最後在胴甲後方以繩索或鞦固定。
腰革付因為裝設拆卸比蝙蝠付更簡單，因
此有許多橫矧胴和縱矧胴等鐵製胴甲使
用。

繩索

筋兜、小星兜

　　當世具足使用的頭盔以星兜與筋兜為主流，卻也有許多簡易型的形兜。這些頭盔在當時都稱作「當世兜」，也就是「現代的頭盔」之意。此外，還有拆疊式的簡易型頭盔「疊兜」。

　　江戶時代以後，星兜、筋兜的作工越發精巧，兩者的間數也越做越多。星兜以 62 間為主，最多可以做到 72 間，筋兜更是可達 120 間甚至更多。當中還有些頭盔會在矧板加上純粹裝飾用的筋。許多頭盔可以歸類為「中世關東型頭盔」，會使用相同鐵材的三光鉚釘固定出眉庇，並安裝祕立或角元以設置立物。有些頭盔會使用「卸眉庇」（參見 P.197），也有許多則將中世的頭盔改造成卸眉庇的形式。江戶時代後期以降，因為受到復古思想影響，遂有複製中世星兜、筋兜製作的頭盔。

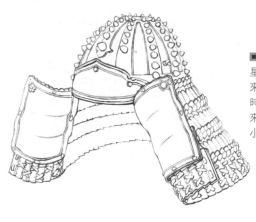

■ 鎌倉時代的頭盔

星兜會將用來組合缽體的鉚釘頭特別保留下來，在當時相當普及。從源平爭亂時期到鎌倉時代中期左右，這種形式的頭盔都很流行。後來頭盔越來越講究輕便，星也才跟著越變越小。

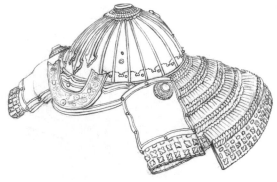

■ 室町時代的頭盔

從鎌倉時代結束到南北朝紛亂時期，開始出現捨棄星的筋兜。一般認為，此舉不光是為了減輕重量，也是為了應付取代弓箭、成為主要武器的太刀、薙刀攻擊，光滑的表面更容易緩和敵人的劈砍。

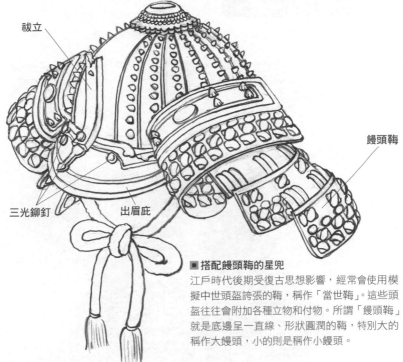

祓立

三光鉚釘　　　出眉庇

饅頭錏

■搭配饅頭錏的星兜

江戶時代後期受復古思想影響，經常會使用模擬中世頭盔誇張的錏，稱作「當世錏」。這些頭盔往往會附加各種立物和付物。所謂「饅頭錏」就是底邊呈一直線、形狀圓潤的錏，特別大的稱作大饅頭，小的則是稱作小饅頭。

■搭配日根野錏的筋兜

當世具足頭盔的錏因為承繼最上錏的形式，體積變得更小。江戶時代之初，仍會實際使用甲冑，許多頭盔皆採用日根野錏。其機能性佳，能夠往上捲到肩線附近。

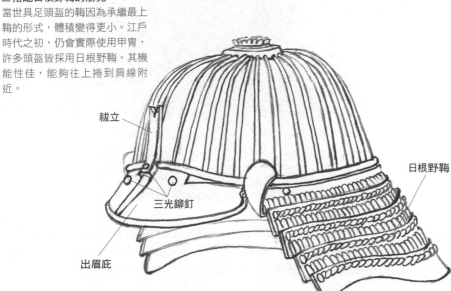

祓立

三光鉚釘

出眉庇

日根野錏

武士與甲冑 伊達政宗

很多人都知道，政宗用的是一整套黑色的甲冑搭配大半月形頭盔。小田原之陣過後，政宗把原屬北条氏麾下的關東甲冑師召到自城來，命其製作仙台藩特有的甲冑，遂有這套甲冑。其堅韌足以彈開火槍彈丸，後因其製作地而稱作「仙台胴」。

武士與甲冑 佐竹義重

常陸 [32] 的戰國大名佐竹義重的甲冑乃以毛蟲形狀的前立為最大特徵。這副甲冑主要以鐵打造，就如其厚重的六十二間筋兜。像這樣主要以鐵打造的甲冑，便是所謂的關東具足。此甲還搭配寬度與大袖差不多、附有特異蝶番札構造的袖甲，整體看來大器而粗獷，恰巧讓人聯想到他「鬼義重」、「坂東太郎」的名號。

形兜

　　形兜就是近世的簡易型頭盔。除沿襲中世形態的頭形兜、突盔形兜、桃形兜以外，還有以上述頭盔為基礎製作的「張懸兜」、種上毛髮的「植毛鉢」等均屬此類。

　　近世的頭形兜可視形狀分成「日根野頭形」、「越中頭形」、「第三型頭形（此乃淺野誠一提倡的用語）三種。

　　突盔形兜基本上繼承了中世的形態。其中亦不乏有檜垣、總覆輪裝飾的高級品，例如大分縣柞原八幡宮的二十二間突盔形兜。這種華麗的傾向越到近世越發明顯，舉例來說，原本突盔形兜天邊（頂端）的小孔若不是原樣保留，便是塗漆將其填平，但此時期的許多突盔形兜卻裝上

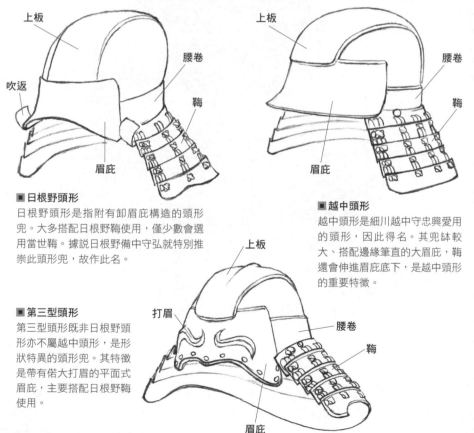

■日根野頭形
日根野頭形是指附有卸眉庇構造的頭形兜。大多搭配日根野錏使用，僅少數會選用當世錏。據說日根野備中守弘就特別推崇此頭形兜，故作此名。

■越中頭形
越中頭形是細川越中守忠興愛用的頭形，因此得名。其兜缽較大、搭配邊緣筆直的大眉庇，錏還會伸進眉庇底下，是越中頭形的重要特徵。

■第三型頭形
第三型頭形既非日根野頭形亦不屬越中頭形，是形狀特異的頭形兜。其特徵是帶有偌大打眉的平面式眉庇，主要搭配日根野錏使用。

上板

吹返

錏

腰卷

眉庇

上板

腰卷

錏

眉庇

上板

打眉

腰卷

錏

眉庇

了八幡座。另外，棚眉庇和天草眉庇也是原樣保留了下來。

桃形兜基本上也是直接沿襲中世的形態，只是前方較為凹陷，變得更加洗練。與頭形兜、突盔形兜相同，此時期也開始出現製作精美的桃形兜，頗受高階武士愛用。

另一方面，這個時期也有一股新的潮流，就是會開始將兜缽模擬成各種形狀。主要以頭形、突盔形等兜缽為基底，視使用者的喜好甚至是信仰、哲學，利用和紙或皮革在兜缽上方製作神佛、動物、植物、道具、帽子、地形等形象。這樣的頭盔稱作「變形兜」，又因張貼和紙、皮革懸掛而成，亦稱「張懸兜」。較常見的有名為椎之實、合子、一之谷的形狀，其中，加藤清正的長烏帽子（參見 P.152）、前田利家的鯰尾（參見 P.149）、黑田如水的合子（參見 P.150）為其代表文物。

植毛缽

所謂「植毛缽」，就是指在頭形兜缽上種毛髮、做成各種髮型的頭盔，依其形態而有半首、總髮、野郎頭、老頭、尉頭、稚兒頭等各種類型。

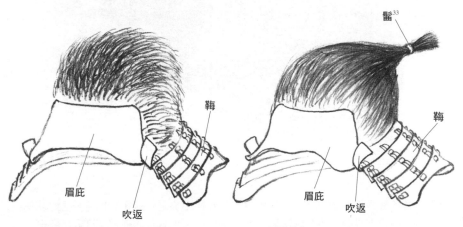

髻[33]

鞠

眉庇

吹返

■總髮形兜
頭盔的整個兜缽植上黑白 2 色獸毛，稱作「總髮形兜」。

鞠

眉庇

吹返

■野郎形兜
兜缽植上黑白 2 色獸毛，後方打了髮髻，這樣的頭盔稱作「野郎形兜」。

武士與甲冑 豐臣秀吉

胴甲沿著身體線條做成桶狀，另附頭盔、面具和小具足。這種形式組合恰好就是在
這個時期固定下來的。亦有說法認為第一個使用當世具足的應該就是豐臣秀吉。仙
台藩伊達家傳有1套秀吉的甲冑，是天正18年（1590年）小田原之陣當時政宗獲
賜之物。

武士與甲冑 德川家康

名古屋市德川美術館有套傳為家康所用的熊毛植五枚胴具足。整體色調漆黑、布滿紋路的水牛角給人一種非比尋常的感覺。這套甲冑應是天正 18 年（1590 年）平定小田原、下關東以後才有的物品，家康「關東猛牛」的綽號便是起源自此。

147

武士與甲冑 長宗我部元親

圖中描繪的是元親頭戴突盔形兜（高知縣土佐神社收藏品）、身披最上腹卷的模樣。
他騎著馬，揮動軍配團扇指揮部隊平定土佐，被譽為「土佐之能人」。元親雖然立志
統一四國，卻於天正 13 年（1585 年）降於起兵欲統一天下的豐臣秀吉。

武士與甲冑 前田利家

利家的甲冑留存於加賀藩前田家，包括 1 件金箔押白糸威丸胴，和 1 頂帶有白熊腰蓑（參見 P.155）的鯰尾（可能指熨斗烏帽子）頭盔。天正 12 年（1584 年）對抗越中佐佐成政之際，家臣奧村永福戍守能登末森城有戰功，遂賞賜此甲。

武士與甲冑 黑田如水

黑田如水（孝高）臨死前，贈予家臣栗山利安 1 頂頭盔，該頭盔目前收藏於盛岡市中央公民館。銀白檀[34] 塗色的合子（附碗蓋的漆碗）形狀頭盔則是在寬永 9 年（1632 年）的黑田騷動中，由栗山大膳（利安之子）寄放在盛岡藩，後來獻給了盛岡藩主。

武士與甲冑 黑田長政

黑田長政出征朝鮮時，雖然和並肩作戰的福島正則交惡，平安返國後兩人卻憶起舊交而交換頭盔作為合好的證明。長政將「大水牛脇立桃形兜」贈予正則，後來便戴著正則贈送的這頂「一之谷形兜」參加關原之戰和大坂之陣。

武士與甲冑 加藤清正

加藤清正的菩提寺 [35] ——熊本市本妙寺藏有傳為清正所用的長烏帽子形狀頭盔。頭盔左右繪有金色的加藤家家紋蛇目紋。據說清正在文祿、慶長之役當中，便是以這副長烏帽子頭盔搭配片鐮長槍的裝備奮戰。

武士與甲冑 細川忠興

熊本藩士西村忠兵衛（與左衛門）的甲冑製作技術很受細川家認可，曾為細川家製作甲冑。圖為以伊予札製作的丸胴與頭形兜，是附有簡樸面具與三具（籠手、佩楯、臑當）的實用本位甲冑。因忠興受封的官名為越中守，這具甲冑便稱為越中具足，同時亦可以忠興之名號，稱作三齋流具足。

立物

　　此時期開始出現形形色色的立物，而且體積越做越大，這些便是所謂的「大立物」，德川家康的大水牛、上杉景勝的大日輪、伊達政宗的大半月等均是大立物的代表。除前立以外，此時期更有設置於不同部位的脇立、頭立、後立。

■豐臣秀吉的馬蘭後立
圖為相傳豐臣秀吉所用的馬蘭後立。這種後立就如同佛像的光背，裝設於後方，《大坂合戰圖屏風》（大阪城天守閣收藏品）等文物均有描繪此種立物，可以推測在當時應該相當流行。

■德川家康的羊齒前立
圖為羊齒前立，相傳是德川家康的用品。羊齒會散發諸多胞子，故受德川家視為象徵子孫繁榮的吉祥立物，代代將軍都使用羊齒前立。

付物

　　付物是為保護頭盔避免被雨淋溼、或為求裝飾而在立物之外額外加裝的配件，有兜蓑、腰蓑、上頭巾等。「兜蓑」以鳥羽或獸毛製作，是將整個頭盔都覆蓋住的蓑；「腰蓑」同樣以鳥羽、獸毛製作，是裝在鞴的蓑；「上頭巾」則是以和紙或皮革等材質製作，是披在頭盔上的頭巾。

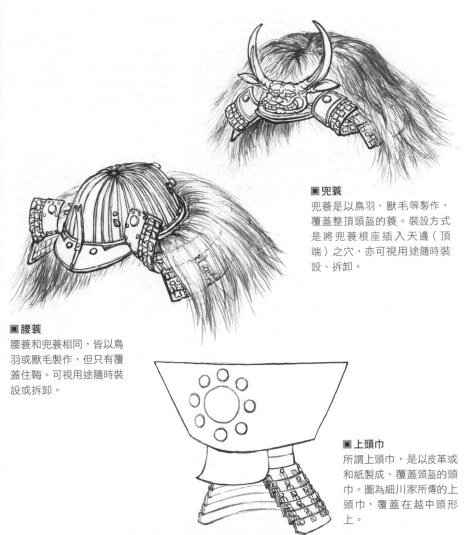

■兜蓑

兜蓑是以鳥羽、獸毛等製作，覆蓋整頂頭盔的蓑。裝設方式是將兜蓑根座插入天邊（頂端）之穴，亦可視用途隨時裝設、拆卸。

■腰蓑

腰蓑和兜蓑相同，皆以鳥羽或獸毛製作，但只有覆蓋住鞴。可視用途隨時裝設或拆卸。

■上頭巾

所謂上頭巾，是以皮革或和紙製成、覆蓋頭盔的頭巾。圖為細川家所傳的上頭巾，覆蓋在越中頭形上。

當世具足的袖甲

　　當世具足的袖甲大多配合胴甲、鞠的造型做成相同設計，但也有許多反其道而行，例如胴甲、草摺、鞠明明都塗成黑色，袖甲卻貼上金箔。雖然不少人會拿中世時期的大袖、寬袖、壺袖裝在當世具足上，但一般來說還是多裝上人稱「當世袖」的袖甲。此外，還有種名為「仕付

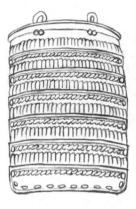

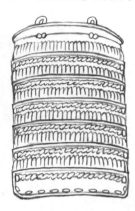

■當世袖
當世袖是種追求手臂包覆性而稍微向內側彎曲的小型袖甲，因其使用方法又稱「置袖」。江戶時代早期的當世袖較窄，直到後來才有比較寬的當世袖出現。

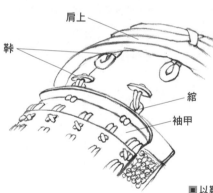

肩上
鞠
縮
袖甲

鞠

**■將當世袖與籠手
一併裝設於鞠上**
中世的袖甲是用繩索固定在肩上的茱萸上，當世袖則多半連同籠手一起固定在肩上外側或內側的鞠上面。

**■以鞠或釘將當世袖
固定於籠手的家地上**
江戶時代前期，人們開始利用鞠或釘將當世袖固定於籠手的家地（布帛）上，避免袖甲因為活動而翻起來。若像仕付袖那樣，直接把袖甲和籠手固定在一起，其實就不需要特別區分袖甲與籠手；會這種情形，應該是因為袖甲被歸類為三物（頭盔、胴甲、袖甲），而籠手被歸類為三具（籠手、佩楯、臑當），才要在形式上做分類。

袖」的小型袖甲，其沿襲中世形態，直接固定在籠手的上臂部位。這種袖甲不會因為手臂的動作而往上翻，相當好用，許多重實用的當世具足均採此設計。江戶時代中期以後，又衍生出諸多種類的袖甲，譬如比大袖稍小、向內彎曲的「中袖」，或是使用單一鐵板敲打出各種圖案的「額袖」。

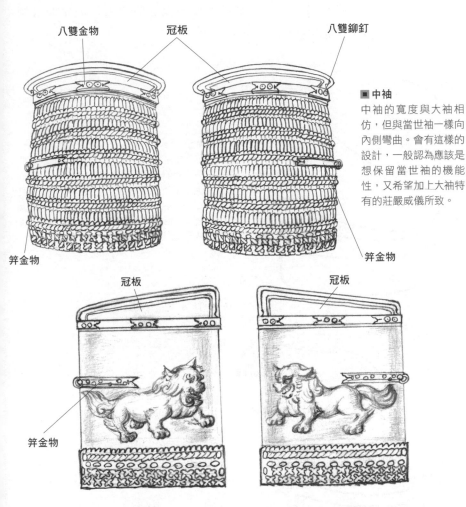

八雙金物　　冠板　　　　　　　　八雙鉚釘

笄金物

■中袖
中袖的寬度與大袖相仿，但與當世袖一樣向內側彎曲。會有這樣的設計，一般認為應該是想保留當世袖的機能性，又希望加上大袖特有的莊嚴威儀所致。

笄金物

冠板　　　　　　　　冠板

笄金物

■額袖
在鐵板上敲打出各種圖案或模樣的袖甲，稱作「額袖」，有些額袖幾乎與大袖同寬。基本上額袖使用單一鐵板打造而成，機能性相對來說較為貧乏。

面頰當

　　近世的面具稱作「面頰當」，以沒有鼻子的越中頰、燕頰為主，另有目下頰、總面等，幾乎所有面頰當都帶有名為「須賀」的構造。從面具的變遷過程來看，面頰當應是源於中世的半頰。有些面頰當會利用切金[36]手法做出各種圖案或紋路，甚至有些目下頰、總面還會真實地呈現臉頰皺紋、鬍鬚、牙齒、嘴唇等人體特徵。

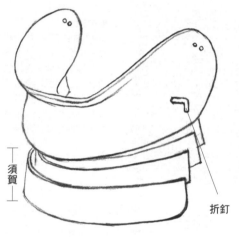

須賀

折釘

■越中頰

越中頰最常搭配細川越中守忠興喜愛的越中具足（三齋流具足）使用。它是最小型的面頰當，僅包覆下巴前端而已，因此亦俗稱「顎當」。許多越中頰會上漆塗成各種顏色，或以切金等技法施以諸多裝飾，有些也會直接以錆地[37]狀態使用。

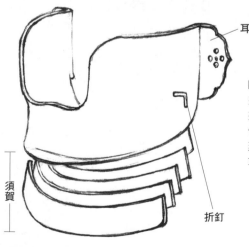

耳

須賀

折釘

■燕頰

頰比越中頰稍大，包覆下巴至兩頰一帶。燕頰因形狀類似燕尾而得名，它輕便又富機能性，重實用的當世具足經常搭配燕頰使用。燕頰跟越中頰一樣也會上漆塗成不同顏色，或是以切金等技法加上各種裝飾。

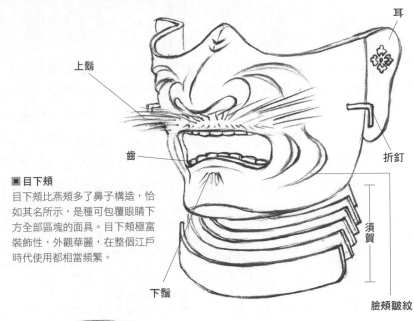

耳

上髭

折釘

齒

須賀

■目下頰
目下頰比燕頰多了鼻子構造，恰
如其名所示，是種可包覆眼睛下
方全部區塊的面具。目下頰極富
裝飾性，外觀華麗，在整個江戶
時代使用都相當頻繁。

下髭

臉頰皺紋

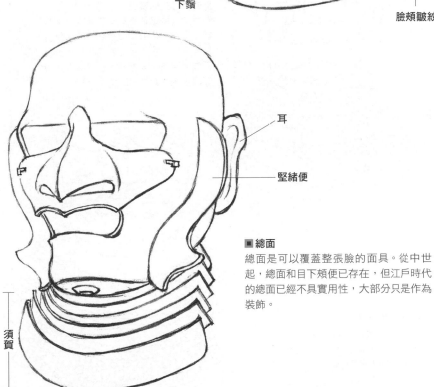

耳

堅緒便

須賀

■總面
總面是可以覆蓋整張臉的面具。從中世
起，總面和目下頰便已存在，但江戶時代
的總面已經不具實用性，大部分只是作為
裝飾。

須賀

　　在面頰當的下巴下方，有個叫作「須賀」的懸吊構造。基本上來說，須賀一般都會搭配胴甲、鞴、袖甲的設計概念（製作方法）做成類似造型，不過也有許多甲冑會將設計概念不同的物件搭配在一起，譬如板式的胴甲、鞴、袖甲卻搭配鎖鏈式須賀。須賀通常採 3 段或 5 段構造，寬度則以一般人的喉嚨為準，不過江戶時代中期以後，也有出現做得特別大的須賀，稱為「大須賀」。須賀大多採威付（參見 P.201）的手

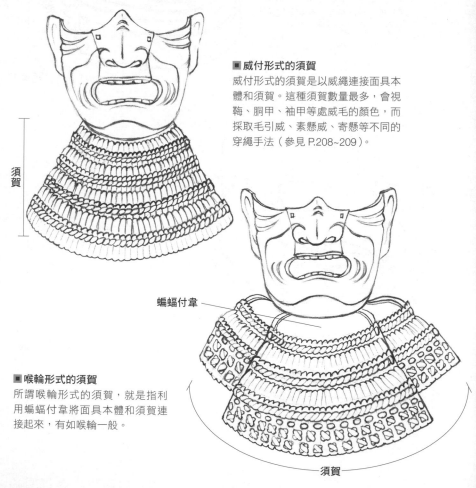

■威付形式的須賀
威付形式的須賀是以威繩連接面具本體和須賀。這種須賀數量最多，會視鞴、胴甲、袖甲等處威毛的顏色，而採取毛引威、素懸威、寄懸等不同的穿繩手法（參見 P.208~209）。

須賀

蝙蝠付韋

■喉輪形式的須賀
所謂喉輪形式的須賀，就是指利用蝙蝠付韋將面具本體和須賀連接起來，有如喉輪一般。

須賀

法，卻也有用皮革或布帛採蝙蝠付（參見 P.201）製成喉輪形式。除此以外，也有透過左右鉸鏈開闔的曲輪形式須賀，以及使用家地（布帛）製作的龜甲須賀、鎖須賀等。

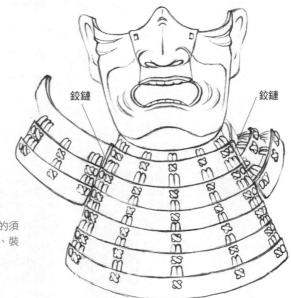

鉸鏈　　　　　　　　鉸鏈

■曲輪形式的須賀
和曲輪相同，曲輪形式的須賀是以左右的鉸鏈開闔、裝備於頸部。

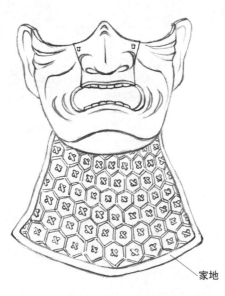

■龜甲須賀
所謂龜甲須賀，是指以家地（布帛）包裹龜甲金製作的須賀。因為可以折疊縮小體積、攜帶方便，因此疊具足的面頰當也經常搭配龜甲須賀使用。

家地

籠手

　　近世的小具足基本上均直接承繼了中世的形態。此時期的籠手以篠籠手、筒籠手為主，其他還有瓢籠手、鎖籠手、產籠手等；另外，跟袖甲形成一體的「毘沙門籠手」（仕付籠手）亦因機能優越而廣受青睞。在追求機能性的同時，卻也可以發現許多籠手會利用錘打模鍛手法，製作各種金屬浮雕圖案，或是以切金、鑲嵌作裝飾，又或者特意在鎖鏈部分展現技巧。

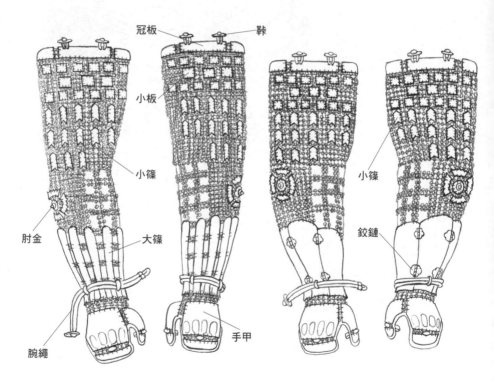

冠板　　　　　　鞢

小板

小篠　　　　　　小篠

肘金　　　　　　鉸鏈

大篠

腕繩　　　　　　手甲

■篠籠手
篠籠手就是在前臂處設有多條大篠（長鐵條）的籠手。上臂鎖環間則混有小篠和筏（參見 P.263），大部分都可以靠鎖環連動小板和冠板。篠籠手輕便且實用，在整個江戶時代都相當受到青睞。

■筒籠手
筒籠手的前臂會用鐵板或皮革製成筒狀，並以鉸鏈開闔。上臂處與篠籠手一樣，都會在鎖環之間置入小篠與筏。

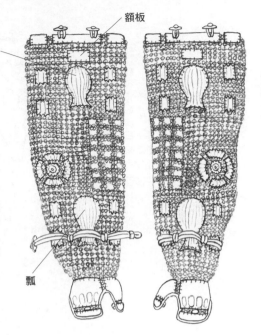

額板

瓢

瓢

■瓢籠手

瓢籠手恰如其名，是指上臂和前臂處均設有葫蘆狀座盤的籠手。瓢籠手的葫蘆狀座盤有兩種，一是用鐵板捶打的平瓢，二是用小鉚釘拼接數枚細長鐵板的皺瓢。《甲製錄》下卷的〈小田釘之事〉有記載：「名曰小田民部者始作之，此即函人（製作鎧甲之人）之説。」因此又稱「小田籠手」，另亦稱「瓢簞籠手」。

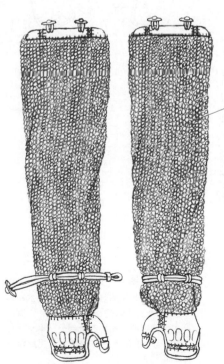

鎖環

■鎖籠手

鎖籠手以鎖環覆蓋住整個上臂與前臂，其間交雜著小篠與筏。許多越中具足都會搭配鎖籠手。另外，鎖籠手可以折疊，攜帶方便，所以也經常搭配疊具足使用。

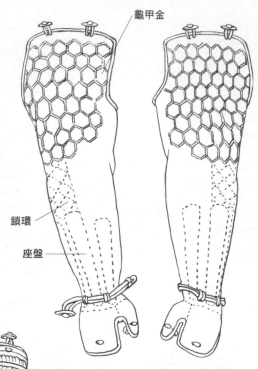

龜甲金

鎖環

座盤

袖甲

■產籠手

產籠手是用家地（布帛）將座盤、鎖環、
龜甲金等全部物件包裹起來製作而成。和
鎖籠手一樣，產籠手也可以折疊，因此使
用疊具足的人往往會將產籠手當作攜帶式
籠手。

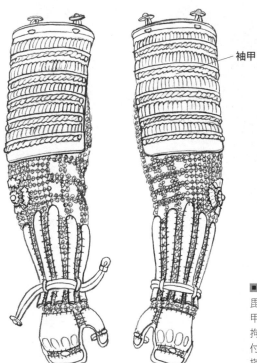

■毘沙門籠手

毘沙門籠手是指將名為「仕付袖」的小袖
甲固定於上臂處的籠手，前臂形式則不
拘。因袖甲屬於籠手的一部分，亦稱「仕
付籠手」，重視實用性的當世具足經常會
搭配此籠手。

佩楯

　　近世的佩楯主要沿襲中世伊予佩楯的形態，基本構造上是以從中分成左右兩半的家地（布帛）為底，再縫上小札、鎖環、座盤等物件，可以分成「威佩楯」、「伊予佩楯」、「板佩楯」、「鎖佩楯」、「產佩楯」共五種。裝備者利用名為「腰緒」的繩子圍在腰際，使主要部位自然垂在大腿處。另外，還有一種「寶幢佩楯」，名稱雖與中世的用品相同，型態卻大不相同。

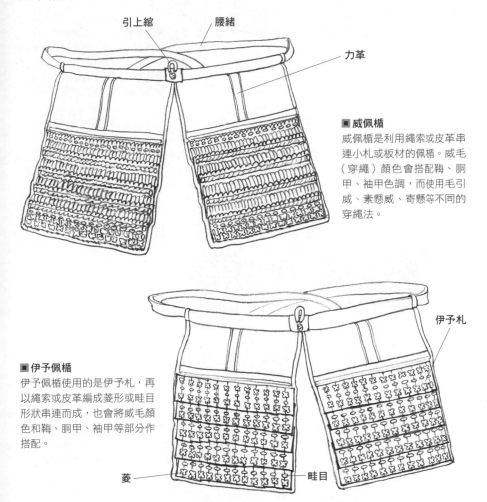

引上縮　　腰緒

力革

■威佩楯
威佩楯是利用繩索或皮革串連小札或板材的佩楯。威毛（穿繩）顏色會搭配鞁、胴甲、袖甲色調，而使用毛引威、素懸威、寄懸等不同的穿繩法。

伊予札

■伊予佩楯
伊予佩楯使用的是伊予札，再以繩索或皮革編成菱形或畦目形狀串連而成，也會將威毛顏色和鞁、胴甲、袖甲等部分作搭配。

菱　　　　　　畦目

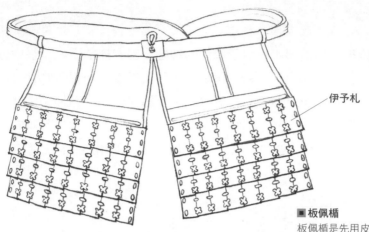

伊予札

■ 板佩楯

板佩楯是先用皮革串連較大片的
伊予札，再塗漆固定成板狀。板
佩楯輕盈且利於行動，經常受到
實用時期的當世具足選用。

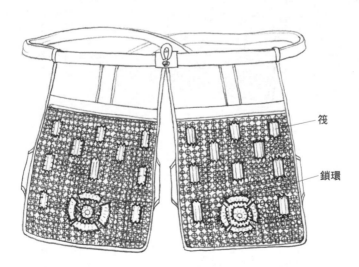

筏

鎖環

■ 鎖佩楯

鎖佩楯是在鎖環之間置入小篠或筏。為將佩楯固定於大腿部
位，大部分的鎖佩楯會將左右的家地（布帛）縫在大腿背
面，或是利用鞓、釦固定做成踩踏式[38]。因為攜帶方便，也
會搭配疊具足使用。

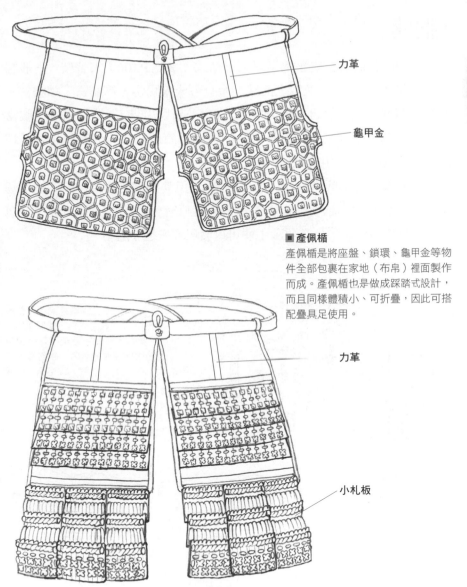

力革

龜甲金

力革

小札板

■ 產佩楯

產佩楯是將座盤、鎖環、龜甲金等物件全部包裹在家地（布帛）裡面製作而成。產佩楯也是做成踩踏式設計，而且同樣體積小、可折疊，因此可搭配疊具足使用。

■ 寶幢佩楯

近世的寶幢佩楯和中世的寶幢佩楯在形式上有很大的差別。中世的寶幢佩楯是以本小札製作、包在大腿處；江戶時代的寶幢佩楯卻是在威佩楯或伊予佩楯下方，多加3到4片小札板（圖中為3片）而成。這種製作方法看似很氣派，彷彿是專為諸侯大名設計的甲冑，卻幾乎毫無實用性，徒具裝飾性而已。

臑當

　　江戶時代的臑當幾乎都是以上下結式（參見 P.106）來著裝。一般臑當均有家地（布帛），並以上面縫的金具分成篠臑當、筒臑當、鎖臑當、產臑當四種。又由於會妨礙到騎馬，江戶時代初期時，篠臑當、筒臑當取消了內側下半部名為「鉸具摺」的構造，而這個缺口通常都是用一種稱作「鉸具摺革」的塗漆皮革填補。

　　沒有家地的篠臑當稱作「越中臑當」，但其實室町時代以前的臑當基本上都沒有家地，越中臑當應是沿襲自室町時代的形態。細川越中守忠興相當推崇越中具足，其收藏中便可以發現許多越中臑當。

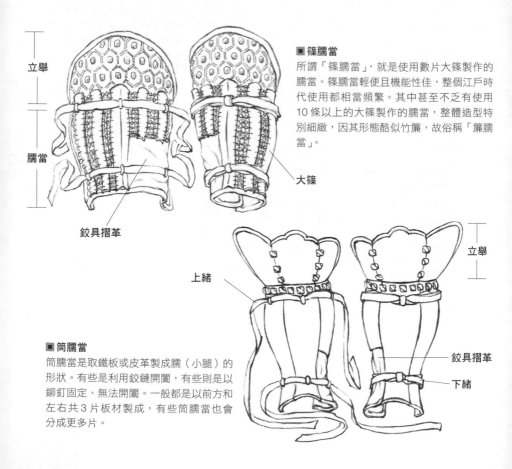

立舉

臑當

鉸具摺革

■篠臑當
所謂「篠臑當」，就是使用數片大篠製作的臑當。篠臑當輕便且機能性佳，整個江戶時代使用都相當頻繁。其中甚至不乏有使用 10 條以上的大篠製作的臑當，整體造型特別細緻，因其形態酷似竹簾，故俗稱「簾臑當」。

大篠

上緒

立舉

鉸具摺革

下緒

■筒臑當
筒臑當是取鐵板或皮革製成臑（小腿）的形狀。有些是利用鉸鏈開闔，有些則是以鉚釘固定、無法開闔。一般都是以前方和左右共 3 片板材製成，有些筒臑當也會分成更多片。

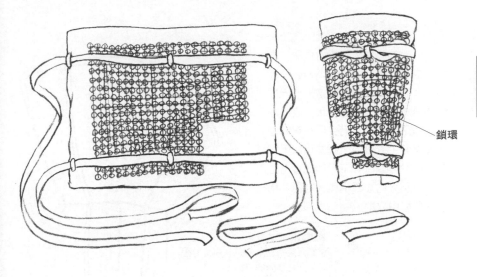

鎖環

■ 鎖臑當

鎖臑當是指將小篠等物件縫在鎖環間製作而成。這種臑當可以折疊，亦曾被當作疊具足的臑當使用。

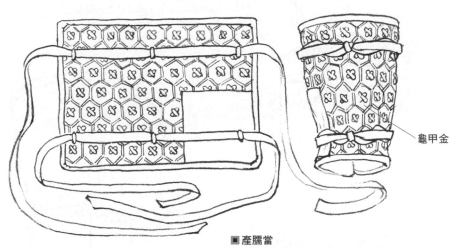

龜甲金

■ 產臑當

產臑當是指將篠、鎖環和龜甲金等物件悉數包在家地（布帛）裡面製作而成（圖中以龜甲金為例）。產臑當跟鎖臑當同樣可以折疊，亦曾被當作疊具足的臑當。

立舉

江戶時代的臑當大多附有立舉。中
世的立舉叫作「共立舉」，這是種
使臑當往上延伸、與臑當形成一體
的立舉；但到了江戶時代，立舉和
臑當卻是分開的，而且要先穿臑當
然後再裝上立舉。筒臑當可以用鉚
釘、威付、鎖付等不同形式接上立
舉。特別大的立舉稱作大立舉，稍
小的則稱中立舉。

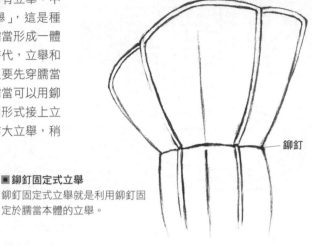

鉚釘

■鉚釘固定式立舉
鉚釘固定式立舉就是利用鉚釘固
定於臑當本體的立舉。

威

■威付式立舉
威付式立舉就是利用威繩裝在臑
當本體的立舉。威繩的顏色會跟
鞋、胴甲、袖甲等處的威毛搭
配。

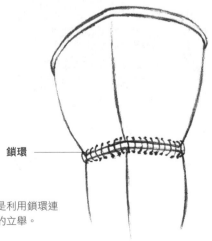

鎖環

■鎖付式立舉
鎖付式立舉就是利用鎖環連
結至臑當本體的立舉。

龜甲立舉的種類

以家地包裹龜甲金製成的「龜甲立舉」為數頗多，又可視其形狀而分成「山形」、「十王頭三割」兩種。

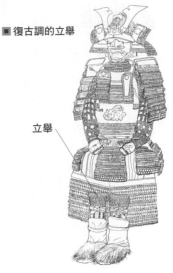

■復古調的立舉

立舉

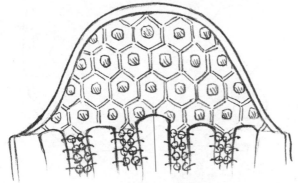

■山形龜甲立舉
山形龜甲立舉看起來就像個「山」字，中央高左右低，是種配合膝蓋形狀製作的龜甲立舉。

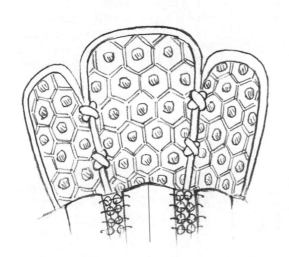

■十王頭三割立舉
十王頭三割立舉是指分成中間、左、右3個部分的龜甲立舉。它的形狀就像是十王（閻魔大王）的頭冠，故名。

滿智羅

滿智羅是種用來保護頸部周圍的小具足，約莫與當世具足同時問世。穿在肩上上面的叫作「上滿智羅」，一般認為這應該是受到西洋甲冑影響使然；穿在肩上底下的則叫作「下滿智羅」，大多是將鎖環或骨牌金縫在家地上製成。

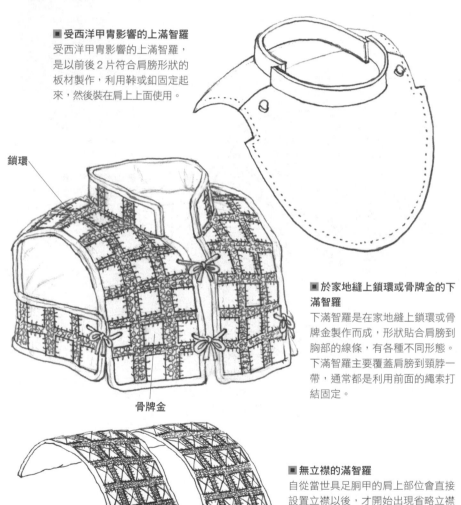

■ 受西洋甲冑影響的上滿智羅
受西洋甲冑影響的上滿智羅，是以前後2片符合肩膀形狀的板材製作，利用鞢或釦固定起來，然後裝在肩上上面使用。

鎖環

■ 於家地縫上鎖環或骨牌金的下滿智羅
下滿智羅是在家地縫上鎖環或骨牌金製作而成，形狀貼合肩膀到胸部的線條，有各種不同形態。下滿智羅主要覆蓋肩膀到頸脖一帶，通常都是利用前面的繩索打結固定。

骨牌金

■ 無立襟的滿智羅
自從當世具足胴甲的肩上部位會直接設置立襟以後，才開始出現省略立襟的滿智羅。

甲懸

　　甲懸是用來保護腳背的小具足。中世雖然也有甲懸，卻是跟筒臑當一體的「仕付甲懸」，相對地，江戶時代的甲懸已經和臑當分開，是獨立的小具足。許多會以鎖環連接鐵板或革板，製成貼合腳背的形狀，也有許多是以家地縫製而成。甲懸是直接覆蓋在腳背上使用。此外，也有只在家地縫上鎖環的甲懸，稱作「鎖甲懸」。

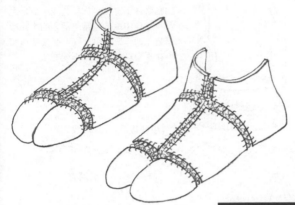

■ 以鎖環連接板材的甲懸
這種甲懸會用板材和鎖環做成腳背的形狀，然後像足袋那般從前面包覆到後面。

■ 鎖甲懸
鎖甲懸是將鎖環按照腳背的形狀縫在家地上製成，同樣也是按照足袋的穿法，從前面包覆到後面。

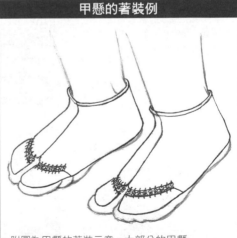

甲懸的著裝例

附圖為甲懸的著裝示意。大部分的甲懸都會包覆腳背，然後固定在草鞋上。

脇當

　　脇當是用來填補胴甲兩側縫隙的小具足。近世脇當亦沿襲了中世的形態，在類似脇板的金具下方吊掛小札板，然後從肩膀用襷把脇當固定在左右側腹處。另有將鎖環或骨牌金縫在家地上製成的脇當，稱作「鎖脇當」。

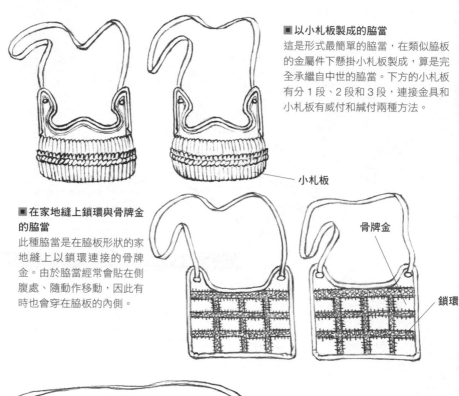

■以小札板製成的脇當

這是形式最簡單的脇當，在類似脇板的金屬件下懸掛小札板製成，算是完全承繼自中世的脇當。下方的小札板有分1段、2段和3段，連接金具和小札板有威付和縅付兩種方法。

小札板

■在家地縫上鎖環與骨牌金的脇當

此種脇當是在脇板形狀的家地縫上以鎖環連接的骨牌金。由於脇當經常會貼在側腹處、隨動作移動，因此有時也會穿在脇板的內側。

骨牌金

鎖環

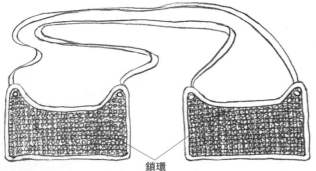

■在家地縫上鎖環的脇當

這種脇當是將鎖環縫在脇板形狀的家地而成。跟縫骨牌金的脇當一樣，這種脇當也經常會貼在側腹處移動，因此有時也會把它穿在脇板的內側。

鎖環

具足櫃

具足櫃就是用來收納當世具足的櫃子（箱子）。一般以桐木材質最多，也有杉木、皮革、和紙等材質。形狀則可分為背負櫃、一荷櫃、具足唐櫃等。

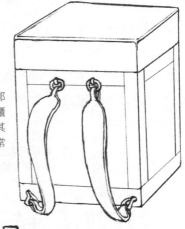

■背負櫃

背負櫃是指像小學生書包那種後背式的具足櫃。背負櫃可見於整個江戶時代，尤其是實用時期的當世具足最常使用。

■一荷櫃

一荷櫃是種 2 個 1 組的具足櫃。搬運時將天秤棒插進左右的金屬方框中，將 2 個櫃子前後扛起。大名隊伍行進時，便是由名為「中間」的隨從負責扛一荷櫃。

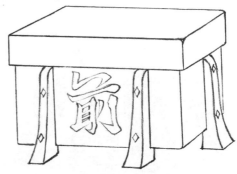

■具足唐櫃

具足唐櫃是指有 4 支或 6 支腳的唐櫃。唐櫃本來並不光用來裝甲冑，還可以用來保護書籍、寶物免於受潮，只是江戶時代後期因受復古思想影響，才開始拿唐櫃來當作具足櫃使用。

疊胴

　　大坂之陣、島原之亂過後，甲冑已經不再追求原本作為防具的目的。從此以後，日本在江戶幕府統治下，迎來了長達260年的承平之世，使得武家勢力衰退。甲冑除疊具足、鎖子甲等簡易型防具以外，絕大多數都已脫離實用範疇，淪為純粹的裝飾。

　　「疊胴」是指將伊予札、骨牌金、蝶番札、鱗札、馬甲札等物縫在家地上製成的胴甲。由於它可折疊、攜帶方便，經常作為簡易型胴甲使用。此外，疊胴也經常搭配提燈兜、頭巾兜等疊兜使用，疊胴和疊兜兩者合稱為「疊具足」。

■以鎖環連接骨牌金製作的疊胴
此疊胴是以鎖環連接骨牌金製作，可以折疊縮小體積。

骨牌金

鱗札

■鱗札縫製的疊胴
使用的是上方下圓的魚鱗狀小札。

鎖環

■鎖子甲
鎖子甲是將鎖環縫在家地上製成的服裝。由於它屬於服裝，所以從背部到左右側腹是連續的，將前方的兩襟扣上即完成著裝。整體使用鎖環製成，因此實際上比看起來要沉重許多。

疊兜

「疊兜」是指能夠折疊起來的頭盔。主要是搭配疊胴使用，有提燈兜、頭巾兜等種類。因為可以折疊縮小體積，很適合作為備用，防範緊急時刻。

■提燈兜
提燈兜的兜缽構造像鞘一樣是以威繩連接，可以像燈籠上下折疊使用。該頭盔主要搭配疊具足。

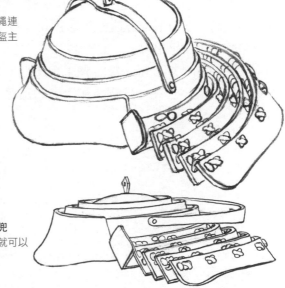

■折疊狀態的提燈兜
抽掉固定用的金具就可以折疊起來。

鎖環

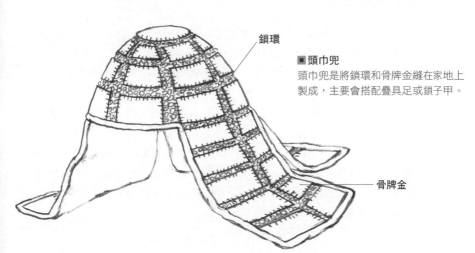

■頭巾兜
頭巾兜是將鎖環和骨牌金縫在家地上製成，主要會搭配疊具足或鎖子甲。

骨牌金

177

復古調

　　中世甲冑（大鎧、胴丸、腹卷、腹當）富裝飾性的特色也逐漸轉移到了當世具足上。當世具足開始會用藻獅子文章、正平韋等繪韋包裹金具迴，也會配合整體甲冑的編繩顏色，在編織小札板的耳糸（參見 P.213）、畦目（參見 P.211）處使用華麗的組紐編繩，例如啄木打、龜甲打（參見 P.213）等。這些甲冑的菱縫（參見 P.212）全都使用紅色繩線。後來甚至還有附帶杏葉（參見 P.207）、栴檀板、鳩尾板（參見 P.205）等構造的當世具足出現。

　　江戶時代中期以降，復古調思想風行，財力雄厚的諸侯大名紛紛以中世甲冑為範本，在考據學家和學者的指導下製作了許多的「復古調甲冑」。

■中世的大鎧

■中世的胴丸

復古調的特徵

　　江戶的復古思想，起因於八代將軍德川吉宗的獎勵推動。世人皆知吉宗曾在江戶城鑑賞過東京都御嶽神社的大鎧，而且他還以這副大鎧為原型，製作出 1 套紺糸威大鎧（藏於靜岡縣久能山東照宮），堪稱當時研究復古甲冑的巔峰。基本上，這些復古調的甲冑都是模仿或修復中世的甲冑。

　　進入江戶時代後期，中世的合戰繪卷物（《平治物物繪詞》、《蒙古襲來繪詞》等）也開始受到矚目，隨著復古調甲冑的研究和製作變得越發盛行。除此以外，從《集古十種》和日本各地的地方誌便可以發現，當時也出版了不少描摹中世甲冑的書籍，足以反映當時的復古思想。與此同時，還有許多甲冑師開始從事中世甲冑的修復工作，諸如岩井派、明珍派等。因為上述諸多緣故，才使得中世甲冑的模仿、修復工作越趨精巧而緻密。

目下頰

許多目下頰會錘打出鬍鬚、牙齒、鼻子、臉頰皺紋等人體特徵作為裝飾。須賀會做得稍大，裾板上則有 1 段菱縫。

二枚胴

以皮革包裹金具迴，並以覆輪裝飾。胴甲上下兩端以小札構成，中間則裹上皮革，在裝上佲大的獅子金屬裝飾。胸口處甚至還有形狀圓潤的栴檀板、鳩尾板。草摺同樣採小札構造，裝設方式為腰革付而非威付。

腰革付

伊予佩楯

這是件上下同寬的 5 段構造伊予佩楯。比照中世的伊予佩楯，用細窄的伊予札製作成寬幅的佩楯。家地上有 2 條兼具補強與裝飾的力革。

篠臑當

這是用鎖環連接 6 片鐵條製成的篠臑當，使用立舉頂端呈一直線的龜甲立舉。以皮革包覆臑當直到中段左右，其下則是毛沓（亦稱貫）。

筋兜

此筋兜裝有出眉庇和鍬形台，並插上鍬形。袯立則裝上帶有吉祥意象的養龜立物。佲大的饅頭鞕採 4 段構造，頂端的 2 段垂直豎起、做成反折的吹返，再用皮革包裹，其上還有家紋圖案的佲大裾紋。

大袖

這件大袖按照南北朝時代以降的固定形式，採 7 段構造。第四段後方有個笄金物，也可以在化妝板上發現八雙金物和八雙鉚釘。冠板前低後高，雖然前後裝反了，但這其實是此時期的常見形態。

鎖籠手

這是件在鎖環中間置入筕的鎖籠手。手甲為摘弓甲，以鎖環連接姆指和其他四指，中央則設有和吹返相同的裾紋。

家地

毛沓（貫）[39]

復古調的各部名稱

復古調的甲冑有許多部分摻雜了當世具足與中世甲冑兩種要素，因此有時很難判斷各部位分別為何。很多復古調甲冑都已經脫離了實用範疇，甚至讓人懷疑這些甲冑是否真能作戰。有些甲冑是讓富裕的武士拿來當作裝飾品，有些則是打從一開始就是所謂的「飾甲冑」、「飾鎧」。

武士與甲冑 德川吉宗

吉宗曾以東京都御嶽神社的赤糸威大鎧等甲冑為範本，命人製作大鎧，靜岡縣久能山東照宮收藏的紺糸威大鎧堪稱其中的極致。大圓山頭盔頂端設有龍頭，左右吹返設有寶珠，搭配葵紋裾金物。當時為元文元年（1736 年），吉宗 52 歲。

武士與甲冑 德川慶喜

末代將軍慶喜的甲冑是三物（頭盔、胴甲、袖甲）、面具、三具（籠手、佩楯、臑當）俱全的胴丸。頭盔是二十四間二方白星兜，上頭偌大的星令人聯想到平安時代。此外，頭盔上還裝有龍頭和鍬形，5段錣的上面3段做成吹返構造。袖甲則是7段構造的大袖，另附面頰當。

幕末的甲冑

　　幕末動亂頻仍，此時期開始頻繁使用火槍、大砲等近代武器，使得甲冑的作用有其侷限。自從討幕軍建立新政府、西南戰爭以後，甲冑就再也不曾出現在戰爭中，其漫長的歷史亦從此閉幕。由此便可以發現，幕末這個時代不單只是江戶幕府的崩壞，同時也意味著武家社會的崩壞。

　　明治新政府建立了近代軍隊，但幾乎沒有在將士的身軀上放任何心思，而是一心追求和歐美列強同等的地位，而開啟了中日、日俄戰爭。

忘記如何裝備甲冑的武士

　　以黑船叩關為界，日本從此邁入了幕末的動亂時代。在江戶幕府的統治下，許多武士久享太平，已忘記其本份，疏於保養甲冑與武具。因此當幕末進入動亂時期，甲冑師才突然接到大量委託，要求修理甲冑。此現象全日本皆然，很多甲冑師都為人手不足所惱，於是遂有其他職種的工匠半路出家，跟著製作和修理甲冑，因此，幕末有很多甲冑粗製濫造，或是修理方法有誤。

　　寬政 12 年（1800 年），陸奧白河藩主松平定信編纂了《集古十種》，受此書及其他出版品影響，復古調風潮直到幕末仍相當盛行，被製作出來的盡是徒具中世時期的裝飾性而實用性極低的甲冑。另外，也因為人們偏好華麗的裝飾，此時期的甲冑使用大量繪韋、金屬件，製造出許多偏離原本目的、缺乏防禦性和機能性的甲冑。

　　享保 20 年（1735 年），伊勢國（三重縣）的兵法家村井昌弘所著的《單騎要略》首次出版，並於天保 8 年（1837 年）重新再版。此書詳細記載了甲冑的諸多細節，從甲冑穿戴方法到頭盔裝備法一應俱全，受幕末許多武士奉為金科。不過反過來說，這也代表當時許多武士其實連如何穿戴甲冑都搞不清楚。

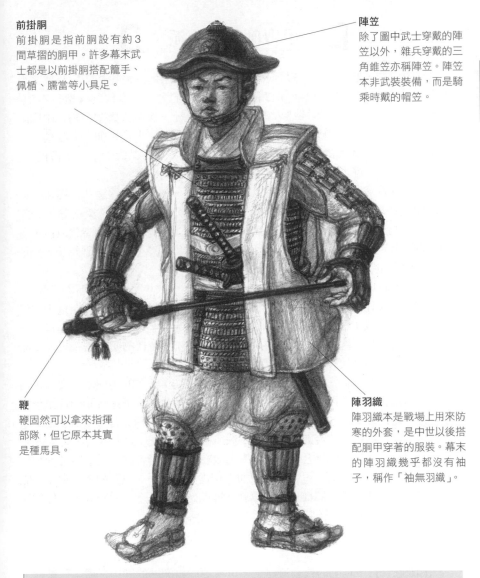

前掛胴

前掛胴是指前胴設有約 3 間草摺的胴甲。許多幕末武士都是以前掛胴搭配籠手、佩楯、臑當等小具足。

陣笠

除了圖中武士穿戴的陣笠以外，雜兵穿戴的三角錐笠亦稱陣笠。陣笠本非武裝裝備，而是騎乘時戴的帽笠。

鞭

鞭固然可以拿來指揮部隊，但它原本其實是種馬具。

陣羽織

陣羽織本是戰場上用來防寒的外套，是中世以後搭配胴甲穿著的服裝。幕末的陣羽織幾乎都沒有袖子，稱作「袖無羽織」。

幕末的武士

幕末的武士，大多是頭戴陣笠、身披前掛胴與陣羽織的模樣。這其實只是平時騎乘的裝備，前掛胴和小具足是臨時的裝束，並非正式武裝。大部分的幕末武士之所以都以這些配備上陣，很大的原因是由於全日本足以上戰場的甲冑嚴重缺乏所致。薩摩藩與長州藩的指揮官還被要求要在軍服上另外配戴毛兜。

甲冑師的諸流派

　　製作甲冑的工匠職人，一般稱作「甲冑師」，不過這個稱呼在江戶時代之後的文獻中才有記載，中世以前其實存在各種不同的名稱。古代的《續日本記》中，有「甲作」、「鎧匠」等稱呼，室町時代的《七十一番職人盡歌合繪》中則記作「鎧細工」；隨著時代變遷，又有「鎧師」、「具足師」、「具足細工」等稱呼，甚至還將從事鐵工製程的工匠特別稱為「甲冑鐵細工」、「鎧鍛冶」、「甲冑鍛冶」等。由此可見，工匠亦可視其從事製程的內容而有不同稱謂。

　　甲冑觸及的素材囊括金屬、皮革、漆、纖維等，製作時會經過諸多複雜的結合，因此製作程序亦分作鐵工、漆藝、金工、皮革加工、編織、染色等細項作業。一般認為，甲冑從很早便已開始將各項技術分工，尤其南北朝時代以後，各項製程更是分別由精通此道的專職者負責。一副甲冑的誕生，勢必需要多名熟練工匠的通力合作。

　　進入中世時期，私人開始可以持有甲冑，如此一來，不光是南都（奈良），各地應該都有製作甲冑的據點。室町時代以後又有春田派、岩井派、左近士派等甲冑製作集團形成；根據文獻記載，還有個專門從事頭盔製作的派別，稱作「小泉派」。關東以北的甲冑製作工藝則是獨立發展，江戶時代的明珍派、早乙女派便是承襲其流而特別擅長製作兜缽。

　　除了上述以外，北陸地區的越前（福井縣）有從事鐵工的馬面派，加賀（石川縣）也有揉合加賀工藝的製作團隊，這兩者應是衍生自南都系統和明珍派等大流派。九州地區的肥前（佐賀縣）有宮田派，肥後（熊本縣）有侍奉藩主細川家的西村派，東北地區的仙台則有鎌倉雪下派所衍生的分支，致力於製作仙台胴。

　　由此可見，江戶時代時已有眾多甲冑師散布全國，於各城下從事甲冑的製作和修理。除了各處人才鼎立，物品的流通也相當興盛。不光只有頭盔，繪韋、兜缽、金屬件、威繩等零件同樣也從很早就已經開始流通。至江戶時代，零件的流通更加活躍，甚至到了明治時代，買賣交易依然盛行。

春田派

　　春田派是奈良甲冑師的代表流派之一，主要從事兜缽的鍛冶（鐵工）製程。上至總覆輪的阿古陀形筋兜等高級頭盔，下至頭形兜、突盔形兜等簡易型頭盔，各種作品上都可以發現春田派的署名。江戶時代以後，春田派在各地展開了諸多分派，極為活躍。

岩井派

　　岩井派和春田派同樣堪稱奈良甲冑師的代表流派。岩井派從很早以前便開始從事甲冑的製作，實際負責哪項製程雖已不得而知，但主要應該是從事威繩和組裝的工作。江戶時代以後，岩井派成為將軍家專屬的甲冑師，受幕府命令前往各地寺廟、神社調查或修理當地收藏的古甲冑。

左近士派

　　奈良甲冑師一派。和春田派、岩井派一樣，左近士派從相當早期便開始製作甲冑製作。根據推測，應是跟岩井派一樣，主要從事威繩和組裝，而非鍛冶，然詳情不明。

小泉派

　　《應仁記》、《應仁亂消記》、《西藩野史》等文獻中接可以看見「小泉兜」一詞。根據後人推側，小泉派應是室町時代時以奈良縣大和郡山的小泉為據點的流派。因有傳為小泉兜的總覆輪阿古陀形筋兜留存，推測小泉派應是以鐵工為主，然詳情不明。

明珍派

　　明珍派是知名度最高的甲冑師流派。一直以來，人們都認為明珍派發祥自相模國（神奈川縣），然而近年的研究卻指其發源地應落在京都附近。可惜的是，我們對明珍派的了解也僅止於此。元祿時期（1688～1704年）以後，明珍派以江戶地區為中心大為活躍。另外，明珍派也在日本各地開枝散葉，其分支稱作「脇明珍」。明珍派留有六十二間、三十二間星兜、筋兜等諸多作品，不同品質和樣式的作品皆有流傳。

早乙女派

　　自江戶初期起，早乙女派便以常陸國（茨城縣）為據點展開活動。他們特有的創意為製作兜缽的傳統增添新色，留下了六十二間、三十二間星兜、筋兜等不少優秀的作品。

雪下派

　　雪下派活躍於室町時代後期，以相模國雪下（鎌倉市）為據點，是後北条氏統治之下的甲冑師流派。他們特別擅長使用鎚打成扁平狀的鐵板，製作世稱雪下胴的五枚胴。

脇戶派

以奈良的脇戶鄉（奈良市脇戶町）為據點的流派。儘管為數不多，卻仍有幾件刻有署名的兜缽留存，推測脇戶派應是個從事鐵工的團體，並活躍於江戶時代，然而其他便不得而知。

馬面派

以越前國豐原（福井縣坂井市丸岡町豐原）為據點的流派。主要從事星兜、筋兜的製作。馬面派偏好使用形狀矮胖的星，亦即所謂的「霰星」而得名。除此之外，他們會在缽體內側下方的每塊矧板各寫 1 個字，橫向刻上銘文，這也是個未見於其他流派的重要特徵。

根尾派

相傳根尾派發祥自美濃國根尾（岐阜縣本巢市根尾），江戶時代活躍於奈良一帶。根尾派擅長製作百二十間筋兜，並且留下了不少優秀的作品。

長曾根派

據說長曾根派的發祥地為近江國長曾根（滋賀縣彥根市長曾根町）。江戶時代遷徙至越前國，以甲冑鍛冶在業界大展身手。後來轉而將心力投注於刀劍鍛冶，名匠長曾根虎徹便是源自長曾根派。

市口派

發祥自河內國（大阪府），起初原是製轡[40]的轡師。有刻有署名的三十二間筋兜和一部分的面頰當流傳，然詳情不明。

宮田派

江戶時代以肥前國為據點活動的流派。擅長錘打鐵板，製成各種圖形，傳有俗稱佐賀胴的優秀打出胴

西村派

肥後國熊本藩主細川家麾下的甲冑師。西村派本是細川家家臣，後來因為製作甲冑的技術受到認可，而在製作越中具足的任務中扮演著相當重要的角色。

第二章
甲冑的構造

　　日本中世、近世的甲冑，主要是由名為小札、金具迴、威毛、金物、革所這5個部位構成。為補足上述部件之不足，遂又有緒所、家地、板所、鎖鏈、化妝板、水引等其他部位。

　　其中最重要的當屬小札、金具迴、威毛，這三者是甲冑的主要部分；至於革所和緒所則有助於提高主要部件的機能性，同樣重要。另外，家地、板所和鎖鏈構成了主要的小具足。金屬配件方面，儘管有些也具備實用價值，但絕大多數的金屬配件還是跟化妝板、水引一樣，屬於甲冑的裝飾，不過這些也是日本甲冑的重要特徵。

小札的素材與種類

　　甲冑乃是由眾多小札連接結合而成。依小札的材質可以分成「鐵札」、革札，也可以用形狀分成「並札」、「三目札」、「伊予札」。

　　鐵札就是鐵做的小札，革札就是練革做的小札。所謂「練革」，就是將牛皮浸泡膠液，再用木槌捶打製作的堅韌皮革。

　　平安時代的大鎧主要使用革札製作，廣島縣嚴島神社的小櫻威大鎧和東京都御嶽神社的赤糸威大鎧為其代表文物。然而《保元物語》卷二的〈義朝白河殿夜討〉亦有「鐵混」的記載，這是「混以鐵札」之意；換言之，即便到了平安時代，鎧甲也並非清一色全部使用革札，而會在重要部位使用鐵札。島根縣甘南備寺的黃櫨匂大鎧和岡山縣的赤韋威大鎧等，便屬此類混以鐵札的大鎧。鐵札主要使用於胴甲正面至射向（左

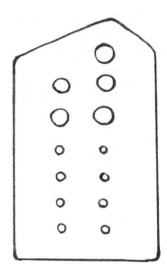

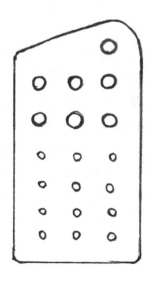

■並札
並札是最常見的小札，帶有 2 排（6 個、7 個）小孔。

■三目札
三目札是指有 3 排（6 個 6 個 7 個）小孔的小札。如愛媛縣大山祇神社的逆澤瀉大鎧、愛知縣猿投神社的樫鳥威大鎧等，主要用於平安、鎌倉時代的鎧甲。

側）一帶。所謂「射向」，就是指騎射時面向敵人的方向，因此必須做得特別牢固。黃櫨匂大鎧全為三目札製成，從正面往射向這面則是每 2 片革札搭配 1 片鐵札，以 1 層鐵、2 層皮革的構造來保護身軀。鎌倉時代後期以降，胴甲（大部分到革摺的第二段為止）多採鐵札與革札兩者交互使用，這種作法稱為「鐵革一枚交」。

伊予札是指帶有 2 排各 7 個小孔的小札。伊予札基本上都是鐵製，例如奈良縣春日大社的黑韋威胴丸（一號）和愛媛縣大山祇神社的紫韋威胴丸等都是如此。伊予札的語源據說來自伊予國（愛媛縣），然而真實情況不得而知。此外，細川越中守忠興推崇的當世具足——越中具足中，也有些鎧甲使用的是 3 排或 4 排各 7 孔的伊予札。

形形色色的伊予札

伊予札有各種札頭，例如小札、矢筈（V形）、碁石、一文字等形狀。稱呼時則依其形狀，以「～頭伊予札」稱之。

4 個、4 個

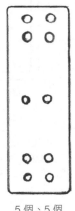

5 個、5 個

■佩楯用的伊予札
伊予札亦可用於小具足佩楯。佩楯用的伊予札上面有 2 排（4 個、4 個）孔洞，基本上均是以皮革製作，頂緣呈一直線；唯獨佩楯第一段使用的伊予札，因為要用編繩跟上方的家地編成菱形的形狀，所以有 2 排（5 個、5 個）孔洞。

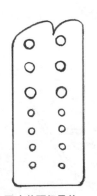

■小札頭伊予札

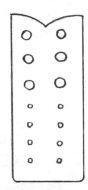

■矢筈頭伊予札

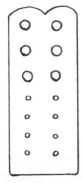

■碁石頭伊予札

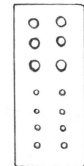

■一文字頭伊予札

小札的各部位名稱

首先，我們會以「札頭」和「札尾」分別指稱小札的頭尾；其次，我們會用「札足」（亦稱札丈）和「札幅」作為小札尺寸的量測用語。再說到小札上的孔洞，則可視其使用方法，分別稱作「緘穴」（參見 P.210）、「毛立穴」（參見 P.208）、「下緘穴」（參見 P.192）；小札背面則稱作「小札裏」。

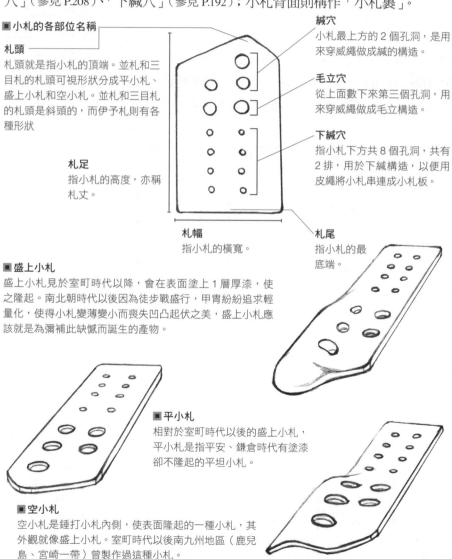

■ 小札的各部位名稱

札頭
札頭就是指小札的頂端。並札和三目札的札頭可視形狀分成平小札、盛上小札和空小札。並札和三目札的札頭是斜頭的，而伊予札則有各種形狀

札足
指小札的高度，亦稱札丈。

緘穴
小札最上方的 2 個孔洞，是用來穿威繩做成緘的構造。

毛立穴
從上面數下來第三個孔洞，用來穿威繩做成毛立構造。

下緘穴
指小札下方共 8 個孔洞，共有 2 排，用於下緘構造，以便用皮繩將小札串連成小札板。

札幅
指小札的橫寬。

札尾
指小札的最底端。

■ **盛上小札**
盛上小札見於室町時代以降，會在表面塗上 1 層厚漆，使之隆起。南北朝時代以後因為徒步戰盛行，甲冑紛紛追求輕量化，使得小札變薄變小而喪失凹凸起伏之美，盛上小札應該就是為彌補此缺憾而誕生的產物。

■ **平小札**
相對於室町時代以後的盛上小札，平小札是指平安、鎌倉時代有塗漆卻不隆起的平坦小札。

■ **空小札**
空小札是錘打小札內側，使表面隆起的一種小札，其外觀就像盛上小札。室町時代以後南九州地區（鹿兒島、宮崎一帶）曾製作過這種小札。

小札板

「小札板」是將小札交互重疊，並以皮繩串連的板材，可選用並札、三目札、伊予札等小札製作。小札板可視使用的小札種類或製作方法，而分成「本小札」、「本縫延」、「包小札」。

— 皮繩

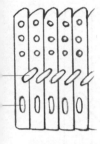 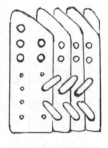 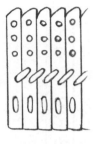 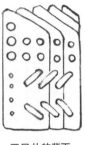

| 並札的正面 | 並札的背面 | 三目札的正面 | 三目札的背面 |

■ 本小札

本小札是將並札或三目札橫向重疊排列、以皮革串連起來，最後塗漆固定所製成的小札板。相對於後來才問世的切付小札，本小札可說是貨真價實的小札板。可使用並札或三目札製作本小札，使用並札就會形成 2 層的小札板，三目札則形成 3 層的小札板。

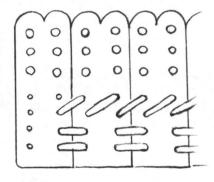

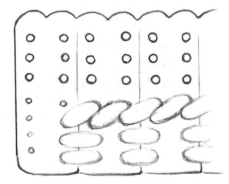

■ 本縫延

本縫延是指將伊予札（基本上使用鐵札）橫向排列，並以皮繩串接、最後塗漆固定所製成的小札板。本縫延的名稱是來自將伊予札「縫起後拉開延伸」的製作方法。相對於後來才問世的縫延，本縫延是使用真正的伊予札製成的小札板。由於伊予札之間的重疊面積很小，幾乎形同單層的小札板。

■ 包小札

包小札是將小札（通常使用伊予札）以皮繩串連，再用皮革（馬皮）包裹起來、塗漆固定所製成。與本小札相較之下，包小札大幅縮減工法與工時，還能一次製造大量甲冑，自室町時代末期誕生以來，便受到廣泛採用。另外，包小札又因塗漆打底的手法，亦稱「革著」。

下縅

　　所謂「下縅」，就是指將小札橫向排列重疊，並以皮繩編織、串連小札的手法。以皮繩串連時，會將下縅穴分成上下 2 段分別編織；並札的下縅穴為上段 4 個、下段 4 個，三目札則是上段 6 個、下段 6 個。無論用並札或三目札，皮繩都有三種編法：上下一條、上二條下一條以及上下二條。

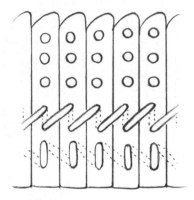

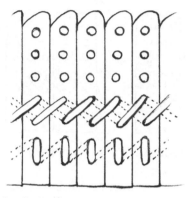

■ **上下一條**
上下一條是平安時代的下縅手法。以皮繩串連小札，使正面上方呈「／」下方呈「｜」，背面上方呈「｜」下方呈「＼」。

■ **上二條下一條**
自平安時代至江戶時代，上二條下一條是最常見的手法。以皮繩串連小札使正面上方呈「／」下方呈「｜」，背面上方呈「＼」下方呈「／」。

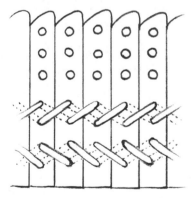

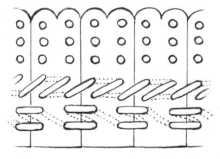

■ **上下二條**
上下二條的手法可見於平安時代至室町時代前期。以皮繩編組小札，使正面上方呈「／」下方呈「＼」，背面上方呈「＼」下方呈「／」。

■ **伊予札的下縅**
伊予札通常採用上下一條的編綴方法。使 2 片小札稍稍重疊；以皮繩編綴小札，使正面上方呈「／／」下方呈「＝」，背面上方呈「＝」下方呈「＼＼」。

特殊的小札

小札當中，為配合使用的地方或特殊使用方法，而產生出特殊的小札，例如耳札、四目、目無、鞘札。

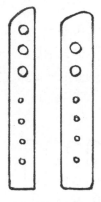

■耳札

耳札是種用於本小札兩端的小札。並札（參見 P.191）和三目札（參見 P.191）使用的耳札，片數和形狀也會不同。並札的小札板會在正面使用開有 1 列（7 個）孔的耳札，背面另外使用開有 1 列（6 個）孔的耳札；相對地，三目札的小札板則會在正面使用 1 列（7 個）孔的耳札和 2 列（6 個、7 個）孔的耳札，背面則使用 2 列（6 個、6 個）孔的耳札和 1 列（6 個）孔的耳札。

1 列（7 個）1 列（6 個）

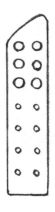

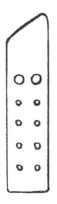

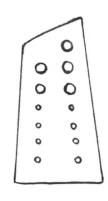

■四目

四目是設有 2 列（7 個、7 個）孔洞的小札，用於胴丸、腹卷附有金屬配件的部分。除此以外，四目也會用於大鎧打八雙鉚釘的部分，以及平造脇板的花緘部分。

■目無

目無沒有緘穴，是表面開有 2 列（5 個、5 個）孔洞的小札。江戶時代初期的鞘就會在沒有繩結的缽付板上使用目無。

■鞘札

鞘札就是指使用在鞘上面的小札。鞘札的札足比別種小札來得短，還有些小札為了配合鞘展開的角度，而故意把下緣做得特別寬。

板物

　　板物是指用錘打成平板形狀的鐵板或皮革板製成的小札板。其質地比普通的小札板更強韌。室町時代末期，為抵禦長槍、火槍等武器，板物因而誕生。另外，相對於小札，板物又可稱作「板札」。

　　除札頭齊平的板物以外，也有將札頭切割成小札、矢筈（V形）、碁石等形狀的板物，分別稱作「○○頭板物（或板札）」。有些還會在上面塗漆加厚，使其看起來就像是整排小札，稱作「切付小札」、「縫延」。會有這樣的板物產生，是希望板物也能展現傳統小札的凹凸起伏之美。

切付小札

切付小札是將板物札頭切割成小札形狀然後塗漆使其隆起，好讓它看起來就像是本小札的小札板。亦稱「當世小札」，意思是「現代的小札」。

縫延

縫延是將板物的札頭切割成矢筈或碁石形狀，並塗漆使其隆起，好讓它看起來就像是本縫延的小札板。

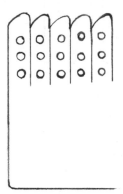

■切付小札

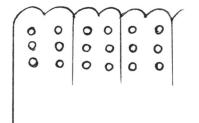

■碁石頭縫延

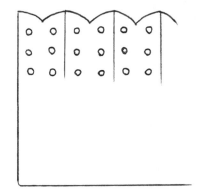

■矢筈頭縫延

江戶時代以後，又有各種札頭形狀各異的板物出現，這些板物已經跳脫了原先模擬小札物的出發點，形成板物特有的札頭。這些札頭依其形狀，分別稱作「山道」、「連山道」、「離山道」。

　　《武用弁略》當中還有記載到更加特異的札頭，如丁子頭、駒頭、魚鱗頭、胡麻殼頭、篠割、波頭等。從字面上或許可以有某種程度的聯想，可惜這些札頭幾乎都已失傳，應是打造加賀具足之際，為追求工藝趣味所產生。

小札

山道、連山道、離山道

山道、連山道、離山道尤其常見於石川縣金澤市附近製造的「加賀具足」，其為當世具足，非常華麗。

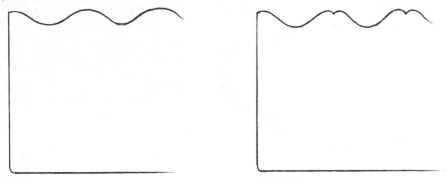

■**山道**
山道是指有固定起伏的札頭。

■**連山道**
連山道是指山道頂端有個小凹陷的札頭。

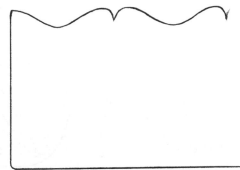

■**離山道**
離山道是指山道頂端有個大凹陷的札頭。

眉庇

　　眉庇是指裝設於兜缽正面的遮蔽用金屬件。基本上星兜（參見 P.56）和筋兜（參見 P.82）使用「伏眉庇」或「出眉庇」，頭形兜（參見 P.124）、突盔形兜（參見 P.126）桃形兜（參見 P.127）等簡易型頭盔則使用「眉形眉庇」、「棚眉庇」、「天草眉庇」、「卸眉庇」。

三光鉚釘

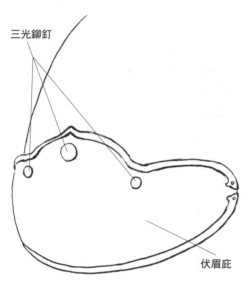

伏眉庇

■ 伏眉庇

伏眉庇的中央隆起，並以平行方向裝設於兜缽。東京都御嶽神社的赤糸威大鎧和東京國立博物館的組交糸威肩紅胴丸（秋田家流傳）等頭盔當屬此類。平安時代至室町時代，有許多頭盔都使用伏眉庇。附圖中的「三光鉚釘」是一種圓形鉚釘，其鉚釘腳被剖成兩半（稱作割足），伏眉庇便是用 3 支三光鉚釘固定於兜缽的腰卷部分。

■ 出眉庇

出眉庇沿著額頭曲線向內側彎曲，並以垂直方向裝設在兜缽上，如帽緣般向前凸出。神奈川縣寒川神社的六十二間筋兜（武田氏奉納）和仙台市博物館的紺糸威仙台胴具足（伊達政宗所用）等頭盔便屬此類。出眉庇是以鐵製三光鉚釘裝設於兜缽的腰卷部分。此形式的眉庇首見於室町時代後期的關東地區，後來安土桃山時代至江戶時代已快速散播至全日本各地。琦玉縣的騎西（私市）城址出土了十六間筋兜的眉庇，據說是出眉庇的原型，因此特別受到矚目。

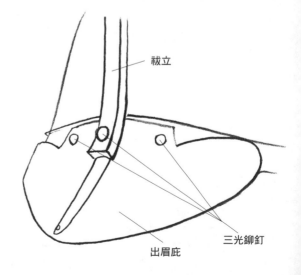

祓立

三光鉚釘

出眉庇

■眉形眉庇

眉形眉庇平行裝設於兜缽，沿著眉毛輪廓切割製成。岐阜縣清水神社的茶系威胴丸（稻葉一鐵所用）頭形兜用的就是這種眉庇。眉形眉庇亦可見於室町時代後期至安土桃山時代的簡易型頭盔，裝設方法是用數個小鉚釘將之固定於兜缽及兜缽的腰卷部分。

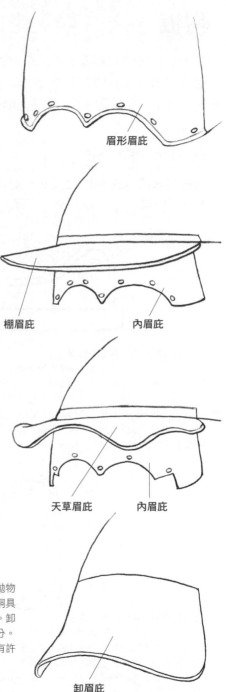

眉形眉庇

■棚眉庇

棚眉庇是垂直向外突出於兜缽的眉庇。此種眉庇常見於安土桃山時代以後的簡易型頭盔，如三重縣伊勢神宮和奈良縣談山神社所藏的突盔形兜。裝設方法是用數個小鉚釘固定於兜缽的腰卷部分。

棚眉庇　　　　　　　內眉庇

■天草眉庇

天草眉庇就是帶有大波浪的棚眉庇。大分縣柞原八幡宮的金白檀塗淺蔥糸威腹卷（豐臣秀吉所用，大友義統奉納）的突盔形兜便屬此類。天草眉庇可見於安土桃山時期以後的突盔形兜，裝設方法是用數個小鉚釘固定於兜缽或兜缽的腰卷部分。傳聞其名取自於島原的天草一揆，但真實來源不詳。

天草眉庇　　　　　內眉庇

■卸眉庇

卸眉庇從側面看起來，會跟兜缽形成一道和緩的拋物線。靜岡縣久能山東照宮的金溜塗黑糸威胸取佛胴具足（俗稱大高城兵糧入具足）的頭形兜便屬此類。卸眉庇是用數個小鉚釘固定於兜缽和兜缽的腰卷部分。卸眉庇因為視野開闊，機能性佳，整個江戶時代有許多簡易型頭盔、星兜和筋兜都採用卸眉庇。

卸眉庇

胸板

胸板是設於前胴最上方的金屬件，通常以單片鐵板製作，唯獨當世具足的前割胴是分成左右 2 片。此外，大鎧胸板的底部採棚造構造，而胴丸、腹卷、當世具足的胸板底部則會製成平造構造。

平安時代～室町時代

大鎧胸板的寬度原本比前立舉窄，後來兩者不但變成同寬，也變得越來越高。

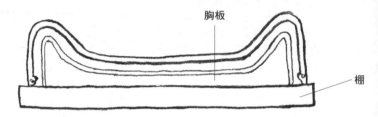

胸板

棚

■ 平安時代～鎌倉時代前期的胸板

從廣島縣嚴島神社的小櫻威大鎧、東京都御嶽神社的赤糸威大鎧可以看到，此時期胸板的特徵包括寬度比前立舉更窄，高度更低、體積更小。由於當時盛行騎射戰，這種形狀應該是為了方便操作弓箭而然，也因此，才會用栴檀板和鳩尾板覆蓋左右的破綻。小札板是用一種叫作「革吊」的簡單方法裝設在胸板上。胴丸方面，雖然沒有當時的文物留存至今，卻可以從合戰繪卷等文獻發現，圖中會將胸板與前立舉畫成同寬。使用者裝備胴丸時，不會搭配栴檀板和鳩尾板，而會另持薙刀或長卷等長柄武器用於徒步戰鬥當中，從這個角度來說，這樣的胸板已經算是很大了。

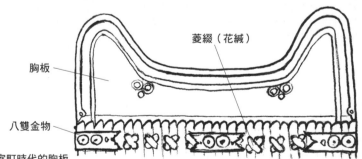

菱綴（花縅）

胸板

八雙金物

■ 鎌倉時代後期～室町時代的胸板

約莫從這個時期開始，胸板寬度開始變得和前立舉差不多同寬，中央則稍微隆起約 3cm 左右。推測應該是為了保護胸口免受太刀或薙刀的攻擊，所以大鎧的胸板才變化成類似胴丸的形式。從東京國立博物館的組交糸威肩紅胴丸和山口縣毛利博物館的色色威腹卷（毛利家流傳）等可以發現，左右有個明顯突起的角狀構造，是此時期胸板的特徵。

安土桃山時代～江戶時代的胸板

此時期的胸板不再用皮革包裹，改以塗漆作為
收尾。除此以外，過去左右兩邊的突起角狀構
造也消失了。

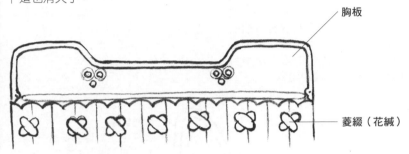

胸板

菱綴（花緘）

■安土桃山時代初期

頂緣呈一直線形狀，應是為解決因立舉和長側
段數增加，使得肩頭產生突兀不適感的問題，
遂將左右突起削掉。山梨縣美和神社的朱札紅
糸威丸胴及東京都前田育德會的金箔押白糸威
丸胴為此類代表。

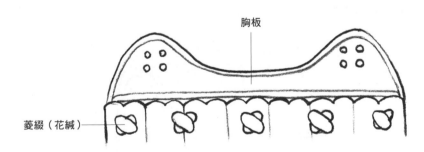

胸板

菱綴（花緘）

■安土桃山時代後期以降

從仙台市博物館的銀箔押白糸威丸胴具足（豐臣秀吉
所用，伊達家所傳）和大阪城天守閣的縹糸威裾紅丸
胴（脇坂家所傳）可以發現，此時期的胸板整體線條
開始趨於圓潤，以緩和頸部到肩口附近的壓力。又為
保護胸口免於受長槍或火槍攻擊，沿著邊緣稍稍反折
的「捻返」構造也跟著越做越深。

金具付

所謂「金具付」，就是連繫金具迴與小札板的手法，包括革吊、縅付、威付、蝙蝠付等方法。

縅付

一種金具付的手法，將平造的金具迴邊緣對準小札板的縅穴，再以皮革或繩索連接而成。視其方法，又可分成繩目縅、花縅兩種，以花縅使用較多。

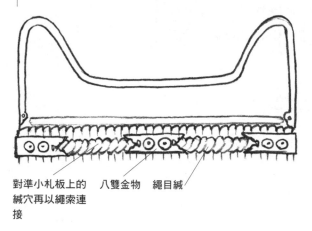

對準小札板上的　八雙金物　繩目縅
縅穴再以繩索連
接

■ **繩目縅**

於平造金具迴的邊緣開2排小洞，對準小札板的縅穴，再使用皮革或繩索以「繩目」（斜向）方式編織的手法。南北朝時代至室町時代的甲冑便有幾個實際用例，其代表為廣島縣嚴島神社的黑韋威胴丸。

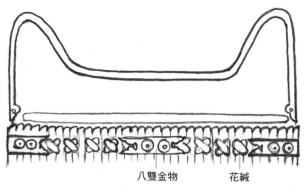

八雙金物　　　　花縅

■ **花縅**

於平造金具迴的邊緣開1或2排小洞（重要的地方要2排）、對準小札板的縅穴，再用皮革或繩索以╳字形狀編織的手法。可見於胴丸、腹卷的金具付。

革吊

有些小札板上方，會有1個微微反折的構造，稱作「毛喰撓」。將皮繩穿過毛喰撓與棚造金具迴的棚穴，再將皮繩打結，便稱作「革吊」。如此一來，小札板就會吊掛在金具迴下方。《集古十種》武藏國多摩郡御嶽權現社藏赤威甲冑圖的〈胸板之圖〉亦有刊載此手法，可見於平安、鎌倉時代的甲冑。

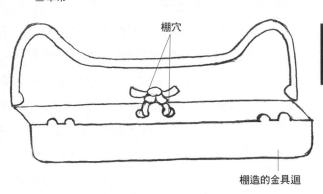

■革吊

棚穴

棚造的金具迴

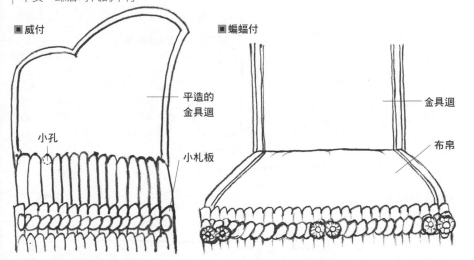

■威付

平造的金具迴

小孔

小札板

■蝙蝠付

金具迴

布帛

威付

於平造金具迴的邊緣開1排小孔，直接穿繩把小札板吊在下方的手法，稱作「威付」，愛媛縣大山祇神社的赤糸威胴丸鎧的大袖為其典型，當世具足的金具迴也會使用威付。不同的是，這種威付是在金屬件的邊緣挖出上下2排小孔，下排小孔對準緘穴，上排小孔則穿繩編成繩目（斜向）形狀。

蝙蝠付

這種手法是先將小札板編織於皮革或布帛上，再將之疊上金具迴，並以繩索連接。這種手法起先應是用於上下寬度有極端差距的情形，例如喉輪、曲輪下方的懸垂構造以及大鎧左右兩側的草摺。除此以外，當世具足的草摺也可以看見相同的手法。由於這個方法可以很簡單地將小札板吊掛於任何地方，因此偶爾也可以發現有當世具足的搖（參見P.139）使用蝙蝠付。

棚造、平造

　　甲冑的主要金屬部分稱作金具迴。金具迴不但可以緩和札頭抵住身體的不適感，也是綁縛繩索和縮繩的重要部分。金具迴主要有眉庇、胸板、脇板、押付板、冠板等；至於大鎧則另有鳩尾板、障子板、壺板等金具迴；胴丸、部分的腹卷和當世具足則有名為杏葉的金具迴。金具迴和小札板接合的邊緣，會因使用方法而有不同的形狀，分為「棚造」、「平造」兩種。

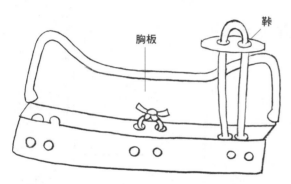

胸板

鞐

■ 初期的棚造

從《集古十種》武藏國多摩郡御嶽權現社所藏赤威甲冑圖的〈胸板之圖〉等圖畫可以發現，初期的棚造是從小札板的毛喰撓（小札頂端微微反折處）牽條皮繩穿過棚狀構造上的棚穴，藉以固定金屬件。

■ 棚造（切欠式）

棚造的金具迴當中，有種叫作「切欠式」的棚造。恰如字面所示，這是種沒有穿環處或穿高紐（參見 P.256）處的棚造，可見於平安、鎌倉時期。這種將環或繩索裝設於小札，而非裝設於金具迴的做法，應是由於從前的甲冑完全由小札製作而使然。

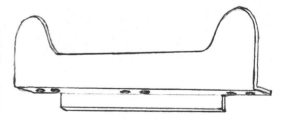

■ 平造

平造即為平面無翹起的金具迴邊緣，會依據其功能而有不同形狀。平造的邊緣可見於胴丸、腹卷、當世具足的胸板、脇板、押付板等。會以花緘或繩目緘等緘付手法連接小札板。

脇板

　　所謂「脇板」，就是指設於胴甲兩側的金屬物件。從廣島縣嚴島神社的淺蔥綾威大鎧和奈良縣春日大社的紅糸威梅金物大鎧可以推測，脇板應是誕生於鎌倉時代後期。起先僅有大鎧使用脇板，胴丸、腹卷並不使用，但隨著太刀和薙刀等劈砍武器的興起，人們越發重視側腹的防禦，漸漸地，胴丸也開始搭配脇板使用。由於胴丸的引合（接縫）位於右側腹，因此脇板必須分成前後 2 塊。通常脇板會把底下的邊緣做成平造構造，主要使用名為花緘（參見 P.200）的緘付手法裝設小札板。

■ 鎌倉時代～南北朝時代的脇板
此時期的脇板會沿著側身曲線向內彎曲，前後等高，並設有角形突起物。脇板前後設有笠鞣，稱作「脇鞣」，用來扣在前後立舉的縚繩上，使脇板和立舉不致脫落。

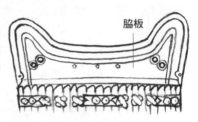

■ 室町時代的脇板
室町時代後期之前，脇板的形狀並無太大變化。值得一提的是，這個時期的胴丸和腹卷也開始裝設脇板了。胴丸的引合設於右側側腹，因此右邊的脇板會分成前後 2 塊；至於腹卷則是將引合設於背部，所以左右兩邊的脇板形狀都和胴丸相同。

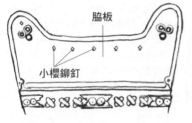

■安土桃山時代～江戶時代的脇板
自從室町時代末期開始使用長槍和火槍以來，側腹的防禦更受重視，人們開始使用前後帶有稜角、中央高起的「三山形脇板」。安土桃山時代的脇板主要沿襲此潮流，還設計得更富曲線，以求更加貼合側腹。跟胸板一樣，此時期的脇板並不使用皮革包裹，而是塗漆收尾。越到後來，脇板的後方沿著後立舉，變得越來越高，就如同仙台市博物館的銀箔押白糸威丸胴具足，以及大阪城天守閣的縹糸威裾紅丸胴。後來，為了避免長槍或火槍的彈丸鑽進縫隙，甚至還演變出一種「脇威」，是將脇板插進立舉底下，並以繩索將脇板和立舉完全固定住。江戶時代以後，脇板上緣也跟胸板一樣，開始把沿著邊緣反折的「捻返」構造做得越來越深。

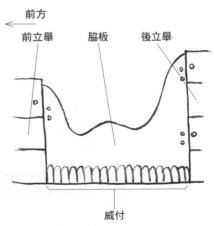

押付板

　　連繫肩上和後立舉的部分，稱作「押付」。押付通常使用與肩上相同的皮革製作。至鎌倉時代末期，胴丸和腹卷還會再加設 1 個名叫「押付板」的金屬配件。

　　押付板的底部邊緣通常採平造構造，並以名為花緘（部分使用繩目緘）的緘付手法裝設於後立舉之上。除背割胴以外，胴丸和當世具足的押付板都使用單一鐵板製作；腹卷和背割胴則由於將引合設於後方，因此是做成左右 2 塊的形狀。一般認為，押付板是當初為防備來自後方的劈砍攻擊，而加裝於押付之上的構造。

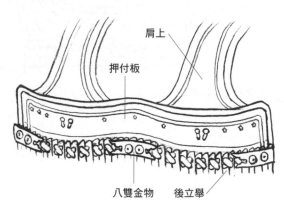

肩上
押付板
八雙金物　後立舉

■胴丸的押付板
要到鎌倉時代後期，才有描繪到類似押付板之物的合戰繪卷出現（《平治物語繪詞》、《蒙古襲來繪詞》）。另外，從奈良縣春日大社的黑韋威胴丸和岡山縣林原美術館的縹糸威胴丸（遠野的南部家所傳）可以推測，胴丸搭配押付板的形式約莫於南北朝時代便已經固定下來了。

■腹卷的押付板
由於腹卷的引合設於後方，押付板會分成左右 2 塊。

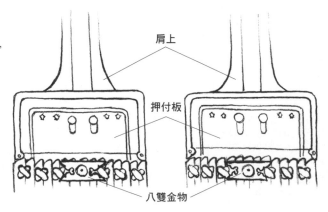

肩上
押付板
八雙金物

鳩尾板、障子板、壺板

　　「鳩尾板」是覆蓋大鎧左胸縫隙的 1 塊縱長形金屬配件，以高紐（參見 P.256）綁結裝設；而「障子板」是大鎧、胴丸鎧（一部分的古式胴丸）在肩上垂直裝設的半圓形金屬；「壺板」則是大鎧的脇楯上半部的主要金屬配件。

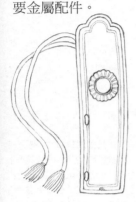

■ 鳩尾板

鳩尾板通常都以單一鐵板製作，卻也有分成上下 2 片，中間以鉸鏈連接的鳩尾板，如愛知縣猿投神社的樫鳥糸威大鎧。和栴檀板一樣，鳩尾板也是以高紐綁結裝設，好在射擊戰當中保護左胸。

中央下方的孔洞

進入室町時代後期，可以發現有些障子板會在中央下方開 1 個孔洞，如島根縣出雲大社的赤糸威肩白大鎧（相傳為足利義政奉納）和廣島縣嚴島神社的黑韋威肩紅大鎧（大內義隆奉納）。研判這小孔應是用來穿袖甲的執加緒，很可能是要像胴丸和腹卷那般，直接把執加緒綁結固定於肩上。

■ 障子板

平安時代的障子板輪廓和緩而圓潤、體積稍小；進入鎌倉時代以後，障子板不但逐漸變大，頂端的圓弧也比較往前傾，這個傾向在南北朝時代至室町時代尤其顯著。

壺穴

中央 2 個縱向排列的小孔稱作「壺穴」，用來穿壺緒。為了方便穿上引合緒，壺緒會先穿上茱萸。到了鎌倉時代，孔洞數目增加到 3 個，呈三角形排列。

■ 壺板

平安時代至鎌倉時代前期的壺板會配合胴甲的形狀，做成上下同寬，或把下緣的裾做得比較寬，從岡山縣的赤韋威大鎧和廣島縣嚴島神社的紺糸威大鎧便可看出此特徵。中央有 2 個縱向排列的孔洞，用來穿過壺緒。

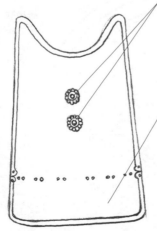

裾

鎌倉時代前期之前，壺板不是上下同寬，就是下襬的裾做得較寬；鎌倉後期以後反而顛倒過來，裾做得比較窄。這是為了配合徒步戰鬥，使大鎧改變裝備方式，好讓壺板緊密貼合身體。

冠板

「冠板」是設置於袖甲或栴檀板（參見 P.50）頂端的金屬件。冠板依照裝設方式的不同，可分成「立冠」、「橫冠」兩種。除此以外，籠手最頂端的金屬件亦稱冠板。

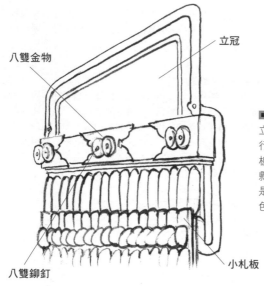

八雙金物

立冠

小札板

八雙鉚釘

■立冠

立冠是將下方棚造或平造的邊緣和小札板平行裝設的冠板。立冠通常會接大袖或栴檀板，如東京都御嶽神社的赤糸威大鎧和愛媛縣大山祇神社的赤糸威胴丸鎧，但也有少數是接上寬袖，如美國大都會美術館收藏的色色威胴丸。

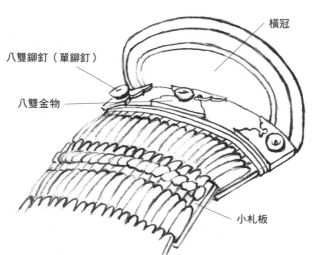

橫冠

八雙鉚釘（單鉚釘）

八雙金物

小札板

■橫冠

橫冠是呈垂直方向裝設小札板的冠板，其底部的邊緣亦呈垂直。大阪府壺井八幡宮的黑韋威胴丸寬袖、石川縣藩老本多藏品館的紅白段威壺袖便屬此類。寬袖、壺袖、當世袖經常會使用橫冠。

杏葉

　「杏葉」是裝設於胴丸肩上處的樹葉形狀金屬配件，起初是為了保護肩頭而水平裝設於肩上。杏葉大多是以單一鐵板製成，卻也有製作成上下 2 片、再以鉸鏈連接的杏葉，如鹿兒島縣鶴嶺神社所藏的鏡地蔓松葉文杏葉。

■胴丸上的杏葉
《平治物語繪詞》、《十二類合戰繪卷》都有畫到杏葉。杏葉原先是為了代替袖甲而裝設於肩頭，以其樹葉的形狀覆蓋住胸口的縫隙，藉此提高防禦性

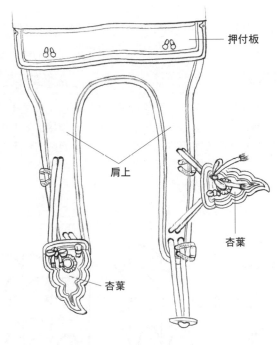

押付板

肩上

杏葉

杏葉

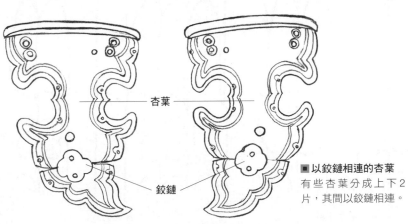

杏葉

鉸鏈

■以鉸鏈相連的杏葉
有些杏葉分成上下 2 片，其間以鉸鏈相連。

毛立

　　「威」（おどし／odoshi）一字應源自於「緒通し」（おどし／odoshi），為「穿繩」之意；又因穿繩豎起的成排繩索，看起來就如鳥的羽毛一樣，故亦稱「威毛」。威毛的技法，可以分成「毛立」和「緘」兩種。毛立是指小札板上下連繫的部分，緘則是將上端突出的威毛固定於札頭的部分。

　　毛立的技法又可大致分為「毛引威」、「素懸威」兩種；除此以外，還有種叫作「寄懸」的特殊毛立技法。

毛引威

將每片小札各自穿滿1行繩索的手法，稱作「毛引威」，這是中世、近世最基本的穿繩方法。若使用於板物，繩索間甚至可以毫無縫隙、完全看不到板材。

素懸威

以2排威毛，將緘穴編成╳字、同時連接上下小札的穿繩手法。素懸威應是室町時代末期，為應對長槍、火槍等攻擊所產生。其次，素懸威穿繩的孔洞數目較少，可大幅減少工時，因此很多當世具足都採用這種穿繩法。

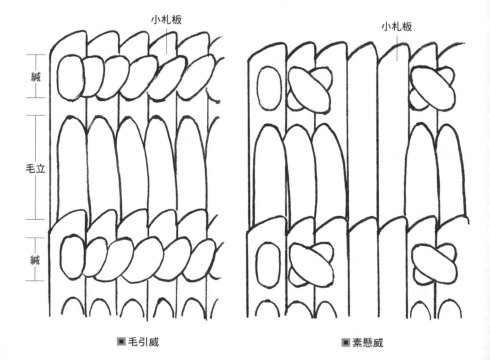

■毛引威　　　　　　　　■素懸威

寄懸

寄懸是使威毛並列達 3 排以上的穿繩技法，又可以分成「寄毛引」、「寄素懸」兩種方法。愛知縣德川美術館的銀箔押白糸威五枚胴具足（松平忠吉所用）的草摺（寄素懸）雖然也用此法，不過仍以加賀具足使用最多。

■寄毛引
寄毛引就是將縅穴穿成繩目（斜向）狀的寄懸。

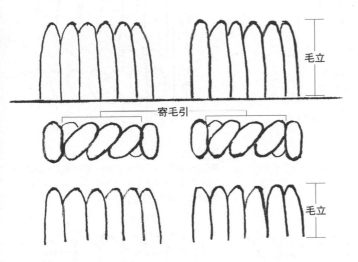

■寄素懸
寄素懸就是將縅穴穿成╳形的寄懸。

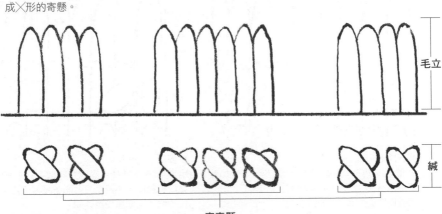

縅

縅的手法可以分成縱取縅、繩目縅、三所懸、菱綴，總共四種。

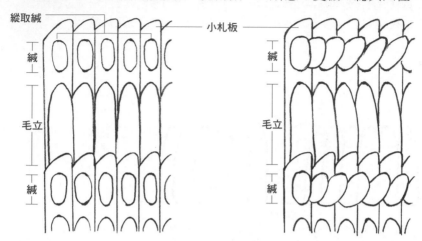

■縱取縅
縱取縅就是縱向穿過縅穴的縅，是最古老的
縅手法，可見於愛媛縣大山祇神社的逆澤瀉
威大鎧。

■繩目縅
繩目縅就是以繩目（斜向）穿過縅穴的縅。繩
目縅在整個中世和近世一直是毛引威和寄毛引
最常搭配使用的縅手法。

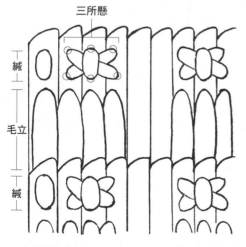

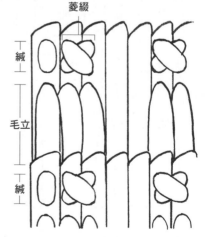

■三所懸
利用3排共6個縅穴穿繩的縅，常見於加賀
具足。先穿過兩側的4個縅穴，繞成×形，
再縱向穿過中間2個縅穴。

■菱綴
用威毛將2排共4個縅穴穿成×字的縅。常
見於素懸感，不過金具付的花縅、韋包、布帛
包的綴付也都會使用菱綴。

畦目

在裾板（參見 P.48）的毛立穴處，以皮革或繩索縫上 1 排橫排的刺縫，稱作「畦目」。畦目又可以分成「編繩」、「皮繩」、「朱書」三種。有些大鎧和胴丸鎧（一部分的古式胴丸）的逆板也會使用畦目，只不過此處的畦目，是將逆板及其下方後立舉第三段固定住的內側威毛的一部分，因此嚴格來說不能算是畦目。

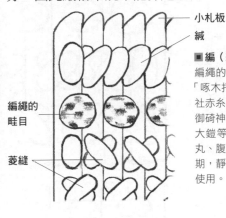

小札板

緘

■編（組紐）

編繩的畦目會使用名為「鷹羽打」、「小石打」、「啄木打」的編繩。鷹羽打可見於東京都御嶽神社赤糸威大鎧的畦目；小石打則被用在島根縣日御碕神社白糸威大鎧、山梨縣美和神社白糸妻取大鎧等大鎧的畦目，室町時代也經常被用在胴丸、腹卷的畦目；啄木打畦目初見於室町時代末期，靜岡縣淺間大社紅糸威最上胴丸的畦目便有使用。

編繩的畦目

菱縫

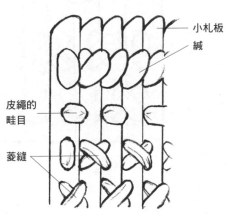

小札板

緘

皮繩的畦目

菱縫

小札板

緘

朱書的畦目

■皮繩

皮繩畦目會使用紅色的皮繩。皮繩畦目應是搭配革菱（皮繩編織的菱縫）的設計，從廣島縣嚴島神社的小櫻威大鎧以及同處收藏的紺糸威大鎧可以研判，皮繩早在平安時代就有使用。

■朱書

朱書的畦目就是用朱漆畫的畦目。朱書是配合描菱（用朱漆畫的菱縫）的設計，如岡山縣的赤韋威大鎧的頭盔和高知縣高岡神社的黑韋威胴丸（有缺件）。朱書畦目可見於鎌倉時代後期至南北朝時代。

菱縫

　　裾板或逆板的下緘穴分成上下 2 排，以繩索或皮繩橫向編成 1 排菱形（╳字），便稱作「菱縫」。菱縫又可分成使用編繩的「糸菱」，使用皮繩的「革菱」，以及用朱漆塗成菱形的「描菱」三種。

■糸菱

愛知縣猿投神社的樫鳥威大鎧使用的是紅繩，廣島縣嚴島神社的淺蔥綾威大鎧使用的是桃紅繩，可見糸菱通常都使用紅色系的繩索製作。不過，大阪府壺井八幡宮的黑韋威胴丸和茨城縣水戶八幡宮的黑韋威肩淺蔥二十八間筋兜使用的是淺蔥色（淺藍色）繩索，而大阪府金岡寺的淺蔥糸威最上腹卷和東京都靖國神社的紫糸威最上腹卷則是使用紫繩。另外，東京都靖國神社的色色威大袖則使用白繩。至於當世具足，是使用和威毛同色的編繩

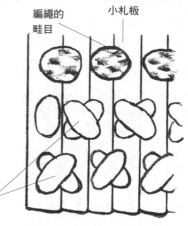

編繩的畦目　　小札板

糸菱

■革菱

平安時代至鎌倉時代中期的大鎧都使用革菱，如廣島縣嚴島神社的小櫻威大鎧和愛媛縣大山祇神社的紫綾威大鎧，南北朝時代的愛媛縣大山祇神社所藏赤糸威胴丸鎧和同處收藏的黑韋威大鎧等鎧甲也有使用。進入室町時代以後，革菱曾一度消聲匿跡，至室町時代末期才又繼續製作，如靜岡縣淺間大社的茶糸威二十二間筋兜、山梨縣美和神社的朱札紅糸威丸胴。

皮繩的畦目

革菱

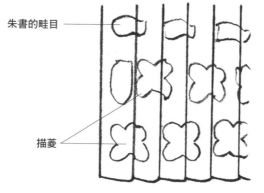

朱書的畦目

描菱

■描菱

描菱並不使用威繩，而是用朱漆塗成「╳」形。描菱可見於愛媛縣大山祇神社的紫韋威大袖、島根縣日御碕神社的熏韋威喉輪。此外，福井縣一乘谷朝倉氏遺跡也有飾以描菱的大袖出土。

耳糸

　　使用於小札板兩端的繩索，稱作耳糸（參見 P.48）。耳糸會使用許多特殊的編繩，中世時期就有「鷹羽打」、「小石打」、「桐打」、「龜甲打」、「啄木打」等耳糸，近世以後則改用和威毛同色的編繩。

■鷹羽打

使用三種不同濃淡的青色線，編成「W」的圖案，其形態為扁平狀的編繩，日文稱作「平打」（參見 P.252）。鷹羽打可見於東京都御嶽神社赤糸威大鎧的耳糸

■小石打

使用兩種以上的色線，編成有如石頭四處散落的圖案，與鷹羽打同為扁平編繩。小石打可見於廣島縣嚴島神社小櫻威大鎧的耳糸。

■桐打

使用兩種以上的色線，編成連續桐葉圖案的扁平編繩。諸多甲冑當中，唯有奈良縣長谷寺紅糸威大鎧的絲締付緒（參見 P.257）有使用桐打。

■龜甲打

使用兩種以上的色線，編成連續龜甲圖案的扁平編繩。初見於鎌倉時代後期，島根縣日御碕神社的白糸威大鎧、青森縣櫛引八幡宮白糸妻取大鎧的耳糸便有使用。整個室町時代，許多胴丸、腹卷的耳糸也都會使用龜甲打。龜甲打的背面通常是矢筈（V形）的連續紋路，不過東京都御嶽神社的紫裾濃大鎧、奈良縣春日大社紅糸威梅金物大鎧的耳糸則是表裡均編成龜甲圖案的兩雙龜甲編繩。

■啄木打

以兩種顏色以上的色線交錯編織的編繩，謂之「常組」（亦稱一枚高麗）。啄木打耳糸首見於室町時代末期，例如靜岡縣淺間大社的紅糸威最上胴丸（武田家奉納）、東京都西光寺的金小札色色威胴丸（織田信長贈送上杉謙信的進物）的耳糸。除此之外，九州地區某些地方有色彩強烈的胴丸和腹卷，也會使用啄木打。

威毛的色調 I

　　威毛的色調通常是利用染料，將繩索染成赤、紺（深藍）、白、紫、萌黃（黃綠色）、淺蔥（淺藍色）、縹（蔚藍色）、茶等顏色，繩索可以是色線、多色色線的編繩或皮革。技法上，有將威毛顏色做局部變化的「肩威」和「中威」，也有利用各種顏色，創造出漸層（日文稱『繧繝』）的「匂」、「裾濃」。

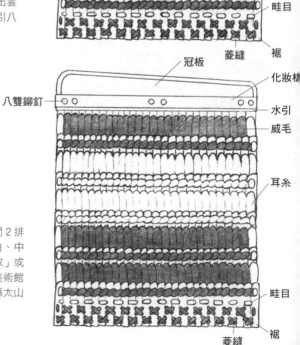

冠板
化妝板
八雙鉚釘
水引
威毛
耳糸
畦目
菱縫
裾

■ 肩威

「肩威」是指將一整片單色威毛的前2排或前3排改成另一種顏色。肩威是肩白、肩紅、肩淺蔥等威毛的統稱，亦稱「肩取」。其代表性文物包括島根縣出雲大社的赤糸威肩白大鎧、青森縣櫛引八幡宮的白糸威肩紅胴丸。

冠板
化妝板
八雙鉚釘
水引
威毛
耳糸
畦目
裾

■ 中威

中威是指將一整片單色威毛的中間2排或3排改成另一種顏色，也是中白、中赤、中紫等威毛的統稱，亦稱「中取」或「腰取」，代表性文物有美國大都會美術館的黑韋威中白二十二間筋兜、兵庫縣太山寺的紅糸威中白腹卷。

菱縫

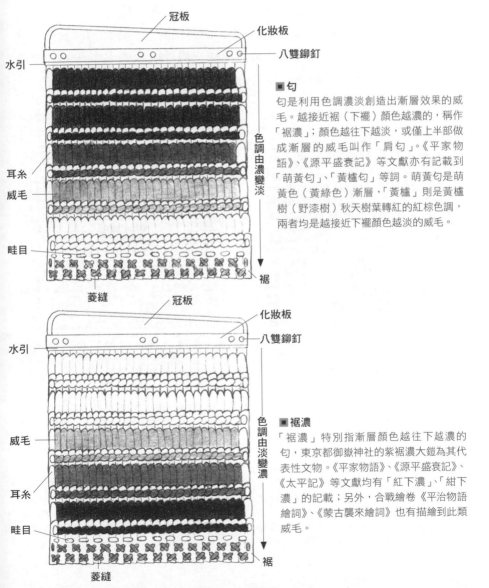

冠板

化妝板

八雙鉚釘

水引

色調由濃變淡

耳糸

威毛

畦目

裾

菱縫

■ 匂

匂是利用色調濃淡創造出漸層效果的威毛。越接近裾（下襬）顏色越濃的，稱作「裾濃」；顏色越往下越淡，或僅上半部做成漸層的威毛叫作「肩匂」。《平家物語》、《源平盛衰記》等文獻亦有記載到「萌黃匂」、「黃櫨匂」等詞。萌黃匂是萌黃色（黃綠色）漸層，「黃櫨」則是黃櫨樹（野漆樹）秋天樹葉轉紅的紅棕色調，兩者均是越接近下襬顏色越淡的威毛。

冠板

化妝板

八雙鉚釘

水引

色調由淡變濃

威毛

耳糸

畦目

裾

菱縫

■ 裾濃

「裾濃」特別指漸層顏色越往下越濃的匂，東京都御嶽神社的紫裾濃大鎧為其代表性文物。《平家物語》、《源平盛衰記》、《太平記》等文獻均有「紅下濃」、「紺下濃」的記載；另外，合戰繪卷《平治物語繪詞》、《蒙古襲來繪詞》也有描繪到此類威毛。

威毛的色調Ⅱ

從平安時代至鎌倉時代流行的威毛色調，當屬「澤瀉威」與「逆澤瀉威」。澤瀉威是利用重疊手法，使中央浮現三角形色塊的威毛；逆澤瀉威則是浮現倒三角形狀色塊的威毛。除此以外，還有皮繩表面飾有無數小小櫻花圖案的「小櫻威」、「小櫻黃返」。南北朝時代至室町時代則流行「妻取」、「色色威」、「段威」；安土桃山時代至江戶時代初期流行「紋柄威」、「立涌威」，其他還有以數種色線交雜編成的繩索製作的「樫鳥威」、「啄木威」、「組交糸威」等威毛。

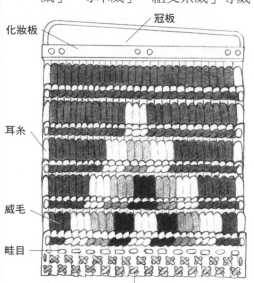

冠板

化妝板

耳糸

威毛

畦目

菱縫

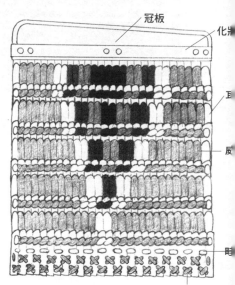

冠板

化米

耳

反

畦

菱縫

■ 澤瀉威

形狀酷似水生植物澤瀉[41]的葉子，故名。宮內廳藏有1個雛形人偶，相傳是從前在奈良縣法隆寺的聖德太子持有的玩具鎧甲，其頭盔和草摺便是澤瀉威，而大袖則為倒三角形的逆澤瀉威，以圖色調之平衡。愛媛縣大山祇神社的大鎧也是澤瀉威，另外，《平治物語繪詞》、《蒙古襲來繪詞》等合戰繪卷也有描繪到頭盔、草摺、大袖全做澤瀉威設計的甲冑。就連奈良縣春日大社的甲冑金屬件（燒損品）殘件當中也有使用澤瀉威的威毛，這件甲冑以澤瀉部分為中心，左右分別使用紫色和萌黃色的威毛。

■ 逆澤瀉威

逆澤瀉威是用重疊手法，使中央浮現倒三角形色塊的威毛。前項澤瀉威的圖說亦有提到，愛媛縣大山祇神社的大鎧，以及「聖德太子的玩具」的大袖便是使用逆澤瀉威。雖然目前已無大袖為逆澤瀉威的文物流傳，但可以發現文獻中（《保元物語》、《平治物語》、《源平盛衰記》）還是會區分「澤瀉威」和「逆澤瀉威」2個不同的概念。假如將大袖視為威毛的主體，那麼將上述2例視為逆澤瀉威似乎也未嘗不可（此為山上八郎、山岸素夫等人的見解）。

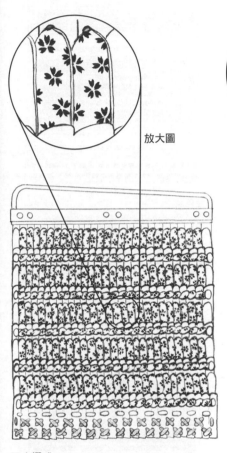

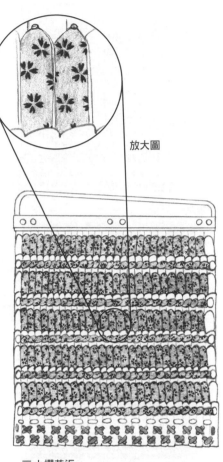

放大圖

放大圖

■ 小櫻威

此威毛是用染有無數細小櫻花圖案的皮繩所編成。在《吾妻鏡》、《源平盛衰記》《太平記》等文獻中便有記載，廣島縣嚴島神社的小櫻威大鎧為代表性文物。這件文物是於白底皮繩染上藍色櫻花圖案，不過江戶的復古調時期，其實也有白底紅櫻和藍底白櫻的作品。

■ 小櫻黃返

這種威毛是先在皮繩染上無數細小櫻花圖案，再用黃色顏料染過。《源平盛衰記》、《平家物語》等文獻中有記載，合戰繪卷《蒙古襲來繪詞》亦有描繪。代表性文物當屬山梨縣菅田天神社的小櫻黃返大鎧。另外，愛知縣猿投神社所藏樫鳥威大鎧所附的大袖，則是在縱向排列的紅色與深藍色的小櫻圖案上，再用黃色顏色染過。

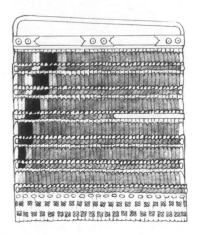

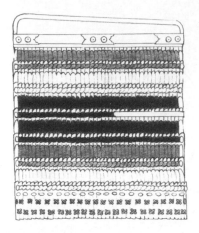

■ 妻取

將單色威毛的袖甲或草摺的妻（末端）換成多色編繩的威毛，便為「妻取」。如美國大都會美術館和青森縣櫛引八幡宮收藏的白糸妻取大鎧所示，妻取的顏色以白底（白糸妻取）最多，也有使用淺蔥繩、薰韋[42]繩製作的妻取。

■ 色色威

隨機選用 3 色以上的皮繩製作的威毛。色色威又有三種類型：一是從胴甲和袖甲中央往上下改變色調，二是依序使用三種顏色，最後則是毫無規則隨機使用三種以上的顏色。

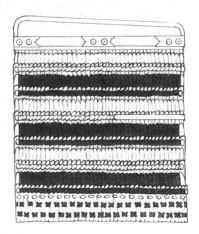

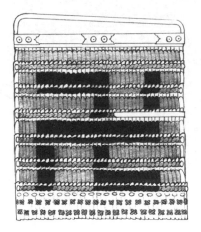

■ 段威

將兩種顏色的皮繩每隔 1 排或 2 排交互使用。代表性文物包括兵庫縣湊川神社的金朱札紅白段威胴丸，其是以紅繩與白繩每隔 1 排交替穿繩。

■ 紋柄威（卍紋）

編織成卍、日之丸（圓形）、葵花、桐葉、巴形[43]等圖案或文字的威毛。多見於江戶時代初期，代表性文物包括愛知縣德川美術館的日之丸威丸胴具足（德川家康所用）、長野縣上田市博物館的三葉葵威丸胴具足（即松平信一所用的「木菟之鎧」）。

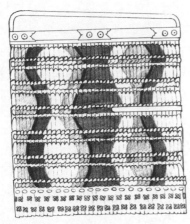

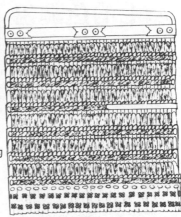

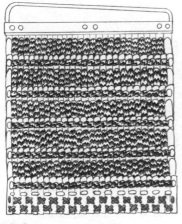

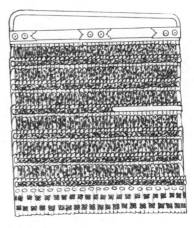

■ **啄木打的編繩**

■ **立涌威**

「立涌」原本是一種織布的紋路，而「立涌威」便是模擬立涌，將威毛編作數條縱向起伏的紋路。立涌威源自江戶時代初期，東京都靖國神社和岡山縣林原美術館便收藏有立涌威二枚胴具足。

■ **啄木威**

即用啄木打編繩製作的威毛。代表性文物有奈良縣長谷寺的啄木威大鎧，以及岐阜縣郡上八幡城的啄木威二枚胴具足。附帶說明，所謂「啄木」，指的就是啄木鳥。

■ **樫鳥威**

模擬樫鳥（冠藍鴉）翅膀的覆羽（覆蓋飛羽的羽毛），以白色、淺蔥、紺色3色交互編成的編繩製作的威毛。愛知縣猿投神社的樫鳥威大鎧為其代表性文物。

■ **組交糸威**

以無法分類的編繩製作的威毛，東京國立博物館的組交糸威肩紅胴丸為其代表性文物。

威毛的色調Ⅲ

　　中世文獻有記載「品韋威」、「伏繩目」、「村濃威」、「耳坐滋」等名稱，而繪卷亦有描繪到似乎可相對應的威毛。除此以外，亦有文獻記載「卯花威」、「藤威」、「紅梅威」、「山吹威」、「櫻威」等，但這些應是對於威毛的美稱。

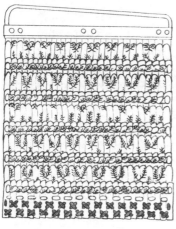

放大圖

■ **羊齒韋威（品韋威）**

「羊齒韋威」就是使用染成羊齒（一種蕨類）葉片模樣的皮繩穿繩製作的威毛。《後三年合戰繪詞》上便繪有羊齒韋威；而《平家物語》、《源平盛衰記》等文獻有所謂「品韋威」、「科韋威」的記載，應是「羊齒韋威」日文發音的偏差才有這些誤稱。

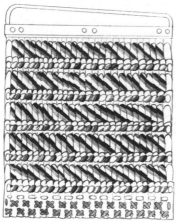

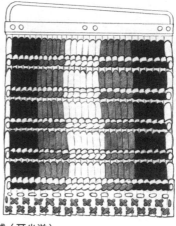

■ **伏繩目**

《保元物語》有記載「伏繩目」一詞。這種威毛的實際色調如今已不得而知，推測應是染色的皮繩編成的繩目（斜向）形狀威毛。圖為想像圖。

■ **村濃威（耳坐滋）**

《延慶本平家物語》中有記載「村濃威」一詞，《源平盛衰記》則有「耳坐滋」一詞。從字面研判，兩者應該都是中央白色，越往外色調越濃的繧繝（漸層）威毛。實際上，《後三年合戰繪詞》就畫有一種使用紅色繧繝、和前述特徵相吻合的大袖。圖為想像圖。

韋包、布帛包

　　小札板通常使用繩線、皮革、布帛等材質的繩索穿繩上下連接。不過為求快速，有時也會先將整個胴甲、長側部分或草摺等連接起來，然後再用 1 片皮革或布帛縫上去；這樣的東西視使用材料不同，分別稱作「韋包」和「布帛包」。

　　韋包、布帛包主要使用回收再利用的本小札（參見 P.191）或本縫延（參見 P.191），以皮革或布帛包覆，再以皮繩將縅穴編成菱綴（參見 P.210）形狀串連。這種作法可見於中世的胴丸與腹卷，稱作「包胴丸」和「包腹卷」。其代表文物包括愛媛縣大山祇神社的薰韋包胴丸、大阪府金岡寺黑韋包腹卷和滋賀縣兵主神社白綾包腹卷等。

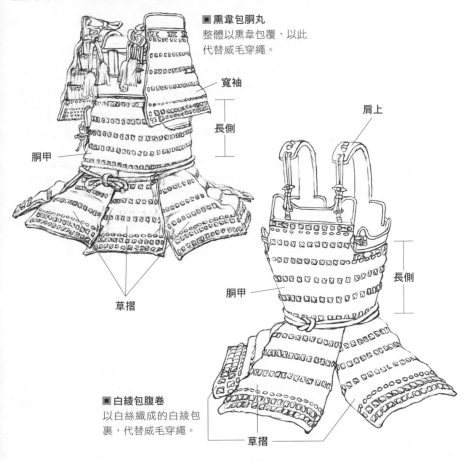

■薰韋包胴丸
整體以薰韋包覆，以此代替威毛穿繩。

寬袖

長側

肩上

胴甲

長側

草摺

胴甲

■白綾包腹卷
以白絲織成的白綾包裹，代替威毛穿繩。

草摺

八幡座

使用銅鍍金、鍍銀或其他特殊金屬製作的部分統稱為「金物」，而「八幡座」（參見 P.58）就是用來裝飾頭盔天邊（頂端）之穴周圍的金物。八幡座會使用到「葵葉座」、「圓座」、「菊座」、「裏菊座」、「甲菊座」、「透返花」、「抱花」、「小刻座」等好幾種座金，最後以玉緣將這些座金固定住。八幡座基本上是由葵葉座、裏菊座、小刻座、玉緣所構成，就如東京都御嶽神社赤糸威大鎧的頭盔那般，不過隨著年代越來越晚，各種各樣的座金也就越來越多。

來到鎌倉時代末期，雕刻各種圖案的圓座開始代替葵葉座，如奈良縣春日大社所藏紅糸威梅金物大鎧的頭盔；到室町時代以後，則又多了透返花。

■ 八幡座的構造

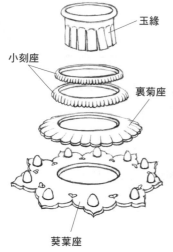

玉緣

小刻座

裏菊座

葵葉座

■ 玉緣

拿來固定八幡座的筒形金屬。使用時從最上方押住層層重疊的座金，再將一根根有如腳一般的金屬片往下插到兜缽內側，然後反折固定。玉緣大多沒有紋路，不過安土桃山時代以後，亦不乏雕有唐草的玉緣。「八幡座」一詞其實帶有神道信仰意涵，進入江戶時代以後，

人們也會取佛教信仰的聖地須彌山之名，稱其為「須彌座」。隨著時代演變，除鍍金、鍍銀以外，人們還會使用素銅、黃銅、赤銅、鐵等各色金屬，同時又多了唐花座、筋座、繩目座、玉座等不同形狀的座金，無論顏色或形狀都變得更加複雜。另外，後來也有出現上頭有寶珠的八幡座。靜岡縣久能山東照宮的紺糸威大鎧（德川吉宗所用）的頭盔，八幡座上便是龍頭寶珠；兵庫縣立歷史博物館的白糸威大鎧（明石藩松平家流傳）的頭盔則為獅子頭寶珠。

■ 小刻座

座金之一，周圍有無數細小的刻痕。東京都御嶽神社的赤糸威大鎧、廣島縣嚴島神社的紺糸威大鎧是平安時代的產物，其頭盔的玉緣旁就有 2 個小刻座。時至鎌倉時代末期，開始會用 2 個小刻座夾住甲菊座，例如奈良縣春日大社所藏紅糸威梅金物大鎧的頭盔。自此以後，小刻座也變得越來越複雜。

■ **透返花**

花瓣形狀垂直或斜向豎起的座金。以青森縣櫛引八幡宮的白糸威肩紅胴丸、東京國立博物館的組交糸威肩紅胴丸（秋田家流傳）的頭盔最具特色。透返花出現於室町時代前期，因為形狀看起來就像環抱著玉緣似的，所以亦稱「抱花」。透返花應是由菊座演變而來。群馬縣太田市的三十八間筋兜（岩松家流傳）是室町時代初期的文物，其花瓣僅稍稍豎起，為中間形態的座金。

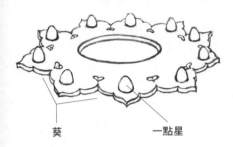

葵　　　　　　　一點星

■ **葵葉座**

將邊緣切割成凹凸葵葉形狀的座金，是作為八幡座的底座，出現於南北朝時代以前的星兜和江戶時代的頭盔。葵葉座基本上會設置一點星，這個星是延續兜缽上用來接合矧板的星，但也有打上二點星的葵葉座，例如和歌山縣淡島神宮的二十八間二方白星兜。從東京都御嶽神社所藏赤糸威大鎧的頭盔便可以發現，早期的葵葉座多是以錘打成扁平狀的板材製成，但鎌倉時代後期以後，葵葉座就會把邊緣反折、做得稍微高一點，如島根縣日御碕神社的白糸威大鎧、青森縣櫛引八幡宮白糸妻取大鎧的頭盔等。

■ **圓座**

圓座就是圓形的座金，出現於鎌倉時代後期以後，例如奈良縣春日大社所藏紅糸威梅金物大鎧的頭盔。許多圓座上雕有枝菊、唐草等圖案，跟葵葉座一樣，都被當作八幡座的底座使用。

篠垂、檜垣

篠垂是從八幡座向下延伸的劍形金屬裝飾。筋兜的篠垂基本上並沒有星，而且筋兜的篠垂輪廓線條，會比鎌倉時代以前星兜的篠垂更加銳利，從美國大都會美術館的黑韋威中白二十二間筋兜（參見 P.82）便可以看出此差異。

■ **無篠垂的頭盔**
附圖為山梨縣菅田天神社所藏小櫻黃返大鎧的頭盔。平安時代後期，形式較為古老的頭盔就沒有篠垂。這種頭盔通常會增減兜缽前方星的數目，並稍微上下挪動星的位置，做些變化。

星

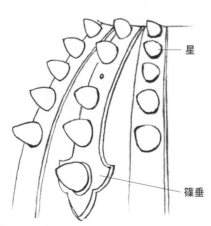

星

篠垂

■ **平安時代末期頭盔的篠垂**
圖中廣島縣嚴島神社所藏小櫻威大鎧的頭盔前方有條相同鐵材的星的底座，類似之後的篠垂，或許這便是篠垂的起源。

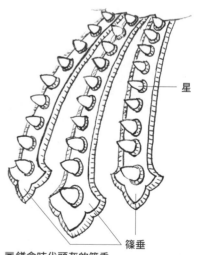

星

篠垂

■ **鎌倉時代頭盔的篠垂**
平安時代的頭盔會在兜缽前方或前後兩側設置篠垂；鎌倉時代以後則會在兜缽的四面甚至 8 個方向設置篠垂。

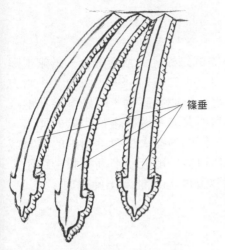

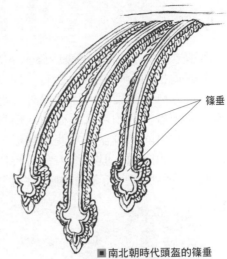

篠垂

篠垂

■ 南北朝時代頭盔的篠垂
此為美國大都會美術館所藏黑韋威中白
二十二間筋兜的篠垂。

■ 南北朝時代頭盔的篠垂
此為青森縣櫛引八幡宮的縹糸威
肩紅三十八間筋兜的篠垂。跟鎌
倉時代的篠垂相比，此篠垂沒有
星的構造，輪廓線條也更銳利。

篠垂

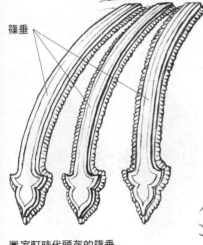

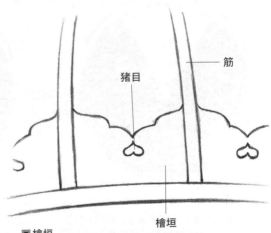

筋

猪目

檜垣

■ 室町時代頭盔的篠垂
圖為此時代常見的篠垂。3條篠垂
同長為此時期的重要特徵。

■ 檜垣
所謂「檜垣」就是種末梢做成八雙（2個尖端）、中間
有猪目（心形）圖案、固定在下緣四周的金物。起初會
使用1支腳或2支腳的鉚釘，將檜垣固定於兜缽上，
就如同青森縣櫛引八幡宮所藏白糸妻取大鎧的頭盔。

地板

　　所謂「地板」，就是鋪設於篠垂下方的鐵板，通常會鍍金、鍍銀或雕花，視篠垂和地板的位置，會有「片白」、「二方白」、「四方白」、「六方白」、「八方白」等稱呼。除此以外，也有不使用篠垂，而是直接在地板上雕花的頭盔，例如青森縣櫛引八幡宮所藏赤糸威菊金物大鎧的頭盔。南北朝時代以前的頭盔較常使用地板，例如美國大都會美術館的黑韋威中白二十二間筋兜；但在進入室町時代以後，地板便漸漸銷聲匿跡了，從青森縣櫛引八幡宮所藏白糸威肩白胴丸的頭盔就能看出此現象。

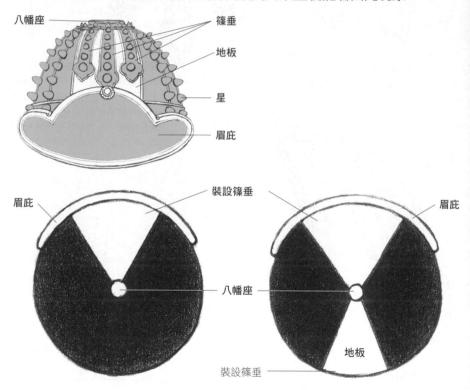

■片白
「片白」是僅於兜缽前方設置篠垂或地板的手法，如東京都御嶽神社所藏赤糸威大鎧的頭盔。這頂頭盔的前方是用3條鍍金篠垂，篠垂上則有鍍銀的星。

■二方白
「二方白」是在兜缽前後裝飾篠垂和地板的頭盔，如廣島縣嚴島神社的紺糸威大鎧、東京都御嶽神社的紫裾濃大鎧的頭盔。二方白緊接在片白之後誕生，早在平安時代末期便出現這種兜缽裝飾手法。前述2頂頭盔的前後都有鋪地板，並搭配前3條、後2條篠垂。

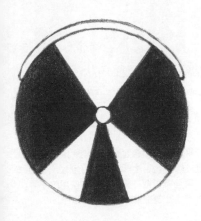

■三方白

「三方白」是於兜缽前方、右後方、左後方飾以篠垂和地板的形式（山上八郎氏見解），從江戶復古調時期的甲冑可以窺知一二，如東京都市谷八幡宮的萌黃糸威大鎧的頭盔。只不過現已無此類中世文物流傳至今，而且就筆者陋知，尚無文獻有提及三方白一詞，再者，合戰繪卷也從未繪有任何1頂此類型的頭盔。因此，三方白應是江戶時代的學者和考據學家想像出來的一種裝飾形式，其根據中世從二方白轉移至四方白的兜缽潮流，認為中間應有三方白出現。

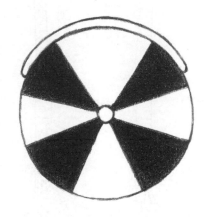

■四方白

「四方白」是以篠垂和地板裝飾於兜缽前後左右的手法，是各種兜缽裝飾中最美麗、最勻稱的方式。四方白的頭盔有島根縣日御碕神社的白糸威大鎧、青森縣櫛引八幡宮的赤糸威菊金物大鎧等。前者的前後左右均鋪有地板，前方使用5條篠垂，後方和左右各使用2條篠垂；後者前後左右的地板則皆有優美的枝菊雕花。

■六方白

「六方白」是以篠垂和地板裝飾於兜缽的前、後、左右斜前、左右斜後方的手法。奈良縣春日大社所藏赤糸威竹雀金物大鎧的頭盔便是使用六方白手法，看起來極其豪華，六方白甚至可以說是專為這頂頭盔開發的獨特手法。

■八方白

「八方白」是以篠垂和地板裝飾於兜缽的前後左右、左右斜前、左右斜後方的手法，是中世所有頭盔當中最為華美的一種，還採用了幾種新的樣式。這種手法獨見於奈良縣春日大社所藏紅糸威梅金物大鎧的頭盔，但後來江戶復古調時期，又在諸多學者、考據學家的指導下，以這套大鎧為範本製作了幾套類似的作品。

鍬形

　「鍬形」是中世的一種立物，樹立於頭盔正面，呈雙角狀。視年代、材質、形狀而分成「鐵鍬形」、「長鍬形」、「大鍬形」、「三鍬形」、「木葉鍬形」。

■鐵鍬形

鐵製鍬形出現於平安時代至鎌倉時代中期。圖中的鐵鍬形是以鉚釘固定於鍬形台，上頭鑲嵌有雲龍紋或獅嚙紋的圖案，原是唯獨全軍領袖（將軍）才能使用的軍團印記。鍬形僅以繩索固定於兜缽，隨時都可取下。

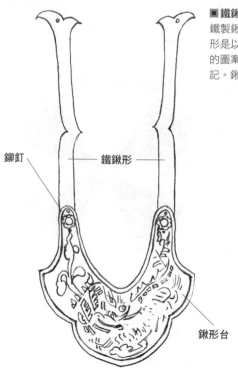

鉚釘　　　　　鐵鍬形

鍬形台

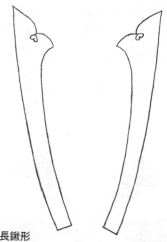

■長鍬形

「長鍬形」出現於鎌倉時代後期，是種較為細長的鍬形，應是直接沿襲了原先鐵鍬形的形狀。鐵鍬形和長鍬形的差別，在於長鍬形可以從鍬形台上拆卸下來。到了這個時期，已經可以單獨把鍬形拆解收納，而不需把整個鍬形台拆解下來。

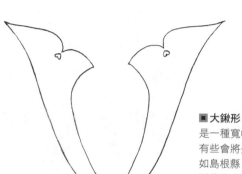

■大鍬形

是一種寬幅鍬形，可見於鎌倉時代末期至南北朝時代。有些會將長鍬形的末端部分做得特別大、特別誇張，例如島根縣日御碕神社所藏白糸威大鎧的頭盔。另有其他形狀的大鍬形，稱作「末廣大鍬形」、「尾長大鍬形」。

■末廣大鍬形
可見於奈良縣春日大社所藏赤糸威竹雀金物大鎧的頭盔，是種特別寬的大鍬形。南北朝時代以降，主要是為奉納給佛寺神社而製作。

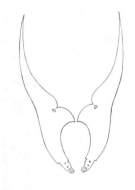

■尾長大鍬形
是將外側打造得特別長的大鍬形，如高知縣幡八幡宮和群馬縣貫前神社的收藏品。這是南北朝時代以降，為佛寺神社的祭祀而製作的鍬形，《祭禮草紙》中對此亦有描述。

■三鍬形
正中央豎立著 1 支劍形金屬，象徵密教不動明王的劍，這種三鍬形可見於南北朝時代以降。以日本文化廳擁有的紅糸威四十間星兜為例，早期的三鍬形是將劍形插在鍬形台中央 1 個叫作「袱立」的筒中。室町時代後期，會將劍形的三鍬形豎立於模擬法器三鈷杵形狀的鍬形台上，例如鹿兒島神宮所藏的色色威胴丸（島津家奉納）、山口縣毛利博物館所藏的色色威腹卷（毛利家流傳）的頭盔。

■木葉鍬形
始於室町時代末期，是構樹樹葉或杏葉等樹葉形狀的鍬形。島根縣佐太神社所藏色色威腹卷的頭盔最具特色。

金
物

鍬形台

　　「鍬形台」是一種裝在眉庇上的金屬底座，用來支撐鍬形。早期鍬形和鍬形台是一體的，如滋賀縣木下美術館收藏的鐵鍬形（京都市法住寺殿遺跡出土品），而鐵鍬形上會有雲龍紋或獅嚙紋的鑲嵌裝飾。直到鎌倉時代後期，鍬形才開始可以從鍬形台拆卸下來。早期的鍬形台並不帶任何圖案或紋路，到了後來鍬形台上才有枝菊或唐草等各種圖案的雕花，如青森縣櫛引八幡宮的縹糸威肩紅三十八間筋兜、島根縣日御碕神社的縹糸威肩白四十八間筋兜。

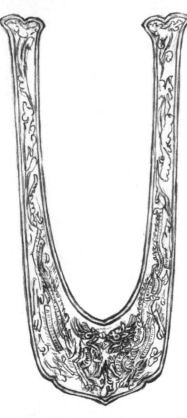

■ 獅嚙鍬形台
圖為奈良縣春日大社所藏紅糸威梅金物大鎧頭盔的鍬形台。此鍬形台是將獅嚙做成立體形狀，左右鍬形上有鱗片狀的線條雕刻，後人推測整體應是想呈現出龍的意象（此為山岸素夫的見解）。

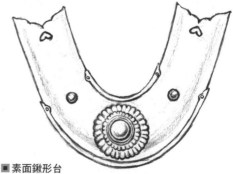

■ 鍬形與鍬形台一體的鐵鍬形
鍬形與鍬形台呈一體。此為滋賀縣木下美術館的鐵鍬形。

■ 素面鍬形台
此為廣島縣嚴島神社所藏淺蔥綾威大鎧頭盔上的鍬形台。

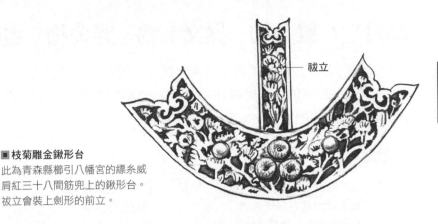

枹立

■枝菊雕金鍬形台
此為青森縣櫛引八幡宮的縹糸威
肩紅三十八間筋兜上的鍬形台。
枹立會裝上劍形的前立。

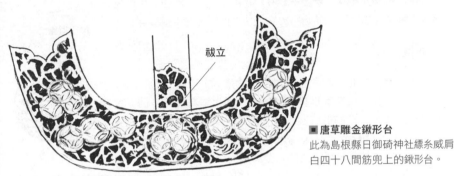

枹立

■唐草雕金鍬形台
此為島根縣日御碕神社縹糸威肩
白四十八間筋兜上的鍬形台。

形形色色的立物

　　除鍬形以外，室町時代也有其他許多種立物，《十二類合戰繪詞》就曾經畫到
偌大的半月形前立，以及於鍬形中間設置日輪的前立。

　　愛媛縣大山祇神社的黑韋威肩白綾十四間筋兜有個偌大的半月形前立，而東
京國立博物館的組交糸威肩紅胴丸（秋田家流傳）頭盔則是在鍬形中間有個日輪
前立。除此之外，山口縣源久寺的紅糸威二十二間筋兜（三浦家流傳）是於鍬形
中間裝設澤瀉前立，靜岡縣淺間大社舊藏紅糸威六十二間星兜（武家田奉納）使
用的則是個縱向細長、造形誇張的富士山前立，大阪府金剛寺的頭形兜使用的是
偌大的三鈷劍前立。比較獨特的是京都府平等院淨土院所藏的十六間筋兜，其鍬
形台的插設孔為圓筒，再裝上有圓棒的金屬製角形立物。

　　由此可以窺見，室町時代除鍬形以外，還另有各種形形色色的立物。

鉚釘、八雙金物、据文金物、笲金物、覆輪

甲冑處處都有使用各式各樣的金屬裝飾，例如五角錐形的「小櫻鉚釘」、多呈菊花形狀的「八雙鉚釘」、鋪在八雙鉚釘之下的「八雙金物」、帶有花紋圖案的「据文金物」等。

小櫻鉚釘

小櫻鉚釘是打在金具迥上的五角錐形小鉚釘，奈良縣春日大社的紅糸威梅金物大鎧為其代表例。一般認為，小櫻鉚釘是鎌倉時代後期為防止繪韋（參見 P.240）磨耗所設置；起初只用於脇板，室町時代以降，也開始用於胸板、押付板、袖甲冠板等處。

■ 小櫻鉚釘

八雙鉚釘

八雙鉚釘是打在化妝板和金具付部分的鉚釘，以菊花形狀的菊鉚釘最為常見，東京都御嶽神社的赤糸威大鎧為其代表例。室町時代以後，菊花的形狀變得越來越大，開始出現許多中央帶著花蕾的「八重菊」（又因為產地而稱作奈良菊）鉚釘。除菊花以外，也有其他各種紋路的八雙鉚釘。

八重菊

八雙金物

八雙金物就是鋪設於鞨付鉚釘（參見 P.491）和八雙鉚釘底下的細長形金屬配件。奈良縣春日大社的紅糸威梅金物大鎧為其代表例。一般認為，八雙金物首見於鎌倉時代後期。八雙鉚釘雖然也有素面的鉚釘，例如奈良縣春日大社的黑韋威胴丸（一號），不過室町時代以後，八雙鉚釘普遍都會雕上枝菊或唐草等圖案。八雙金物又視不同形狀，而分成「入八雙」和「出八雙」兩種。

八雙鉚釘

八雙金物

■ 入八雙

入八雙即指末端分成 2 段八字形的八雙金物，奈良縣春日大社的紅糸威梅金物大鎧、青森縣櫛引八幡宮的赤糸威菊金物大鎧等便屬此類。從鎌倉時代後期開始最為常見。

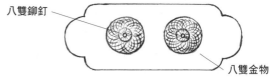

八雙鉚釘

八雙金物

■ 出八雙

出八雙與入八雙相反，是指末端呈半圓形突出的八雙金物，可見於島根縣佐太神社的色色威腹卷、山形縣致道博物館的色色威胴丸卷等。根據流傳下來的文物推斷，出八雙應出現於室町時代後期。

据文金物

据文金物是指打在金具迴、小札、小具足等處的金屬裝飾。有將邊緣做成菊花花瓣的「菊丸」，還有其他做成各種圖案、紋路的据金文物。

■菊丸据文金物

■桐紋据文金物

笄金物

笄金物是袖甲上的水吞鐶底座，為一細長形的金屬。笄金物源自鎌倉時代後期，雖然亦有素面笄金物，但大多都帶有唐草紋路圖案。

笄金物 　　　　　　　　　　　　　　　水吞鐶

覆輪

覆輪是種覆蓋於頭盔的筋、腰卷、金具迴四周的金屬，作為補強和裝飾。覆輪通常都是素面的，但安土桃山時代以後，開始有各種雕花的覆輪出現。若是用於腰卷和金具迴的覆輪，有些會做成1個叫作「鼻」的寬幅部位，使鉚釘有空間固定；若是用在頭盔的筋上，就會用檜桓底下的邊緣穿過兜缽內側反折回來，然後把覆輪的末端拗進頭盔的天邊（頂端）之穴作為固定。南北朝時代以後，覆輪的使用頻繁，甚至還有將所有的筋用覆輪覆蓋起來的形式，稱為「總覆輪」。總覆輪自然主要使用於筋兜，不過少數星兜其實也會使用。

■總覆輪的局部

筋　　　覆輪

覆輪

筋

矧板

■放大圖

鐶、鐶台

　　所謂「鐶」，就是指拿來穿繩的金屬環，有「後勝鐶」、「總角鐶」、「水吞鐶」、「袖裏鐶」、「繰締鐶」等種類。

　　固定鐶的底座則稱「鐶台」。鐶和鐶台形成 1 組，從三物（頭盔、胴甲、袖甲）到小具足，可以使用於各個地方。

後勝鐶、總角鐶

「後勝鐶」是為了綁上笠標（參見 P.308）或總角繩結而設於兜缽後方的鐶；「總角鐶」則是為了綁總角繩結的鐶，設置於大鎧和胴丸鎧的逆板、胴丸（高級當世具足的胴甲）的後立舉，以及腹卷的背板等處。「鐶台」有將正八角形立方體削成正三角形的「切子頭」、縱橫刻有無數刻痕的「布目頭」、模擬菊花形狀的「菊頭」，以及飾以各種紋路的「紋頭」等。

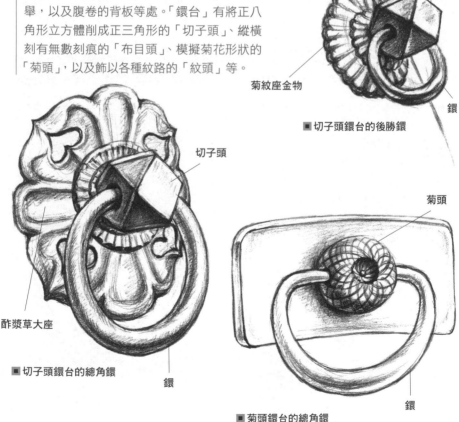

切子頭

菊紋座金物

鐶

■切子頭鐶台的後勝鐶

切子頭

菊頭

酢漿草大座

■切子頭鐶台的總角鐶

鐶

鐶

■菊頭鐶台的總角鐶

水吞鐶

水吞鐶是用來穿水吞緒的鐶，設置於袖甲由上往下數第三或第四段的後側。平安、鎌倉時代會將水吞鐶打在袖甲內側，如東京都御嶽神社的赤糸威大鎧、愛媛縣大山祇神社所藏紺糸威大鎧的大袖；不過從鎌倉時代後期以後，水吞鐶一律改設於袖甲外側，並搭配笄金物（參見 P.233）使用。

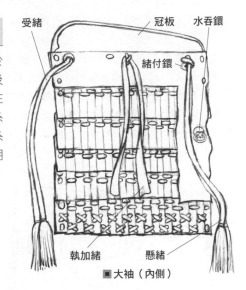

■ 大袖（內側）

受緒 冠板 水吞鐶 緒付鐶 執加緒 懸緒

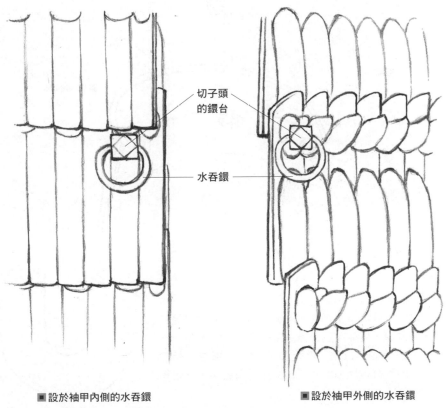

切子頭的鐶台

水吞鐶

■ 設於袖甲內側的水吞鐶

■ 設於袖甲外側的水吞鐶

金物

袖裏鐶

所謂「袖裏鐶」，就是用來穿袖緒的 3 個鐶，設置於大袖、寬袖和壺袖的冠板內側。起初，袖裏鐶的 3 個鐶都是設置成縱向（縱鐶），就像奈良縣春日大社所藏紅糸威梅金物大鎧的大袖，然而到了鎌倉時代末期，又有只將中間拿來穿執加緒的鐶設置成橫向（橫鐶）的形式，如島根縣日御碕神社所藏白糸威大鎧的大袖等。由於執加緒也是在相同時期從編繩改為皮繩，相信就是為了使皮繩更好穿而於此時改為橫鐶。

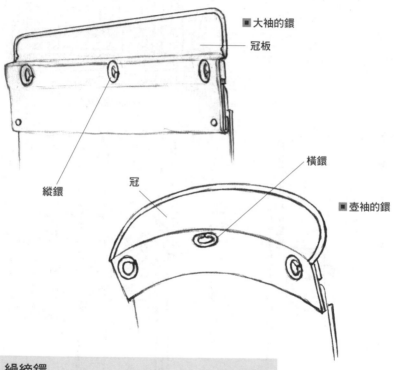

■大袖的鐶

冠板

縱鐶

冠

橫鐶

■壺袖的鐶

繰締鐶

此鐶是繰締（參見 P.257）使用的「U」形管。所謂「繰締」，就是指將胴甲綁在腰際、使胴身收束密合的繩索。繰締鐶會綁在胴丸和右引合 44 當世具足的後胴邊緣，將從前胴邊緣牽出的繰締緒的其中一端穿過繰締鐶、拉緊，然後和另外一端綁在身體前方。因其外觀狀似蝦子（日文稱「海老」），又俗稱「海老金物」。

鞐和茱萸

「鞐」是種用來連接繩索的金屬配件，分成「笠鞐」和「責鞐」兩種形態，而且這兩者幾乎都會搭配成1對使用。使用方法是將繩圈套在穿有笠鞐的繩索上，然後以責鞐固定住，使其不致鬆脫。鞐主要使用於高紐、脇鞐、籠手付的鞐、手腕的鞐、腰革付等處。鞐雖然大多是素面，卻也有各種圖案雕花的鞐。其次，當世具足的鞐除金屬材質以外，也會使用水牛角和象牙做的鞐。

「茱萸」是中央稍粗的金屬管，經常用於肩上的袖付絹、壺板的壺緒以及繰締等處。袖付的茱萸是要穿過袖付的繩圈，如此便會形成三角形的洞，以便穿用袖甲的繩緒（受緒、執加緒）。壺緒茱萸則是將壺緒穿過茱萸、使其突出於壺板之外，以便穿用引合緒。至於後胴胴尾的繰締茱萸也是用來製造洞口，方便將繰締緒穿進繰締絹之中。

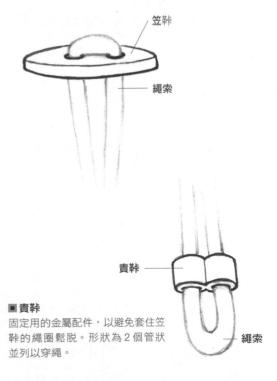

■笠鞐
中央稍寬的細長形鞐。狀形斗笠，因此得名。中央有2個穿繩用的孔洞，用來穿過其他甲冑組件上的繩圈。

笠鞐
繩索

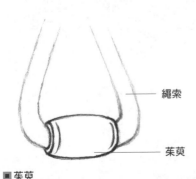

■茱萸
中央粗、兩端稍細的管狀金屬，因形似茱萸果實而得名。

繩索
茱萸

■責鞐
固定用的金屬配件，以避免套住笠鞐的繩圈鬆脫。形狀為2個管狀並列以穿繩。

責鞐
繩索

237

金屬雕刻

　　金屬雕刻的手法分成線雕、高雕、透雕、肉雕。唐草和枝菊等各種圖案便是利用這些手法雕成。

用髮絲般的細線雕成。

■ 枝菊線雕的鍬形台

所謂「線雕」，就是指沿著圖案線條雕刻的手法。若雕線有如頭髮一樣細，又稱作「毛雕」，如奈良縣春日大社所藏黑韋威胴丸（一號）頭盔的鍬形台。

將周圍做得較低，好讓線條更突出。

■ 高雕的桐紋据文金物

「高雕」就是將圖案部分留得較高、並將其他部分削掉的雕刻手法。圖案以外的部分，會使用叫作「魚子」的細小泡沫狀顆粒打磨。青森縣櫛引八幡宮所藏白糸妻取大鎧的桐紋、東京國立博物館的組交糸威肩紅胴丸（秋田家流傳）的金屬配件便有使用高雕手法。

■ 唐草透雕的笄金物（局部）

所謂「透雕」，就是為留下圖案部分
而將其他部分挖空的雕刻手法。可
見於鹿兒島神宮的色色威胴丸（島
津貴久奉納）、兵庫縣太山寺所藏紅
糸威中白腹卷的金屬配件。

留下唐草圖案，
將其他部分挖削
掉。

從內側錘打出基
本圖案。

■ 枝菊肉雕的手甲金物

「肉雕」是指從內側錘打形成圖案，再從上
方施以線雕（毛雕）或透雕的雕刻手法。這
種金屬雕刻技巧會帶有一種厚重感，奈良縣
春日大社所藏赤糸威竹雀金物大鎧、同處收
藏之籠手（俗稱義經籠手）的金屬配件便屬
此類。

金物中的特殊金屬和鍍金工法

　　金屬物件往往會以鍍金或鍍銀做加工，而在日本，鍍金、鍍銀會採取使用水
銀的「消燒」手法（編按：中國稱作「鎦金」，為古代無電鍍時的鍍金技術，作
法與日本類似），消燒又視材料分成「粉消」、「箔消」兩種。另外，金物也會使
用素銅、烏金、山銅等特殊金屬，這些金屬都是從室町時代末期以後，才開始
應用於甲冑的金物上。

　　「粉消」是種使用金粉、銀粉的消燒手法。此法是將混合金粉或銀粉的水銀
塗抹於金屬底材，然後加熱使水銀蒸發，就能使金粉、銀粉附著於底材上；「箔
消」則是種使用金箔、銀箔的消燒手法。先於底材塗抹水銀並貼上金箔、銀
箔，再加熱使水銀蒸發，好讓金箔、銀箔附著。這些手法主要用於裝飾鍬形和
覆輪等平面部分。

　　「素銅」是指未鍍金、鍍銀的銅；「烏金」又稱赤銅，是銅調合黃金，再以特
殊煮汁處理表面，製成帶點黑色光澤的金屬；「山銅」則是指剛從山裡採掘、仍
含有許多雜質的深綠色銅。

地韋的圖案

使用皮革製成的部分，稱作「革所」。皮革雖可視其材料或加工方法分成皮（主要指毛皮）、革（主要指撓製[45]牛皮、塗漆的鞣製馬皮）、韋（鞣製鹿皮）三種，不過此三者在日語均讀作「かわ（kawa）」。革所又分為主體地韋，以及其周邊的小緣。

革所的主體部分「地韋」會利用模型和紅藍2色染料染成各種圖案，依圖案可分為「花菱書韋」、「襷文韋」、「不動韋」、「藻獅子文韋」、「正平韋」等，每個時代各有不同流行。

除上述圖案以外，還有僅以茶色單色染成藻獅子文韋或正平韋圖案的「茶染韋」，以及將帶有皺摺的馬革塗上黑漆製成的「黑皺革」等。茶染韋見於室町時代末期以後，黑皺革則使用於室町時代後期以後。

花菱書韋

皮革上有染成深藍、淺蔥（淺藍）、赤紅3色的花菱紋路交錯。《保元物語繪卷》便有收錄，可以想見花菱書韋於平安、鎌倉時代頗為盛行。

■花菱書韋

襷文韋

以幾何圖形或牡丹、唐花[46]、鷹羽等圖形連續交錯，組成周圍的斜向格子形狀，中間再繪以花朵、獅子、龍、鳳凰等圓形圖案「盤繪文」或環狀圖案「窠文」。如廣島縣嚴島神社的小櫻威大鎧、東京都御嶽神社的赤糸威大鎧等，常見於平安、鎌倉時期的甲冑。

■襷文韋（窠文）
類似木瓜紋的花朵圖案。

■襷文韋（獅子盤繪文）
將裝飾畫成圓形。

不動韋

繪有烈火與不動明王的韋。不動韋應是受真言密教影響而誕生，也有矜羯羅、制多迦2名童子隨侍於不動明王左右的圖像，稱作「不動三尊繪韋」。廣島縣嚴島神社的淺蔥綾威大鎧、島根縣日御碕神社的白糸威大鎧等便有使用，是鎌倉時代後期以後的作品。

■不動韋

藻獅子文韋

於水藻（原為牡丹葉）中間繪製唐獅子
和牡丹的韋，出現於南北朝時代以降。
可見於青森縣櫛引八幡宮的白糸威妻取
大鎧，以及同處收藏的赤糸威大鎧等文
物的弦走韋。

正平韋

正平韋就是指圖案當中寫有「正
平六年六月一日」、「正平十三年
六月一日」、「正平十三年六月吉
日」等細長字幅的韋，亦稱「御
免革」。可見於青森縣櫛引八幡
宮所藏白糸威肩紅胴丸和東京國
立博物館所藏組交糸威肩紅胴丸
（秋田家流傳）頭盔的裏張或浮
張等處，推測應是使用於室町時
代以後。

■正平韋

鮫革

　所謂「鮫革」，就是以赤魟製成的皮革。除表皮顆粒較大的一般鮫革以外，還有顆粒較細而帶點青色的「青鮫革」、以砥石研磨製作的「研出鮫」等，以上均是使用於室町時代以後的革所。

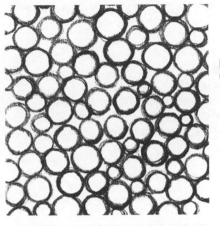

■ 鮫革
「鮫革」是某種赤魟的皮革，表皮顆粒粗大，通常都是塗漆使用，如愛媛縣大山祇神社的色色威胴丸。鮫革也會用來製作刀柄部分。

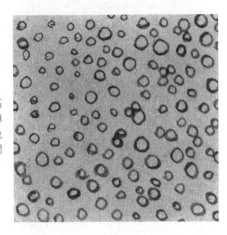

■ 青鮫革
「青鮫革」是帶點青色的鮫革，表皮顆粒較細。亦稱「聖多馬革」，此名源自印度烏木海岸地區的地名「聖多馬[47]」，由於皮革是從此地港口傳入日本，故名。可見於山口縣毛利博物館的色色威腹卷、同縣源久寺收藏的紅糸威中白三十八間筋兜。

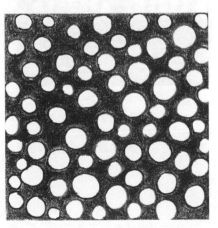

■ 研出鮫
研出鮫就是取鮫革塗漆並以砥石研磨、撫平表面凹凸，使之呈現出無數白色圓點的皮革，亦可用於刀鞘上。兵庫縣湊川神社的金朱札紅白段威胴丸、山形縣上杉神社的金小札色色威大袖等都有使用。

小緣

　　所謂「小緣」，就是圍在地韋外緣的皮革。不同時代的小緣會使用不同的染色皮革製作，有「五星赤韋」、「菖蒲韋」、「爪菖蒲韋」等。其他還有使用赤紅染料再以漬染 [48]、引染 [49] 製作的「赤韋」，使用藍色染料再以漬染、引染染成深藍色的「藍韋」等。赤韋使用於平安、鎌倉時代，藍韋則使用於室町時代末期以後。

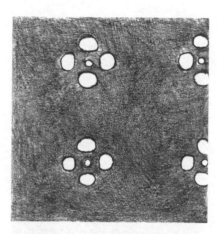

■ 五星赤韋
染出連續白色五星紋路的赤韋，使用於鎌倉時代後期至室町時代後期。奈良縣春日大社所藏紅糸威梅金物大鎧、島根縣日御碕神社所藏白糸威大鎧等甲胄的小緣便屬此類。

■ 菖蒲韋
染出白色菖蒲紋路的藍韋。從鹿兒島縣鹿兒島神宮的色色威胴丸、埼玉縣西山歷史博物館的紅糸威中淺蔥腹卷等可以推測，應是誕生於室町時代後期以後。

■ 爪菖蒲韋
染出爪形菖蒲紋路模樣的藍韋。可見於室町時代後期以後的小緣。

伏組

以多色繩線交互縫製、裝飾皮革與滾邊的手法，稱作「伏組」。伏組又分成「本伏」和「蛇腹伏」兩種手法。

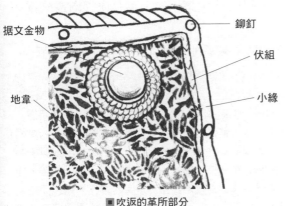

据文金物
鉚釘
伏組
小緣
地韋

■ 吹返的革所部分

繩線

■本伏

飾有正式刺縫的伏組，稱作「本伏」。各時代本伏的色線數目和配色各有其特色。室町時代中期以前是以深藍、紫色、白色3色為主，後期則加上紅色或萌黃（黃綠色）合計4色，或是2色都用合計5色。室町時代以前的本伏，各色間隔較小，有色色線中間會以白色間隔；江戶時代的本伏各色間隔較大，中間不再有白色區間、各色直接相連。

本伏伏組

繩線

■蛇腹伏

蛇腹伏始於江戶時代中葉，是將色線編成的2條捻繩排成連續的「∧」形，藉以模擬本伏的手法。通常採白色、紫色（或紅色）、萌黃3色，有時也會使用紅白2色或單色的蛇腹伏。

蛇腹伏伏組

頭盔、胴甲的革所

　　頭盔的革所包括裏張、浮張和吹返的包韋。所謂「裏張」，就是直接設置於兜缽內側的皮革，可見於平安時代至鎌倉時代的頭盔。廣島縣嚴島神社所藏小櫻威大鎧的頭盔，其裏張的皮革便是將三巴紋路排成六曜形狀的圖案；《集古十種》也記載到島根縣日御碕神社所藏白糸威大鎧的頭盔，使用的是栗子色皮革。室町時代中葉以後，裏張便逐漸遭到浮張取代。

　　胴甲的革所則有肩上、弦走韋、蝙蝠付韋，以及胴甲內側的包革。

浮張

鋪設在兜缽內側的皮革或布帛，稱作「浮張」，目的是隔離頭部與兜缽，作為緩衝。南北朝時代至室町時代初期，會在兜缽和裏張中間再置入以菅草或藺草編成的草帽作為緩衝材，如奈良縣春日大社所藏赤糸威竹雀大鎧的頭盔。室町時代中期以後就不再使用上述的緩衝材，而改為在兜缽和頭部中間預留緩衝空間，再裝上浮張，連帶使得兜缽整體的體積變大。從前有些浮張會選用繪韋，至室町時代末期也開始使用熏韋和洗韋等素面皮革；安土桃山時代以後，則經常採用白色或染成淺蔥（淺藍）、深藍、茶褐等顏色的麻布，並且利用螺旋狀刺縫手法將麻布織成半球體形狀。這種方法稱作「百重刺」或「千重刺」。

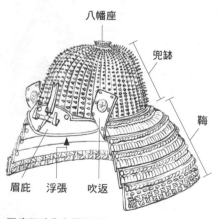

■ 室町時代中期的頭盔
於兜缽內側鋪設浮張。

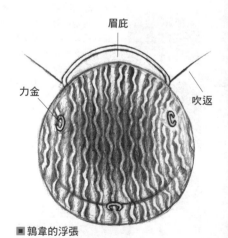

■ 鵯韋的浮張
上圖的浮張使用立涌[50]
紋路交錯的染韋。

吹返的包韋

吹返的包韋，是為避免射擊戰中自己的弓弦勾到吹返小札所做的設計。吹返包韋基本上大多會採用和其他部位相同圖案的繪韋。平安時代至鎌倉時代中期，大多將紅色皮革穿過小緣、綁在吹返的小札上；鎌倉時代後期則是改用小鉚釘固定，還會在包韋內側填充和紙或皮革使其膨起，藉此隱藏小札板的段差。室町時代以前，繪韋的圖案必定會跟小札方向一致，不過廣島縣嚴島神社所藏淺蔥綾威大鎧的頭盔吹返上的不動明王卻是橫向的。根據《集古十種》的記載，其方向為直向的，因此恐怕是明治時代修復文物時造成的錯誤。

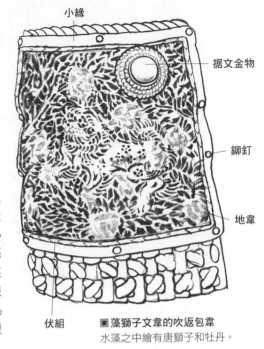

小緣

据文金物

鉚釘

地韋

伏組

■**藻獅子文章的吹返包韋**
水藻之中繪有唐獅子和牡丹。

革所

肩上

大鎧的肩上是使用押付和單一皮革製作，基本上表面會使用和其他部分圖案相同的繪韋，內側則會疊合多層皮革製作。另一方面，胴丸和腹卷由於主要用於徒步戰，而且甲冑的大半重量都會落在肩膀上，使得肩上必須更為柔軟；為緩和壓力，後來才會在肩上裡面填充和紙、藺草、稻草、皮革等作為緩衝，然後用塗成黑色或栗子色的馬革包裹，製作成所謂的「蔓肩上」。室町時代末期，也有出現表面使用鐵板製作的「鐵肩上」，如靜岡縣淺間大社的紅糸威最上胴丸（武田氏泰納）。安土桃山時代，有許多舊型當世具足也會使用皮革材質的肩上，並且都有塗漆收尾。到了江戶時代，當世具足便幾乎全改為鐵肩上了。

■**肩上**
「肩上」乃指接觸左右肩膀的部分，用來保護肩膀。

弦走韋

「弦走韋」就是胴甲正面的皮革，用來包覆大鎧、胴丸鎧，防止放箭時弓弦勾到胴甲的小札（稱作「弦走」狀態）。而整個革所的主題圖案，也是裝飾於這個部位。另外，弦走韋也跟吹返的包韋一樣，從平安時代至鎌倉時代中期都是以紅色皮革穿過小緣、綁在胴甲的小札上；鎌倉時代後期以後，才改為使用小鉚釘固定。

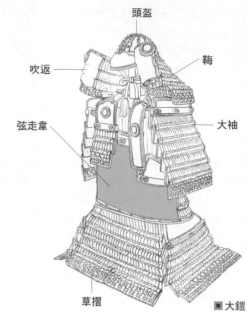

頭盔

韄

吹返

大袖

弦走韋

草摺

■大鎧

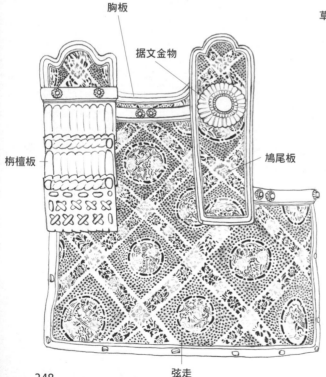

胸板

据文金物

栴檀板

鳩尾板

弦走

■襷文韋弦走

「襷文韋」是平安、鎌倉時代的一種繪韋，以幾何學圖形等紋路排列成斜格子狀，格子中間則飾以圓形的盤繪文或環形的窠文。圖為廣島縣嚴島神社的小櫻威大鎧，唐花紋路的格子中間有獅子盤繪文。

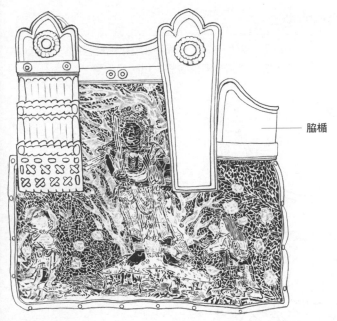

脇楯

■ **不動韋弦走**
這是描繪不動明王身在烈火中的
繪韋，這樣的圖像是鎌倉時代後
期受真言密教影響而生。此造型
可見於廣島縣嚴島神社收藏的淺
蔥綾威大鎧、島根縣日御碕神社
所藏白糸威大鎧的吹返。

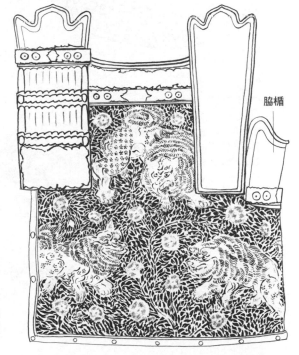

脇楯

■ **藻獅子文韋弦走**
青森縣櫛引八幡宮的赤糸威菊金物
大鎧使用的是藻紋當中染有 3 頭
獅子和牡丹的皮革。

249

蝙蝠付韋、胴甲內側的包革

「蝙蝠付」可以拿來綁大鎧的草摺、喉輪、曲輪，而用來製作蝙蝠付的皮革則稱為「蝙蝠付韋」。另外，胴甲內側也會用塗漆的皮革包裹，以緩和衝擊。

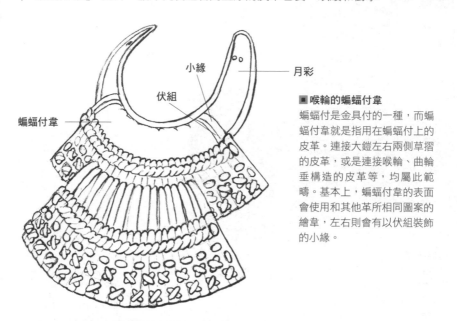

小緣

伏組

蝙蝠付韋

月彩

■ 喉輪的蝙蝠付韋

蝙蝠付是金具付的一種，而蝙蝠付韋就是指用在蝙蝠付上的皮革。連接大鎧左右兩側草摺的皮革，或是連接喉輪、曲輪垂構造的皮革等，均屬此範疇。基本上，蝙蝠付韋的表面會使用和其他革所相同圖案的繪韋，左右則會有以伏組裝飾的小緣。

■ 胴甲內側的包革

用塗漆的皮革包裹胴甲內側的手法，應是始於南北朝時代。此法可見於青森縣櫛引八幡宮的赤糸威菊金物大鎧、山梨縣美和神社的白糸妻取大鎧等。室町時代以後，改以塗成栗色或黑色的馬革一段一段包裹各段小札板的內側。江戶時代前期又會在胴甲內側張貼一整片皮革、使胴甲不致直接接觸身體，以緩和衝擊力道。儘管此類皮革絕大多數都會塗黑，卻也不乏貼金箔或塗成白檀，抑或是使用繪韋或天鵝絨等物製作。再者，安土桃山時代有部分丸胴是使用紅色或淺蔥的平絹，如宮城縣仙台市博物館收藏的銀箔押白糸威丸胴具足。

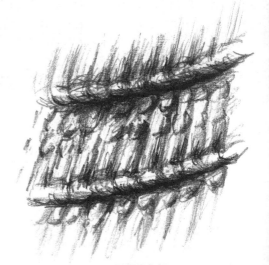

■ 胴甲內側

袖甲的革所

　　袖甲的革所包括「矢摺革」、「籠手摺革」。矢摺革亦稱袖摺韋，是張貼於馬手（右）側大袖內部後方的縱長皮革；籠手摺革則是縱向鋪設於袖甲內側中央的皮革，以保護小札板不被籠手的座盤或鎖釦撞壞。

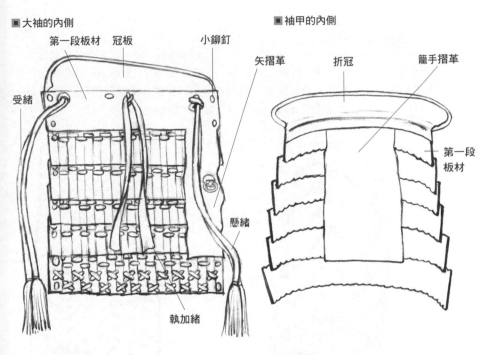

■ 大袖的內側
第一段板材　冠板　小鉚釘
受緒
懸緒
執加緒

■ 袖甲的內側
矢摺革　折冠　籠手摺革
第一段板材

■ 矢摺革

矢摺革是指設置於馬手（右方）大袖內側後方的縱向細長皮革。箭矢插在箭筒裡面時，露出在外的箭尾往往會因騎乘的晃動而插進大袖的小札板之間；矢摺革就是為了防止這種情況發生，遂將大袖第一段板材內側的包韋延伸並固定於裾板的上段。基本上，矢摺革都使用繪韋製作，並有和其他部位同樣的伏組和小緣。從平安時代至鎌倉時代中期，矢摺革也跟吹返包韋、弦走韋同樣，是將紅色皮革穿過小緣綁在大袖內側的小札上；鎌倉時代後期則改用小鉚釘固定。

■ 籠手摺革

籠手摺革是指位於左右袖甲內側中央的縱長形皮革。籠手摺革是直接從第一段板材內側的包革內側或冠板延伸而出，並固定於裾板的上段。基本上使用繪韋製作，有時卻也會以塗成栗子色的馬革製作。籠手摺革的目的，應是為保護籠手的座盤、鎖釦到袖甲內側的小札。起初僅廣島縣嚴島神社的黑韋威胴丸、同縣大歲神社的黑韋威胴丸等南北朝時期舊式胴丸大袖使用，應該是由於南北朝時代劈砍武器的戰鬥形式興盛，武士對籠手的需求越來越高，方有籠手摺革問世。

組紐、絎紐

　　除甲冑威毛使用的繩索（緒）以外，頭盔、胴甲、袖甲三物甚至籠手、佩楯、臑當等小具足也都會使用到許多繩索，這些繩索統稱為「緒所」。至於繩索的種類，則有組紐（編繩）、絎紐、韋紐（皮繩）等。

組紐（編繩）

用絲線（主要為絹絲）編成的繩索，稱作「組紐」。在室町時代以前，編織組紐不需要用到高台，直到江戶時代以後才開始使用高台編繩。組紐又因形狀和手法分成「丸打」、「平打」，還會在末端設置叫作「總」的裝飾。

■丸打
斷面呈圓形的編繩。室町時代以前，都是使用名叫「角八打」的繩，如奈良縣春日大社的紅糸威梅金物大鎧、青森縣櫛引八幡宮所藏白糸妻取大鎧的總角（參見P.258）。至於胴丸、腹卷的高紐（參見 P.256），則是使用色線交互編成連續「W」形紋路的繩子，謂之「源氏打」。室町時代後期以降，高紐則大多是採用先將繩線編成袋狀、中間再填充麻或紙捻芯所製成的「丸唐打」（亦稱「洞芯」）。

■平打
乃指斷面呈扁平狀的編繩。平打繩又有「鷹羽打」、「小石打」、「桐打」、「龜甲打」、「啄木打」等種類，常作引合緒（參見 P.257）或緣縮付緒（參見 P.257）使用。

總

繩索末梢的裝飾稱作「總」，又分成「切總」和「付總」。切總常見於室町時代以前的繩索，如奈良縣春日大社的紅糸威梅金物大鎧和青森縣櫛引八幡宮白糸妻取大鎧的總角。付總則見於江戶時代以後，唯一的例外就是東京國立博物館所藏組交糸威肩紅胴丸的總角和袖付緒（受緒、懸緒），此為室町時代的文物。

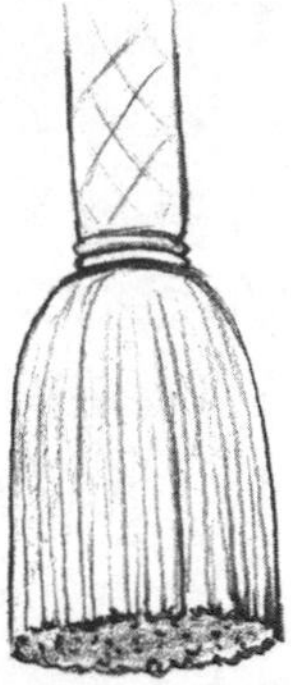

■切總

將繩子末梢解開、將繩線切齊，再將根部固定綁好製成的總。

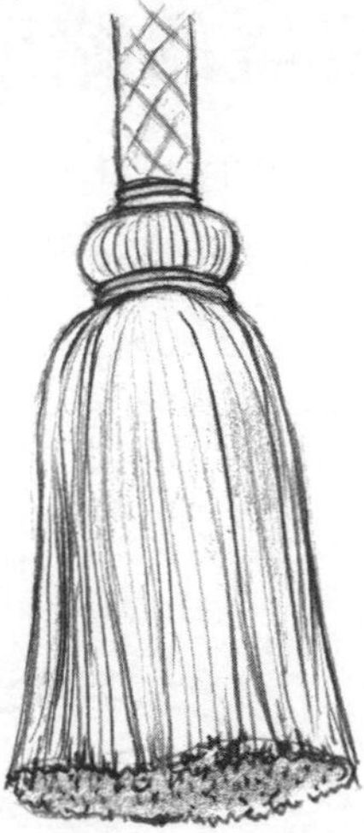

■付總

先製作總的部分，然後再裝設於繩索末端。

絎紐

將布帛或皮革以暗縫手法縫製的繩，稱作「絎紐」。絎紐又視形狀和手法而分成「丸絎」、「平絎」。

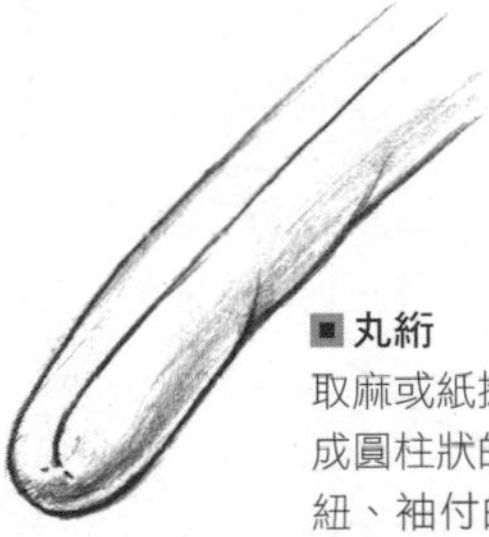

■丸絎

取麻或紙捻的心以布帛或皮革包覆、縫成圓柱狀的繩索，稱作丸絎。大鎧的高紐、袖付的茱萸（參見P.237）緒，以及壺緒當中的茱萸緒，使用的都是以紅色皮革施以伏組製成的丸絎繩索。

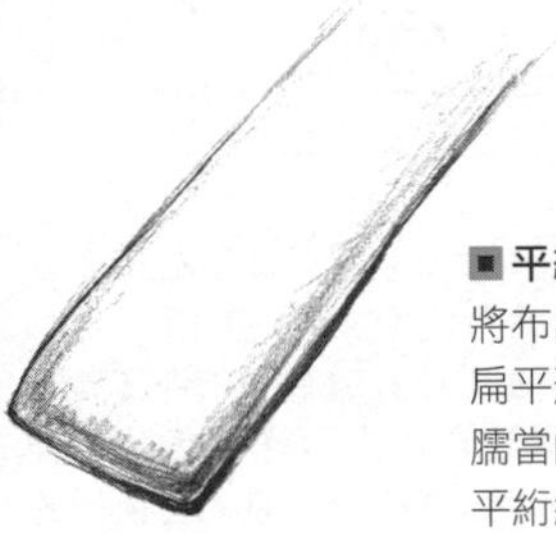

■平絎

將布帛或皮革折疊起來、縫成扁平形狀的繩。佩楯的腰緒、臑當的上緒下緒等，都是使用平絎繩索。

韋紐

切割皮革製成的繩索。鎌倉時代後期以後，袖甲的執加緒、臑當的上緒下緒等都會使用韋紐。

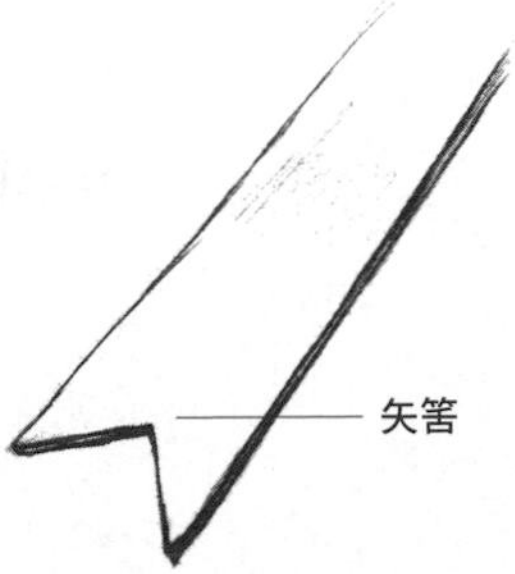

■韋紐

其中一端會切成「矢筈」（V形），另一端則會切成「劍光」（三角形）。

頭盔的緒所

　　頭盔的緒所主要有「忍緒」（參見 P.65）、「總角」兩種。所謂「忍緒」，就是指穿戴頭盔時綁在下顎固定的繩索；忍緒通常都是丸紃，有時候卻也會使用丸打。平安、鎌倉時代的忍緒穿在響穴（參見 P.65），後來才又衍生出三所付、四所付、五所付等手法。

■頭盔內側視角圖

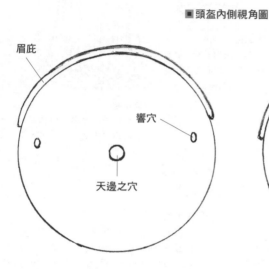
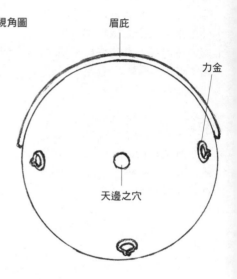

■響穴

平安、鎌倉時代的兜缽左右有對小孔，稱作「響穴」。起初是將根緒（參見 P.65）穿過響穴至兜缽內側、做成繩圈，然後才把忍緒接在繩圈上。鎌倉時代後期以後，兜缽改在前後左右 4 處均設有響穴，兼具穿用與裝飾功能的引迴緒（根緒穿出來的一小段繩索）逐漸流於形式。

■三所付

所謂「三所付」，就是利用兜缽左右和後方共 3 處的根緒或力金（綁忍緒的鐶）綁忍緒的手法。《集古十種》就有描述到廣島縣嚴島神社的淺蔥綾威大鎧、島根縣日御碕神社所藏白糸威大鎧的頭盔，是使用三所付的皮革根緒。此後，從南北朝時代至室町時代，則是改為在力金綁忍緒，如青森縣櫛引八幡宮的白糸妻取大鎧、東京國立博物館所藏組交糸威肩紅胴丸的頭盔。安土桃山時代以後，有許多當世兜都是採用皮繩或組紐的三所付形式，從根緒連結忍緒。

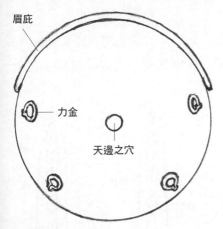

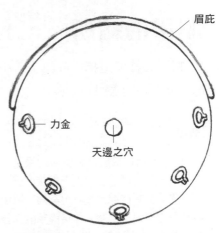

■四所付

「四所付」是指兜缽內側左右各開 2 孔，總共設置 4 處根緒或力金來綁忍緒的手法。室町時代以前並無四所付，僅愛知縣德川美術館的長烏帽子形兜（加藤清正所用）等少數安土桃山時代以後的當世兜有採用。

■五所付

「五所付」是指兜缽內側左右各開 2 孔、後方開有 1 孔，共計設置 5 處根緒或力金來綁忍緒的手法。五所付比四所付更加稀少，可見於越前國福井藩松平家流傳的銀箔押束讓葉形兜（此為山岸素夫的見解）。

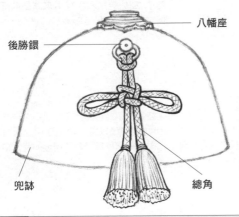

■頭盔的總角

所謂「總角」，就是指中央打成「石疊[51]」繩結、外觀有如蜻蜓一般的十字繩索。一般使用紅色的角八打繩索，綁在兜缽後方的後勝鐶上。

總角原是裝飾？

　　兜缽後方的「後勝鐶」亦稱「笠標付鐶」，也可以用來綁笠標。所謂「笠標」就是團體戰時用來識別敵我身分的小旗，室町時代的合戰繪卷（《十二類合戰繪詞》、《秋夜長物語繪詞》）亦有描繪到類似的旗幟。

　　然而在此以前的合戰繪卷（《伴大納言會詞》、《平治物語繪詞》）卻只有畫到總角而已。因此可以推測，總角當初也有可能單純只是種裝飾。

胴甲的緒所

　　胴甲的緒所是指「高紐」、「引合緒」、「胴先緒」、「繰締付緒」、「上帶」、「壺緒」、「總角」。

高紐

「高紐」是指連接肩上和胸板的繩索，會在兩邊的末端扣上鞢，以此上下連接。安土桃山時代以降，又有從押付板牽出高紐、將中央打成蜷結的「懸通」手法。連接籠手的繩圈起初是設置於肩上的外側，因此懸通也有緩衝的作用，可以避免繩索因磨擦而斷裂。江戶時代以後，肩上改採塗漆製作，再加上諸多因素，使得懸通不再具有實用性，只是為了美觀。

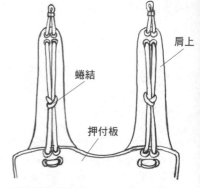

■懸通的手法
當世具足肩上中央的繩結，叫作「蜷結」。高紐便是利用蜷結來調整高度，但它原本應該只是裝飾。

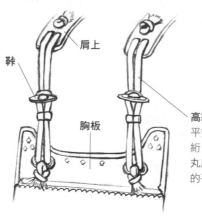

高紐
平安、鎌倉時代的高紐是使用紅色皮繩加上伏組製成的丸絎（參見 P.253）；南北朝時代以後，則是使用源氏打或丸唐打等丸打繩，也有部分當世具足是使用名叫貝之口組的平打。

胴先緒

「胴先緒」是條從胴甲尾部牽出來、用來收束胴甲下半部的繩索。除大鎧以外，有分成前胴和後胴的古式胴丸、腹卷、腹當也都有此構造，使用的是鷹羽打或龜甲打等平打的繩索（參見 P.252）。

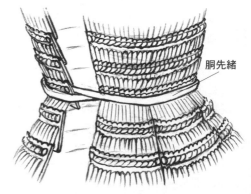

引合緒

引合緒就是指使用於胴甲引合處（大鎧和胴丸的引合位於右側腹，腹卷的引合則是位於肩上後方）的繩索。引合設置於右側或兩側皆有引合的胴甲，要先從前胴的2條繩索取1條，穿過後胴的繩圈，再將2條繩索打結。使用引合緒將胴甲閉合的方式，相對來説較輕鬆且方便。

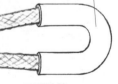

引合緒

引合緒
大鎧、胴丸、腹卷會使用1條鷹羽打或龜甲打等平打繩，當世具足則使用單色的丸打繩。

■二條引合緒
圖為當世具足的二條引合緒，後胴為繩圈，前胴則有2條引合緒；使用時是將1條引合緒穿過後胴繩圈，然後與另一條打結。

繰締付緒

所謂「繰締」，就是指綁緊胴甲下半部使其收束起來，而「繰締付緒」便是指繰締使用的繩索。使用時是先從「繰締根緒」（指拿來綁繰締付緒的繩圈，設置於胴丸和右引合當世具足前胴的胴尾）牽出2條繩索，然後取1條繰締付緒穿過繰締緒（繰締鐶）收緊，跟另一條繰締付緒綁在正面。

■繰締付緒
室町時代以前的繰締付緒主要是使用龜甲打等平打繩索，室町時代以後才開始使用單色的組紐或絎紐。

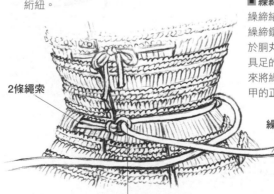

2條繩索

繰締鐶

繰締鐶

■繰締緒
繰締緒就是指拿來穿繰締鐶的繩索。設置於胴丸和右引合當世具足的後胴胴尾，用來將繰締付緒拉到胴甲的正面來。

繰締付緒

繰締鐶

總角

總角是指中央打石疊繩結、有如蜻蜓般的十字繩索。大鎧的逆板、胴丸（高級當世具足的胴甲）後立舉的第二段以及腹卷背板的立舉均設有總角鐶，胴甲的總角便綁在這些總角鐶上。總角左右兩邊的繩圈則拿來綁袖付緒（懸緒、水吞緒）。

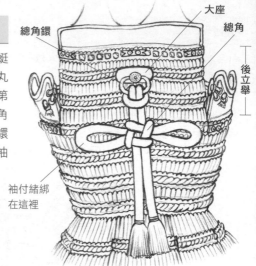

大座
總角鐶
總角
後立舉
袖付緒綁
在這裡

壺緒

「壺緒」就是指平安時代至鎌倉時代中期的大鎧中，設置於壺板中央的繩圈。使用時是將從胴甲前後牽出來的引合緒綁在壺緒上，好讓胴甲和壺板貼合起來。除此之外，壺緒會穿上茱萸，使繩索可以凸出壺板，方便引合緒穿進壺緒繩圈之中。

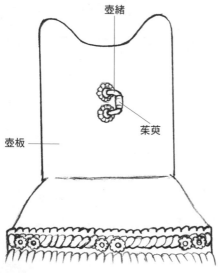

壺緒

茱萸

壺板

上帶

所謂「上帶」，就是指纏在腰際用來收緊胴甲下半部的繩索，一般都是使用紵紐或晒布[52]，有時也可以用太刀緒替代。

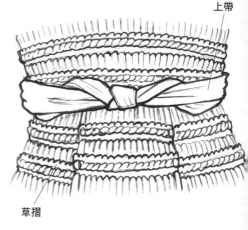

上帶

草摺

袖甲的緒所

「受緒」、「執加緒」、「懸緒」、「水吞緒」等繩索，都是袖甲的緒所。

執加緒

執加緒綁在袖甲冠板中央的金屬環上，可以拿來綁肩上中央的茉莫緒，也可以直接綁在肩上上面。平安、鎌倉時代使用的是以紅線編織的丸打繩，但自從鎌倉時代末期，袖付鐶中間的金屬環從縱鐶變成橫鐶以後，就改用皮繩了。

水吞鐶

水吞鐶上綁的水吞緒，幾乎都是用紅線編織的丸打繩，另一端綁在胴甲背後總角鐶的根部。腹卷則沒有背板，是將水吞緒綁在背後固定。

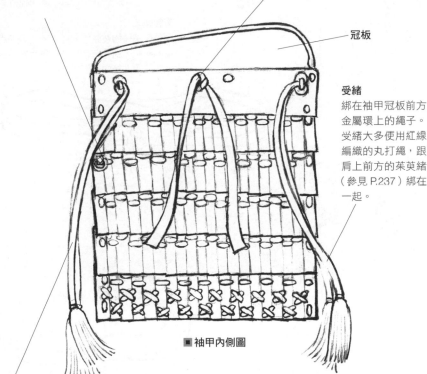

冠板

受緒

綁在袖甲冠板前方金屬環上的繩子。受緒大多使用紅線編織的丸打繩，跟肩上前方的茉莫緒（參見 P.237）綁在一起。

■袖甲內側圖

懸緒

懸緒是綁在袖甲冠板後方金屬環上的繩子。通常使用紅線編織的丸打繩，綁在胴甲背部總角左右的繩圈上。至於腹卷則沒有背板，是將懸緒綁在後立舉八雙金物（參見 P.232）的金屬環上。

小具足的緒所

　　小具足使用的繩索包括籠手的「手首之緒」、佩楯的「腰緒」、臑當的「上緒、下緒」等，除此之外還有種叫作「縮」的繩圈。

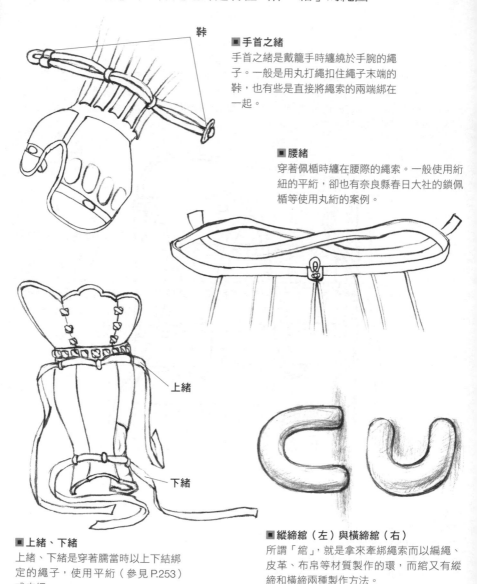

鞓

■手首之緒
手首之緒是戴籠手時纏繞於手腕的繩子。一般是用丸打繩扣住繩子末端的鞓，也有些是直接將繩索的兩端綁在一起。

■腰緒
穿著佩楯時纏在腰際的繩索。一般使用絎紐的平絎，卻也有奈良縣春日大社的鎖佩楯等使用丸絎的案例。

上緒

下緒

■上緒、下緒
上緒、下緒是穿著臑當時以上下結綁定的繩子，使用平絎（參見 P.253）或皮繩。

■縱締縮（左）與橫締縮（右）
所謂「縮」，就是拿來牽綁繩索而以編繩、皮革、布帛等材質製作的環，而縮又有縱締和橫締兩種製作方法。

家表、中込、家裏

　　甲冑各部使用的布帛類（和少數皮革），統稱為「家地」。家地主要用在籠手、佩楯、臑當等小具足或疊胴、頭巾兜等處。家地呈家表、中込、家裏共3層構造，周圍會以稱作「緣韋」的皮革鑲邊，又稱「笹緣」。部分足輕使用的小具足則採取無中込的2層構造。

　　環繞於家地周圍的緣韋，可以使用五星赤韋、菖蒲韋、藍韋、熏韋等皮革，抑或以麻布等布帛製作。江戶時代也有使用布帛製成的緣韋，高級品則會在布帛之間飾以伏組。

家表
家表乃指家地表面的布材，材料以深藍、淺蔥（淺藍）、白色等素面麻布最多，其次則是棉、錦緞、金緞、銀緞、花緞、綾羅等，另外也有少數是使用布革、天鵝絨、羊毛布等材質。

中込
充當家地芯材的布帛。通常使用以稍粗麻線織成的堅韌白麻布。

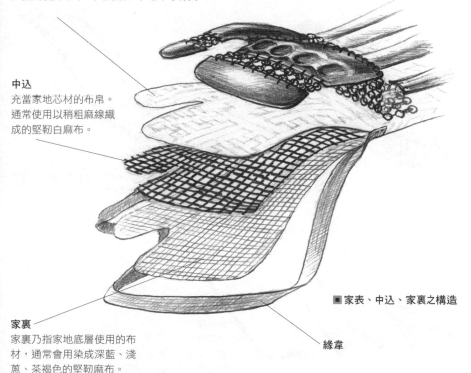

家裏
家裏乃指家地底層使用的布材，通常會用染成深藍、淺蔥、茶褐色的堅韌麻布。

■家表、中込、家裏之構造

緣韋

篠、筏、骨牌金、龜甲金

甲冑結構當中，除小札和金具迴以外的鐵板、皮革板統稱為「板所」，包括「篠」、「小篠」、「筏」、「骨牌金」、「龜甲金」。

篠

篠籠手和篠臑當使用的細長形鐵板（有少數為皮革板）因形似竹條，故稱篠。篠又分「丸篠」、「角篠」、「平篠」、「小篠」。

■丸篠

「丸篠」就是圓弧狀的鐵條，可見於靜岡縣久能山東照宮的金溜塗黑糸威二枚胴具足、仙台市博物館紺糸威仙台胴具足（伊達政宗所用）等甲冑的籠手。因外觀酷似馬刀貝（編按：中文為「竹蟶」），亦稱「馬刀殼篠」。

■角篠

中央有條稜線的篠。通常用於篠臑當的正面，很少會用來製作籠手。

■平篠

扁平狀的篠。構造單純、可大幅減少製作工序，因此經常使用在大量製作的足輕具足。

■小篠

使用於籠手上臂處、前臂處以及佩楯等處的短鐵條。小篠亦稱筏篠，篠籠手或筒籠手的上臂部位以及鎖籠手、鎖佩楯等裝備也都會使用。

筏

籠手或佩楯等裝備中，有許多形形色色的小鐵板（亦有少數皮革板）交雜於鎖環間，稱作「筏」。筏可視形狀分成「角筏」（方形）、「丸筏」（圓形）、「菱筏」（菱形）、「龜甲筏」（六角形）、「紋筏」（各種紋樣）、「平筏」（長方形）、「雙筏」等。奈良縣春日大社的鎖佩楯就有使用菱筏，而東京國立博物館的萌黃糸威仁王胴具足的籠手上臂處則使用酢漿草紋路的紋筏。

■角筏　　　■丸筏　　　■菱筏

■龜甲筏　　　■紋筏　　　■平筏

■雙筏

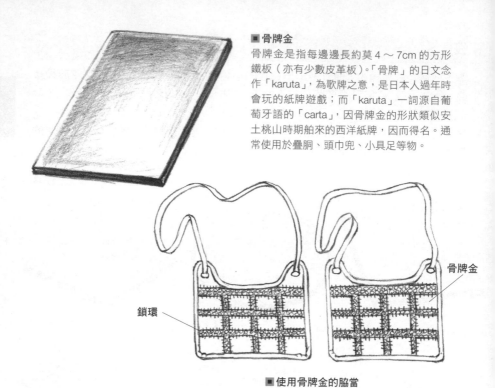

■ 骨牌金

骨牌金是指每邊邊長約莫 4 ～ 7cm 的方形鐵板（亦有少數皮革板）。「骨牌」的日文念作「karuta」，為歌牌之意，是日本人過年時會玩的紙牌遊戲；而「karuta」一詞源自葡萄牙語的「carta」，因骨牌金的形狀類似安土桃山時期舶來的西洋紙牌，因而得名。通常使用於疊胴、頭巾兜、小具足等物。

鎖環

骨牌金

■ 使用骨牌金的脇當

■ 龜甲金

所謂「龜甲金」是指直徑約 2cm 的正六角形鐵板（亦有少數皮革板）。中央突出隆起，設有 4 個小孔。一般多將龜甲金埋設於家地之中，沿著六角形狀邊緣縫製，並且利用 4 個小孔穿繩編成菱形以為固定。常見於小鰭、立襟、小具足等物，另外簡易型三物（頭巾兜、疊胴、龜甲袖）同樣也會使用龜甲金。

■ 使用龜甲金的產佩楯

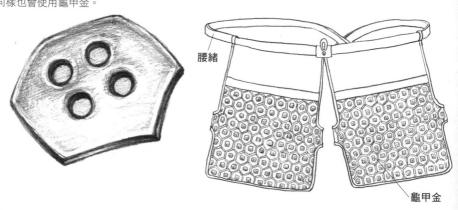

腰緒

龜甲金

籠手的板所

　　籠手使用到的板材有「座盤」、「手甲」、「肘金」、「小板」、「冠板」等。座盤是籠手的主要構造，籠手上臂部位的座盤稱作一之座盤，前臂部位的座盤則稱二之座盤。若座盤呈葫蘆形，則稱為瓢籠手（參見P.163）；與座盤的稱呼相同，上臂部位的瓢稱為一之瓢，下臂部位的瓢稱作二之瓢。

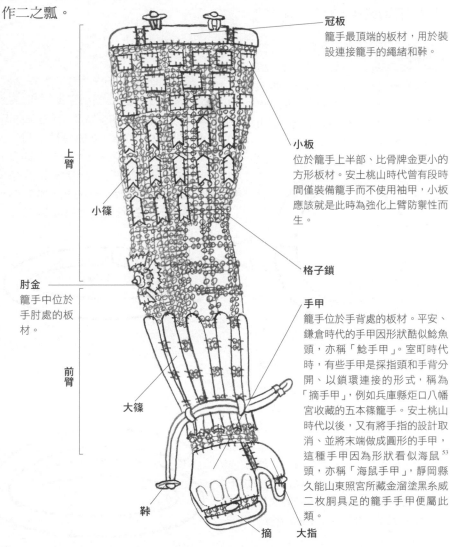

冠板
籠手最頂端的板材，用於裝設連接籠手的繩緒和鞐。

小板
位於籠手上半部、比骨牌金更小的方形板材。安土桃山時代曾有段時間僅裝備籠手而不使用袖甲，小板應該就是此時為強化上臂防禦性而生。

格子鎖

手甲
籠手位於手背處的板材。平安、鎌倉時代的手甲因形狀酷似鯰魚頭，亦稱「鯰手甲」。室町時代時，有些手甲是採指頭和手背分開、以鎖環連接的形式，稱為「摘手甲」，例如兵庫縣炬口八幡宮收藏的五本篠籠手。安土桃山時代以後，又有將手指的設計取消、並將末端做成圓形的手甲，這種手甲因為形狀看似海鼠[53]頭，亦稱「海鼠手甲」，靜岡縣久能山東照宮所藏金溜塗黑糸威二枚胴具足的籠手手甲便屬此類。

肘金
籠手中位於手肘處的板材。

上臂

小篠

前臂

大篠

鞐

摘　　**大指**

265

丸輪、菱輪

　　甲冑使用的鎖環叫作「和鎖」，多是以「丸輪」和「菱輪」兩者交互連接製作。和鎖又可視菱輪小口關闔方法之不同，而分成「喰合鎖」和「標返鎖」兩種。鎖環實際上遠比看起來要沉重許多，編成鎖鏈也非常耗時耗力，但它穿戴便利，而且刀劍難以斬斷，使得鎖鏈隨著江戶時代簡易型甲冑的發展，亦有急速的進步。

丸輪

將金屬針拗圓做成的金屬環，即為「丸輪」。雖然有些鎖鏈清一色以丸輪編成，但大部分的鎖鏈仍是以丸輪和菱輪交互編織而成。

菱輪

菱輪是指楕圓形的金屬環。將菱輪通過小口、相互銜接製作的鎖鏈稱作「喰合鎖」，無論丸輪或菱輪，都只有 1 圈環而已，亦稱「一重鎖」。室町時代以前的鎖鏈幾乎都是採喰合鎖的形式，如奈良縣春日大社收藏的籠手（俗稱義經籠手）。

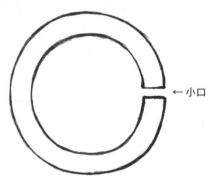
← 小口

↑小口

標返鎖

乃指菱輪的小口交錯疊合的鎖環。這種菱輪會是 2 圈相疊，因此亦稱「二重鎖」。標返鎖不像喰合鎖必須將鎖環的小口兩兩相對才能銜接，因此較不費工，編製速度也比較快，但缺點是菱輪切口容易勾到，甚至會翻過來，因此標返鎖製成的籠手經常會傷到籠手外面袖甲上的小札或家地。

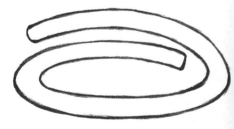

三入、四入、六入

丸輪和菱輪的銜接方法可以分成三入、四入、六入。1個丸輪穿3個（一部分會穿4個）菱輪稱作「三入」，1個丸輪穿4個菱輪稱作「四入」，1個丸輪穿6個菱輪自然就是「六入了」。

三入

乃指1個丸輪穿3個（一部分穿4個）菱輪編製的鎖甲，如此將構成六角形的連續形狀，故亦稱「龜甲鎖」。

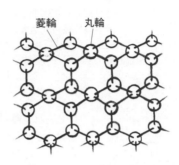

菱輪　丸輪

四入

「四入」是指1個丸輪穿4個菱輪編製的鎖甲。又分為丸輪、菱輪縱橫交互編織的基本手法，以及斜向編成六角形連續圖形的「籠目鎖」。

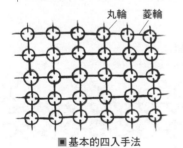

丸輪　菱輪

■基本的四入手法

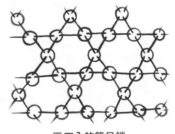

■四入的籠目鎖

六入

「六入」是指1個丸輪穿6個菱輪銜接編製的鎖甲。如此編製將形成三角形的連續圖形，酷似麻葉，故亦稱「麻葉鎖」；也像六瓣花朵，因此也可稱作「花鎖」。

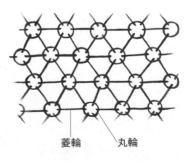

菱輪　　丸輪

南蠻鎖、總鎖、格子鎖

丸輪和菱輪另有特殊銜接手法，稱作「南蠻鎖」、「繰鎖」、「繩目鎖」。除此之外，又可以用編織的形狀，分成「總鎖」和「格子鎖」。

■ 南蠻鎖

南蠻鎖是僅以丸輪編製而成的鎖甲。南蠻鎖於安土桃山時代從西洋傳入，因為有好幾個丸輪重疊在一起，故亦稱「重鎖」、「波鎖」；特別細的南蠻鎖則稱作「縮緬南蠻」。另外，由1個丸輪銜接4個丸輪編製的鎖，也統稱「八重鎖」

■ 繰鎖

以小鉚釘固定小口，使其閉闔的鎖環。南蠻鎖經常使用這種手法，亦稱「繰南蠻」。

小鉚釘

■ 繩目鎖

將2條鐵絲捻成1條金屬針，再拗成環狀，稱作「繩目鎖」。這種鎖環在江戶時代很罕見。

■ 總鎖

以四入手法整面編製、不留縫隙的鎖甲。

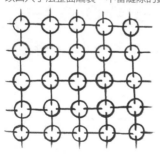

■ 格子鎖

取2行或3行鎖鏈編成格子狀的鎖甲。

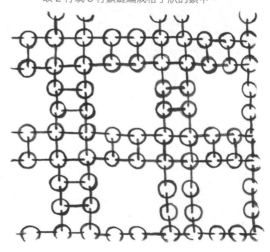

化妝板、水引

　　所謂「化妝板」，是指施加於棚造金具迴與小札板接續處的裝飾，其上設有八雙金物、八雙鉚釘（參見 P.232）。一般來說，大袖的化妝板都是以檜木或杉木材質的薄板為芯，然後以菖蒲韋包覆而成；至於寬袖和壺袖等彎曲袖甲的化妝板，則是使用皮革作為芯材。

　　南北朝時代以前，大袖化妝板的橫切面向來都是方形的，自從室町時代小札變薄以後，化妝板的橫切面也才跟著變成了扇形。另外，大鎧和胴丸鎧（部分舊型胴丸）的押付，以及南北朝時代至室町時代初期的胴丸胸板也都設有化妝板，九州南部的胴丸和腹卷的胸板也有採用化妝板的傳統。

■ 化妝板和水引

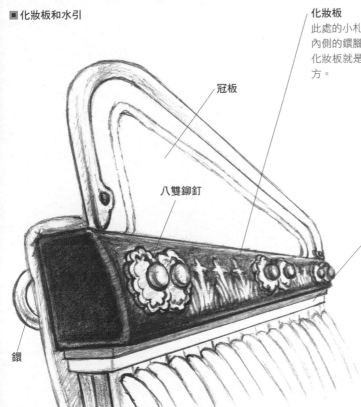

冠板

八雙鉚釘

鐶

化妝板
此處的小札並沒有緘，而且袖甲內側的鐶腳也有可能會露出來，化妝板就是設計用來覆蓋這些地方。

水引
即化妝板下方 2 條紅白色的飾條。早期是以細竹條或紙捲為芯，覆以紅色皮革或白布；鎌倉時代後期以後，大多都把紅白 2 色改成了布帛材質。一般來說，水引上方為紅、下方為白。

第三章

國寶甲冑集

　　本章將介紹日本各地被指定為國寶的甲冑。現在已有大
鎧 14 件、胴丸 2 件、胴丸鎧 1 件以及 1 雙籠手受指定為國
寶，這些文物來自平安時代到南北朝時代，是足以代表日本
甲冑的名甲。論其色彩與造型，這些名甲不僅是戰鬥用具，
更是技巧高超的工藝傑作，獲得各方人士高度評價。

　　以下筆者將按照收藏所在地，從北往南介紹各件國寶甲
冑的構造及特徵。

赤糸威菊金物大鎧

指定年	昭和28年（1953年）
所在地	櫛引八幡宮（青森縣八戶市八幡字八幡丁3）
頭盔	二十四間四方白星兜
袖甲	七段大袖
胴甲	前立舉二段、後立舉三段、長側四段
草摺	前後左右五段
註	－

這副大鎧是日本本州最北之地的名甲之一。大鎧各處皆有金屬的圖案，因此亦稱「菊一文字之鎧」。火烈般的紅色繩線與鍍金金物相互輝映，造型優美。文獻雖記載此甲為鎌倉時代的作品，但根據胴甲的形式判斷，應屬南北朝時代的作品。此地為何會有如此華美的大鎧流傳，其間又有何來龍去脈，依然廣為討論。

可惜的是，這件大鎧的右吹返和鳩尾板的金屬部分已經變色、發黑，這是明治時代的國寶盜竊事件造成的後果，該事件也是甲冑愛好者之間非常著名的故事。那名犯人遭到逮捕後，警方才按照供詞打撈河底，終於尋回了遭竊的右吹返和鳩尾板的金物。愚蠢的小偷利慾薰心，竟把鍍金金物當成了金子。想必這段故事會繼續流傳，讓今後文化財產的保護工作引以為鑑。

白糸妻取大鎧

指定年	昭和28年（1953年）
所在地	櫛引八幡宮（青森縣八戶市八幡字八幡丁3）
頭盔	二十四間四方白星兜
袖甲	七段大袖
胴甲	前立舉二段、後立舉三段、長側四段
草摺	前後左右五段
註	－

這件大鎧和前副大鎧截然不同，是件清爽俐落的大鎧，相傳此鎧是南部信光獲後村上天皇所賜。南部家於南北朝亂世時始終忠於南朝，不曾動搖，正平22年（1367年）信光更於甲斐國大敗北朝陣營的神大和守，這件大鎧就是這項戰功的賞賜。

這件大鎧的威毛以白繩為主，妻（末端）則採用色繩，非常優美。這種威毛流行於鎌倉時代後期至室町時代前期。雖然包括流出海外的文物，目前已經發現了幾件相同類型的鎧甲，卻唯獨這件鎧甲是三物（頭盔、胴甲、袖甲）齊備。金屬部分主要使用白金物[54]，設置於重點處的桐紋有鍍金，尤其鎧甲正面桐紋的金屬底材頗厚，凸顯出桐紋葉脈的高超工藝。

赤糸威大鎧

指定年	昭和27年（1952年）
所在地	御嶽神社（東京都青梅市御岳山176番地）
頭盔	十四間片方白星兜
袖甲	六段大袖
胴甲	前立舉二段、後立舉三段、長側四段
草摺	前後左右五段
註	－

這件大鎧相傳是「坂東之雄」畠山重忠於建久2年（1191年）的奉納品。這是平安時代末期的名甲，自古便受到高度讚賞。

整體使用厚質小札製作，連接的繩索用茜草[55]染成火焰般的赤紅。頭盔形式相當特殊，採取前方3行篠垂、後方1行筋伏的形態。現在的韝是明治時代修復的，原本的韝另外保存於它處。胴甲在腰際附近最粗，恰恰展現出此時期大鎧的重要特徵。而且不光是栴檀板、鳩尾板，甲冑整體做得比尋常甲冑稍大一些。如今就連日本的歷史教科書也有介紹，可謂是日本甲冑當中最著名的一件。

小櫻黃返大鎧

指定年	昭和27年（1952年）
所在地	菅田天神社（山梨縣甲州市鹽山上於曾1054）
頭盔	十枚張星兜
袖甲	六段大袖
胴甲	前立舉二段、後立舉三段、長側四段
草摺	前後左右五段 缺栴檀板、鳩尾板
註	－

相傳這件大鎧乃甲斐源氏之祖新羅三郎源義光所用，後來由其子孫武田氏奉為重寶「楯無」傳承。軍記物語記載的「小櫻黃返」，便是指它染成細小櫻花圖案再加上黃色顏料的威毛。

這件大鎧是江戶時代中期的儒學者青木昆陽所發現，寬政4年（1792年）至翌年寬政5年間，於江戶由甲冑師明珍宗政、明珍宗妙執行了大規模的修復工作。《集古十種》、《甲斐國志》都有記載到它在修復以前的模樣，跟現在的實物相較之下，可以發現包括金具迴的形狀等不少地方頗有出入。可供拼湊原始面貌的零件本該留存下來才是，可惜後來散佚，足以讓後人重新省思文化財修復的重要性。

赤糸威竹雀金物大鎧

指定年	昭和26年（1951年）
所在地	春日大社（奈良縣奈良市春日野町160）
頭盔	十八間六方白星兜
袖甲	七段大袖
胴甲	前立舉二段、後立舉三段、長側五段
草摺	前後左右五段
註	－

　　紅繩映照於鍍金金物上，彷彿要燃燒起來，是件極為豪華的大鎧。鎧甲各處飾有竹子和雀鳥，左右大袖則有肉雕的虎形金物。自古以來便傳說這件大鎧乃源義經所用，這恐怕是因為義經與春日大社（興福寺）關係的穿鑿附會。

　　吹返因不耐金屬重量，變形得相當嚴重，不過從鞨後面的線條可以判斷，這很明顯是可見於南北朝時代的笠鞨，因此我們不得不斷言這件大鎧跟義經毫無關聯，而是南北朝時代的作品。另外，從金物的數量和規模來看，這件大鎧不太可能是件具有實用價值的甲胄，可以推測當初應該是專為奉納所打造的。有說法指出，其奉納者是室町第三代將軍足利義滿，考慮到這件大鎧的製作年代和義滿的財力，此說法為真的可能性相當高。

紅糸威梅金物大鎧

指定年	昭和26年（1951年）
所在地	春日大社（奈良縣奈良市春日野町160）
頭盔	十六間八方白星兜
袖甲	六段大袖
胴甲	前立舉二段、後立舉三段、長側五段
草摺	前後左右五段
註	缺弦走韋

　　春日大社從前總共收藏有9件古甲胄，其中5件在寬政3年（1791年）的本談義屋火災當中燒燬，至於現存4件無一不是工藝技術超群、堪稱為甲胄製作的巔峰之作，其中這件大鎧更是展現了優異的金屬雕刻技術，飾於各處的梅形金物精巧細緻，技術相當高明。

　　其次，這件大鎧被指定為國寶的名目雖作赤糸威，可是從威毛的變色程度來判斷，有可能是紅糸威而非赤糸威。從小札形狀和大袖採6段構造等特徵，顯示它是屬於古式甲胄，可是胴札偏短，甚至採用許多新穎樣式，又讓人覺得這件大鎧應該是鎌倉時代後期的產物。最可惜的是弦走韋於明治時代被竊，還好《集古十種》對這件如今已然失落的弦走韋有鮮明的描繪，可知其上的圖案為不動韋。

鯰籠手

指定年	昭和26年（1951年）
所在地	春日大社（奈良縣奈良市春日野町160）
頭盔	－
袖甲	－
胴甲	－
草摺	－
註	僅有籠手

這件籠手因為傳為源義經用品，亦俗稱「義經籠手」。手甲末端為圓形、形似鯰魚頭，故稱鯰籠手。一般認為，其由來與同處收藏的赤糸威竹雀金物大鎧相同。主要部分全部是以皮革製作，塗以黑漆然後再裝上鍍金的飾板；同時，二之座盤、肘金、手甲亦飾有枝菊圖案的金屬雕刻，完全稱得上是件豪華燦爛的籠手。

這件籠手是套左右兩手皆備的諸籠手。雙手都裝備籠手是鎌倉時代以後的事情，光憑這點就可以判斷它不可能是義經時代的產物；而且從金屬雕刻的技法來判斷，這件鯰籠手應該和同處收藏的紅糸威梅金物大鎧年代相仿。從其豪華的金物判斷，這件籠手應該也是專為奉納而打造的。

黑韋威胴丸

指定年	昭和26年（1951年）
所在地	春日大社（奈良縣奈良市春日野町160）
頭盔	二十八間筋兜
袖甲	七段大袖
胴甲	前立舉二段、後立舉三段、長側五段
草摺	八間五段
註	－

春日大社共有3件黑韋威胴丸，故依新舊時序，分別編作一號至三號以辨別，這件胴丸（一號）就是當中樣式最古老的。

傳說這件胴丸乃楠木正成所用，而胴丸也確實頗具年代感，不禁令人覺得傳說煞有其事。這件甲冑還展示了胴丸搭配頭盔與袖甲的極初期形態，是件很重要的文物。值得注意的是，此胴丸的胴甲和草摺上半部是使用伊予札。伊予札比較不像本小札那樣重疊較多，而且基本上全部都是鐵札，換句話說，此胴丸的胴甲和草摺，也就是上半部全是用鐵打造的。順帶一提，《太平記》有記載到「金胴」一詞，普遍認為所謂金胴，就是指從這個時期開始大量用鐵打造的伊予札胴甲。

白糸威大鎧

指定年	昭和28年（1953年）
所在地	日御碕神社（島根縣出雲市大社町日御碕455）
頭盔	三十二間四方白星兜
袖甲	七段大袖
胴甲	前立舉二段、後立舉三段、長側四段
草摺	前後左右五段
註	－

這件大鎧自古以來便是山陰地區[56]的名甲。整體使用白色威毛，鍍金金物閃閃發光、造型俐落。有人認為此大鎧乃源賴朝所用，但從頭盔和胴甲的形狀可以推斷此物應屬鎌倉時代末期的作品。吹返與弦走以不動韋包覆，据文金物和紋鉚釘上則有「花輪違紋」紋樣，令人不禁聯想到當時的出雲國守護鹽冶氏。

其次，這件大鎧也是古甲冑修復作業領域上一個相當好的實例，處處都可以發現烙有「文化二年（1805年）修補」字樣的皮革，大鎧是這一年在松江藩主松平治鄉（號不昧）的命令之下，由甲冑師寺本喜一負責修復。大鎧本體的修補自是不在話下，就連破損而卸下的零件也都保留了下來，這些零件每個都極其珍貴，可以在今後的甲冑研究領域起到很大的作用。該神社另外還收藏有大鎧與腹卷各1件，喉輪2件。

赤韋威大鎧

指定年	平成11年（1999年）
所在地	岡山縣
頭盔	十枚張星兜
袖甲	六段大袖
胴甲	前立舉二段、後立舉三段、長側四段
草摺	前後四段、左右五段
註	缺弦走韋

這件大鎧是岡山縣川上郡世家的赤木家所傳。赤木氏原是信濃[57]豪族，後來才因為鎌倉幕府的命令而移居此地。這件大鎧於昭和43年（1968年）出土，是甲冑研究史上的大發現而為人津津樂道。

頭盔使用無垢星，造型豪邁壯闊，眉庇上緣呈一直線的造型也相當古老。鞨的形狀俗稱「笠饅頭」，是鎌倉時代後期的形式；吹返包韋則為藻獅子文章，同樣推測為鎌倉時代後期的產物。因為這個緣故，有人認為頭盔跟胴甲袖甲來自不同的甲冑。但如前所述，這兜缽本身相當古老，年代可以和胴甲袖甲相匹敵，因此可以懷疑這鞨可能是到鎌倉時代後期才改造的。時值元寇猛烈來襲之際，戰鬥模式有極大變化，或許也可支持此說法。

逆澤瀉威大鎧

指定年	昭和29年（1954年）
所在地	大山祇神社（愛媛縣今治市大三島宮浦）
頭盔	兜缽為近世新補
袖甲	六段大袖
胴甲	前立舉二段、後立舉三段、長側四段
草摺	前後左右五段
註	缺金具迴、革所

大山祇神社坐鎮於愛媛縣大三島，是座古老的神社。該神社又以中世甲冑之寶庫而為世所知。

這件大鎧俗稱「延喜之鎧」，據說是現存最古老的大鎧。它的體積比一般的大鎧來得稍小，不禁讓人連想到《源平盛衰記》所載的「小鎧」一詞。這件大鎧是以三目札製作，現在只有部分小札板得以留存下來；甲冑上完全看不到任何金具迴，甚至有人認為此甲本來就沒有金具迴。唯一得以留到今日的，就只有使用酢漿草大座的切子頭總角鐶，小札和威毛的繩索也甚是樸素。放眼整個中世與近世，只要採用毛引威（參見P.208）手法，通常就會將繩目穿在毛立部位，但這件大鎧採取的卻是縱向穿繩的古式緘手法，稱作「縱取緘」（參見P.210）。其他使用相同手法的文物，唯獨天皇御物「逆澤瀉威大鎧雛形」而已。

紺糸威大鎧

指定年	昭和27年（1952年）
所在地	大山祇神社（愛媛縣今治市大三島宮浦）
頭盔	兜缽為近世新補
袖甲	六段大袖
胴甲	前立舉二段、後立舉三段、長側四段
草摺	前後四段、左右五段
註	－

這件大鎧是以深藍色的紺繩（明治時代後所補）串連厚質平札所製成。兜缽雖是近世補上的物品，卻將杉形錏的形狀復刻得相當好。

傳說其為瀨戶內海之雄河野通信的奉納物；由於它忠實呈現了平安時期的常見特徵，使得傳說頗具可信度。只不過就如同兜缽是近世新補的，要說這件大鎧是平安時代的文物還有好幾個疑點，草摺就是其中之一。此甲草摺是前後4段、左右5段；這種前後4段的草摺並非此甲所獨有，但擁有相同草摺的甲冑卻沒有一個是將裾板從中央一分為二的。此處的搖糸（參見P.446）特別濃密，和其他地方比起來相當不自然。以上這些疑點，還有待日後研究解明。

紫綾威大鎧

指定年	昭和28年（1953年）
所在地	大山祇神社（愛媛縣今治市大三島宮浦）
袖甲	六段大袖
胴甲	前立舉二段、後立舉三段、長側四段
草摺	前後左右五段
註	缺頭盔

這件大鎧是以染有小葵圖案的紫綾作威毛、串連厚質小札製成。除頭盔散佚以外其他部件俱在，豪壯之中又帶有高貴之氣。綾威屬於高級品，頗受高級武士喜愛，這件大鎧的奉納者應該也是層級相當高的高級武士。弦走現在用的雖然是藻獅子文章，然而壺板處卻仍然可以見到原始的皮革，彷彿像是在告訴我們此處原本是襷文章。再說到金具迴的形狀，這件大鎧和同處收藏的國寶「紺糸威大鎧」相較之下，看起來稜角較多，栴檀板、鳩尾板上半部的刻痕也較深；壺板雖然上下同寬，卻已經開始採取三孔式形式。

從上述諸多特徵可以推測，這件大鎧應該是鎌倉時代前期之物。從整體鎧甲給人的感覺，我們可以想像今已佚散的頭盔可能是二方白或四方白的星兜，搭配五段杉形錏。

赤糸威胴丸鎧

指定年	昭和27年（1952年）
所在地	大山祇神社（愛媛縣今治市大三島宮浦）
袖甲	六段大袖
胴甲	前立舉二段、後立舉三段、長側五段
草摺	七間五段
註	缺頭盔

這是唯一流傳至今的胴丸鎧文物。威毛是明治時代修補時重新穿繩的，僅袖甲和草摺處仍殘有少數原件的赤繩威毛。一說此鎧是源義經奉納，因此一直以來都說它是平安時代之物；然而隨著近年研究的進步，根據小札、金具迴的形狀、大袖尺寸等線索，研判可能是鎌倉時代後期的產物。

一般來說，胴丸鎧是實用品，能夠同時滿足騎乘與徒步兩種用途，這件胴丸鎧卻運用諸多特殊技法，算是件特製的高級品。現在這件鎧甲的逆板部位有雕上枝菊的大座，上頭為菊頭總角鐶；這總角鐶顯然跟鎧甲是不同的作品，原本上面應該是搭配扇形大座的切子頭鐶台才是。

大山祇神社還另外收藏有大鎧、胴丸、腹卷等多達40件國家指定為重要文化財的甲冑。

小櫻威大鎧

指定年	昭和26年（1951年）
所在地	嚴島神社（廣島縣廿日市市宮島町1-1）
頭盔	一枚張筋伏星兜
袖甲	六段大袖
胴甲	前立舉二段、後立舉三段、長側四段
草摺	前後四段、左右五段
註	缺脇楯、鳩尾板、栴檀板的冠板

這件大鎧是以小櫻韋串連偌大小札所製。腰部粗大，顯得威風凜凜，訴說著平安時代的雄姿；其品質優良，為世所知。若說御嶽神社的赤糸威大鎧是東日本之最，那麼西日本之最絕對非這件大鎧莫屬。上頭使用了數種不同圖案的小櫻韋，不難判斷這件大鎧經過多次重複修補，且脇楯、鳩尾板、栴檀板的冠板等物件已經散佚，實為憾事。兜缽採用名為一枚張筋伏的特殊樣式，全日本僅3件頭盔屬此類型；鞠則更是全日本唯一採取總吹返造型的四段鞠。革所使用唐花襷搭配窠文繪製的繪韋，金物則施以鍍銀，映照著威毛和繪韋，營造出俐落清爽的感覺。

傳聞這件大鎧是源為朝奉納之物，而大鎧整體看起來確實具備該時期的年代感，只不過若以嚴島神社本身的性質來判斷，說它是平氏武將奉納的應該比較妥當。

紺糸威大鎧

指定年	昭和27年（1952年）
所在地	嚴島神社（廣島縣廿日市市宮島町1-1）
頭盔	十四間二方白星兜
袖甲	六段大袖
胴甲	前立舉二段、後立舉三段、長側四段
草摺	前後左右五段
註	－

自古相傳這件大鎧乃是平重盛（平清盛長男）奉納之物。頭盔、胴甲、袖甲三物齊備，是副相當協調的大鎧。取染成深藍色的高麗編法編繩，串連厚質小札製成。有部分意見認為，顏色如此深的紺糸威其實就是軍記物語記載的「黑糸威」。革所是將唐花襷施以獅子盤繪文，並以素面紅色皮革圍邊；裏以古代菖蒲韋的化妝板上，則釘有菊紋八雙鉚釘各一。包括酢漿草大座搭配切子頭鐶台組成的總角鐶，金物作工造型均相當簡樸。

這件大鎧的腰部粗大、儀表堂堂，可謂平安時代大鎧之典型。剪裁固然樸素，不過就連袖甲的冠板和障子板內側都有鑲邊，感覺甚是高級。再考慮到嚴島神社的性質，指其為重盛奉納物的傳說可謂相當地合理。

淺蔥綾威大鎧

指定年	昭和26年（1951年）
所在地	嚴島神社（廣島縣廿日市市宮島町1-1）
頭盔	二十四間四方白星兜
袖甲	七段大袖
胴甲	前立舉二段、後立舉三段、長側五段
草摺	前後左右五段
註	－

傳說這件大鎧是八幡太郎源義家奉納之物，可是這件大鎧從各處特徵看來，卻很難說是平安時代的文物。一來革所使用的是不動韋，二來從鞐和大袖的形狀也可以判斷，這應是鎌倉時代後期之物。整體使用白金物搭配威毛的淺蔥色，配色相當清新。其他像胸板的形狀以及將長側做成5段構造等，也都是這件大鎧獨有的特徵。設置於草摺兩端的草摺撓，料想應該是為方便行走所做的設計，可以稱得上是由元寇之役痛苦經驗所催生出來的新形態大鎧。

威毛雖以「綾」為名，不過經過詳細分析以後，卻發現其威毛其實是「練緯」。所謂練緯是種平織的絲織品，以生絲為縱絲，熟絲為橫絲所製成。這件大鎧氣宇軒昂，據說連明治天皇都相當中意。事實上，明治天皇就曾經於中日戰爭期間將這件大鎧裝飾於起居室中。

黑韋威胴丸

指定年	昭和26年（1951年）
所在地	嚴島神社（廣島縣廿日市市宮島町1-1）
頭盔	三十二間筋兜（別物）
袖甲	七段大袖
胴甲	前立舉二段、後立舉三段、長側四段
草摺	八間五段
註	－

相傳此胴丸乃新羅三郎源義光所用，又說它是源義光的子孫安藝武田氏的奉納品。安藝武田氏是南北朝時代由甲斐武田氏分出的旁枝，被任命為守護而移居於此地。據說安藝武田氏的開山始祖，就是被譽為武田氏中興之祖的武田信武的次子武田氏信。

一般認為，這件胴丸的年代和武田氏信生存的年代相當。胴丸以黑皮繩串連本小札，造型固然樸實無華，卻散發著不尋常的氣質和風格。它腰際粗大、胴甲高聳，雖屬胴丸卻處處帶有大鎧的影子。金屬配件是用一種稱作「繩目緘」的手法裝設，包括金物在內，整體造型可謂極為樸素。這種洋溢古典情懷的風格，或許應該當作瀨戶內地區的地方特色來理解。全日本其他地方還有數件同屬此時期的胴丸，即便在這些胴丸當中，這件黑韋威胴丸仍舊稱得上是屈指可數的名甲。胴丸所附的頭盔，無論金物的造型主題或描菱等都有顯著的不同，因此經常有人認為胴甲、袖甲是來自不同的甲冑。

用語集

基礎篇
了解甲冑必備的基礎知識用語

應用篇
熟讀後即能成為甲冑博士的用語

一劃	
一荷櫃 ikkabitsu （いっかびつ）	一種甲冑櫃。2個1組，1個拿來收納胴甲，另一個則用來收納頭盔和小具足等較小的部件。可將櫃身前後的金屬豎起、取天秤棒插入其中，大名隊伍行進時便可以挑在肩上搬運。 

二劃	
八幡座 Hachimanza （はちまんざ）	兜缽的金屬裝飾之一，用來裝飾天邊之穴的周邊。平安、鎌倉時代以葵葉座為主流，鎌倉時代後期以後則以圓座為主流。疊合數件座金，並以名為玉緣的筒狀金物固定。
八雙金物 Hassoukanamono （はっそうかなもの）	鋪設於八雙鉚釘下方的橫向細長金屬片。可視形狀分成入八雙和出八雙兩種。八雙原是「二股」的意思，乃指稱八雙的形狀。 
八雙鉚釘 Hassoubyou （はっそうびょう）	一種金物，打在金具付札頭或化妝板的鉚釘。多為菊紋鉚釘，此外還有飾以各種紋路的紋鉚釘。

三劃	
三光鉚釘 Sankoubyou （さんこうびょう）	為將眉庇裝設於兜缽而打在腰卷上的3顆鉚釘。中央的鉚釘稱作白光目釘，左右鉚釘則稱二天鉚釘。
三具 Sangu （さんぐ）	籠手、佩楯、臑當三者合稱的用語。

三物 Mitsumono （みつもの）	合稱構成甲冑的主要部分：頭盔、胴甲、袖甲。
三神號 Sanshingou （さんしんごう）	一般是用來合稱天照大神、春日大明神、八幡大菩薩三神。
三鈷 Sanko （さんこ）	一種佛具。部分三鍬形台或劍形前立會使用製作成三鈷形 狀的三鈷柄。
三鈷劍 Sankoken （さんこけん）	以三鈷（佛具）為柄的劍形立物，《結城合戰繪詞》有描繪 到又長又大的劍形前立，便為三鈷劍。大阪府金剛寺「頭 形兜」的劍形前立為其代表文物。室町時代後期則又有三 鍬形，如鹿兒島神宮所藏「色色威胴丸」（重要文化財）、 山口縣毛利博物館所藏「色色威腹卷」（重要文化財）等甲 冑頭盔的鍬形。
三鍬形 Mitsukuwagata （みつくわがた）	一種鍬形，中央設置劍形（密教不動明王之 象徵）。島根縣佐太神社所藏「色色威胴丸」 （重要文化財）、山口縣毛利博物館所藏「色 色威腹卷」（重要文化財）所附頭盔之鍬形為 其代表文物。
三鍬形台 Mitsukuwagatadai （みつくわがただい）	鍬形台的一種。中央設有三鈷（佛具），顯然是專為插設三 鍬形而設置的鍬形台。鹿兒島縣鹿兒島神宮所藏「色色威 胴丸」（重要文化財）、山口縣毛利博物館所藏「色色威腹 卷」（重要文化財）等阿古陀形筋兜所附鍬形台為其代表文 物。
丸胴 Marudou （まるどう）	當世具足胴甲形式的一種，以本小札或本伊予札製作，長 側由前胴延伸至後胴。「丸胴」一詞，是為了區別室町時代 以前的純粹胴丸。東京都前田育德會所藏「金箔押白糸威 丸胴」（重要文化財）、廣島縣嚴島神社所藏「紅糸威丸胴 具足」（重要文化財）等為其代表文物。

大袖 Oosode （おおそで）	方形平面的大型袖甲。因為比寬袖、壺袖、 當世袖等袖甲大，故名。
大鎧 Ooyoroi （おおよろい）	中世甲冑形式的一種，為因應平安中 期的騎射戰鬥需求而生。以弦走韋包 覆前胴，並以栴檀板、鳩尾板覆蓋胸 口的間隙。草摺採前後左右4間構造， 並將右方1間草摺分割開來、製成名 為脇楯的小具足，此亦為大鎧的重要 特徵。古代僅稱其為「鎧」，是因為 它跟後來發明的胴丸、腹卷、當世具 足等甲冑比起來要大，方才稱作「大 鎧」。代表性文物包括東京都御嶽神 社收藏之「赤糸威大鎧」（國寶）、島 根縣日御碕神社收藏之「白糸威大 鎧」（國寶）、青森縣櫛引八幡宮收藏 之「白糸妻取大鎧」（國寶）等。
小札 Kozane （こざね）	以鐵（鐵札）、皮革（革札）製作的縱向細長 板材，是製作甲冑的基礎材料。原則上設有2 排（7個+6個）孔洞，上面3個孔叫作緘穴， 中間2個孔叫作毛立穴，下面8個孔則稱下緘 穴。另有三目札、伊予札、掛甲札等種類。
小札板 Kozaneita （こざねいた）	疊合小札、施以下緘，再塗漆固定製成的板材。或者疊合 小札、施以下緘製成的板材。
小具足 Kogusoku （こぐそく）	三物（頭盔、胴甲、袖甲）以外附屬物之統稱，即脇楯、 喉輪、曲輪、面具、籠手、佩楯、臑當、脇當、滿智羅、 甲懸之類。

小星兜 Koboshikabuto （こぼしかぶと）	一種星兜，星構造特別小的頭盔。室町時代後期至安土桃山時代，曾有1行共使用25點到33點星構造的小星兜。東京國立博物館、群馬縣立博物館等處的收藏品為其代表文物。
小緣 Koberi （こべり）	革所的一種。指沿著地韋（革所主體）外圍輪廓以伏組手法縫製的皮革圍邊。不同時代各有赤韋、五星赤韋、菖蒲韋、藍韋等類型。
小鰭 Kobire （こびれ）	當世具足的部位名稱。設置於肩上外端用於保護肩頭的魚鰭形板材，亦稱「小肩」。有小札物、板物或者埋有龜甲金的布帛等材質。
弓手 Yunte （ゆんて）	武家用語，意指左方。取意於射擊戰（弓箭戰）時左手執弓之意。

四劃

不動韋 Fudoukawa （ふどうかわ）	繪有烈火中的不動明王的繪韋。鎌倉時代後期，受真言密教影響而生。廣島縣嚴島神社所藏「淺蔥綾威大鎧」（國寶）、島根縣日御碕神社所藏「白糸威大鎧」（國寶）的吹返繪韋為其代表文物。
中袖 Chuusode （ちゅうそで）	一種袖甲。比大袖稍小，上下均等朝內側彎曲。
五星赤韋 Goseiakagawa （ごせいあかがわ）	一種染韋，染成白色五曜[58]連續圖案的赤韋，亦稱「赤韋五星」。見於鎌倉時代至室町時代後期的小緣。

內眉庇 Uchimabisashi （うちまびさし）	一種眉庇，乃指原本位於眉庇內側的付卸眉庇，可見於安土桃山時代。靜岡縣久能山東照宮收藏的「黑糸威丸胴具足」（重要文化財）頭盔中塗成朱紅色的內眉庇為其代表性文物。
內缽 Uchibachi （うちばち）	變形兜的部位名稱，是以鐵打造的兜缽，為變形兜的基底。主要使用於頭形兜、突盔形兜等簡易型頭盔的兜缽。
內鞡 Uchijikoro （うちじころ）	鞡的一種，為多重鞡內側的鞡，亦稱「下鞡」。代表性文物可見於山形縣上杉神社收藏之「色色威腹卷」（重要文化財）、靜岡縣久能山東照宮收藏之「黑糸威丸胴具足」（重要文化財）等甲冑之頭盔。
化妝板 Keshouita （けしょういた）	鋪設於棚造金具迴和小札板連接處的板材，用來設置八雙金物和八雙鉚釘，通常以藍韋或菖蒲韋包裹。
天草眉庇 Amakusamabisashi （あまくさまびさし）	一種眉庇，亦稱「畦眉庇」，是帶有大波浪形狀的棚眉庇。據說這種眉庇是因為島原（天草）之亂當中使用頗多，遂得此名，然而詳情不明。其代表性文物有大分縣柞原八幡宮收藏之「金白檀塗淺蔥糸威腹卷」（重要文化財）所附盔的眉庇。
天邊之穴 Tehennoana （てへんのあな）	頭盔的部位名稱，指開設於兜缽頂端的孔洞。平安、鎌倉時代會用烏帽子裹住髮髻，並從這個洞穿出兜缽，好讓頭盔更穩固。後來孔洞越變越小，只剩下通風用途。天邊之穴主要用於星兜、筋兜，不過有些頭形兜、突盔形兜等也會使用。
引合 Hikiawase （ひきあわせ）	胴甲的部位名稱，指胴甲的接縫處。大鎧、胴丸、當世具足的胴甲（背割胴、前割胴除外）設於右側腹，腹卷則置於背部。

手甲 Tekou （てこう）	籠手的部位名稱，指保護手背的部分。	
日根野頭形兜 Hinenozunarikabuto （ひねのずなりかぶと）	附有卸眉庇的頭形兜。通常搭配日根野鞠使用，也有少數搭配當世鞠。據説是從前日根野備中守弘就的愛用之物。靜岡縣久能山東照宮所藏「金塗黑糸威二枚胴具足」（重要文化財）、同處所藏「金白檀塗黑糸二枚胴具足」（重要文化財）等甲冑的頭盔為其代表文物。	
日根野鞠 Hinenojikoro （ひねのじころ）	鞠的一種。沿著肩膀形狀向上捲起的鞠。據説從前，日根野備中守弘就相當推崇日根野鞠。靜岡縣久能山東照宮所藏「金溜塗黑糸威二枚胴具足」（重要文化財）、同處所藏「金白檀塗黑糸威二枚胴具足」（重要文化財）等甲冑所附頭盔的鞠為其代表文物。	
毛引威 Kebikiodoshi （けびきおどし）	威的手法之一。用威繩一一穿過每片小札，是種不留任何縫隙的穿繩方式。	
五劃		
仕立 Shitate （したて）	指製作甲冑時，將各零件集合並組裝起來的最終製程。	
出眉庇 Demabisashi （でまびさし）	一種眉庇，突出於兜缽，並以相同鐵材的三光鉚釘固定。首見於室町時代後期的東國地區。由於顏面防禦性頗佳，廣受江戶時代許多甲冑師採用。山形縣上杉神社所藏「色色威腹卷」（重要文化財）、宮城縣仙台市博物館所藏「紺糸威仙台胴具足」（重要文化財）等所附頭盔的眉庇為其代表文物。	

半首 Hatsumuri （はつむり）	一種面具。記載於《太平記》、《難太平記》、《庭訓往來》等文獻中；在《前九年合戰繪詞》、《平治物語繪詞》的畫作中，半首為從額頭包覆至兩頰的面具。一般認為，平安、鎌倉時代使用頗多，卻幾無文物留存至今。亦讀作「はっぷり」（happuri）、「はつぷり」（hatsupuri）。
半頰 Hanboo （はんぼお）	一種面具。記載於《太平記》卷十七，為深深包覆兩頰與下顎的面具，亦稱「頰當」。使用於南北朝時代至安土桃山時代，起初並無須賀構造，推測應是搭配喉輪或曲輪併用。奈良縣春日大社所藏「喉輪仕立萌黃糸威半頰」為其代表文物。
古頭形 Kozunari （こずなり）	為室町時代後期至安土桃山時代的古式頭形兜。其特徵包括體積稍小、附有付卸眉庇。有三枚張頭形和五枚張頭形兩種形式。
四天鉚釘 Shitennobyou （してんのびょう）	打在筋兜兜缽四方的鉚釘，亦可見於室町時代後期至安土桃山時代的上州系小星兜。
打出胴 Uchidashidou （うちだしどう）	當世具足板物胴甲的一種形態。從鐵製胴甲內側敲打出各種圖案或文字。代表性文物有滋賀縣彥根城博物館收藏的「梵字打出胴具足」。
打眉 Uchimayu （うちまゆ）	頭盔裝飾的一種。於眉庇處捶打鍛造或塗漆堆疊製作出眉毛形狀，並以小鉚釘固定切金製成。
本小札 Honkozane （ほんこざね）	以並札、三目札製作的小札板；並札的小札板是2層、三目札則是3層。本小札是相對於當世小札的用語，為特別強調使用真正的小札製作。

正平韋 Shouheigawa （しょうへいがわ）	一種繪韋。於獅子或牡丹圖案中寫道「正平六年六月一日」、「正平十三年六月一日」、「正平十三年六月吉日」等細長字幅以記載年月的皮革，亦稱「御免革」、「八代韋」。京都府鞍馬法師大惣仲間收藏「白糸妻取大鎧」（重要文化財）的弦走韋、東京國立博物館的「組交系威肩紅胴丸」頭盔的浮張等物為其代表文物。
生漆 Kiurushi （きうるし）	漆樹採下的生漆。
甲冑櫃 Kacchuubitsu （かっちゅうびつ）	收納、保存甲冑的櫃子（箱），亦稱「鎧櫃」。室町時代以前是使用「鎧唐櫃」，安土桃山時代使用「背負櫃」，江戶時代則使用「一荷櫃」。
甲懸 Kougake （こうがけ）	保護腳背的小具足。現存文物大半都是平安時代的產物，其中固然不乏以單一鐵板打造而成的甲懸，但多數仍屬於所謂的鎖甲懸形式。另外，室町時代還有名為「仕付甲懸」的形式。
白檀塗 Byakudannuri （びゃくだんぬり）	漆的塗色之一。張貼銀箔再塗抹朱合漆、使之呈金屬色澤的塗色。尚有使用不同素材的金白檀、錫白檀。
目下頰 Menoshitaboo （めのしたぼお）	一種面頰當，附鼻子構造，覆蓋眼睛以下所有部位。雖不乏室町時代產物，但目下頰大多都是屬江戶時代製作。靜岡縣久能山東照宮所藏「黑糸威丸胴具足」（重要文化財）、宮城縣仙台市博物館所藏「紺糸威仙台胴具足」（重要文化財）等所附面頰當為其代表文物。
立物 Tatemono （たてもの）	一種設置於頭盔的裝飾物。除鍬形以外，還有太陽、月亮等天文圖形、各種家紋、動物、植物、各種道具甚至宗教哲學領域等形形色色的形狀。又視裝設位置分成前立、脇立、後立、頭立等。

立舉 Tateage （たてあげ）	1.胴甲的部位名稱，乃指胴甲上半部、位於前胸和後背處的小札板。前後分別稱作前立舉、後立舉。大鎧、胴丸、腹卷、腹當、當世具足的胴甲段數各自不同，也是研究安土桃山時代甲冑變遷過程的重要線索。 2.臑當的部位名稱，用來保護膝蓋。可見於南北朝時代以後，起初是採取某種叫作「共立舉」的形式。安土桃山時代以後則採用威付、鎖付、蝶番付等連結方法，江戶時代也有許多龜甲立舉。

六劃

伊予札 Iyozane （いよざね）	一種小札，亦稱「伊予小札」，表面開有2行7個、7個小孔。基本上都使用鐵札，會使各片小札邊緣相互交疊、製成小札板。代表性文物有奈良縣春日大社收藏的「黑韋威胴丸」（國寶）之胴札。室町時代以後，佩楯所用的伊予札基本上都是革札，有2行4個、4個小孔。山形縣上杉神社收藏的「紫糸綴丸胴具足」是將佩楯所用的伊予札，使用在胴甲和草摺上，相當特殊。據說伊予札的名稱來自伊予國（愛媛縣），然而無從考證。
伊予佩楯 Iyohaidate （いよはいだて）	一種佩楯。主體構造使用伊予札，再用繩線或皮繩編織出菱形、畦目的形狀。室町時代時，伊予佩楯的寬度較寬，騎馬時要裹住大腿使用。代表性文物有山形縣今井家的流傳品、兵庫縣太山寺的收藏品。到了安土桃山時代，由於徒步戰鬥盛行，使得伊予佩楯寬度變窄、以利雙腳活動。代表性文物有山梨縣美和神社收藏之「朱塗紅糸威丸胴」（縣指定文化財）所附佩楯。江戶時代之後，可見於當世具足的高級品或復古調時期的大鎧、胴丸、腹卷等甲冑。
伊予胴 Iyodou （いよどう）	俗稱以伊予札製成的當世具足胴甲。

伊予胴丸 **Iyodoumaru** （いよどうまる）	以伊予札製成的胴丸。代表性文物有奈良縣春日大社收藏之「黑韋威胴丸」（國寶）、廣島縣大歳神社收藏之「黑韋威胴丸」（縣指定文化財）等。
伊予腹卷 **Iyoharamaki** （いよはらまき）	以伊予札製作的腹卷，代表性文物有大阪府金剛寺收藏之「黑韋包腹卷」（重要文化財）、同處收藏之「熏韋包腹卷」（重要文化財）等。
伏眉庇 **Fusemabisashi** （ふせまびさし）	中央稍稍隆起、平行裝設於兜缽的眉庇。東京都御嶽神社所藏「赤糸威大鎧」（國寶）、青森縣櫛引八幡宮所藏「白糸妻取大鎧」（國寶）、島根縣佐太神社所藏「色色威胴丸」（重要文化財）等所附頭盔的眉庇為其代表文物。
伏組 **Fusegumi** （ふせぐみ）	革所上的一種裝飾，使用各種色線交替縫合地韋與小緣，亦稱「伏縫」。又視手法分成本伏和蛇腹伏。
共糸 **Tomoito** （ともいと）	指相同的編繩，例如：共糸的畦目、共糸的菱縫。
共眉庇 **Tomomabisashi** （ともまびさし）	使用與兜缽相同鐵材製作的眉庇。
共鐵 **Tomogane** （ともがね）	指相同的鐵材。
刎 **Hane** （はね）	計算敵兵兜首（帶盔首級）的計數單位。
合印 **Aijirushi** （あいじるし）	用來在團體戰中辨別敵我的旗幟，其顏色和形狀一致。

合物 Awasemono （あわせもの）	合物是指擷取不同甲冑的三物或小具足，另外組合成1套甲冑。
合當理 Gattari （がったり）	當世具足的部位名稱，亦稱「蜘蛛手」，是一種金屬配件，裝設於押付板，用來插背旗等旗幟。起初多使用板合當理，後來逐漸改以鐵材製作。又可以由外框形狀，分成角合當理、丸合當理，此外，還有種特殊形式的和當理稱作姜合當理。
名甲 Meikou （めいこう）	著名的鎧甲之意。
名冑 Meichuu （めいちゅう）	著名的頭盔之意。
地韋 Jigawa （じがわ）	指革所的底材（皮革），有襷文韋、不動韋、藻獅子文韋、正平韋等類型。
地鐵 Jigane （じがね）	不作後續處理直接使用的鐵板。
地鐵 Jitetsu （じてつ）	不作後續處理直接使用的鐵板，亦讀作「じがね」（Jigane）。
式正之鎧 Shikishounoyoroi （しきしょうのよろい）	指正式的鎧甲，是將大鎧跟其他簡略化的甲冑作區別的用語。

曲輪 Guruwa （ぐるわ）	保護頸部至胸前一帶的小具足。以名為喉卷的金屬配件為主要構造，並以蝙蝠付韋懸掛2段垂（小札板）製成。大分縣柞原八幡宮收藏之「金白檀塗淺蔥糸威腹卷」（重要文化財）的配件為其代表文物。
百重刺 Momoezashi （ももえざし）	一種浮張手法。以白麻為芯、覆以深藍色麻布或淺蔥色麻布，從中心施以螺旋狀刺縫，配合兜缽收束成半球體形狀。可見於安土桃山時代以後，亦稱「千重刺」、「迴刺」。
糸 Ito （いと）	作為糸威使用的編繩。通常使用平打繩，材質以絲為主，但有時也會使用棉或其他纖維。江戶時代則使用「常組」或是一種稱作「一枚高麗」的編繩。
耳糸 Mimiito （みみいと）	穿在小札板兩端的繩索。中世甲冑會使用鷹羽打、小石打、龜甲打、啄木打等和威毛不同色的特殊色調編繩。當世具足除少數例外，都是使用和威毛相同的繩索。
色韋 Irogawa （いろがわ）	染色皮革之總稱。

七劃

佛胴 Hotokedou （ほとけどう）	當世具足板式胴甲的一種形態。以橫矧胴、縱矧胴為底，再塗漆填平接縫，使表面平整的胴甲，或指以單片鐵板或皮革板製作的胴甲。靜岡縣久能山東照宮所藏「金溜塗黑糸威胸取佛胴具足」（重要文化財）為其代表文物。
作銘 Sakumei （さくめい）	記載製作者的銘刻。

吹返 Fukikaeshi （ふきかえし）	頭盔的部位名稱，將鞨左右兩端朝正面反折回來的部分。
形 Nari （なり）	指稱樣貌的用語。
形兜 Narikabuto （なりかぶと）	近世簡易兜、變形兜的統稱。
忍緒 Shinobinoo （しのびのお）	指穿戴頭盔的繩索。平安、鎌倉時代是將忍緒裝設於響穴，後來才衍生出三所付、四所付、五所付等手法，裝設於力金或是根緒之上。亦稱「兜緒」。
杏葉 Gyouyou （ぎょうよう）	一種金具迴，用來覆蓋胴丸、部分腹卷和當世具足胸部縫隙的樹葉形狀金屬配件。《平治物語繪詞》、《十二類合戰繪卷》均有描繪，起初是設置於肩頭，用來代替袖甲。
角元 Tsunomoto （つのもと）	頭盔部位的名稱，為插上立物而設置於兜缽的突起物。
赤備 Akazonae （あかぞなえ）	指將整支軍隊的甲冑、旌旗等全部統一成紅色（朱紅色）。日本史上較有名的赤備，有武田的赤備、井伊的赤備和真田的赤備等。
足輕具足 Ashigarugusoku （あしがるぐそく）	足輕使用的簡樸當世具足。從前因各大名大量雇用足輕，而大量製作足輕具足。主要由胴甲、陣笠、籠手、臑當所組成，又稱「雜兵具足」、「中間具足」；另外，因為借予足輕使用，亦稱「御貸具足」。
八劃	
並角元 Narabitsunomoto （ならびつのもと）	一種角元。為設置較大的立物，又或者為保持立物的穩定，而並排設置2支到3支角元。

佩楯 **Haidate** （はいだて）	保護大腿的小具足。室町時代有伊予佩楯和寶幢佩楯兩種；安土桃山時代以後，基本上是將有如圍裙的家地分割成左右兩半，再縫以小札、鎖環、筏等主要部件。可視主要部分所用的材質，分成威佩楯、伊予佩楯、鎖佩楯、產佩楯、寶幢佩楯等。
具足 **Gusoku** （ぐそく）	當世具足的簡稱，指三物、三具俱全的狀態。據說此名是因為甲冑縫隙悉數覆蓋起來，取「俱皆足全」之意，遂得此名，亦可作為室町時代以後甲冑的統稱。
具足師 **Gusokushi** （ぐそくし）	包括甲冑師（鎧師）在內，從事各種武具生產修繕之工匠的統稱。
卸眉庇 **Oroshimabisashi** （おろしまびさし）	掀起至眉線附近、形狀呈一緩和拋物線的眉庇。主要搭配簡易型頭盔使用，江戶時代也會搭配星兜或筋兜使用。靜岡縣久能山東照宮收藏之「金溜塗黑糸威二枚胴具足」（重要文化財）所附頭形兜的眉庇為其代表性文物。
受筒 **Ukedutsu** （うけづつ）	當世具足的附屬物。以竹子或木材製作成圓筒狀或方筒狀，裝設於背後，用來插設指物。
和製南蠻胴 **Waseinanbandou** （わせいなんばんどう）	當世具足板式胴甲形態的一種，是複製西洋甲冑胴甲的日本造胴甲，常見於加賀具足。東京國立博物館所藏「紺糸威和製南蠻胴具足」為其代表文物。
奈良甲冑師 **Narakacchuushi** （ならかっちゅうし）	甲冑師的一派，統稱以奈良為中心活動的甲冑師，較有名的包括春田派、岩井派、左近士派、脇戶派等。

奉納甲冑 Hounoukacchuu （ほうのうかっちゅう）	專為奉納佛寺、神社而製作的甲冑。
奉納鎧 Hounouyoroi （ほうのうよろい）	專為奉納佛寺、神社而製作的鎧甲。
押付 Oshitsuke （おしつけ）	大鎧、胴丸鎧（部分的古式胴丸）的部位名稱。位於背部的最頂端，以皮革製作，是和肩上連結起來的部位。
板所 Itadokoro （いたどころ）	除小札和金具迴以外，甲冑使用到的板材統稱為「板所」。有筏、篠、骨牌金、龜甲金、小板等種類。
板物 Itamono （いたもの）	一種小札板，使用錘打成平板形狀的鐵板或皮革所製成，亦稱「板札」。
肩上 Watagami （わたがみ）	胴甲的部位名稱，穿戴於左右肩膀。胴丸（除古式胴丸）、腹卷、當世具足是將肩上裝設於押付板上，大鎧、銅丸鎧的肩上則是和押付呈一體構造。亦寫作「綿嚙」。
金白檀塗 Kinbyakudannuri （きんびゃくだんぬり）	漆的塗色之一。張貼金箔後再塗朱合漆，使之呈閃亮的金黃色。大分縣柞原八幡宮收藏之「金白檀塗淺蔥糸威腹卷」（重要文化財）、廣島縣金蓮寺收藏之「金白檀塗色色威最上腹卷」為其代表文物。
金具付 Kanaguduke （かなぐづけ）	連接金具迴和小札板的方式，有威付、革吊、緘付、蝙蝠付等手法。

金具迴 Kanagumawari （かなぐまわり）	統稱甲冑主要的金屬配件，如眉庇、胸板、脇板、壺板、押付板、鳩尾板、障子板、冠板。會以不同方式（金具付）裝設於小札板上。
金物 Kanamono （かなもの）	統稱裝飾用的金屬，如八幡座、八雙金物、笄金物、覆輪、据文、鉚釘、鐶。一般以鍍金、鍍銀最為普遍，有時也會使用赤銅、山銅等特殊金屬。
金溜塗 Kintamenuri （きんためぬり）	漆的塗色之一。塗上薄漆以後撒上金粉，使之呈金色。靜岡縣久能山東照宮收藏之「金溜塗黑糸威二枚胴具足」為其代表文物（重要文化財）。
金箔押 Kinpakuoshi （きんぱくおし）	漆的塗色之一。塗上薄漆以後張貼金箔，呈現金色。
金銅 Kondou （こんどう）	鍍金的銅板。
長側 Nagakawa （ながかわ）	胴甲的部位名稱，指大鎧、胴丸、腹卷、丸胴從前胴到後胴連成一體的小札板部位。若是當世具足的胴甲、最上胴丸或最上腹卷，則是指以鉸鏈連接的部位。亦稱「衡胴」。
阿古陀形筋兜 Akodanarisujikabuto （あこだなりすじかぶと）	一種筋兜，為阿古陀瓜的形狀。其代表性文物包括茨城縣水戶八幡宮收藏之「黑韋威肩淺蔥阿古陀形筋兜」（縣指定文化財）、山口縣源久寺收藏之「紅糸威阿古陀形筋兜」等。
九劃	
前正中板 Maeshouchuuita （まえしょうちゅういた）	兜的部位名稱，指位於正面的矧板。

前立 Maetate （まえたて）	設置於頭盔正面的立物。
前立舉 Maetateage （まえたてあげ）	胴甲的部位名稱，指前胴的立舉。
南蠻胴 Nanbandou （なんばんどう）	當世具足板式胴甲的一種形態，為直接挪用西洋甲冑的胴甲。正面有條偌大的縱向鎬（菱線）直至股間，為其重要特徵。西洋甲冑傳入日本以後，人們做了一些改良，塗抹上朱合漆防銹，並加裝鞢等，作為當世具足的胴甲使用。枥木縣日光東照宮所藏「黑糸威南蠻胴具足」（重要文化財）為其代表文物。
南蠻胴具足 Nanbandougusoku （なんばんどうぐそく）	使用南蠻胴、南蠻兜的當世具足。
南蠻兜 Nanbankabuto （なんばんかぶと）	一種變形兜。安土桃山時代，有不少西洋甲冑頭盔傳入日本，人們對西洋頭盔加以改良，塗抹朱合漆防銹、加裝鞢等，作為當世具足的頭盔使用。枥木縣日光東照宮所藏「南蠻胴具足」（重要文化財）的頭盔為其代表文物。
垂 Tare （たれ）	統稱懸掛於喉輪、曲輪、半頰、面頰當下方的小札板。
威 Odoshi （おどし）	指以繩索連繫上下小札板的手法。「威」一詞源自「緒通し」（odoshi），為穿繩之意。可由材質分成糸威、韋威、布帛威等。
威 Odosu （おどす）	指使用編繩上下串連小札板。

威毛 Odoshige （おどしげ）	形容威繩串連好小札的模樣。由於繩索排列的樣子看起來就像鳥的羽毛，故名。
威糸 Odoshiito （おどしいと）	作為威毛使用的編繩。
威韋 Odoshigawa （おどしがわ）	作為威毛使用的皮繩。
威胴 Odoshidou （おどしどう）	當世具足板物胴甲的一種，亦稱「威立胴」。跟小札物胴甲一樣，是將立舉、長側分成各段並以編繩或皮革串連成毛引威、素懸威形式所製成。代表性文物包括愛知縣德川美術館收藏之「色色威二枚胴具足」、東京都本多家收藏之黑糸威二枚胴具足」（重要文化財）等。
待受 Machiuke （まちうけ）	當世具足胴甲的部位名稱，裝設於後胴下半部，用來托住受筒的箱形金屬配件。
後正中板 Ushiroshouchuuita （うしろしょうちゅういた）	兜缽的部位名稱，為正後方的矧板。
後立 Ushirodate （うしろだて）	指樹立於頭盔後方的立物。代表性文物為東京國立博物館收藏之「二之谷形兜」的大釘。
後立舉 Ushirotakeage （うしろたてあげ）	胴甲的部位名稱，指後胴的立舉。

星兜 Hoshikabuto （ほしかぶと）	一種頭盔。星兜是整個中世與近世時期的主流，以鉚釘頭銜接矧合，突出於兜缽表面的鉚釘頭即為「星」。
染韋 Somegawa （そめがわ）	染色皮革的總稱，如繪韋、菖蒲韋、藍韋、赤韋、五星赤韋、小櫻韋、齒朵韋、羊齒韋等。
眉庇 Mabisashi （まびさし）	一種金具迴，為設置於兜缽正面、相當於帽簷部分的金屬配件。視不同形狀分成伏眉庇、出眉庇、眉形眉庇、棚眉庇、天草眉庇、卸眉庇、越中眉庇等。
眉庇付冑 Mabisashitsukikabuto （まびさしつきかぶと）	一種古代冑。設有圓缽和侉大棚眉庇的冑，東京國立博物館的收藏品為其代表文物。
眉形 Mayunari （まゆなり）	指稱沿著眉毛的形狀。1976年《如何鑑賞頭盔》（兜のみかた）一書中，作者淺野誠一提倡之用語。
眉形眉庇 Mayunarimabisashi （まゆなりまびさし）	指平面輪廓沿著眉毛形狀向上起伏的眉庇，亦稱「付卸眉庇」。岐阜縣清水神社所藏「茶糸威胴丸」（縣指定文化財）所付頭形兜、奈良縣談山神社所藏突盔形兜等眉庇為其代表文物。1976年《如何鑑賞頭盔》（兜のみかた）一書中作者淺野誠一提倡之用語。
眉繰 Mayuguri （まゆぐり）	意指沿著眉形向上揚起。
矧合 Hagiawase （はぎあわせ）	製作兜缽、金具迴、縱矧胴的工序，指以鐵鉚釘固定鐵板、橫向連結。

矧板 Hagiita （はぎいた）	矧合所用的鐵板。請參照「矧合」項目說明。
突盔 Toppai （とっぱい）	頂端尖起的頭盔。
突盔形兜 Toppainarikabuto （とっぱいなりかぶと）	一種簡易兜，是使用數張至數十張梯形板材銜接製作的尖頂頭盔。雖然也有一些高級品，如大分縣柞原八幡宮所藏「金白檀塗淺蔥糸威腹卷」（重要文化財）、廣島縣嚴島神社所藏「紅糸威丸胴具足」（重要文化財）的頭盔，不過大部分都較為簡樸，如奈良縣談山神社、三重縣伊勢神宮的收藏品。
背負櫃 Seoibitsu （せおいびつ）	一種甲冑櫃，如書包般背在身後搬運的櫃子。岐阜縣清水神社所藏「茶糸威胴丸」（縣指定文化財）的櫃子為其代表。
面具 Mengu （めんぐ）	用來保護顏面的小具足，以使用年代和形狀不同而分成半首、半頰、面頰當三種。請參照各項目的說明。
面頰當 Menbooate （めんぼおあて）	安土桃山時代以後使用的面具，依照形狀分成總面、目下頰、燕頰、越中頰四種。
革 Kawa （かわ）	練革牛皮、包小札或內張使用的塗漆馬皮等皮革。
革所 Kawadokoro （かわどころ）	統稱甲冑中以皮革製作的部分。

韋 Kawa （かわ）	鞣製的鹿皮。用於韋威、韋紐、革所等處，亦稱「押韋」、「揉韋」。
韋包 Kawadutsumi （かわづつみ）	指將小札整個用皮革包裹起來以代替威毛的手法。大阪府金剛寺收藏之「黑韋包腹卷」（重要文化財）、同處收藏之「熏韋包腹卷」（重要文化財）為其代表文物。
韋紐 Kawahimo （かわひも）	用皮革製作的繩索，亦稱「韋緒」。一端剪成矢筈（V形），另一端則剪成劍光（三角）形狀。

十劃

唐冠形兜 Toukanmurinarikabuto （とうかんむりなり かぶと）	製成唐冠（中國唐朝頭冠）形狀的變形兜。山口縣毛利博物館、福井縣廣正寺、岐阜縣岩村歷史資料館等處的收藏品為其代表文物。
唐櫃 Karabitsu （からびつ）	一種甲冑櫃，共有4支或6支腳。原本除甲冑以外，還會用來收納、保存經文和文書等貴重物以杜絕濕氣。
家地 Ieji （いえじ）	甲冑中布帛類的總稱。通常製作成家表、中込、家裏3層構造。有許多足輕使用的籠手和臑當會省略中込，做成2層構造。
射向 Imuke （いむけ）	武家用語之一，意指左方。
座金物 Zakanamono （ざかなもの）	鋪設於主要金屬件、鉚釘、星等構造底下的金屬底座。
座星 Zaboshi （ざぼし）	下方鋪有座金的星。東京都御嶽神社所藏「赤糸威大鎧」（國寶）頭盔上的篠垂和八幡座的星為其代表文物。

座盤 Zaban （ざばん）	構成籠手、佩楯主要結構的板材。
栴檀板 Sendannoita （せんだんのいた）	大鎧的附屬物，為填補右胸縫隙的板材。以高紐固定，上方為冠板，下方是呈3段構造的小札板，形狀酷似小型袖甲。
桃形兜 Momonarikabuto （ももなりかぶと）	一種簡易兜。左右各使用1片或2片鐵板，正前方至正後方有一道突起的鎬，是用鉚釘有如捏住般將其固定住。頂端尖起、狀似桃果，故名。出現於室町時代末期以後，福岡縣福岡市博物館所藏「大水牛脇立桃形兜」（重要文化財）為其代表文物。
浮張 Ukebari （うけばり）	頭盔的部位名稱。於兜缽內側鋪設皮革或布帛作為緩衝，使頭部不致直接碰撞到頭盔。為緩和劈砍武器（太刀、薙刀）所造成的衝擊而誕生。
消燒 Keshiyaki （けしやき）	古代的鍍金手法。加熱使水銀蒸發，讓混合於水銀中的金銀附著於表面。分成使用金粉、銀粉的「粉消」和使用金箔、銀箔的「箔消」兩種方法。
烏帽子形兜 Eboshinarikabuto （えぼしなりかぶと）	製作成烏帽子形狀的變形兜。代表文物包括廣島縣嚴島神社收藏之「銀小札白糸威丸胴具足」（重要文化財）、同處收藏之「紫糸威丸胴具足」等甲冑的頭盔。
祓立 Haraidate （はらいだて）	頭盔的部位名稱。指為插設前立而設置於眉庇中央的方筒，或指為插設劍形、笠標而設置於鍬形台中央的方筒。
笄金物 Kougaikanamono （こうがいかなもの）	作為水吞鐶底座的細長形金屬物件，見於鎌倉時代後期以後。

紐 Himo （ひも）	以繩線、皮革、布帛、紙張等物製成的細長繩索。依材質可分成組紐、韋紐、絎紐等種類。
素懸威 Sugakeodoshi （すがけおどし）	威的手法之一。以較為分散的密度將緘穴穿綴成菱（×形）、然後將各段縱向串連起來的穿繩手法。宮城縣仙台市博物館所藏「紺糸威仙台胴具足」（重要文化財）的威毛為其代表文物。
胴丸 Doumaru （どうまる）	中世甲冑形式的一種。以小札板包裹胴身、引合縫設於右側腹的胴甲。奈良縣春日大社所藏「黑韋威胴丸」（國寶）、岡山縣林原美術館所藏「縹糸威胴丸」（重要文化財）為其代表文物。胴丸亦是腹卷之古稱。
胴丸具足 Doumarugusoku （どうまるぐそく）	指小具足皆備的胴丸，或指當世具足形成時期，介於胴丸與當世具足的折衷型甲冑。
胴立 Doutate （どうたて）	用來將甲冑擺成人形的十字形木台，亦稱「胴掛」、「飾木」。
胸板 Munaita （むないた）	一種金具迴。位於前胴最頂端的金屬配件。
脇立 Wakidate （わきだて）	設置於頭盔左右的成雙立物。福岡市博物館所藏「大水牛脇立桃形兜」（重要文化財）為其代表文物。
脇楯 Waidate （わいだて）	大鎧的部位名稱。指從右側壺板連接至草摺處，和胴甲分離的部分。

脇當 Wakiate （わきあて）	覆蓋左右側腹縫隙的小具足。一般認為，脇當源自室町時代後期，以脇板形狀的金屬配件為主體，其下綴連2段小札板。新田家流傳文物「紅糸威脇當」為其代表文物。亦稱「脇引」。
茱萸 Gumi （ぐみ）	中央較粗、兩端稍細的管狀金屬配件。有拿來綁袖緒的袖付茱萸、設置於壺板中央拿來綁引合緒的壺緒茱萸，繰締也會使用到。形似茱萸的果實，故名。
草摺 Kusazuri （くさずり）	胴甲部位的名稱，為懸掛於胴甲下半部的懸垂構造，亦稱「下散」。大鎧採前後左右4間構造，胴丸多採8間，腹卷則以5間和7間為貫例。室町時代末期開始分割化，最多可達13間，當世具足則以6間和7間較多。
逆板 Sakaita （さかいた）	大鎧（部分古式胴丸）的部位名稱。將後立舉的第二段小札板顛倒過來、以上層疊在下層上方的作法。可以在穿著大鎧時起到鉸鏈開闔的效果，中央則設置鐶以綁上總角。
陣羽織 Jinbaori （じんばおり）	戰場中使用的羽織。宮城縣仙台市博物館的收藏品為其代表文物。
陣押兜立 Jinoshikabutotate （じんおしかぶとたて）	攜帶頭盔的道具，如此一來可將頭盔作為馬印。陣押兜立呈槍柄形狀，末端有個兜托，搭配名為「掛緒」或「掛頰」的橫木構造所組成。
陣笠 Jingasa （じんがさ）	戴在頭頂保護頭部的三角錐笠，主要是足輕使用的用品，可以用鐵、皮革、竹子、和紙等材質製作。
馬手 Mete （めて）	武家用語之一，意指右方。

馬印 Umajirushi （うまじるし）	團體戰中為特別識別某個人而使用的旌旗或製品。織田信長的唐傘、豐臣秀吉的葫蘆、德川家康的日之丸扇為其代表文物。
骨牌金 Karutagane （かるたがね）	一種板所，單邊邊長約4到7cm的鐵板或皮革板。因為狀似安土桃山時代從西洋傳入的紙牌「carta」，故名。

十一劃

兜 Kabuto （かぶと）	三物之一，即頭盔，戴在頭上用來保護頭部的防具。此語源自日語的動詞「披戴」（被る／kaburu）。由缽和鞠2個部分組成。
兜佛 Kabutobotoke （かぶとぼとけ）	設置於頭盔內部的小佛像。
兜首 Kabutokubi （かぶとくび）	仍戴著頭盔的高級武士首級。
兜掛 Kabutokake （かぶとかけ）	用來擺設兜的台座，亦稱「兜立」。
兜缽 Kabutobachi （かぶとばち）	頭盔部位的名稱，指包覆頭部的主要缽體部分，亦稱「缽金」。
兜蓑 Kabutomino （かぶとみの）	一種付物，裝設於頭盔整體的蓑，藉以隔離雨露並兼具裝飾用途，亦稱「引迴」。以鳥羽獸毛等物製作，並利用天邊之穴或繩索裝設。
兜櫃 Kabutobitsu （かぶとびつ）	收納頭盔的櫃子（箱），僅有少數見於江戶時代。

國寶甲冑 **Kokuhoukacchou** （こくほうかっちゅう）	被指定為日本國寶的甲冑。包括青森縣櫛引八幡宮所藏「白糸妻取大鎧」、「赤糸威菊金物大鎧」、東京都御嶽神社所藏「赤糸威大鎧」、山梨縣菅田天神社所藏「小櫻黃返大鎧」、奈良縣春日大社所藏「紅糸威梅金物大鎧」、「赤糸威竹雀金物大鎧」、「黑韋威胴丸」、岡山縣所藏「赤韋威大鎧」、愛媛縣大山祇神社所藏「逆澤瀉大鎧」、「紺糸威大鎧」、「紫綾威大鎧」、「赤糸威胴丸鎧」、廣島縣嚴島神社所藏「小櫻威大鎧」、「紺糸威大鎧」、「淺蔥綾威大鎧」、「黑韋威胴丸」等17件甲冑，以及奈良縣春日大社收藏之「籠手一雙」。
張兜 **Harikabuto** （はりかぶと）	統稱以和紙（乾漆）製作的變形兜。
張懸兜 **Harikakekabuto** （はりかけかぶと）	統稱以練革或和紙（部分金屬）張貼連綴製作的變形兜。
捻返 **Hinerikaeshi** （ひねりかえし）	板物邊緣的處理方式，指稱沿著邊緣稍稍反折的作法，或指反折回來的部分。亦稱「耳捻」、「捻耳」。
掛甲 **Keikou** （けいこう）	古代甲冑的形式之一，現今考古學以此語稱呼用鐵或皮革材質小札編製成的甲冑。一般認為，掛甲受大陸遊牧民族所用的甲冑影響，適合騎乘使用，有胴丸式、裲襠式兩種。東京國立博物館、奈良國立文化財研究所的收藏品為其代表文物。
產 **Ubu** （うぶ）	指甲冑以最初完成的狀態保留下來。
畦目 **Uname** （うなめ）	於繩索的平行線上施以刺縫的手法。

笠標 Kasajirushi (かさじるし)	為於團體戰當中識別敵我，而設置於袚立處的小旗，或指綁結於後勝鐶的小旗。《二人武者繪卷》、《大內義興畫像》等均有描繪。亦稱「兜印」。
第三型頭形 Daisangatazunari (だいさんがたずなり)	一種頭形兜，指形狀特異、不屬於日根野頭形或越中頭形的頭形兜。於平面式眉庇上，另以垂打凸紋手法做出偌大打眉為其最大特徵，通常搭配日根野鞠使用。第三型頭形一詞，是1976年《如何鑑賞頭盔》作者淺野誠一所提倡的用語。岡山縣岡山城、愛知縣德川美術館等處的收藏品為其代表文物。
笹緣 Sasaberi (ささべり)	環繞布帛浮張四周的皮革圍邊。起初並無笹緣的用法，直到江戶時代前期方才固定下來。一般使用的是洗韋、藍韋、熏韋等素面皮革，江戶時代中期以後也開始使用菖蒲韋、藻韋等繪韋。
組紐 Kumihimo (くみひも)	搭配各種色線編製成的編繩。室町時代以前並不使用高台，而是用一種叫作「クテ打」(kuteuchi)的方法編製，直到江戶時代以後才改用高台編繩。繩紐形狀分成丸打、平打兩種。
袖印 Sodejirushi (そでじるし)	團體戰當中為識別敵我，而綁於袖甲處的小旗子，亦寫作「袖標」。愛媛縣大山祇神社的收藏品為其代表文物。
野郎形兜 Yarounarikabuto (やろうなりかぶと)	後方綁成髮髻的總髮形兜。東京國立博物館所藏「仁王胴具足」所附頭盔為其代表文物。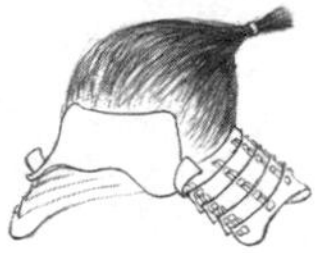

喉輪 Nodowa （のどわ）	一種小具足。保護喉頭至胸前一帶的小具足。以名為「月形」的新月形金屬配件為主體，並以蝙蝠付韋綴連2段垂構造（小札板）製成。島根縣日御碕神社所藏「熏韋威喉輪」、大阪府金剛寺所藏「黑韋威喉輪」等為其代表文物。
壺袖 Tsubosode （つぼそで）	下襬較窄、向內側彎曲的袖甲。東京國立博物館所藏「色色威胴丸」（重要文化財）、琦玉縣西山歷史博物館所藏「紅糸威中淺蔥腹卷」（重要文化財）所附的壺袖為其代表文物。
復古調 Fukkochou （ふっこちょう）	江戶時代中期以後，因國學興盛，興起了復古思想，主張重新評價中世。富裕武士以中世的甲胄（大鎧、胴丸、腹卷、腹當等）為範本，製作了許多復元甲胄，稱作「復古調甲胄」，刀劍和馬具等也有相同潮流。
提燈兜 Chouchinkabuto （ちょうちんかぶと）	一種疊兜，將兜鉢比照鞴的製作方法穿繩連綴，使頭盔可以上下折疊，有如燈籠一般。愛知縣長篠城史跡保存館的收藏品為其代表文物。
棚眉庇 Tanamabisashi （たなまびさし）	從兜鉢水平向外突出的眉庇，可見於安土桃山時代以後。三重縣伊勢神宮、奈良縣談山神社所藏突盔形兜所附眉庇為其代表文物。亦稱「直眉庇」。

植毛鉢 Uegebachi （うえげばち）	有的頭盔會在兜缽上植毛，擬作頭髮，植毛鉢便是此類變形兜的統稱。《武用辨略》有記載到半首、力士頭、老頭、總髮等類型的植毛鉢，可惜其所在地等詳情不明。
猪目 Inome （いのめ）	即心形圖案。因形狀似山豬眼睛而有此稱呼。出雲國（島根縣）松江藩松平家、加賀國（石川縣）加賀藩前田家就曾把刻有猪目形狀的前立當作合印使用。
短甲 Tankou （たんこう）	古代甲冑形式的一種。現今考古學以此語暫稱用鉚釘固定或皮革連綴鐵片、革片製成的甲冑。東京國立博物館、京都國立博物館等處的收藏品為其代表文物。《延喜式》亦有記載到短甲、掛甲和札甲等語彙。
童具足 Warabegusoku （わらべぐそく）	給孩童使用的小型當世具足。京都府妙心寺收藏有傳為豐臣秀子之子棄丸使用的「白綸子包童具足」（重要文化財），為其代表文物。
筋伏 sujibuse （すじぶせ）	為兼顧補強與裝飾，而於兜缽設置筋板的作法。
筋兜 Sujikabuto （すじかぶと）	兜的一種。為中世、近世的主流，是種將接合用鉚釘頭磨平、僅強調筋構造的頭盔。
絎紐 Kukehimo （くけひも）	以布帛或皮革暗縫而成的繩索，分成平絎和丸絎兩種。
菱縫 Hishinui （ひしぬい）	裾板、逆板上連續2段（部分僅1段）的菱綴。
著替具足 Kigaenogusoku （きがえのぐそく）	替換用的備用甲冑，亦稱「召替具足」。

著替具足 **Kisekaegusoku** （きせかえぐそく）	諸侯大名和高級武士可以替換使用的甲冑，亦稱「召替具足」。
越中佩楯 **Ecchuuhaidate** （えっちゅうはいだて）	越中具足所附的佩楯。越中佩楯是將主要部分縫在格子鎖甲上，各處採用小篠和筏的簡易型鎖佩楯。
越中具足 **Ecchuugusoku** （えっちゅうぐそく）	一種當世具足。因細川越中守忠興推崇而得名，又以其字號，亦稱「三齋流具足」。以略粗的伊予札製成包小札打造丸胴，並搭配越中頭形、越中頰、越中籠手、越中佩楯、越中臑當等小具足與頭盔。東京都永青文庫的收藏品為其代表性文物。
越中眉庇 **Ecchuumabisashi** （えっちゅうまびさし）	即越中頭形的眉庇。下緣筆直、造型略大，向下畫出1條緩和的拋物線。儘管它亦屬卸眉庇的一種，但由於其形狀有別於日根野頭形的眉庇，故特稱越中眉庇以作為區別。
越中脇引 **Ecchuuwakibiki** （えっちゅうわきびき）	越中具足所附的脇當，各處採用小篠或筏的簡易型鎖脇當。
越中袖隱 **Ecchuusodekakushi** （えっちゅうそでかくし）	威小鰭之俗稱。
越中頭形 **Ecchuuzunari** （えっちゅうずなり）	一種頭形兜，因細川越中守忠興推崇而得名。兜缽較大、搭配邊緣筆直的大眉庇，鞠會伸進眉庇底下為其特徵。
越中頰 **Ecchuuboo** （えっちゅうぼお）	一種面頰當，附屬於越中具足的配件，是最小型、僅包覆下巴的面頰當。附有小型須賀。

越中臑當 Ecchuusuneate （えっちゅうすねあて）	越中具足所附的無家地篠臑當。安土桃山時代以前，篠臑當並沒有家地，而越中臑當便是涵蓋這些古式臑當之總稱。
越中籠手 Ecchuugote （えっちゅうごて）	越中具足所附的籠手，是種各處使用小篠和筏的簡樸鎖籠手。
越中鞴 Ecchuujikoro （えっちゅうじころ）	越中頭形搭配的鞴，大多使用毛引威的板物構造。有些越中鞴還會將裾板做成水平方向，並施以皮革覆輪。
須賀 Suga （すが）	半頰、面頰當的部位名稱，懸掛於下半部的小札板，以保護喉頭部位。亦稱「面垂」。

十三劃

搖打 Yurugiuchi （ゆるぎうち）	統稱無芯材的丸打編繩。丸唐打的相對語。
溜塗 Tamenuri （ためぬり）	漆的一種塗色。塗起來呈現紅褐色，並帶點透明的色調。
獅嚙 Shigami （しがみ）	一種立物，為獅子利牙嚙咬的形狀。可見於平安、鎌倉時代的鍬形台以及安土桃山時代以後的前立。奈良縣春日大社所藏「紅糸威梅金物大鎧」（國寶）頭盔的鍬形台、東京都本多家所藏「黑糸威二枚胴具足」（重要文化財）頭盔的前立為其代表性文物。
當世佩楯 Touseihaitate （とうせいはいたて）	中世佩楯的相對語，統稱當世具足所附佩楯。
當世具足 Touseigusoku （とうせいぐそく）	近世甲冑之統稱，意為「現代的甲冑」。基本上以三物、三具、面具加上收納前述部件的櫃子（箱）為一整套。請參照具足項目説明。

當世眉庇 Touseimabisashi （とうせいまびさし）	中世伏眉庇的相對語，統稱近世的出眉庇、卸眉庇等眉庇。
當世兜 Touseikabuto （とうせいかぶと）	近世兜之統稱。包括安土桃山時代以後的星兜、筋兜在內的簡易兜、變形兜等。
當世袖 Touseisode （とうせいそで）	一種袖甲，體積較小、上下同寬，稍稍彎曲以貼合手臂線條。許多當世袖是連同籠手以鞐固定於肩上。當世袖即現代袖甲之意，亦稱「置袖」。
當世臑當 Touseisuneate （とうせいすねあて）	中世臑當的相對語，統稱當世具足所附的臑當。
當世籠手 Touseigote （とうせいごて）	中世籠手的相對語，統稱當世具足所附的籠手。
腰蓑 Koshimino （こしみの）	一種付物。裝設於鞋藉以隔離雨露並兼具裝飾用途的蓑。以鳥羽獸毛等物製作，裝設於鞋第一段板材的綰或鞐之上。
腹卷 Haramaki （はらまき）	中世甲冑的一種形式。使用小札板從腹部將胴身包裹起來的鎧甲，其引合設於背部。一般認為，腹卷源自鎌倉時代後期，起初是只裝備胴甲的輕武裝，至室町時代後期始有頭盔袖甲具備的腹卷出現。山口縣毛利博物館所藏「色色威腹卷」（重要文化財）、兵庫縣太山寺所藏「紅糸威中白腹卷」（重要文化財）等為其代表文物。亦可作胴丸之古稱。

腹當 **Haraate** （はらあて）	中世甲冑的一種形式。為輕武裝或低階士卒所用的最輕便型甲冑，包覆腹部至左右側腹。佐賀縣松浦史料館所藏「紅糸威腹當」（重要文化財）為其代表文物。
試具足 **Tameshigusoku** （ためしぐそく）	為測試是否堅韌牢固而以火槍射擊、留有彈痕的當世具足。又或者是指故意留有彈痕的當世具足。特別強調甲冑的堅韌程度，是江戶時代的行銷手法。
試兜 **Tameshikabuto** （ためしかぶと）	為測試是否堅韌牢固而以火槍射擊、留有彈痕的頭盔。又或者是指故意在頭盔上模擬彈痕的頭盔。特別強調甲冑的堅韌程度，是江戶時代的行銷手法。
飾金物 **Kazarikanamono** （かざりかなもの）	統稱用來裝飾的金屬配件，如八雙金物、笄金物、据金物、裾金物、八幡座、篠垂。
鳩尾板 **Kyuubinoita** （きゅうびのいた）	一種金具迴，用來覆蓋大鎧左胸縫隙的縱長形狀金屬配件，以高紐綁結固定。
鳩胸胴 **Hatomunedou** （はとむねどう）	當世具足板式胴甲的一種形態。指正面設有縱向大鎬、形似鴿胸的橫矧胴、縱矧胴、佛胴等，亦有少數威胴、綴胴。應是受南蠻胴影響而然，岐阜縣惠那市岩村歷史資料館所藏「錦包萌黃糸威鳩胸胴具足」為其代表文物。

十四劃

熏韋 **Fusubegawa** （ふすべがわ）	使用煙燻手法染成茶色的皮革。以不同燻材，分成鼠熏和柑子熏。

綰 Wana （わな）	一種緒所。以編繩、皮繩、布帛等材質製作，用來綁繩、穿套鞦的繩圈。
綴韋 Tojikawa （とじかわ）	將小札板各段串連起來、以製作立胴時所用的皮繩，或指串連用的細皮繩。室町時代後期以後，為抵禦長槍、火槍的攻擊，會於立胴上使用綴韋，避免胴甲伸縮。
綴胴 Tojidou （とじどう）	當世具足板式胴甲的一種形態。綴胴跟小札式胴甲相同，立舉、長側呈分段構造並以編繩、皮繩編成菱（╳形）或畦目的胴甲。東京都永青文庫所藏「黑糸威綴胴具足」為其代表文物。
緒所 Odokoro （おどころ）	除威毛以外，總稱甲冑所用的各種編繩、皮繩。包括高紐、引合緒、總角、繰締緒、袖緒等。
裸體胴 Rataidou （らたいどう）	當世具足板式胴甲的形態之一。運用凸紋捶打或塗漆手法塑造肋骨、背骨、肩胛骨、乳房、腹部等人體特徵，彷彿裸體一般的胴甲。依不同樣式而有肋骨胴、仁王胴、飢餓腹胴、布袋胴、彌陀胴、片脱胴等類型。東京國立博物館收藏有「色色威片脱胴具足」，名古屋市博物館則有「紺糸威仁王胴具足」。
裾板 susoita （すそいた）	位於鞖、草摺、袖甲最下襬的小札板。因為施有菱縫，亦稱「菱縫板」。
鉸具摺 Kakozuri （かこずり）	1.臑當內側的下半部部位。 2.鉸具摺革之簡稱。

銀溜塗 Gintamenuri （ぎんためぬり）	漆的塗色之一。塗上薄漆以後撒上銀粉，使之呈銀色。
銀箔押 Ginpakuoshi （ぎんぱくおし）	漆的塗色之一。塗上薄漆以後張貼銀箔，呈現銀色。
銀銅 Gindou （ぎんどう）	有鍍銀的銅板。
銘 Mei （めい）	指用漆描寫或雕刻刀篆刻記載作者的名字和年分。
銘見之穴 Meiminoana （めいみのあな）	為檢視銘文而設置於浮張的孔洞。
障子板 Shoujiita （しょうじいた）	一種金具迴，垂直樹立於大鎧、銅丸鎧（部分古式胴丸）肩上的半圓形金屬配件。
領 Ryou （りょう）	計算甲冑數量的單位。
領輪 Eriwa （えりわ）	用來保護脖子附近的小具足。以鐵板做成立襟形狀，透過左右鉸鏈開闔，裝在喉頭處，再以後方的釦子固定，完成著裝。使用於室町時代末期至安土桃山時代。

十五劃

寬袖 Hirosode （ひろそで）	下襬寬大、向內側彎曲的袖甲。愛媛縣大山祇神社所藏「熏韋包胴丸」（重要文化財）、大阪府壺井八幡宮所藏「黑韋威胴丸」（重要文化財）、山形縣上杉神社所藏「色色威腹卷」（重要文化財）等所附袖甲為其代表文物。
緘 Karami （からみ）	緘穴的處理手法，有縱取緘、繩目緘、三所緘、菱綴等方式。
衝角付胄 Shoukakutsukikabuto （しょうかくつきかぶと）	一種古代胄，前方正中央設有名為「衝角」的三角狀突起物。東京國立博物館、奈良縣天理參考館等處收藏品為其代表文物。

十六劃

橫矧胴 Yokohagidou （よこはぎどう）	當世具足板式胴甲的形態之一，利用鐵鉚釘將橫向的鐵板或皮革長板縱向銜接製作而成。愛知縣德川美術館所藏「朱塗紺糸威橫矧胴具足」為其代表文物。亦稱「桶側胴」。 
燕頰 Tsubameboo （つばめぼお）	從下顎包覆到兩頰的面頰當，因狀似燕尾羽毛，故名。附有小型須賀，由於輕便且機能性佳，許多實用時期的當世具足都會採用。仙台市博物館所藏「銀箔押白糸威丸丸具足」（重要文化財）、靜岡縣久能山東照宮所藏「金溜塗黑糸威二枚胴具足」（重要文化財）等所附面頰當為其代表文物。 

磨白檀 Migakibyakudan （みがきびゃくだん）	漆的塗色之一。鐵板打磨後塗朱合漆，使其如白檀塗般呈現赤紅金屬色的作法。可見於南蠻胴、南蠻兜等。
錏 Kan （かん）	銅質鍍金的鐶。
頭 Dou （どう）	頭盔的計數單位。
頭立 Zudate （ずだて）	樹立於頭盔之上的立物。東京都永青文庫所藏「黑糸威二枚胴具足」所附越中頭形的雉雞尾羽頭立為其代表文物。
頭形兜 Zunarikabuto （ずなりかぶと）	一種簡易兜。主要是以左右兩側與上板共3張板材構成，因形似頭顱而得名。又視使用年代或形狀而分成古頭形、日根野頭形、越中頭形、第三型頭形等種類。
龜甲縫 Kikkounui （きっこうぬい）	在龜甲金中央、用來固定龜甲金的菱綴。

十七劃

嬰 Ei （えい）	一種立物，為裝設於唐冠形兜左右的1對薄葉形狀後立。以木材、皮革、布帛等材質塗漆製作。
篠垂 Shinodare （しのだれ）	兜缽的金屬裝飾之一，末端作成花瓣形狀，自八幡座向下垂的細長劍形金物。篠垂視位置和數量而有不同種類，僅前方設置的稱作片白、前後設置稱作二方白，設於前方和左右斜後方則稱三方白，設置於前後左右稱四方白、六方稱六方白、八方則稱八方白。

縱矧胴 Tatehagidou （たてはぎどう）	當世具足板式胴甲的一種形態，使用鐵鉚釘將許多縱長形鐵板或皮革板橫向銜接製成。雪下胴、仙台胴等亦屬此類。仙台市博物館所藏「紺糸威仙台胴具足」為其代表文物。
總 Fusa （ふさ）	一種緒所裝飾，設置於繩索末梢，分為切總和付總兩種，亦寫作「房」。
總毛引 Soukebiki （そうけびき）	乃指頭盔、胴甲、袖甲三物統一使用毛引威手法。
總角 Agemaki （あげまき）	一種緒所，中央打成石疊繩結、有如蜻蜓般的十字繩索。總角綁在頭盔的後勝鐶、大鎧的逆板、胴丸（部分當世具足）的後立舉、腹卷背板的鐶上。
總角鐶 Agemakikan （あげまきかん）	用來綁上總角的鐶。設置於大鎧的逆板、胴丸（部分當世具足）的後立舉、腹卷背板的立舉之上。
總面 Soumen （そうめん）	覆蓋整個臉部的面頰當。山口縣源久寺、東京國立博物館等處的收藏品為室町時代總面之代表文物。江戶時代的總面則大多著重於裝飾技巧，缺乏實用價值。
總髮形兜 Souhatsunarikabuto （そうはつなりかぶと）	統稱兜缽上有植毛、如頭髮般的變形兜。
總覆輪 Soufukurin （そうふくりん）	一種兜缽裝飾。使用鍍金或鍍銀（或其他金屬）的覆輪，覆蓋從檜垣延伸至八幡座的筋構造。青森縣櫛引八幡宮所藏「赤糸威菊金物大鎧」（國寶）、廣島縣嚴島神社所藏「黑韋威胴丸」（國寶）等為其代表文物。

總覆輪星兜 Soufukurinhoshikabuto （そうふくりんほし かぶと）	施以總覆輪裝飾的星兜。青森縣櫛引八幡宮所藏「赤糸威 菊金物大鎧」（國寶）的頭盔、栃木縣宇都宮二荒山神社所 藏「三十二間星兜缽」（縣指定文化財）等為其代表文物。
總覆輪筋兜 Soufukurinsujikabuto （そうふくりんすじ かぶと）	施以總覆輪裝飾的筋兜。廣島縣嚴島神社所藏「黑韋威胴 丸」（國寶）、奈良縣春日大社所藏「黑韋威胴丸」（重要文 化財）等頭盔為其代表文物。
鍍金 Tokin （ときん）	鍍金。
鍍銀 Togin （とぎん）	鍍銀。
鍔當 tsubaate （つばあて）	為保護胴甲小札免遭打刀或脇指[59]的刀鍔碰撞，而張貼於 胴甲上的皮革或布帛，又名「鼻紙袋」。山形縣上杉神社所 藏「熏韋威腹卷」、同處所藏「紫糸綴丸胴具足」等以熏韋 製作的鍔當為其代表文物。
鍬形 Kuwagata （くわがた）	樹立於頭盔正面的一對立物。平安、鎌倉 時代稱為鐵鍬形，當時是和鍬形台為一 體。一般認為，鍬形是以古代農具鍬先 （鋤頭）為原型，本是農耕的象徵；後來 又有長鍬形、大鍬形、三鍬形等形式，各 時代都有使用。形狀較特異的則有尾長大 鍬形、木葉鍬形。
鍬形台 Kuwagatadai （くわがただい）	為樹立鍬形而裝設於眉庇的金屬件。平安、鎌倉時代的鐵 鍬形，表面施有雲龍紋或獅嚙紋鑲嵌。此後雖亦不乏素面 鍬形台，大多還是會以各種雕刻技法，雕上枝菊紋或唐草 紋等圖案。

臑楯 Sunedate （すねだて）	記載於《市河文書》，應是指臑當和佩楯兩者的其中之一。亦有說法認為臑楯是上述兩者的合稱，然而實際詳情不明。
臑當 Suneate （すねあて）	保護小腿的小具足。依形狀分成筒臑當、篠臑當、鎖臑當等種類。
覆輪 Fukurin （ふくりん）	為保護和裝飾，而覆蓋於頭盔的筋或金具迴邊緣的金屬。皮革材質的稱作「革覆輪」。
鎖環 Kusari （くさり）	甲冑用的鎖環稱作「和鎖」，通常使用丸輪（圓形）和菱輪（橢圓形）兩種金屬環交互編製。有1個丸輪銜接4個菱輪（四入）的作法，但也有使用3個（三入）和6個（六入）的編製法。編成整片的鎖甲可依其形狀，分為總鎖和格子鎖兩種；菱輪的閉圍方法則分為喰合鎖與標返鎖兩種。除此以外，還有南蠻鎖、繩目鎖、繰鎖、杜秤鎖、打貫鎖等特殊形式的鎖鏈。
鎖甲 Kusarikatabira （くさりかたびら）	疊具足的一種，以鎖鏈縫製的甲衣（衣服）。
鎧 Yoroi （よろい）	統稱所有甲冑，或為大鎧的簡稱，亦寫作「甲」。
鎧師 Yoroishi （よろいし）	製作甲冑的工匠，亦稱甲冑師。
鎬 Shinogi （しのぎ）	沿著刀、槍、鏃等刃部背脊稍稍隆起的部位，即稜線部分。例如南蠻胴的胴甲正面即設有鎬的構造。

雜賀鉢 Saigabachi （さいがばち）	一種兜鉢，指從前紀伊國（和歌山縣）雜賀地區製作的鐵鏽地異國風格兜鉢。現有許多施以精巧切金細工裝飾的雜賀鉢留存，長崎縣松浦史料博物館的收藏品為其代表文物。
離物 Hanaremono （はなれもの）	指明顯來自不同甲冑之物。《軍用記》卷三便記載到「胴甲威毛與袖甲威毛色異云也」。亦稱「別物」。
額袖 Gakusode （がくそで）	一種特殊型的袖甲。以單片板材製作，施以各種捶打凸紋或鑲嵌圖案的額狀袖甲。
額當 hitaiate （ひたいあて）	不戴頭盔者用來保護額頭的小具足。將錘打成額頭形狀的鐵板或皮革板縫在家地所製成。大多用鐵打造，故亦稱「額金」。
十九劃	
繪韋 Egawa （えがわ）	以染料在皮革上染出精密細膩的圖案。有襷文韋、不動韋、藻獅子文韋、正平韋、向獅子文韋等種類。
繰 Karakuru （からくる）	指僅以鐵鉚釘固定的手法。
繰付 Karakuriduke （からくりづけ）	指鐵板與鐵板之間僅以鐵鉚釘固定的手法。
繰締 Kurijime （くりじめ）	指穿用胴丸、右引合當世具足胴甲時，將繩子穿過胴尾的繩圈和鐶，然後收緊胴甲。

二十劃

嚴星 Igaboshi （いがぼし）	星的一種，平安、鎌倉時代頭盔使用的較大顆的星。
嚴星兜 Igaboshinokabuto （いがぼしのかぶと）	使用嚴星的頭盔。
寶幢佩楯 Houdouhaidate （ほうどうはいだて）	1.一種佩楯。將小札板設置於袴狀家地、包裹於大腿部位使用的佩楯。《應仁亂消息》中有記載，大阪府金剛寺、愛媛縣大山祇神社、兵庫縣太山寺等處收藏品為其代表文物。 2.指江戶復古調時期的伊予佩楯、瓦佩楯等，下方綴連3間或4間草摺狀小札的佩楯。可見於專為諸侯大名製作的甲冑。
藻獅子文韋 Mojishimongawa （もじしもんがわ）	一種繪韋，水藻當中描繪唐獅子和牡丹的皮革。見於鎌倉時代以後，青森縣櫛引八幡宮所藏「白糸妻取大鎧」（國寶）、同處所藏「赤糸威菊金物大鎧」（國寶）等繪韋為其代表文物。

二十一劃

鐵面 Tetsumen （てつめん）	統稱鐵製的面頰當。
鐵胴 Tetsudou （てつどう）	統稱鐵製的當世具足胴甲，如鐵板製作的橫矧胴、縱矧胴、佛胴。

鐵鉢 Tetsubachi （てつばち）	鐵製兜鉢之統稱。
鐵錆地 Kanasabiji （かなさびじ）	為呈現鐵質之優良而不做表面處理、故意使表面稍帶鐵銹的方法。此項手法始於室町時代後期的兜鉢，其後面頰當、三具、三物均採此作法。
鐶 Kan （かん）	一種金屬配件，為綁繩索而設置的金屬環。
響穴 Hibikinoana （ひびきのあな）	頭盔的部位名稱。平安、鎌倉時代兜鉢上面左右一對的小孔。起初是為接忍緒所設，後來兜鉢四方都挖有響穴、拿來穿引迴緒，已經流於形式。
二十二劃	
疊具足 Tatamigusoku （たたみぐそく）	當世具足胴甲形式的一種。統稱可折疊縮小體積的胴甲，例如將鎖環、骨牌金、蝶番札、鱗札、伊予札、馬甲札等縫設於家地之上製作的胴甲。
疊胴 tatamidou （たたみどう）	指稱胴甲形態的用語，統稱可折疊縮小體積的胴甲，如平安、鎌倉時代的大鎧胴甲和疊具足。
疊兜 Tatamikabuto （たたみかぶと）	統稱可折疊縮小體積的頭盔，如提燈兜、頭巾兜。
籠手 Kote （こて）	保護上臂、前臂直到手背的小具足，亦稱「手蓋」。於剪裁成手臂形狀的家地，縫上籠手的主體構造座盤，以及鎖環、篠、筬、小板等物。

二十三劃

變形兜 **Kawarikabuto** （かわりかぶと）	於兜缽張貼練革、和紙（及部分金屬），或改變兜缽主體形狀，藉此做成各種造型的頭盔，亦稱「張懸兜」。

日文漢字

襷文韋 **Tasukimongawa** （たすきもんがわ）	平安、鎌倉時代的繪韋圖案。以斜格子形狀搭配幾何圖形模樣，抑或是以牡丹、唐花、鷹羽等連續交錯圖案為框，中間繪以獅子、龍、鳳凰等盤繪文或窠文。廣島縣嚴島神社所藏「小櫻威大鎧」（國寶）、同處所藏「紺糸威大鎧」（國寶）為其代表文物。 
錣 **Shikoro** （しころ）	頭盔的部位名稱。從頭盔側面到後方懸吊的小札板，亦寫作「錏」、「錣」。 

無中文漢字	
くつけい Kutsukei	文獻中的語詞。記載於《京師本保元物語》卷二，應是指稱栴檀板之用語，但詳情不明。
デビ Debi （でび）	呈誇張的前勝山形狀、前方正中板材設有鎬線的筋兜之俗稱。從前上野國（群馬縣）高崎藩使用極多。
ひゃうじ鎧 Hiyaujiyoroi （ひゃうじよろい）	文獻中的語詞。記載於《義經記》卷四，此語應是指草摺碰撞的聲響，抑或是指雜兵鎧甲之意，但詳情不明。
わたくれない Watakurenai （わたくれない）	文獻記載語。《太平記》有記載其假名文字，應是指威毛的肩紅。
わたじろ Watajiro （わたじろ）	文獻記載語。《太平記》有記載其假名文字，應是指威毛的肩白。
一劃	
一之谷形兜 ichinotaninarikabuto （いちのたになりかぶと）	頭頂豎有屏風般立物的變形兜。以源平合戰的名戰場兵庫縣一之谷為名，帶有「險峻」之涵義。福岡市博物館所藏「黑糸威五枚胴具足」（重要文化財）所附一之谷形兜為其代表文物。
一之座盤 Ichinozaban （いちのざばん）	籠手的部位名稱，位於肩膀（上臂處）的座盤。
一之瓢 Ichinofukube （いちのふくべ）	瓢籠手的部位名稱，位於肩部（上臂處）的葫蘆形座盤。亦稱「肩瓢」。
一文字胸板 Ichimonjimunaita （いちもんじむないた）	將頂緣切成直線的胸板。可見於安土桃山時代，東京都前田育德會所藏「金箔押白糸威丸胴」（重要文化財）、山梨縣美和神社所藏「朱塗紅糸威丸胴」（縣指定文化財）等胸板為其代表性文物。

一文字頭 Ichimonjigashira （いちもんじがしら）	伊予札、板物的札頭種類，指切割成直線的札頭，例如： 一文字頭的伊予札、一文字頭的板物。
一束頭 Issokugashira （いっそくがしら）	植毛缽之俗稱。
一枚札 Ichimaizane （いちまいざね）	板物之俗稱。
一枚交 Ichimaimaze （いちまいまぜ）	以鐵札和皮革札交替編製的小札板。
一枚物 Ichimaimono （いちまいもの）	五月人偶的行話，指使用單片鐵板或鋁板沖壓製作的兜缽 或小札板。
一枚胴 Ichimaidou （いちまいどう）	當世具足胴甲形式的一種。基本上僅有前胴而已，利用皮 繩或編繩綁成襷固定於背後使用。幾乎都是當作足輕具足 的胴甲，不過幕末時期，也有高級武士使用小札形式或板 式高級一枚胴。因其形態，亦稱「前掛胴」。
一枚高麗 Ichimaikourai （いちまいこうらい）	組紐（編繩）的術語。通常編成二十五打三間飛或三十三 打四間飛的平打繩紐，用於編製威毛，為「常組」之別稱。
一枚張 Ichimaibari （いちまいばり）	使用單片鐵板或皮革板以凸紋捶打工法製作的兜缽或胴甲。
一枚張筋伏 Ichimaibarisujibuse （いちまいばりすじ ぶせ）	一種兜缽。使用一枚張兜缽搭配數片鐵板作筋，並以星鉚 釘固定銜接。廣島縣嚴島神社所藏「小櫻韋威大鎧」（國 寶）、京都國立博物館「甲冑金具」（重要文化財）兜缽為 其代表文物。
一枚鞠 Ichimaijikoro （いちまいじころ）	指僅1段的鞠。室町時代末期以後為求簡化而誕生。福岡 縣御花史料館所藏桃形兜為其代表性文物。
一重鎖 Hitoegusari （ひとえぐさり）	喰合鎖之別稱。相對於標返鎖的菱輪屬於2層構造，喰合 鎖的菱輪則是只有1層。

一饅頭鞴 Ichimanjuujikoro （いちまんじゅうじ ころ）	缽付板處圓潤鼓起、下方直接垂直向下的鞴。東京都靖國 神社所藏「紫糸威最上腹卷」所附突盔形兜的鞴為代表性 文物。
二劃	
七間鉚釘 Shichikennobyou （しちけんのびょう）	小櫻鉚釘之俗稱。通常大袖冠板會設置9個小櫻鉚釘，至 江戶時代減少2個成為7個，故名。
七間鉚釘 Nanakennobyou （ななけんのびょう）	同上，唯日文念法不同。
七龍 Shichiryuu （しちりゅう）	文獻中的語詞。記載於《異制庭訓往來》，為源家八領名甲 之異稱，詳情不明。
七龍 Nanaryuu （ななりゅう）	同上，唯日文念法不同。
七騎之鎧 Shichikinoyoroi （しちきのよろい）	一種著名甲冑。統稱愛知縣德川美術館、同縣熱田神宮、 同縣秀吉清正記念館等處收藏的相同形式的當世具足。胴 甲使用的是色色威二枚胴具足，搭配設有三鍬形前立的十 六間阿古陀形總覆輪筋兜。傳說秀吉座騎周圍安排有7名 騎士，故亦稱馬迴七騎。現已發現數十件此類鎧甲。
二之谷形兜 Ninotaninarikabuto （にのたになりかぶ と）	一種變形兜。將一之谷形的中央作凹陷窟窿狀、製成雙 峰造型的頭盔。東京國立博物館、京都府高津古文化會館 等處的收藏品為其代表文物。
二之座盤 Ninozaban （にのざばん）	籠手的部位名稱，指位於前臂的座盤。
二之瓢 Ninofukube （にのふくべ）	瓢籠手部位名稱，指位於前臂處的葫蘆形座盤。
二天鉚釘 Nitenbyou （にてんびょう）	俗稱三光鉚釘左右兩側的鉚釘。

二孔式 Nikoushiki （にこうしき）	在金屬物件綁上繩索的一種手法。利用2個孔洞綁繩索，江戶時代的金具迴都有使用。
二方白 Nihoushiro （にほうしろ）	一種兜缽裝飾，指使用篠垂或地板裝飾兜缽前後的手法。廣島縣嚴島神社所藏「紺糸威大鎧」（國寶）、東京都御嶽神社所藏「紫裾濃大鎧」（重要文化財）等頭盔為其代表文物。
二枚胴 Nimaidou （にまいどう）	當世具足胴甲形式的一種。使用前後2片板材製成的胴甲。分成鉸鏈位於左邊側腹，以及無鉸鏈設計的兩引合胴兩種形式。前者常見於最一般的當世具足胴甲，靜岡縣久能山東照宮所藏「金溜塗黑糸威二枚胴具足」（重要文化財）、同處所藏「金白檀塗黑糸威二枚胴具足」（重要文化財）等為其代表文物；後者則可適用於任何體格與身形，故多見於足輕具足之胴甲。
二重打 Nijuuuchi （にじゅううち）	2層平打編繩之統稱。耳糸、繰締緒所用的龜甲打、桐打為此類。
二重打 Futaeuchi （ふたえうち）	同上，唯日文念法不同。
二重絓 Futaekagari （ふたえかがり）	諸絓之別稱。
二重鎖 Futaegusari （ふたえぐさり）	標返鎖之別稱。相對於喰合鎖的菱輪是僅單層構造，標返鎖的菱輪則有2層。
入八雙 Irihassou （いりはっそう）	末端分成2股、中間挖有猪目圖案的八雙金物。另有出八雙。
入總角 Iriagemaki （いりあげまき）	一種總角繩結。總角繩結分為「出」和「入」兩種形式，「入」為中央繩結的右邊在上，左邊在下。
八方白 Happoujiro （はっぽうじろ）	一種兜缽裝飾，是使用篠垂或地板裝飾兜缽八個方向的手法。奈良縣春日大社所藏（國寶）「紅糸威梅金物大鎧」的頭盔為其代表文物。

八日月 Youkaduki （ようかづき）	一種立物，為半圓形前立。仙台藩伊達家當中唯獨初代政宗是使用大半月形前立，自第二代以降便都是使用八日月形狀的前立。
八代取 Yatsushirodori （やつしろどり）	將金具迴、弦走韋、蝙蝠付韋、吹返、肩上等按照尺寸暫時組裝於單一鹿皮，然後整個拿去染色的手法。
八代韋 Yatsushirogawa （やつしろがわ）	由八代取衍生之正平韋的別稱。
八重菊 Yaegiku （やえぎく）	直徑約5mm，中央有個窟窿的菊形金物。亦因產地地名而稱作奈良菊。
八重鎖 Yaegusari （やえぐさり）	一種南蠻鎖，為1個丸輪搭配4個丸輪連續編成的鎖鏈。靜岡縣久能山東照宮所藏（重要文化財）「黑糸威丸胴具足」所附籠手的鎖鏈為其代表文物。
八幡黑 Yawataguro （やわたぐろ）	一種染色手法，利用鐵汁烹煮纖維、將其染成純黑色。相傳這種手法是從前山城國（京都府）住在八幡山下大谷的一名神仙所發明的，故名。可見於室町時代後期以後。
八龍 Hachiryuu （はちりゅう）	文獻中的語詞。記載於《保元物語》卷一、《平治物語》卷一，為源家8套名甲當中的1套。源義家曾在後三年之役當中使用，因受到八幡大菩薩的使者神八陣的守護，眉庇、胸板、押付均設有八大龍王的金屬裝飾，故名八龍。是8套名甲當中特別受到祕密收藏的重要寶物。
力金 Chikaragane （ちからがね）	頭盔的部位名稱，用來綁忍緒的鐶。起初為金銅製作，後來才改為相同鐵材。設置於腰卷內側，有三所付、四所付、五所付等手法。亦稱「緒付鐶」。
力革 Chikaragawa （ちからがわ）	佩楯的部位名稱，為補強家地而縱向縫於家表的細長皮革，分1筋與2筋兩種。起初以藍韋和熏韋等素面韋占多數，江戶時代中期以後也開始使用正平韋和藻獅子文韋等繪韋。
力韋 Chikaragawa （ちからがわ）	為補強威毛結構而設置於內側、拿來吊掛小札板的韋。亦是籠手摺革之俗稱。

十文字革 juumonjigawa （じゅうもんじがわ）	為補強結構而設置於布帛浮張內側的十文字形狀皮革。
十王頭之三割 Juuoukashiranomitsuwari （じゅうおうかしら のみつわり）	形容龜甲立舉形狀的用語，分成前方和左右共3片的龜甲立舉。因為狀似十王（閻魔大王）的頭冠，故名。
十字結 Juujimusubi （じゅうじむすび）	總角之俗稱。
三劃	
三入 Mitsuire （みついれ）	一種鎖鏈的編法，為1個丸輪搭配3個菱輪連繫編製的鎖鏈。編起來會形成連續六角形形狀，故亦稱「龜甲鎖」。請參照鎖項目說明。
三山形 Mitsuyamagata （みつやまがた）	中央較高的脇板。可見於室町時代末期至安土桃山時代，東京都前田育德會所藏「金箔押白糸威丸胴」（重要文化財）、廣島縣嚴島神社所藏「紅糸威丸胴具足」（重要文化財）的脇板為其代表文物。
三孔式 Sankousiki （さんこうしき）	在金屬件上綁繩索的一種手法，指利用3個孔洞綁繩索。室町時代以前、江戶復古調時期的金具迴都有使用。
三方白 Sanpoushiro （さんぽうしろ）	一種兜鉢裝飾，使用篠垂或地板裝飾兜鉢前方和左右斜後方的手法。江戶時代僅有少數文物使用此法，東京都市谷八幡宮所藏「萌黃糸威大鎧」的頭盔為其代表文物。
三日月板 Mikadukiita （みかづきいた）	襟板之俗稱。
三目札 Mitsumezane （みつめざね）	一種小札，小札表面共有3排孔洞。平安、鎌倉時代相當常用，岡山縣所藏「赤韋威大鎧」（國寶）、島根縣甘南備寺所藏「黃櫨匂大鎧」（重要文化財）、愛知縣猿投社所藏「樫鳥糸威大鎧」（重要文化財）等為其代表文物。
三目鎧 Mitsumeyoroi （みつめよろい）	俗稱以三目札製作的甲冑。

三尾鐵 Sanbitetsu （さんびてつ）	位於衝角付冑頂端的3股金屬配件。
三所付 Midokoroduke （みどころづけ）	忍緒的一種裝設方法，指將忍緒裝設於兜缽內側左右與後方3處根緒或3個力金的手法。
三所絡 Midokorogarami （みどころがらみ）	一種絡手法。將3排絡穴當中的外側2排編成菱形（╳形），中央絡孔則是由上往下縱穿威繩。常見於加賀具足。
三所懸 Midokorogake （みどころがけ）	一種素懸威。將3排絡穴當中位於外側的2排絡穴編綴成菱形（╳形），中間絡穴則獨自穿綴成縱向直繩的素懸威。常見於加賀具足，亦稱「三筋懸」。
三枚皮威 Sanmaikawaodoshi （さんまいかわおどし）	文獻中的語詞。記載於《源平盛衰記》卷二，應是以三目札製成的韋威，然詳情不明。
三枚胴 Sanmaidou （さんまいどう）	當世具足胴甲形式的一種。利用兩邊側腹的鉸鏈開闔穿脫的背割胴或前掛胴。
三枚兜 Sanmaikabuto （さんまいかぶと）	文獻記載語之一。常見於《杉原本保元物語》、《平家物語》、《源平盛衰記》等文獻，是三枚鞨兜之簡稱。又或者應是簡易兜的一種，詳情不明。
三枚張頭形 Sanmaibarizunari （さんまいばりずなり）	一種古頭形。腰卷與眉庇上方使用左右兩側和上板共3塊板材製作的古頭形。頂端開有圓孔，有些則是設有響穴。記載於《應仁記》，大阪府金剛寺、高知縣高岡神社的收藏品為其代表文物。
三社之板 Sanshanoita （さんしゃのいた）	俗稱頭盔正前方或正後方的板材。因為會在此處篆刻三神號（天照大神、春日大明神、八幡大菩薩），故名。
三側 Sannokawa （さんのかわ）	指長側呈3段構造。可見於室町時代後期的腹卷。島根縣日御碕神社所藏（重要文化財）「色色威腹卷」為其代表文物。
三盛菊 Mitsumorigiku （みつもりぎく）	一種金屬裝飾，為3個八重菊周圍搭配枝葉圖案的金物。鹿兒島神宮所藏、山口縣毛利博物館所藏阿古陀形筋兜的吹返据文為其代表文物。

三筋懸 Misujigake （みすじがけ）	三所懸之別稱。
三輪菊 Mitsuwagiku （みつわぎく）	三盛菊之俗稱。
三齋流具足 Sansairyuugusoku （さんさいりゅうぐ そく）	越中具足之俗稱。冠以推崇者細川越中守忠興的名號三齋，故稱。
三寶荒神形兜 Sanpoukoujinnarikabuto （さんぽうこうじん なりかぶと）	製作成佛法守護神三寶荒神造型的變形兜。有件頭盔相傳曾是上杉謙信的用品，後來輾轉落入仙台藩伊達家世代相傳，現在已成為仙台市博物館的收藏品。
上下結式 Jougeyuishiki （じょうげゆいしき）	臑當的著裝方法之一。將皮繩或布帛綁在絎紐的上緒和下緒的著裝方法。
上玉 Agedama （あげだま）	頂端有小刻度或繩目（斜向）刻痕的玉緣。亦寫作「揚玉」，另稱「寶瓶」。
上州系 Joushuukei （じょうしゅうけい）	甲冑師的派別之一。乃指室町時代後期之後以上野國（群馬縣）為中心活動的甲冑師門派。
上衣 Uwagi （うわぎ）	俗稱古代武裝時穿用的內衣。
上具足 Uegusoku （うえぐそく）	文獻中的語詞。記載於《義經記》卷八，應是指身著甲冑以後不再穿著其他衣物的狀態。
上具足 Uwagusoku （うわぐそく）	同上，唯日文念法不同。
上板 Uwaita （うわいた）	頭形兜的部位名稱，指頭形的兜缽上用來覆蓋前後兩方的板材。

333

上帶 Uwaobi （うわおび）	為使胴甲貼合身體而綁在腰際的帶子，源自鎌倉時代末期。
上塗 Uwanuri （うわぬり）	塗漆的製程之一，指底材塗的最後一道漆，也就是最後收尾的塗漆。除黑漆以外另有朱漆、青漆等各種色調的漆。
上腹卷 Ueharamaki （うえはらまき）	文獻中的語詞。記載於《源平盛衰記》卷二十八，應是指身著腹卷（胴丸之古稱）以後不再穿著其他衣物的狀態。
上腹卷 Uwaharamaki （うわはらまき）	腹卷的裝備方法，指將腹卷穿著於衣服之上。
上滿智羅 Uwamanchira （うわまんちら）	滿智羅的裝備方法，指將滿智羅穿著於肩上之上。
上緒 Uenoo （うえのお）	文獻中的語詞。記載於《長門本平家物語》卷十八，指穿上下結式襦襠時使用的上緒。亦稱「芝突之緒」。
上頭巾 Uwazukin （うわずきん）	一種付物，指為隔離雨露而披覆於頭盔之上的頭巾，兼具裝飾用途。以皮革、和紙等材質製作，以繩索打結固定於兜缽上。
上髭 Uehige （うえひげ）	一種鬍鬚。乃指總面、目下頰設置於嘴唇上方的鬍鬚（八字鬍）。
下 Sage （さげ）	喉輪、曲輪的垂構造之俗稱。
下付 Sagetsuke （さげつけ）	半頰、面頰當的部位名稱，指拿來串連須賀的下端板材。
下札 Kudarizane （くだりざね）	奈良小札之俗稱。

下地 Shitaji （したじ）	塗漆工程之一。塗抹面漆以前，用地粉混合砥石粉塗上多層底漆、增加厚度，並且細心地用砥石打磨處理表面的製程。幕末流傳下來的文物當中，就有使用胡粉（貝殼粉）摻混膠質製作的下地。
下妻形 Shimodumanari （しもづまなり）	俗稱早乙女派所製的頭盔。為區別其他流派的風格，而以早乙女派發祥地茨城縣下妻來稱呼。
下重 Shitagasane （したがさね）	將小札板疊合於下的作法。通常使用於寶幢佩楯、伊予佩楯、板佩楯等物，少數當世具足的草摺也會使用，如山形縣上杉神社所藏「紫糸綴丸胴具足」。
下散 Gesan （げさん）	草摺之別稱。
下散須賀 Gesansuga （げさんすが）	下襬分開呈直條狀的須賀。
下散鞈 Gesanjikoro （げさんじころ）	割鞈之別稱。
下腹卷 Shitaharamaki （したはらまき）	腹卷的著裝方法，指將腹卷穿著在衣服底下的作法。
下滿智羅 Shitamanchira （したまんちら）	滿智羅的著裝方法，指將滿智羅裝備於肩上底下的作法。
下綴 Shitatoji （したとじ）	下緘之別稱。
下緒 Shitanoo （したのお）	文獻中的語詞。記載於《長門本平家物語》卷十八，穿著上下結式臑當使用的下緒。亦稱「沓縹之緒」。
下緘 Shitagarami （したがらみ）	小札板的製作工程之一。以皮繩串連小札、製成小札板的製程。亦稱札緘、下綴。

下縅穴 Shitagaraminoana （したがらみのあな）	小札表面的一種孔洞，指小札從下數上來第一段到第四段，作下縅用途使用的孔洞。
下髭 Shitahige （したひげ）	總面、目下頰嘴唇下方的鬍鬚。
下鞠 Shitajikoro （したじころ）	內鞠之別稱。
丸打 Maruuchi （まるうち）	橫切面呈圓形的編繩。
丸合當理 Marugattari （まるがったり）	本身呈圓框、用來插圓筒形狀受筒或直接插旗竿用的合當理。
丸耳 Marumimi （まるみみ）	大捻返之俗稱。
丸唐打 Marukarauchi （まるからうち）	一種丸打紐繩。將絲線編成袋狀、中間使用硬麻作為芯材製作的紐繩，以免繩索過度拉伸而有此設計。室町時代後期以後用於製作袖緒，京都府高津古文化會館所藏「色色威胴丸」（重要文化財）所附大袖、山形縣上杉神社所藏「金箔押色色威大鎧」的受緒、懸緒為其代表文物。至安土桃山時代以後，則也開始用於製作當世具足的高紐。亦稱「洞芯」。
丸脇引 Maruwakibiki （まるわきびき）	俗稱輪廓圓潤的脇當。
丸筏 Maruikada （まるいかだ）	圓形的筏。
丸絎 Maruguke （まるぐけ）	一種絎紐，指將橫切面絎縫成圓形的紐繩。以布帛或皮革包裹麻芯或紙搓芯製作，可以作忍緒、太刀緒等用途。
丸鋲釘 Marubyou （まるびょう）	鋲釘頭呈圓鼓狀的鋲釘。

丸輪 Maruwa （まるわ）	一種鎖環，指以針金製作的圓形金屬環。
丸頭 Marugashira （まるがしら）	丸鉚釘的鉚釘頭。
丸篠 Marushino （まるしの）	帶有圓潤錘打凸紋的篠。形似馬刀貝殼，故亦稱馬刀殼篠。
丸鐶 Marukan （まるかん）	圓形的繰締鐶。
丸鞢 Marujikoro （まるじころ）	饅頭鞢之俗稱。
千重刺 Chiezashi （ちえざし）	百重刺之別稱。
千鳥掛 Chidorigake （ちどりがけ）	1.使繩索交錯於籠手家地內側的收束手法。以千鳥飛舞的模樣形容交錯的繩索，故名。 2.臑當的著裝方法之一，使繩索於臑當後方交錯綁結的筒臑當著裝方法。《前九年合戰繪卷》、《平治物語繪詞》等均有描繪，以千鳥飛舞的模樣來形容交錯的繩索。
土龍付 Moguraduke （もぐらづけ）	受筒的裝設方法之一。是一種省略待受、直接將受筒裝設於腰枕的方式。
大口袴 Ooguchibakama （おおぐちばかま）	一種內褲，為平安鎌倉時代穿在大鎧底下的袴。
大天衝 Ootentsuki （おおてんつき）	一種大立物，為又長又大的天衝。
大天衝 Daitentsuki （だいてんつき）	同上，唯日文念法不同。

大日輪 Oonichirin （おおにちりん）	製成偌大太陽造型的立物。山形縣上杉神社所藏「紫糸綴丸胴具足」所附頭盔之前立為其代表性文物。
大日輪 Dainichirin （だいにちりん）	同上，唯日文念法不同。
大水牛 Oosuigyuu （おおすいぎゅう）	製成偌大水牛角造型的立物。
大水牛 Daisuigyuu （だいすいぎゅう）	同上，唯日文念法不同。
大半月 Oohangetsu （おおはんげつ）	製成偌大半月形狀的立物。宮城縣仙台市博物館所藏「紺糸威仙台胴具足」（重要文化財）所附頭盔的前立為代表性文物。
大半月 Daihangetsu （だいはんげつ）	同上，唯日文念法不同。
大叩 Ootataki （おおたたき）	特指有較大凹凸起伏的叩塗。仙台市博物館所藏「三寶荒神兜付六枚胴具足」為其代表性文物。
大平山 Daiheizan （だいへいざん）	形容兜缽形狀的用語。記載於《古法鎧之卷》，然詳情不明。
大立物 Ootatemono （おおたてもの）	大型立物之統稱，如大釘、大天衝、大水牛、大半月、大日輪。
大立舉 Ootateage （おおたてあげ）	筒臘當使用的大型立舉。室町時代和江戶復古調時期都有使用。山口縣防府天滿宮、同縣源久寺、石川縣多太神社等處收藏品為其代表性文物。
大耳形兜 Oomiminarikabuto （おおみみなりかぶと）	於兜缽左右設置偌大耳朵造型的變形兜。笹間良彥《日本甲冑武具事典》（柏書房1981）雖有記載，其所在地等詳情卻已不得而知。

大辰山 Daishinzan （だいしんざん）	形容兜缽形狀的用語。記載於《古法鎧之卷》，然詳情不明。
大指 Ooyubi （おおゆび）	籠手的部位名稱。以鎖鏈連繫手甲，用來保護大姆指的部分。
大指之摘 Ooyubinotsumami （おおゆびのつまみ）	籠手的部位名稱。連結手甲與大指的鎖鏈。
大指之管 Ooyubinokuda （おおゆびのくだ）	籠手的部位名稱。設於大指內側，使用者穿戴籠手時會將大姆指穿過這個繩圈，也就是指掛緒的其中之一。
大星 Ooboshi （おおぼし）	大型星的構造，俗稱嚴星。小星之相對語。
大座 Ooza （おおざ）	總角鐶的座金。
大座 Daiza （だいざ）	同上，唯日文念法不同。
大座鐶 Daizanokan （だいざのかん）	總角鐶之俗稱。
大胴先 Oodousaki （おおどうさき）	胴甲的部位名稱。乃指大鎧、胴丸、胴丸鎧、當世具足（背割胴、前割胴除外）後胴的胴先。
大脇引 Oowakibiki （おおわきびき）	特指大型脇當。可見於室町時代末期，群馬縣新田家流傳品為其代表文物。
大荒目札 Ooaramezane （おおあらめざね）	俗稱平安鎌倉時代所用體積特別大的小札。《平治物語繪詞》、《蒙古襲來繪詞》將大荒目札畫成素懸威的形狀，而京都市法住寺佛殿遺跡則有長7.7cm、寬8.8cm的此類小札出土。

大釘 Ookugi （おおくぎ）	一種大立物，製作成偌大釘子形狀，帶有勢不可擋、「貫穿」的象徵意涵立物。東京國立博物館所藏「二之谷兜」的後立、兵庫縣湊川神社所藏「頭形兜」的頭立等為其代表性文物。
大馬印 Ooumajirushi （おおうまじるし）	特別大型的馬印。請參照馬印項目説明。
大祭形 Daisainari （だいさいなり）	形容兜缽形狀的用語。記載於《古法鎧之卷》，然詳情不明。
大須賀 Oosuga （おおすが）	特別大的須賀，可見於江戶時代中期以後。
大黑頭巾形兜 Daikokuzukinnarikabuto （だいこくずきんなりかぶと）	製成大黑天所披頭巾造型的變形兜。靜岡縣久能山東照宮所藏（重要文化財）「黑糸威丸胴具足」的頭盔為其代表文物。
大黑頰 Daikokuboo （だいこくぼお）	笑頰之別稱。
大圓山 Daienzan （だいえんざん）	形容兜缽形狀的用語。記載於《古法鎧之卷》，指前後左右半徑幾乎相等的半球形星兜、筋兜兜缽。
大圓平頂山 Daienheichouzan （だいえんへいちょうざん）	形容兜缽形狀的用語。記載於《古法鎧之卷》，半球形但頂端稍平的星兜、筋兜兜缽。
大圓高盛山 Daienkouseizan （だいえんこうせいざん）	形容兜缽形狀的用語。記載於《古法鎧之卷》，半球形但額頭稍高的星兜、筋兜兜缽。
大篠 Ooshino （おおしの）	篠籠手手腕處或篠臑當使用的細長鐵條。亦稱「長篠」。
大篠籠手 Ooshinogote （おおしのごて）	篠籠手之別稱。

大鍬形 Ookuwagata （おおくわがた）	一種橫幅寬大的鍬形。《二人武者繪》、《祭禮草紙》等均有描繪，奈良縣春日大社所藏「赤糸威竹雀金物大鎧」（國寶）、青森縣櫛引八幡宮所藏「赤糸威菊金物大鎧」所附頭盔的鍬形為代表性文物。
大鍬形台 Ookuwagatadai （おおくわがただい）	指特別大的鍬形台。《十二類合戰繪詞》、《祭禮草子》等均有描繪。應是種偌大半月形立物，岡山縣林原美術館所藏「縹糸威胴丸」（重要文化財）的頭盔便可見這種設計。
大禮用掛甲 Taireiyoukeikou （たいれいようけいこう）	一種掛甲，指天皇即位儀式當中近衛中將、少將裝備的儀式用掛甲。靖國神社遊就館的修復收藏品為其代表文物。
大豐山 Daihouzan （だいほうざん）	形容兜鉢形狀的用語。記載於《古法鎧之卷》，然詳情不明。
大躍之鎧 Daiyakunoyoroi （だいやくのよろい）	文獻中的語詞。記載於《松鄰夜話》上卷，應是指使用甲冑物品的7、8成。
女面 Onnamen （おんなめん）	美女頰之別稱。
女顏 Onnagao （おんながお）	美女頰之別稱。
小手輪 Kotewa （こてわ）	鳩尾板之俗稱。
小札甲 Kozaneyoroi （こざねよろい）	古代的小札甲。一般稱作掛甲，不過《延喜式》卻將短甲、掛甲均指為札甲，小札甲便是區別此兩者之暫稱。
小札佩楯 Kozanehaidate （こざねはいだて）	一種佩楯，主要構造以小札板製成，並以毛引穿繩串連而成，可見於室町時代以後。
小札物 Kozanemono （こざねもの）	板物之相對語，指小札、本伊予札製成的小札板。

小札頭 Kozanegashira （こざねがしら）	伊予札、板物的札頭種類之一。模擬小札排列的模樣，一端切成斜口、另一端切齊呈直線的札頭。伊予札的小札頭則是由2片小札製成。例如：小札頭的伊予札、小札頭的板物。
小札篠 Kozaneshino （こざねしの）	一種漆藝裝飾，塗漆加厚藉以模擬小札板的段差。僅少數金具廻和肩上會採取此裝飾法。
小田佩楯 Odahaidate （おだいだて）	瓢佩楯之別稱。《甲製錄》下卷作「名曰小田民部之人始製，此即函人[60]之説」，故名。
小田原形 Odawaranari （おだわらなり）	明珍派的發源地位於小田原。當要將明珍派的作風與其他流派做比較時，便會稱其為小田原形，作為區別。
小田原鉢 Odawarabachi （おだわらばち）	文獻中的語詞。記載於《武家功名記》、《常山紀談》等，應該是指服務北条氏的甲冑師所製作的兜鉢，這些甲冑師多半集中於小田原。
小田頰 Odaboo （おだぼお）	製作成猿猴臉部造型的目下頰。亦稱「猿頰」、「宇多」頰。
小田籠手 Odagote （おだごて）	瓢籠手之別稱。《甲製錄》下卷作「名曰小田民部之人始製，此即函人之説」，故名。
小石打 Koishiuchi （こいしうち）	一種平打繩紐，指使用2種以上色線編成有如小石子四處散落的繩索。室町時代經常將其使用於胴丸、腹卷的畦目，廣島縣嚴島神社所藏「小櫻威大鎧」（國寶）的耳糸為其代表文物。
小立舉 Kotateage （こたてあげ）	附設於臑當的小型立舉。
小尖星 Kotogariboshi （ことがりぼし）	稜威星、伊賀星之俗稱。
小具足姿 Kogusokusugata （こぐそくすがた）	僅裝備小具足的模樣。

小板 Koita （こいた）	一種板所，指位於籠手肩頭上部鎖環之間的方形小板。
小星 Koboshi （こぼし）	南北朝時代以後體積特別小的星。
小泉派 Koizumiha （こいずみは）	甲冑師的一派。「小泉兜」一詞記載於《應仁記》、《應仁亂消記》、《西藩野史》等文獻，應是指室町時代以奈良縣大和郡山小泉為根據地的冑師流派。研究者根據其相關傳說辨識出1頂總覆輪阿古陀形筋兜，因此推測他們當時從事的應是鐵匠的工作，然詳情不明。
小泉兜 Goizumikabuto （こいずみかぶと）	文獻中的語詞。記載於《應仁記》、《應仁亂消記》、《西藩野史》等文獻，應是指室町時代以奈良縣大和郡山小泉為根據地的冑師流派所製頭盔（可能是阿古陀形兜），然詳情不明。
小胴先 Kodousaki （こどうさき）	前胴的底部。
小袖 Kosode （こそで）	文獻中的語詞。記載於《梅松論》、《太平記》，足利家代代相傳的甲冑，稱呼時前面必定會冠個「御」字，然詳情不明。
小袴仕立 Kobakamajitate （こばかまじたて）	鎖袴之俗稱。
小猿革 Kozarugawa （こざるがわ）	佩楯的部位名稱。是片連繫至家地左右的皮革，也是設置引上縮的底座。
小腹卷 Koharamaki （こはらまき）	俗稱較小的腹卷。靜岡市淺間神社所藏「紅糸威小腹卷」為其代表文物。
小緣韋 Koberikara （こべりかわ）	作小緣使用的韋。亦稱「緣韋」。
小篠 Koshino （こしの）	一種較小的篠。

小篠佩楯 Koshinohaidate （こしのはいだて）	四處設有小篠的佩楯。東京都永青文庫所藏「黑糸威二枚胴具足」的佩楯為其代表文物。
小篠籠手 Koshinogote （こしのごて）	四處設有小篠的鎖籠手。廣島縣嚴島神社所藏「鶫韋包紫糸威丸胴具足」所附籠手為其代表文物。
小鍬形 Kokuwagata （こくわがた）	文獻中的語詞。記載於《文正記》、《大友興廢記》等文獻，應是指廣島縣嚴島神社所藏「黑韋威胴丸」（國寶）頭盔所附鍬形那種特別小型的鍬形，然詳情不明。
小鎧 Koyoroi （こよろい）	文獻中的語詞。記載於《源平盛衰記》卷三十五，應該就是指愛媛縣大山祇神社所藏「逆澤瀉大鎧」（國寶）等的小型大鎧。
小顎 Koago （こあご）	半頬、面頬當的部位名稱，指下巴左右相當於腮的部分。
小櫻威 Kozakuraodoshi （こざくらおどし）	整體使用小櫻韋穿繩編綴的威毛。記載於《吾妻鏡》、《源平盛衰記》《太平記》等文獻，廣島縣嚴島神社所藏「小櫻威大鎧」（國寶）為其代表文物。
小櫻韋 Kozakuragawa （こざくらがわ）	一種染出無數細小櫻花模樣的韋。
小櫻黃返 Kozakurakigaeshi （こざくらきがえし）	一種將小櫻韋再用黃色顏料染過以後編綴製成的威毛。記載於《源平盛衰記》、《平家物語》等文獻，山梨縣菅田天神社所藏「小櫻黃返大鎧」（國寶）為其代表文物。
小櫻鉚釘 Kozakurabyou （こざくらびょう）	設置於金具迴的五角錐小鉚釘。見於鎌倉時代後期以後，應是為保護繪韋所設。
山吹威 Yamabukiodoshi （やまぶきおどし）	文獻中的語詞。記載於《武用辨略》卷五，應是鮮艷的黃色糸威毛之美稱。
山形 Yamagata （やまがた）	形容龜甲立舉形狀的用語，指中央高、左右低的龜甲立舉。因形似「山」字，故名。

山形冠板 Yamagatanokanmuriita （やまがたのかんむりいた）	中央較高、呈花瓣末梢造形，前後較低的大袖冠板。《伴大納言繪詞》、《前九年合戰繪詞》等均有描繪，山梨縣菅田天神社所藏（國寶）「小櫻黃返大鎧」的大袖冠板為其代表文物。
山椒鉚釘 Sanshoubyou （さんしょうびょう）	俗稱施以鍍金鍍銀、跟山椒果實一樣小的圓形鉚釘。
山道 Yamamichi （やまみち）	板物的札頭種類之一。呈大波浪起伏的板物札頭，常見於加賀具足。又有連山道、離山道等不同形狀。
山道之鎧 Yamamichinoyoroi （やまみちのよろい）	文獻中的語詞。記載於《難波戰記》卷二十七，應是指搭配山道威威毛的甲冑，然詳情不明。
山道威 Yamamichiodoshi （やまみちおどし）	一種特意使毛立穴有高低差，編成波浪起伏形狀的威毛。可見於少數加賀具足。
山銅 Yamagane （やまがね）	一種金屬，指剛從山裡挖掘出來、仍有許多雜質，呈深綠色的銅。使用於室町時代後期以後的金屬件。
弓手 Yumite （ゆみて）	同「弓手」（yunte），唯日文念法不同。
弓手草摺 Yuntenokusazuri （ゆんてのくさずり）	武家用語，指大鎧左側的草摺。記載於《保元物語》、《源平盛衰記》、《長門本平家物語》等文獻。
弓手袖 Yuntenosode （ゆんてのそで）	武家用語，指左側的袖甲。記載於《異本承久記》。
弓籠手 Yumigote （ゆみごて）	一種沒有手甲、並以縮緬裝飾手腕的產籠手。可見於江戶復古調時期。

不動三尊之繪韋 Fudousanzonnoegawa （ふどうさんぞんの えがわ）	一種繪韋，於火炎圖案中描繪不動明王帶領矜羯羅、制多羅2名童子的肖像。鎌倉時代後期因受真言密教影響而誕生。廣島縣嚴島神社所藏「淺蔥綾威大鎧」（國寶）、島根縣日御碕神社所藏「白糸威大鎧」（國寶）弦走的繪韋為其代表文物。
中札 Chuuzane （ちゅうざね）	中等大小的小札，指寬度普通的小札。
中白威 Nakajiroodoshi （なかじろおどし）	一種單色威毛中央設置白色區塊的威毛。兵庫縣太山寺所藏（重要文化財）「紅糸威中白腹卷」為其代表文物。亦稱「腰白威」。
中立物 Nakatatemono （なかたてもの）	一種將脇立與頭立組合起來的立物。福岡縣御花史料館的收藏品當中有頂搭配輪貫中立物的頭盔，為其代表文物。
中立舉 Chuutateage （ちゅうたてあげ）	俗稱比大立舉稍小的立舉。
中込 Nakagome （なかごめ）	置於家地之中作為芯材的布。通常使用以稍粗麻絲織成的白色麻布，其網目較為粗大、質地堅韌。
中取 Nakatori （なかとり）	文獻中的語詞。記載於《桂川地藏記》，應是中威之別稱。
中板 Nakanoita （なかのいた）	袖甲的部位名稱，指位於冠板與裾板中間的小札板。
中威 Nakaodoshi （なかおどし）	將單色威毛的中間改用另一種單色的威毛，也是中白、中赤、中紫等威毛的統稱。亦稱中取或腰取。
中星 Chuuboshi （ちゅうぼし）	相對於小星、大星，俗稱中等大的小星。
中家 Nakaie （なかいえ）	中込之別稱。

中淺蔥 Nakaasagi （なかあさぎ）	一種藍染色調，比淺蔥稍濃、比縹稍淡。
中間具足 Chuugengusoku （ちゅうげんぐそく）	足輕具足之別稱。
中窪 Nakakubo （なかくぼ）	俗稱旁邊有條溝的駒爪。
中緒 Nakanoo （なかのお）	執加緒之別稱。
中縹 Nakahanada （なかはなだ）	一種藍染色調，比縹濃，比紺淡。
五具足 Itsugusoku （いつぐそく）	文獻中的語詞。記載於《大友興廢記》，五種1套的武具。
五所付 Itsudokoroduke （いつどころづけ）	忍緒的裝設方法，指將忍緒或力金裝設於兜缽內側左右各2處與後方總共5處的手法。當世兜僅有少數使用此法。
五枚胴 Gomaidou （ごまいどう）	當世具足的胴甲形式之一。利用4個角落的鉸鏈開闔來穿脫的胴甲。福岡縣福岡市美術館所藏「黑糸威五枚胴具足」（重要文化財）、愛知縣德川美術館所藏「熊毛植黑糸威五枚胴具足」為其代表文物。雪下胴、仙台胴即屬此類。
五枚兜 Gomaikabuto （ごまいかぶと）	文獻中的語詞。記載於《保元物語》、《平家物語》、《源平盛衰記》、《義經記》、《永享記》、《太平記》等文獻，應是五枚鞠的簡稱或是簡易兜的一種，詳情不明。
五枚張頭形 Gomaibarizunari （ごまいばりずなり）	一種古頭形，由左右兩側、上板、前板、腰卷總共5塊板材製作。頂端有個小孔或六曜形狀鏤空設計，有些則是設有響穴。岐阜縣清水神社、東京都西光寺的收藏品為其代表文物。
五星韋 Goseigawa （ごせいがわ）	五星赤韋之簡稱。

五側 Gonokawa （ごのかわ）	指呈5段構造的長側。一般使用於當世具足，不過廣島縣嚴島神社所藏「淺蔥綾威大鎧」（國寶）、奈良縣春日大社所藏「竹雀金物赤糸威大鎧」（國寶）亦有使用。
五盛菊 Itsumorigiku （いつもりぎく）	5朵八重菊邊緣搭配枝葉圖案的金屬裝飾。山口縣源久寺收藏品、茨城縣水戶八幡宮所藏阿古陀形筋兜的吹返据文為其代表性文物。
五裝束 Itsusoutaba （いつそうたば）	文獻中的語詞。記載於《今川大雙紙》，指五種1套的武具。
仁王胴 Nioudou （におうどう）	一種裸體胴，將裸體塗成赤紅色藉以模擬仁王的胴甲。
仁王臑當 Niousuneate （におうすねあて）	俗稱無家地的筒臑當。應是指稱室町時代以前的筒臑當之用語。
仁王籠手 Niougote （におうごて）	毘沙門籠手之俗稱。
介冑 Kaichuu （かいちゅう）	文獻中的語詞。記載於《三代實錄》卷十七，應是古代甲冑之別稱。
內取式 Uchidorishiki （うちどりしき）	高紐的一種綁法，指將高紐設置於胸板的內側。主要出現於鎌倉時代至室町時代的大鎧。山口縣防府天滿宮所藏「紫韋威大鎧」（重要文化財）、廣島縣嚴島神社所藏「淺蔥綾威大鎧」（國寶）、島根縣日御碕神社所藏「白糸威大鎧」（國寶）等為其代表性文物。外取式之相對語。
內張 Uchibari （うちばり）	裏張之別稱。
內筒 Uchidutsu （うちづつ）	古代筒狀籠手的內側。
內睪玉隱 Uchikintamakakushi （うちきんたまかくし）	當世具足的部位名稱，指設置於前方草摺內側、縫有鎖環或龜甲金的布帛。

內緒 **Uchio** （うちお）	執加緒之俗稱。
內繰 **Uchikarakuri** （うちからくり）	一種繰付手法。指製作兜缽時從內側施以繰付。另有外繰。
六入 **Mutsuiri** （むついり）	一種編鎖環的方法，指1個丸輪搭配6個菱輪編製的鎖鏈。如此編成的鎖鏈將呈現麻葉連續圖形，故稱「麻葉鎖」；其形狀又看似六瓣花朵的連續圖形，故亦稱「花鎖」。
六方白 **Roppoujiro** （ろっぽうじろ）	一種兜缽裝飾。於兜缽的6個方向設置篠垂或地板，作為裝飾。奈良縣春日大社所藏「赤糸威竹雀金物大鎧」（國寶）的頭盔為其代表文物。
六枚胴 **Rokumaidou** （ろくまいどう）	當世具足的胴甲形式之一，4個角落設有鉸鏈的兩引合胴。仙台市博物館所藏「三寶荒神兜付六枚胴具足」為其代表文物。
六曜巴文韋 Rokuyoutomoemongawa （ろくようともえもんがわ）	一種繪韋，指將6個巴文排列成六曜文連續圖形的染韋。東京都御嶽神社所藏（國寶）「赤糸威大鎧」頭盔的內張為其代表文物。
切子頭 **Kirikogashira** （きりこがしら）	一種使用切子做頭的鑷台。所謂「切子」，是指從立方體的8個角裁去三角錐形成的多面體形狀，可見於平安、鎌倉時代。
切欠式 **Kirikakishiki** （きりかきしき）	故意將原先應該設置鑷的地方切削下來製作的棚造金具迴形式。可見於平安、鎌倉時代的胸板或大袖的冠板。
切付小札 **Kiritsukekozane** （きりつけこざね）	一種板物。將札頭切割成小札形狀、塗漆使其隆起，看起來就像本小札板的一種板材。當時亦稱當世小札，意為現代的小札。
切竹形兜 **Kiridakenarikabuto** （きりだけなりかぶと）	製成切竹[61]造型的變形兜。愛知縣犬山城的收藏品為其代表文物。
切金細工 **Kiriganezaiku** （きりがねざいく）	將各種金屬板切割成各種紋路，然後以小鉚釘固定的工藝。

切總 Kiribusa （きりぶさ）	總的製作方法，指把編繩的末梢拆開來、將根部固定綁好，然後將末梢繩線切齊的總。可見於中世的編繩。
化妝襟 Keshoueri （けしょうえり）	統稱施有裝飾的襟迴。
天平韋 Tenbyougawa （てんびょうがわ）	藻獅子文圖案中寫有「天平十二年八月」等細長字幅的繪韋。使用於江戶時代，是正平韋之相對語。
天谷山 Tenkokuzan （てんこくざん）	形容兜缽形狀的用語，記載於《古法鎧之卷》，指八幡座周圍凹陷的頭盔。一般稱作天谷山形。島根縣渡邊美術館的收藏品為其代表文物。
天狗具足 Tengugusoku （てんぐぐそく）	鱗具足之別稱。
天狗頰 Tenguboo （てんぐぼお）	記載於《甲冑便覽》，指製作成天狗、烏天狗面貌的目下頰。
天空之穴 Tenkuunoana （てんくうのあな）	天邊之穴的別稱。
天衝 Tentsuki （てんつき）	使用檜木薄板張貼金箔或銀箔的角形立物。象徵直衝天際的不可擋之勢，經常作為前立、脇立（及部分後立）使用。特別大的天衝，就喚作大天衝。亦以近江國（滋賀縣）彥根藩井伊家的合印為人所知。
天邊 Tehen （てへん）	文獻中的語詞。廣泛記載於《杉原本保元物語》、《平治物語》、《平家物語》等文獻。指兜缽半球形的頂端部位，應是日語「頂端（てっぺん／teppen）」發音演變形成。有時亦以此語直接指稱天邊之穴。
天邊之座 Tehennoza （てへんのざ）	八幡座之俗稱。
天邊真中 Tehennotadanaka （てへんのただなか）	文獻中的語詞。記載於《太平記》，應是南北朝時代以後指稱天邊之穴的用語。

太刀打 Tachiuchi （たちうち）	文獻中的語詞。記載於《義經記》卷四，應是指稱籠手之用語。
太刀懸草摺 Tachikakekusazuri （たちかけくさずり）	文獻中的語詞。記載於《太平記》卷三十一，應是指大鎧的左草摺。
引上綰 Hikiagenowana （ひきあげのわな）	佩楯的部位名稱。位於佩楯橫跨家地左右處，是以小猿革為底座的綰。使用時必須把圍在腰部的腰緒先穿過這個綰繩，才能把佩楯給吊起來。亦稱「帶通」。
引上緒 Hikiagenoo （ひきあげのお）	一種緒所，為設置於杏葉內側2個孔洞的繩索。使用時會將此繩牽到肩上的頂端附近，用來把杏葉提到肩膀。
引合緒 Hikiawasenoo （ひきあわせのお）	一種緒所，為避免引合張開而拿來綁結的繩子。其位置自然隨引合而異，大鎧、胴丸、當世具足的胴甲（除背割胴、前割胴）的引合緒位於右邊側腹，腹卷則是位於肩上後方。
引染 Hikizome （ひきぞめ）	一種使用刷毛的染色方法。
引迴 Hikimawashi （ひきまわし）	兜蓑之別稱。
引迴緒 Hikimawashinoo （ひきまわしのお）	一種兜缽裝飾，從響穴穿出來的綰。原本是用來綁忍緒的根繩，鎌倉時代後期以後卻流於形式，成為純粹裝飾。
引通力金 Hikitooshinochikaragane （ひきとおしのちからがね）	臑當的部位名稱。上下結式筒臑當用來穿上緒和下緒的小小的鎹[62]。
引敷 Hikishiki （ひきしき）	武家用語之一，指後方。
引敷之草摺 Hikishikinokusazuri （ひきしきのくさずり）	武家用語之一，指大鎧後方的草摺。

351

手中之管 Tenakanokuda （てなかのくだ）	指掛緒之俗稱。
手占之緒 Tejimenoo （てじめのお）	手首之緒的俗稱。
手甲之管 Tekounokuda （てこうのくだ）	指掛緒之俗稱。
手甲之緒 Tekounoo （てこうのお）	手首之緒的俗稱。
手甲裏 Tekouura （てこううら）	籠手的部位名稱，指手甲的內側部分。
手先 Tesaki （てさき）	手腕之別稱。
手拭付鐶 Tenuguidukenokan （てぬぐいづけのかん）	俗稱設置於右胸處的鐶。可見於當世具足的胴甲或腹古調時期的胴丸、腹卷。因江戶時代的典故，遂得此名。
手首之緒 Tekubinoo （てくびのお）	籠手的部位名稱，為使籠手密合而綁於手腕的緒繩。
手首之鞐 Tekubinokohaze （てくびのこはぜ）	用於手首之緒的鞐。
手蓋 Tekkai （てっかい）	籠手之別稱。
手纏 Tamaki （たまき）	文獻中的語詞。記載於《三代實錄》卷十七，應是指稱籠手之用語，然詳情不明。
手纏 Temaki （てまき）	文獻中的語詞。記載於《類聚三代格》卷十八，應是指稱平安時代初期籠手的用語，然詳情不明。

日之丸威 Hinomaruodoshi （ひのまるおどし）	一種威毛，為編成日之丸太陽圖形的紋柄威。東京國立博物館、愛知縣德川美術館等處收藏品為其代表文物。
日根野吹返 Hinenofukikaeshi （ひねのふきかえし）	日根野鞠所附的方形小吹返。
日數 Hikazu （ひかず）	文獻中的語詞。記載於《保元物語》卷一，是源家8套名甲當中的1套。一說此甲是朽葉綾威之大鎧，然詳情不明。
日輪 Nichirin （にちりん）	太陽造型、象徵天照大神（伊勢神宮）信仰的立物。特別大的日輪則稱「大日輪」。
月形 Tsukigata （つきがた）	喉輪的部位名稱，為新月形狀的主要金屬配件。
月形板 Tsukigataita （つきがたいた）	障子板之俗稱。
月數 Tsukikazu （つきかず）	文獻中的語詞。記載於《保元物語》卷一，為源家8套名甲當中的1套，然詳情不明。
木瓜結 Mokkomusubi （もっこむすび）	將上下左右繩圈編成木瓜紋的繩結，綁結根緒時會使用到。
木鉢 Kibachi （きばち）	文獻中的語詞。記載於《三代實錄》，應指古代使用的木製兜鉢。
木菟之鎧 Mimizukunoyoroi （みみずくのよろい）	「木菟」即雕鴞，也就是一種貓頭鷹，木菟之鎧為著名的甲冑之一。信濃國（長野縣）上田藩松平家收藏有傳為松平信一使用過的「三葵文紋柄威丸胴具足」，木菟之鎧便是該具足的俗稱。這是頂貓頭鷹造型的變形兜，故名。
木葉鍬形 Konohakuwagata （このはくわがた）	一種製作成樹葉造型的鍬形。使用於室町時代末期，島根縣佐太神社、栃木縣二荒山神社等處的收藏品為其代表文物。

木綿糸威 Momenitoodoshi （もめんいとおどし）	以棉繩編成的威毛，一般是足輕具足使用。正如《太閤記》卷十八記載，安土桃山時代至江戶時代前期這段期間內，木綿糸威亦可見於武士使用之當世具足。
木糞 Kokuso （こくそ）	摻雜細小木屑的漆，用來增加漆層厚度。
木糞盛上 Kokusomoriage （こくそもりあげ）	漆的底材處理法之一。塗抹多層帶木屑的漆，使底材隆起。使用於室町時代以後的盛上小札和阿古陀形兜兜缽等需要增厚的底材。
止板 Tomeita （とめいた）	裾板之俗稱。
毛毛鎧 Kegenoyoroi （けげのよろい）	文獻中的語詞。記載於《高館草子》，應是指稱各色威毛甲冑的用語。
毛立穴 Kedatenoana （けだてのあな）	一種小札孔。小札表面從上數下來的第三排，連接至下段的威繩就是從此處穿到外側。
毛沓 Kegutsu （けぐつ）	一種鞋靴。《伴大納言繪詞》、《前九年合戰繪卷》中有描繪，統稱以毛皮製作的鞋靴。亦稱貫。
毛喰撓 Kebaminotame （けばみのため）	一種小札的撓，指小札頂端的小小反折處。這種撓會形成1個縫隙，讓威繩夾在小札和小札之間。
毛雕 Kebori （けぼり）	線雕之別稱。
水引 Mizuhiki （みずひき）	1.設置於化妝板下方的2行紅白裝飾。平安、鎌倉時代使用的是赤革和白綾，其後則改為紅綾、白綾，偶爾也會使用金緞、銀緞。青森縣櫛引八幡宮所藏（重要文化財）「淺蔥糸威肩紅大袖」的赤底金緞為其代表文物。 2.頂端呈捻返構造的腰卷。
水牛角 Suigyuunotsuno （すいぎゅうのつの）	製成水牛角造型的立物。特別大的稱為「大水牛」，一般以木雕或乾漆製成。福岡市博物館所藏「大水牛脇立桃形兜」（重要文化財）、愛知縣德川美術館所藏「熊毛植黑糸威五枚胴具足」頭盔的脇立為其代表文物。

水吞緒 Mizunominoo （みずのみのお）	一種袖緒。從水吞鐶牽出、綁於背部總角的繩索，可防止袖甲在身體前傾時脫落。若為腹卷，則要綁在押付板八雙金物的鐶上，或是背板的總角上。
水吞鐶 Mizunomikan （みずのみかん）	袖甲第三段或第四段後方拿來綁水吞緒的鐶。
水走之穴 Mizubashirinoana （みずばしりのあな）	當世具足的一種裝飾。於鞋、袖甲、草摺等部件的裾板角落，呈猪目形狀的孔洞。
爪折 Tsumeori （つめおり）	鏠撓之俗稱。
爪菖蒲韋 Tsumeshoubugawa （つめしょうぶがわ）	一種菖蒲韋。將藍韋染出下襬較寬的白色梯形連續圖形。因呈爪形，故名。
五劃	
片小札 Katakozane （かたこざね）	耳札之俗稱。
片白 Katajiro （かたじろ）	兜缽的一種裝飾。指唯獨兜缽前方飾有篠垂或地板的作法。《源平盛衰記》卷四十二便記載到「洗皮之鎧，片白之甲」，東京都御嶽神社所藏「赤糸威大鎧」（國寶）的頭盔為其代表文物。
片庇 Katahisashi （かたひさし）	眉庇之俗稱。
片身替 Katamigawari （かたみがわり）	左右色調不同的威毛。奈良縣石上神宮所藏「片身替色色威腹卷」（重要文化財）、高知縣山內神社寶物資料館所藏「片身替色色威胴丸」等為代表文物。奈良縣春日大社原本收藏有1具左右分別使用萌黃和紫色威繩、中央採澤瀉威的大鎧，可惜寬政3年（1791年）遭祝融燒燬，現則以「甲胄金具」名目受指定為重要文化財。
片花先形 Katahanasakigata （かたはなさきがた）	僅單側採花瓣形狀的金屬裝飾圖案。其代表文物可見於廣島縣嚴島神社所藏「淺蔥綾威大鎧」（國寶）頭盔的篠垂。

片面龜甲打 Katamenkikkouuchi （かためんきっこううち）	平打繩紐的一種。相對於雙面均採龜甲打的作法，片面龜甲打是指內側編成矢筈（V形）圖案的龜甲打。青森縣櫛引八幡宮所藏「白糸妻取大鎧」、（國寶）島根縣日御碕神社所藏「白糸威大鎧」（國寶）等甲冑的耳糸為代表文物。
片脫胴 Katanugidou （かたぬぎどう）	一種裸體胴，指斜半邊呈裸體、其他部位則採毛引威的胴甲。東京國立博物館所藏「金小札色色威片脫胴具足」為其代表文物。
片籠手 Katagote （かたごて）	平安鎌倉時代的射擊戰（主要使用弓箭的戰鬥模式）當中，僅有左臂穿戴的籠手。《平治物語繪卷》、《蒙古襲來繪詞》等均有描繪，滋賀縣兵主神社有模型為其代表文物。
牛頭形兜 Ushigashiranarikabuto （うしがしらなりかぶと）	製成牛頭造型的變形兜。大阪府某收集家的收藏品為其代表性文物，笹間良彥《日本甲冑武具事典》（柏書房1981）亦有記載，然而現在下落不明。
仕付甲懸 Shitsukekoukake （しつけこうかけ）	和臑當呈一體的甲懸。《二人武者繪》雖有描繪，可惜現已無中世文物流傳。山口縣防府天滿宮、島根縣須佐神社所藏筒臑當下端發現有1排連續小孔和部分鎖環，推測應該是用來連結甲懸的構造。
仕付脇引 Shitsukewakibiki （しつけわきびき）	以威繩裝設於脇板的脇當，亦稱付脇引。
仕付袖 Shitsukesode （しつけそで）	與籠手呈一體的袖甲，多見於室町時代末期至江戶時代前期。愛媛縣大山祇神社所藏「色色威最上腹卷」（重要文化財）、廣島縣嚴島神社所藏「紅糸威丸胴具足」（重要文化財）等所附袖甲為其代表文物。因為袖甲屬於籠手的一部分，故亦稱仕付籠手。
仕付襟 Shitsukeeri （しつけえり）	南蠻襟之別稱。
仕付籠手 Shitsukegote （しつけごて）	毘沙門籠手之別稱。
仕付鞐 Shitsukenokohaze （しつけのこはぜ）	肩鞐之俗稱。

仕返物 Shikaeshimono （しかえしもの）	翻新古物而成的甲冑。
仕寄具足 Shiyorigusoku （しよりぐそく）	專為攻城戰特別製作的甲冑，關於其形態等詳情不明。
付物 Tsukemono （つけもの）	裝設於頭盔的裝飾。除立物以外，統稱所有裝設於頭盔的裝飾，如兜蓑、腰蓑、上頭巾等。
付眉庇 Tsukemabisashi （つけまびさし）	俗稱以三光鉚釘固定的正式眉庇，如伏眉庇、出眉庇。
付脇引 Tsukewakibiki （つけわきびき）	仕付脇引之別稱。
付御眉庇 Tsukeoroshimabisashi （つけおろしまびさし）	眉形眉庇之別稱。
付緒 Tsukeo （つけお）	一種緒所，是將栴檀板和鳩尾板綁於高緒的繩索。
付總 Tsukibusa （つきぶさ）	總的製作方法之一。將總的部分分開來製作，然後再裝設於繩索末端。東京國立博物館所藏「組交糸威肩紅胴丸」（重要文化財）緒所的總為其代表文物。
仙台胴 Sendaidou （せんだいどう）	當世具足的胴甲形態之一。採取縱矧的五枚胴形式，受仙台藩主伊達家推崇。仙台市博物館許多收藏品均為其代表文物。
出八雙 Dehassou （ではっそう）	末端呈圓形突出的八雙金物。可見於室町時代末期以後，山形縣致道博物館所藏「色色威胴丸」（重要文化財）、大分縣柞原八幡宮所藏「金白檀塗淺蔥小威腹卷」（重要文化財）等八雙金物為其代表文物。「入八雙」的相對語。
出幅 Dehada （ではば）	小札板左端耳札的寬幅。

357

出總角 Deagemaki （であげまき）	一種總角結。是指中央繩結的左繩在下、右繩在上，呈「入」字形的總角結。
加州系 Kashuukei （かしゅうけい）	甲冑師的派別之一。指以加賀國（石川縣）金澤為中心活動之甲冑師門派。
加賀具足 Kagagusoku （かがぐそく）	一種當世具足。俗稱從前加賀國（石川縣）金澤一帶所製，大量使用到金箔押、切金細工、鑲嵌、蠟流等加賀工藝的當世具足。
加賀籠手 Kagagote （かがごて）	一種籠手。俗稱從前加賀國（石川縣）金澤一帶所製，大量使用到金箔押、切金細工、鑲嵌、蠟流等加賀工藝的籠手。
包小札 Tsutsumikozane （つつみこざね）	施以革著的小札板。可見於室町時代後期以後，松浦史料博物館所藏「紅糸威腹當」（重要文化財）、東京都前田育德會所藏「金箔押白糸威丸胴」（重要文化財）等為其代表文物。亦稱包札。
包札 Tsutsumizane （つつみざね）	包小札之簡稱。
包地 Tsutsumiji （つつみじ）	為裝飾、保護等目的，使用其他金屬、皮革、布帛或植毛等手法將底材包裹起來。
包金 Tsutsumigane （つつみがね）	覆輪之俗稱。
包鉢 Tsutsumibachi （つつみばち）	兜鉢的一種裝飾。表面包覆布帛、皮革的兜鉢。山形縣上杉神社所藏「龜甲綴頭巾形兜」為其代表文物。
包袖 Tsutsumisode （つつみそで）	一種袖甲。省略威繩構造，使用布帛、皮革等包覆表面的袖甲。愛媛縣大山祇神社所藏「熏韋包胴丸」（重要文化財）所附寬袖為其代表文物。江戶時代的包袖大多屬於變形袖甲一類。
包頭形兜 Tsutsumigashiranarikabuto （つつみがしらなりかぶと）	製成有如布帛包裹頭部造型的變形兜。笹間良彥《日本甲冑武具事典》（柏書房1981）雖有記載，其所在地等詳情不明。

半上籠手 Hanjougote （はんじょうごて）	籠手的一種，僅有前臂部分。
半月 Hangetsu （はんげつ）	半月形狀的立物。傳為山中鹿介用品的阿古陀形筋兜所附前立目前收藏於山口縣吉川史料館，為其代表文物。
半立舉 Hantateage （はんたてあげ）	俗稱臑當的小立舉。
半具足 Hangusoku （はんぐそく）	指僅穿著部分甲冑的狀態。
半頰當 Hanbooate （はんぼおあて）	文獻中的語詞。記載於《越州軍記》，應是半頰之俗稱。
半籠手 Hangote （はんごて）	統稱鎖鏈並未延伸至內側的籠手。打迴籠手之相對語。
卯花妻取 Unohanatsumadori （うのはなつまどり）	文獻中的語詞。記載於《太平記》，應是以卯花之潔白為喻，為白糸妻取之美稱。
卯花威 Unohanaodoshi （うのはなおどし）	文獻中的語詞。記載於《保元物語》、《義經記》、《太平記》等文獻，應是以卯花之潔白為喻，為白糸威之美稱。
去死 Koshi （こし）	頭盔的部位名稱之一。兜鉢與腰卷之交界處。星兜、筋兜通常會在此處設置名為捻返的反折構造。
古代具足 Kodaigusoku （こだいぐそく）	俗稱二枚胴、五枚胴等形式已經固定下來以後的江戶時代丸胴具足。
古年童鎧 Konendouyoroi （こねんどうのよろい）	文獻中的語詞。記載於《愚得隋筆》，應是指代代相傳的鎧甲之意。
古式仕立 Koshikishitate （こしきしたて）	指三物、小具足全都使用相同材料、以相同方法組裝。

古具足 Furugusoku （ふるぐそく）	文獻中的語詞。記載於《應仁記》、《明良洪範》等文獻，相對於新製甲冑，應是指變舊的甲冑。
叩板 Tatakiita （たたきいた）	裾板之俗稱。
叩塗 Tatakinuri （たたきぬり）	一種塗漆方法。面漆乾燥以前，以較硬的刷毛垂直拍打、使表面呈細小凹凸的方式。凹凸起伏較大的，則稱大叩。
召替具足 Mashikaenogusoku （めしかえのぐそく）	著替具足之別稱。
叶結 Kanoumusubi （かのうむすび）	總角之俗稱。
叺形兜 Kamasunarikabuto （かますなりかぶと）	一種做成叺（拿來裝穀物的稻草袋）造型的變形兜。京都府高津古文化會館有「銀箔押叺形兜」為其代表文物。
四入 Yotsuire （よついれ）	一種編鎖鏈的方法，指1個丸輪搭配4個菱輪編製的鎖。基本上丸輪菱輪縱橫交互編綴，編成後將呈現斜向的八角形連續圖形，故亦稱籠目鎖。
四之緒 Yottsunoo （よっつのお）	袖緒之俗稱。受緒、執加緒、懸緒、水呑緒四者的合稱語。
四分一銀 Shibunichigin （しぶいちぎん）	一種金屬，指銅和銀按照3：1比例混合的合金。亦稱朧銀。
四天穴 Shitennoana （してんのあな）	響穴之俗稱。
四孔式 Shikoushiki （しこうしき）	將繩索綁在金屬件上的一種手法。利用4個孔洞綁設繩索，當世具足的金具迴就有使用。

四方白 Shihoujiro （しほうじろ）	一種兜缽裝飾，使用篠垂或地板裝飾兜缽前後左右。廣島縣嚴島神社所藏「淺蔥綾威大鎧」（國寶）、島根縣日御碕神社所藏「白糸威大鎧」（國寶）等甲冑的頭盔為其代表文物。
四目 Yotsume （よつめ）	一種設有4個縅穴的小札。使用於胴丸、腹卷的花縅部分、大鎧脇板的花縅部分、八雙鉚釘部分等處。
四石疊文威 Yotsuishidatamimonodoshi （よついしだたみもんおどし）	《伴大納言繪詞》所繪中央石疊狀區塊呈不同色調之威毛的暫稱。
四所付 Yodokoroduke （よどころづけ）	忍緒的裝設方法之一。指將忍緒裝設於兜缽內側左右各2處、總共設置4處根懸或力金以供綁結忍緒的手法。
四枚金胴 Shimaikanadou （しまいかなどう）	鐵胴丸、鐵腹卷之俗稱。
四枚胴 Shimaidou （しまいどう）	當世具足胴甲形式之一。利用左側腹1個和右側腹2個鉸鏈開闔穿脫的胴甲，可見於少數初期的當世具足。山口縣毛利博物館所藏「栗色革包瓢簞唐草蒔繪四枚胴具足」為其代表文物。
四側 Shinokawa （しのかわ）	指長側呈4段構造。典型的大鎧、胴丸、腹卷都為此構造。
外取式 Sotodorishiki （そとどりしき）	高紐的一種綁法。指將高紐設置於胸板的外側。有些會綁在前立舉的小札處，有些則會綁在胸板上。前者可見於平安時代至室町時代前期，後者則是室町時代胴丸、腹卷乃至當世具足的固定形式。內取式的相對語。
外筒 Sotodutsu （そとづつ）	古代的筒狀籠手的外側。
外繰 Sotokarakuri （そとからくり）	繰付的手法之一。製作兜缽時從外側使用繰付的方法。內繰的相對語。

左近士派 Sakonshiha （さこんしは）	奈良甲冑師流派。跟春田派、岩井派同是自古便從事甲冑製作的流派。推測左近士派主要是從事威繩和組裝的工作而非鍛冶，然詳情不明。
市口派 Ichiguchiha （いちぐちは）	甲冑師的流派之一。據傳市口派發祥自河內國（大阪府），本是製鐙的鐙師。有三十二間筋兜和面頰當等文物留存至今，其餘則不詳。
布目頭 Nunomegashira （ぬのめがしら）	鐶台、鉚釘頭的一種裝飾。以鑿銼刻下縱橫方向的刻痕，模擬布料紋路的裝飾。
布目鑲嵌 Nunomezougan （ぬのめぞうがん）	一種鑲嵌技法。在鐵板底材刻出布料紋路的細紋，然後配合圖案錘打嵌入金銀薄板。常見於加賀具足，使用於兜缽或三具等鐵板底材較薄處。
布帛包 Fuhakudutsumi （ふはくづつみ）	整體使用布帛包裹藉以代替威繩穿綴的作法。滋賀縣兵主神社所藏（重要文化財）「白綾包腹卷」為其代表文物。
布帛威 Fuhakuodoshi （ふはくおどし）	使用布帛的威。
布袋胴 Hoteidou （ほていどう）	一種裸體胴，將下腹部製成七福神布袋形狀、又圓又鼓的胴甲。所在地等詳情不明。
布著 Nunogise （ぬのぎせ）	一種塗漆的底材處理法。用布（多為麻布）包覆底材，然後才在上面塗漆。
平小札 Hirakozane （ひらこざね）	平札之別稱。
平天山 Heitenzan （へいてんざん）	《古法鎧之卷》所載平頂山之別稱。
平天邊 Hiratehen （ひらてへん）	低矮八幡座之俗稱。
平打 Hirauchi （ひらうち）	一種橫切面呈扁平狀的編繩。

平札 Hirazane （ひらざね）	不使用木糞或地粉等手法增加厚度的平坦小札。可見於平安、鎌倉時代，東京都御嶽神社所藏「赤糸威大鎧」（國寶）、廣島縣嚴島神社所藏「小櫻威大鎧」（國寶）、同處所藏「紺糸威大鎧」（國寶）等甲冑之小札為其代表文物。亦稱平小札。
平石 Hiraishi （ひらいし）	文獻中的語詞。記載於《秀鄉草子》，該文獻指其為藤原秀鄉的甲冑，然詳情不明。
平冠 Hirakanmuri （ひらかんむり）	籠手的部位名稱，指製成平板狀的冠板。
平星 Hiraboshi （ひらぼし）	一種製成扁平形狀的星，可見於江戶時代。
平兜 Hirakabuto （ひらかぶと）	統稱星兜、筋兜以外的簡易兜、變形兜等。
平造 Hiradukuri （ひらづくり）	一種製成扁平形狀的金具迴。用於縅付、威付、蝙蝠付等金具付手法，通常使用於室町時代的胴丸、腹卷棧當世具足的金具迴。
平頂山 Heichouzan （へいちょうざん）	形容兜缽形狀的用語。記載於《古法鎧之卷》，指天邊（頂端）平坦的筋兜或星兜。同書還另外記載作平天山。
平筏 Hiraikada （ひらいかだ）	一種沒有凸紋錘打裝飾的平坦的筏。
平絎 Hirakuke （ひらくけ）	絎紐的一種。先將布帛或皮革折疊起來，然後利用絎縫法縫成扁平狀的繩索。使用於忍緒、上下結式臑當的緒繩、太刀繩等處。
平鉚釘 Hirabyou （ひらびょう）	一種鉚釘頭平坦的鉚釘。
平瓢 Hirafukube （ひらふくべ）	瓢籠手座盤的一種，為中間較高而隆起的葫蘆形狀座盤。中央經常使用切金細工等手法飾以紋樣等裝飾。

平篠 Hirashino （ひらしの）	一種扁平形狀的篠。
打出小札 Uchidashikozane （うちだしこざね）	空小札之俗稱。
打出星 Uchidasiboshi （うちだしぼし）	空星之俗稱。
打合 Uchiawase （うちあわせ）	1.引合之俗稱。 2.籠手、臑當的部位名稱。於內側與家地疊合的部分。
打迴籠手 Uchimawashigote （うちまわしごて）	統稱鎖鏈延伸直至內側的籠手。半籠手之相對語。
打貫鎖 Uchinukigusari （うちぬきぐさり）	一種鎖環，以薄鐵板裁下來的鐵環製作而成。江戶時代罕有小具足會使用。
本手甲 Hontekou （ほんてこう）	特別強調摘手甲之用語。
本伊予札 Honiyozane （ほんいよざね）	為一種用伊予札製成的小札板。相對於矢筈頭、碁石頭等板物，此語強調是使用真正的伊予札製作的小札板。亦稱本縫延。
本伏 Honbuse （ほんぶせ）	伏組的一種。對蛇腹伏施以刺縫的正式伏組。
本式仕立 Honshikishitate （ほんしきしたて）	從三物（頭盔、胴甲、袖甲）到小具足全都使用相同材料，組裝成相同形式。
本絎 Honkagari （ほんかがり）	諸絎之俗稱。
本縫延 Honnuinobe （ほんぬいのべ）	本伊予札之別稱。

本鑲嵌 Honzougan （ほんぞうがん）	一種鑲嵌技法。取鐵質底材篆刻圖案或紋路，再錘打金銀薄板使其嵌入凹紋。除此之外，此語還可以用來強調使用的是真正的鑲嵌，而非布目鑲嵌。
札 Zane（ざね）	小札之古稱。
札丈 Zanetake （ざねたけ）	小札從上端至下端的高度，亦稱札足。
札甲 Zaneyoroi （ざねよろい）	統稱以小札製作的甲冑。
札尾 Zanejiri （ざねじり）	小札的下端。
札良鎧 Zaneyokiyoroi （ざねよきよろい）	文獻中的語詞。記載於《平家物語》卷九，應是用來強調小札品質良好、鎧甲牢靠堅韌的用語。
札足 Zaneashi （ざねあし）	札丈之別稱。
札板 Zaneita （ざねいた）	小札板之簡稱。
札幅 Zanehaba （ざねはば）	小札的橫向寬幅。
札緘 Zanegarami （ざねがらみ）	下緘之別稱。
札頭 Zanegashira （ざねがしら）	小札的頂端。

母衣 Horo （ほろ）	甲冑的附屬物之一。記載於《三代實錄》、《本朝世紀》等平安時代的公家文獻，應是如《平治物語繪詞》所繪，指設置於鎧甲背部的布帛製道具。推測應是用來阻擋來自背後的飛箭，然其形狀等詳情不明。江戶時代有使用木頭或竹子製作骨架、覆以布帛製作的母衣，但原本應該是使用不同材質製作才是。亦寫作保呂、繲。
母衣付 Horotsuke （ほろつけ）	文獻中的語詞。記載於《高館草子》，從裝設母衣之語義判斷，應是指押付。
母衣付鐶 Horotsukenokan （ほろつけのかん）	後勝鐶之俗稱。
玉垣 Tamagaki （たまがき）	檜垣之俗稱。
玉留 Tamadome （たまどめ）	指穿威繩收尾時，將多餘的繩索切掉、塞進威穴並塗漆固定。
玉緣 Tamabuchi （たまぶち）	1.一種置於頭盔最頂端，用來固定八幡座的筒狀金物。 2.捻返之俗稱。
瓜形兜 Urinarikabuto （うりなりかぶと）	一種製成瓜類造型的變形兜。山梨縣佐野資料館的「蒔繪胴具足」所附頭盔為其代表文物。
瓦札 Kawarazane （かわらざね）	一種一片一片全部呈彎曲形狀的伊予札。使用於江戶時代的高級佩楯，因狀似瓦片遂得此名。
瓦佩楯 Kawarahaidate （かわらはいだて）	主要構造以瓦札製成的佩楯，是用於當世具足的高級品。
瓦袖 Kawarasode （かわらそで）	一種變形袖。使用單片鐵材或皮革材質等可延展的板材製成，稍稍彎曲的袖甲。因狀似瓦片遂得此名。

用害之裏板 Yougainouraita （ようがいのうらいた）	要害之板的俗稱。
甲冑 Kacchuu （かっちゅう）	文獻中的語詞。記載於《日本書紀》、《續日本後記》、《三代實錄》等文獻，是指稱鎧甲頭盔的用語。其實甲本是鎧甲之意，而冑則是頭盔之意。
甲冑師 Kacchuushi （かっちゅうし）	鎧師之別稱。
甲冑鍛冶 Kacchuukaji （かっちゅうかじ）	負責甲冑製程當中的鐵匠作業，主要製作兜缽和金具迴等物。
甲袋 Yoroibukuro （よろいぶくろ）	將甲冑收納進櫃子裡時，為免碰傷頭盔、小具足、草摺等而先各自裝進的袋子中，該袋子即為甲袋。
甲菊 Kougiku （こうぎく）	一種菊座花瓣中央有個隆起構造的座金。
白光目釘 Hakkounomekugi （はっこうのめくぎ）	設置於三光鉚釘中央的鉚釘。
白糸 Shiroito （しろいと）	以白色繩線編成的編繩。
白糸妻取 Shiroitotsumadori （しろいとつまどり）	整體以白糸穿繩，妻（末端）使用其他色線交雜的威毛。記載於《相國寺堂供養記》，青森縣櫛引八幡宮所藏「白糸妻取大鎧」（國寶）為代表文物。
白糸威 Shiroitoodoshi （しろいとおどし）	整體以白糸穿繩串綴的威毛。記載於《相國寺堂供養記》、《太平記》《大塔軍記》等文獻，島根縣日御碕神社所藏「白糸威大鎧」（國寶）為其代表文物。
白糸威肩紅 Shiroitoodoshikatakurenai （しろいとおどしかたくれない）	整體以白糸穿繩，僅最上方2段或3段以紅糸穿繩編成的威毛。青森縣櫛引八幡宮所藏「白糸威肩紅胴丸」（重要文化財）為代表文物。

白金物 Shirakanamono （しらかなもの）	文獻中的語詞。記載於《平家物語》、《相國寺堂供全記》等文獻，應是指銀白色的金屬件。廣島縣嚴島神社所藏「淺蔥綾威大鎧」（國寶）便是使用白金物的代表文物。
白星 Shiraboshi （しらぼし）	文獻中的語詞。記載於《保元物語》、《源平盛衰記》等文獻，應是施以鍍金、鍍銀的星。
白熊 Haguma （はぐま）	裝飾頭盔或面頰當的素材之一，指氂牛（棲息於西藏地區的牛科動物）尾巴的白毛。
白綸子包 Shirorinzudutsumi （しろりんずづつみ）	當世具足的一種裝飾。使用白底綸子（綾）包覆小札、金具迴等物的裝飾。京都府妙心寺收藏有傳為豐臣秀吉之子棄丸所用的「白綸子包童具足」（重要文化財）為其代表文物。
白綾 Shiroaya （しろあや）	一種以白色絹絲織成的綾布。
白綾 Shiraaya （しらあや）	同上，唯日文念法不同。
白綾包 Shiroayadutsumi （しろあやづつみ）	一種布帛包，指使用白綾包覆取代威繩的作法。滋賀縣兵主大社所藏「白綾包腹卷」（重要文化財）為其代表文物。
白綾妻取 Shiroayatsumadori （しろあやつまどり）	整體使用白綾穿威繩，妻（末端）使用其他色線交雜的威毛。福岡縣福岡市美術館所藏「白綾妻取大鎧殘欠」（重要文化財）為其代表文物。
白綾威 Shiroayaodoshi （しろあやおどし）	整體使用白綾穿繩串綴的威毛。愛媛縣大山祇神社所藏「白綾威星兜」（重要文化財）為其代表文物。
白線組貫 Shirosenkuminuki （しろせんくみぬき）	文獻中的語詞。記載於《東大寺獻物帳》，應與白糸威同義，詳情不明。
白線繩貫 Shirosennawanuki （しろせんなわぬき）	文獻中的語詞。記載於《東大寺獻物帳》，應與白糸威同義，詳情不明。

白檀磨臑當 Byakudanmigakinosuneate （びゃくだんみがき のすねあて）	文獻中的語詞。記載於《毛利本太平記》卷七、《赤松物語》、《高館草子》等文獻，即東京都永青文庫所藏「細川澄元畫像」（重要文化財）所繪金銅製筒臑當。抑或指施以磨白檀的筒臑當，然詳情不明。
目貫紋 Menukimon （めぬきもん）	俗稱吹返上的据文。
目無 Menashi （めなし）	一種無緘穴的小札，使用於無繩目鞠之鉢付板。
矢止 Yadomari （やどまり）	捻返之俗稱。
矢止冠 Yadomarinokanmuri （やどまりのかんむ り）	俗稱將當世袖的第一段板材頂緣反折回來的冠板，又或者是障子板之俗稱。
矢母衣 Yaboro （やぼろ）	一種弓具。攜帶箭筒遠行時，為避免雨露沾濕並傷及矢筈和箭羽所設計的袋子。亦寫作矢保呂。
矢留金物 Yadomarinokanamono （やどまりのかなも の）	八雙金物之俗稱。
矢筈打 Yahazuuchi （やはずうち）	平打紐繩的一種。將色線編成矢筈（V形）連續形狀的編繩。
矢筈札 Yahazuzane （やはずざね）	一種矢筈頭的伊予札。奈良縣春日大社所藏（國寶）「黑韋威胴丸」的胴札為其代表文物。
矢筈頭 Yahazugashira （やはずがしら）	伊予札、板物的札頭種類之一。切成矢筈（V形）形狀的札頭。例如：矢筈頭的伊予札、矢筈頭的板物。
矢摺韋 Yazurigawa （やずりがわ）	一種革所。鋪在馬手大袖內側後方的縱向細長形狀皮革，這是避免箭筒中的箭尾插進袖甲縫隙的設計。廣島縣嚴島神社、奈良縣春日大社、青森縣櫛引八幡宮等地均有收藏品。

石地塗 Ishijinuri （いしじぬり）	漆的塗色之一，模擬石頭質地的塗色。宮崎縣下野八幡大神社所藏「石地塗練兜缽」為其代表性文物。
石疊文威 Ishidatamimonodoshi （いしだたみもんおどし）	一種威毛的暫稱。《伴大納言繪詞》便有描繪，單色威毛中央帶有1塊不同色調石疊形狀色繩的威毛。
立冠 Tatekanmuri （たてかんむり）	一種與小札板平行設置的冠板。可見於大袖和部分的寬袖、當世袖。
立涌形 Tatewakunari （たてわくなり）	將兜缽矧板內側切成立涌（縱向波浪形線條有規側地並排在一起）形狀的頭盔。常見於根尾派的百二十間筋兜，少數春田派作品亦有使用。
立涌威 Tatewakuodoshi （たてわくおどし）	一種威毛。威繩編成有職文樣[63]當中相當具代表性的立涌（縱向波浪形線條有規側地並排在一起）圖案。岡山縣林原美術館收藏品為其代表文物。
立涌胴 Tatewakudou （たてわくどう）	立涌威所製胴甲之俗稱。
立胴 Tachidou （たちどう）	形容胴甲形態的用語。利用鉚釘或韋固定各段、避免上下伸縮的胴甲，或指短甲、桶側胴、佛胴、仙台胴等。足搔胴之相對語。
立髮 Tatsugami （たつがみ）	文獻中的語詞。記載於《應仁私記》，應是《結城合戰繪卷》所繪高角末端尖起、向左右彎曲的立物。
立舉緒 Tateagenoo （たてあげのお）	引合緒之俗稱。
立襟 Tachieri （たちえり）	襟迴之別稱。
立襟 Tateeri （たてえり）	襟迴之別稱。

六劃

伊賀星 Igaboshi （いがぼし）	稜威星之別稱。
伏糸 Fuseito （ふせいと）	上端設有捻返構造的腰卷之俗稱。
伏板 Fuseita （ふせいた）	1.頭盔的部位名稱之一。為補強構造與裝飾兩種目的，利用星鉚釘固定於一枚張筋伏兜缽的板材。 2.古代冑的部位名稱之一。從衝角付冑頂端往正前方延伸覆蓋的飯杓形狀板材。
伏缽 Fusebachi （ふせばち）	古代冑的部位名稱之一。眉庇付冑設置於頂端的小缽台，用來設置連接至受缽的管材。
伏縫 Fusenui （ふせぬい）	伏組之別稱。
伏繩目 Fusenawame （ふせなわめ）	文獻中的語詞。記載於《保元物語》、《平家物語》、《義經記》、《太平記》等文獻，應是種遍見於整個中世時期的威毛。推測應是將染成數種顏色的繩目狀皮革穿繩製成韋威，並排出色彩變化，然詳情不明。
共立舉 Tomotateage （ともたてあげ）	臑當的立舉種類之一。是臑當的延伸，為一體型立舉。可見於室町時代的筒臑當。
共吹返 Tomofukikaeshi （ともふきかえし）	一種延長板物錏的左右兩端，將其反折回來的吹返。際絡繰的相對語。
共錏 Tomojikoro （ともじころ）	一種與兜缽呈一體的錏。如奈良縣吉野勝手神社所藏練兜（以練革製作的頭盔），非常罕見。
合引 Aibiki （あいびき）	引合的俗稱。
合缽 Awasebachi （あわせばち）	矧缽之別稱。

合綴 Aitsuduri （あいつづり）	籠手的部位名稱。綁於家地內側的繩索，有千鳥掛和諸結兩種手法。亦稱「諸綴」。
合綴緣 Aitsuduriberi （あいつづりべり）	佩楯的部位名稱。將家地3個方向的邊縫得較厚的邊緣，主要使用皮革和布料，但也有少數使用縮緬[64]或虎皮等物。見於江戶時代中期以後，另俗稱蒲團。
合籠手 Aigote （あいごて）	統稱以繩索在背、胸部打結，抑或用釦子固定使用的籠手。亦讀作「あわせごて」（awasegote）。
同毛 Douge （どうげ）	相同的威毛。
向之金物 Mukainokanamono （むかいのかなもの）	一種設置於筒臑當立舉中央的据金物。
向板 Mukiita （むきいた）	前正中板之俗稱。
向獅子文韋 Mukaijishimongawa （むかいじしもんがわ）	指藻獅子圖案當中獅子兩兩相對的繪韋。
因幡佩楯 Inabataidate （いなばはいだて）	文獻中的語詞。記載於『明德記』上卷，應是伊予佩楯的一種，然而實際詳情不明。
地板 Jiita （じいた）	兜缽的一種金屬裝飾。鋪在篠垂底下的鍍金板或鍍銀板，抑或是施有雕金的板材。
地粉 Jinoko （じのこ）	磨碎石頭而成的細緻粉末。
如意 Nyoi （にょい）	輪貫之俗稱。
宇多頰 Utaboo （うたぼお）	小田頰之別稱。

帆立貝形兜 Hotategainarikabuto （ほたてがいなりかぶと）	一種製成帆立貝造型的變形兜。愛媛縣東雲神社收藏品為其代表文物。
式之鎧甲 Shikinoyoroikabuto （しきのよろいかぶと）	文獻中的語詞。記載於《今川大雙紙》，應和式正之鎧同義。
早乙女派 Saotomeha （さおとめは）	甲冑師的一派，自江戶時代初期起以常陸國（茨城縣）為根據地活動。早乙女派製作兜缽的手腕獨特，留有六十二間、三十二間的星兜、筋兜等許多優秀的作品。
早乙女鉚釘 Saotomebyou （さおとめびょう）	早乙女派兜缽正面內側接近頂端的座金上設置的鉚釘。
早著籠手 Hayagigote （はやぎごて）	俗稱利用鞋裝設於肩上的籠手。
曲突盔 Magaritoppai （まがりとっぱい）	一種盔頂微微向後彎曲的突盔形兜。群馬縣貫前神社的收藏品為其代表文物。
曲輪仕立 guruwajitate （ぐるわじたて）	須賀仕立（組裝）的一種方法。將第一段板材製作成曲輪般的立襟形狀，利用左右鉸鏈開闔箍在脖子上。
曲輪須賀 Guruwasuga （ぐるわすが）	曲輪仕立的須賀。岐阜縣清水神社所藏（縣指定文化財）「茶糸威胴丸」所附的半頰須賀為其代表文物。
朱之物具 Shunomononogu （しゅのもののぐ）	文獻中的語詞。記載於《常山紀談》，應是指所有物具均統一使用朱紅色。請參照赤備項目說明。
朱札 Shuzane （しゅざね）	一種以朱漆塗成朱紅色的小札。可見於室町時代末期以後。靜岡縣富士淺間大社所藏「朱札紅糸威胴丸」為其代表文物。
朱合漆 Shuaiurushi （しゅあいうるし）	漆的一種，是透明度最高的漆，朱塗、白檀塗、金白檀塗等都會使用。

朱具足 Shugusoku （しゅぐそく）	文獻中的語詞。記載於《關八州古戰錄》、《三河一向宗亂記》等文獻，是赤具足之別稱。
朱書 Shugaki （しゅがき）	一種畦目。模擬繩紐編綴的模樣，實則是使用朱漆繪製的畦目。可見於鎌倉時代後期至南北朝時代。岡山縣所藏「赤韋威大鎧」（國寶）所附頭盔的鞠、高知縣高岡神社所藏「黑韋威胴丸殘欠」等為其代表文物。
朱胴丸 Shudoumaru （しゅどうまる）	一種以朱漆塗成朱紅色的胴丸。靜岡縣富士淺間大社所藏「朱札紅糸威胴丸」為其代表文物。
朱塗 Shunuri （しゅぬり）	漆的塗色之一。以朱合漆混合朱紅色顏料，為朱紅色。
朱腹卷 Shuharamaki （しゅはらまき）	一種以朱漆塗成朱紅色的腹卷。大阪府建水分神社所藏「朱塗紅糸威最上腹卷」為其代表文物。
朱頰當 Shuhouate （しゅほうあて）	一種以朱漆塗成朱紅色的面頰當。愛知縣德川美術館所藏「熊毛植黑糸威五枚胴具足」、同處所藏「銀箔押白糸威五枚胴具足」所附目下頰為其代表文物。
朽葉綾威 Kuchibaayaodoshi （くちばあやおどし）	文獻中的語詞。記載於《保元物語》，即源家8套名甲當中的日數威毛。應是以織成朽葉圖形的綾布製作之威毛，詳情不明。
汗流之穴 Asenagashinoana （あせながしのあな）	半頰、面頰當的部位名稱。位於下顎下方供汗水排出的孔洞。亦稱「露落之穴」。
汗流之管 Asenagashinokuda （あせながしのくだ）	半頰、面頰當的部位名稱。設置於下顎下方供汗水排出的管子，也可以綁上忍緒以免半頰、面頰當歪斜。亦稱「露落之管」。
江戶復古調期 Edofukkochouki （えどふっこちょうき）	請參照復古調項目說明。
竹具足 Takegusoku （たけぐそく）	據說從前甲斐國（山梨縣）武田氏軍隊曾經使用過，應是種使用竹子製作的簡易型甲冑，然詳情不明。

竹割 Takewari （たけわり）	俗稱起伏較深的草摺。
糸毛 Itoge （いとげ）	文獻中的語詞。記載於《太平記》、《曾我物語》、《關八州古戰錄》等文獻，應是系威之意。
糸火威 Itohiodoshi （ひとひおどし）	文獻中的語詞。記載於《保元物語》卷一，應是緋威之意。
糸具足 Itogusoku （いとぐそく）	文獻中的語詞。記載於《應仁亂消息》，應是糸威具足之簡稱。
糸威 Itoodoshi （いとおどし）	使用編繩的威。
糸菱 Itobishi （いとびし）	編繩製成的菱縫。原本以赤糸和紅糸為主，室町時代後期也有部分菱縫會使用淺蔥糸或紫糸，當世具足則以與威毛相同色調的糸菱為主。直到江戶復古調時期，紅糸又再度流行起來。
糸增 Itomashi （いとまし）	乃指針對鞆、大鎧的胴甲、草摺、寬袖等下襬較寬的甲件依序增加威毛穿繩數目。
耳 Mimi （みみ）	面頰當的部位名稱，為兼具裝飾與保護用途的耳朵構造。
耳札 Mimizane （みみざね）	一種小札板兩端所用、僅設有1排孔的小札。
耳坐濃 Mimizago （みみざご）	文獻中的語詞。記載於《源平盛衰記》卷三十三，應是端裾濃之別稱。
耳捻 Mimihineri （みみひねり）	捻返之別稱。

肉雕 Nikubori （にくぼり）	一種金屬雕刻手法。從背面使用凸紋錘打製成圖案部分，然後再施以毛雕或透雕增加厚重感。奈良縣春日大社所藏「赤糸威竹雀金物大鎧」（國寶）、青森縣櫛引八幡宮所藏「赤糸威菊金物大鎧」（國寶）等金物為其代表文物。
肋骨胴 Abaradou （あばらどう）	一種裸體胴。以凸紋捶打出造型誇張的肋骨和背骨，或以塗漆製成該造型的胴甲。東京國立博物館、名古屋市立博物館的收藏品為其代表文物。
自分具足 Jibungusoku （じぶんぐそく）	相對於御貸具足，指使用者自身所有的甲冑。
色色威 Iroiroodoshi （いろいろおどし）	使用不特定之三種顏色以上的色繩或皮繩編成的威毛。鹿兒島縣鹿兒島神宮所藏「色色威胴丸」（重要文化財）、山口縣毛利博物館所藏「色色威腹卷」（重要文化財）為其代表文物。
衣鎧 Kinuyoroi （きぬよろい）	1928年山上八郎於《日本甲新研究》中提倡的用語，指稱疊具足。
西村派 Nishimuraha （にしむらは）	甲冑師的一派。西村派原是肥後國（熊本縣）熊本藩主細川家的家臣，其製作甲冑之技術受到認可，製作越中具足時也有許多貢獻。
七劃	
伽和羅 Kawara （かわら）	文獻中的語詞。記載於《日本書紀》、《古事記》的甲冑之別稱。
佐賀胴 Sagadou （さがどう）	俗稱宮田派甲冑師所製的胴甲。此名來自宮田派的根據地肥前國（佐賀縣）佐賀，留有施以優美錘打凸紋裝飾的五枚胴等作品。
作形 Sakunari （さくなり）	俗稱明珍派甲冑師製作的大圓山形兜鉢。
別物 Betsumono （べつもの）	指1套甲冑當中風格明顯異於其他的配件。

吹寄威 Fukiyoseodoshi （ふきよせおどし）	寄懸之俗稱。
坊主頭 Bouzugashira （ぼうずがしら）	直頭之俗稱。
尾長大鍬形 Onagaookuwagata （おながおおくわがた）	一種八雙（2股）末梢細長向外側延伸的大鍬形。高知縣幡八幡宮、群馬縣貫前神社等處的收藏品為其代表性文物。
尾張具足 Owarigusoku （おわりぐそく）	俗稱從前尾張國（愛知縣西部）製作的當世具足，乃尾州德川家麾下的春田派所製。其特徵包括飯杓形狀的吹返、越往下襬越向外突出的當世鞐，以及日根野鞐。一說織田信長麾下的甲冑師加藤彥十郎為此派始祖，然而實際詳情不明。愛知縣德川美術館收藏品為其代表文物。
忍之甲冑 Shinobinokacchuu （しのびのかっちゅう）	疊具足之俗稱。民俗傳說此為從前忍者使用的甲冑，故有此稱呼。
投頭巾形兜 Nagezukinnarikabuto （なげずきんなりかぶと）	製成投頭巾（特別長的頭巾）造型的變形兜。笹間良彥《日本甲冑武具事典》（柏書房1981）雖有記載，然其所在地等詳情不明。
折目頭 Orimegashira （おりめがしら）	板物的札頭種類之一，指無捻返的札頭。
折冠 Orikanmuri （おりかんむり）	與小札板呈垂直方向裝設的冠板，寬袖、壺袖、當世袖都有使用。
折釘 Orikugi （おりくぎ）	面頰當的部位名稱。設置於面頰當兩頰處，用來纏掛忍緒、使忍緒得以反提向上的鉤形金屬配件。
杉形鞐 Suginarijikoro （すぎなりじころ）	一種下垂至肩頭的大型鞐。可見於平安、鎌倉時代，廣島縣嚴島神社所藏「小櫻威大鎧」（國寶）、同處所藏「紺糸威大鎧」（國寶）所附頭盔的鞐為其代表文物。

杉菖蒲韋 Sugishoubukawa （すぎしょうぶかわ）	一種菖蒲韋，指染成縱長菖蒲白色圖形的藍韋。
杏葉形吹返 Gyouyounarifukikaeshi （ぎょうようなりふ きかえし）	一種杏葉（樹葉）形狀的吹返。使用於室町時代末期至安 土桃山時代。奈良縣法隆寺收藏品為其代表文物。
村濃威 Muragoodoshi （むらごおどし）	文獻中的語詞。記載於《延慶本平家物語》，應指交互使用 紺色與淺蔥色威繩製成的威毛，然詳情不明。亦寫作邑濃、 端濃，因此村濃威也可以說是中間使用白色、越往末端顏 色越濃的端裾濃同義。
杜秤鎖 Chikirigusari （ちきりぐさり）	一種鎖鏈。不使用丸輪、菱輪，只使用細金屬針捻製而成 的鎖鏈。亦稱卷鎖。
步具足 Kachigusoku （かちぐそく）	文獻中的語詞。記載於《仙道軍記》下卷，應和足輕具足 同義。
牡丹書韋 Botannokakigawa （ぼたんのかきがわ）	一種繪韋。牡丹染成赤紅色，周圍葉片和莖染成紺色或茶 色的皮革。奈良縣春日大社所藏（國寶）「赤糸威竹雀金物 大鎧」的弦走韋為其代表文物。
町兜 Machikabuto （まちかぶと）	相對於諸侯大名御用甲冑師的頭盔，町兜是俗稱市井甲冑 師所製頭盔。
町腹卷 Machiharamaki （まちはらまき）	現成的粗製腹卷，又或者是相同涵義下的胴丸之古稱。
肘金 Hijigane （ひじがね）	籠手的部位名稱，設於肘部的金屬配件。
肘金物 Hijikanamono （ひじかなもの）	籠手的部位名稱，用來裝飾肘金的金銅配件。
見上 Miage （みあげ）	頭盔的部位名稱，指眉庇的內側。

見上皺 Miagejiwa （みあげじわ）	頭盔的一種裝飾。在眉庇上垂打出凸紋的橫向皺摺，並塗漆使之增厚。亦稱額皺。或指打眉左右「くく」形的皺摺。
角 Tsuno （つの）	鍬形之俗稱。
角八打 Kakuyatsuuchi （かくやつうち）	一種丸打繩紐。橫切面接近正方形的八打繩紐。青森縣櫛引八幡宮所藏「白糸妻取大鎧」（國寶）的總角為其代表文物。
角手甲 Kakutekou （かくてこう）	俗稱有稜有角的手甲。
角打 Kakuuchi （かくうち）	一種橫切面呈角狀的編繩。
角合當理 Kakugattari （かくがったり）	一種本身呈方框、用來插設方筒形狀受筒的合當理。
角取袖 Kadotorisode （かどとりそで）	一種邊角稍微收圓的當世袖。亦稱隅取袖。
角筏 Kakuikada （かくいかだ）	一種方形的筏。
角鉚釘 Kakubyou （かくびょう）	一種鉚釘頭做成四角形或六角形的鉚釘。
角頭巾形兜 Sumizukinnarikabuto （すみずきんなりかぶと）	一種製成角頭巾造型的變形兜。熊本城顯彰會的收藏品為其代表文物。
角篠 Kakushino （かくしの）	一種中央設有鎬的篠。

貝之口組 Kainokuchigumi （かいのくちぐみ）	一種平打繩紐，部分當世具足的高紐會使用這種繩索。靜岡縣久能山東照宮所藏「黑糸威丸胴具足」（重要文化財）的高紐為其代表性文物。
貝尻形兜 Kaijirinarikabuto （かいじりなりかぶと）	製作成卷貝造型的變形兜。大阪府某收集家的收藏品代表文物，但關於其所在地等詳情不明。
赤糸 Akaito （あかいと）	一種編繩。以源自茜草、蘇芳[65]等植物的赤紅色染料浸泡繩線，再編成繩索。
赤糸威 Akaitoodoshi （あかいとおどし）	一種整體以赤糸穿繩編成的威毛。廣泛記載於《源平盛衰記》、《承久記》、《太平記》等文獻，東京都御嶽神社所藏「赤糸威大鎧」（國寶）、奈良縣春日大社所藏「赤糸威竹雀金物大鎧」（國寶）為其代表文物。
赤糸威肩白 Akaitoodoshikatajiro （あかいとおどしかたじろ）	一種整體以赤糸穿繩，僅最上方2段或3段以白糸穿繩編成的威毛。島根縣出雲大社所藏「赤糸威肩白大鎧」（重要文化財）為其代表文物。
赤具足 Akagusoku （あかぐそく）	朱具足之俗稱。
赤威 Akaodoshi （あかおどし）	文獻中的語詞。廣泛出現於《長門本平家物語》、《源平盛衰記》、《吾妻鏡》等文獻，應是赤糸威、赤韋威、赤綾威等赤紅色系威毛之統稱。
赤星韋 Akaboshigawa （あかぼしがわ）	五星赤韋之別稱。
赤韋 Akagawa （あかがわ）	一種染韋。以來自茜草、蘇芳等植物的赤紅色染料漬染或引染，製成紅色皮革。可見於威毛或平安、鎌倉時代的小緣。
赤韋五星 Akagawagosei （あかがわごせい）	五星赤韋之別稱。
赤韋威 Akagawaodoshi （あかがわおどし）	一種皮製威毛，整體以赤韋穿繩編成，廣泛出現於《長門本平家物語》、《源平盛衰記》、《吾妻鏡》等文獻，岡山縣收藏的「赤韋威大鎧」（國寶）為其代表文物。

赤塗 Akanuri （あかぬり）	朱塗之別稱。
赤熊 Shaguma （しゃぐま）	頭盔和面頰當的裝飾素材之一，氂牛（棲息於西藏地方的牛科動物）尾巴的紅色毛。
赤銅 Shakudou （しゃくどう）	一種銅當中混以少量金銀、帶點黑色的有光澤合金。使用於室町時代末期以後的金屬件，京都府高津古文化會館所藏「縹糸威胴丸」（重要文化財）的金物為其代表文物。亦稱烏金。
足 Ashi （あし）	1.鉚釘的部位名稱。鉚釘傘體內側用來接續其他構造的部分。 2.金具迴的部位名稱。跟金具付所用小札板接續的部分。
足半 Ashinaka （あしなか）	一種鞋靴，為長度僅從腳趾頭到足弓部位的草鞋。《伴大納言繪詞》、《蒙古襲來繪詞》、《春日權現靈驗記》等繪卷均有描繪，相當適合奔跑，整個中世近世受到廣泛使用。
足流 Ashinagara （あしながら）	指星兜、筋兜兜缽上面的筋於下緣處改向、流向後方的造型。此語亦有後退之意，為武士所厭惡。
足搔胴 Agakidou （あがきどう）	統稱柔軟可以伸縮的胴甲，是相對於立胴的詞。
足輕旗 Ashigarubata （あしがるばた）	一種合印，是團體戰當中的足輕拿來當作合印使用的小旗。
足輕籠手 Ashigarugote （あしがるごて）	足輕使用的籠手。多為造型簡素的篠籠手，特徵是沒有手甲構造。
足纏 Ashimaki （あしまき）	文獻中的語詞。記載於《類聚三代格》卷十八，應是指稱平安時代初期臑當之用語，然實際詳情不明。亦讀作「あまき」（amaki）。
車懸 Kurumagake （くるまがけ）	一種周圍設有6處或9處鏤空設計的皮革製浮張，應是為通風所設，可見於少數當世兜。

並小札 Narabikozane （ならびこざね）	伊予札之俗稱。
並札 Namizane （なみざね）	相對於三目札，指表面設有2排（6個、7個）孔洞的小札。
並穴 Namiana （なみあな）	形容並札孔洞數量和位置的用語。
乳 Chichi （ちち）	根緒、縮之俗稱。
乳首鐶 Chichikubinokan （ちちくびのかん）	俗稱設置於胸前左右的鐶。可見於當世具足和復古調時期的胴丸、腹卷。
乳締 Chichijime （ちちじめ）	根緒之俗稱。
乳輪之穴 Chichiwanoana （ちちわのあな）	腰卷上用來綁根緒的孔洞。
乳鐶 Chichikan （ちちかん）	乳首鐶之簡稱。
兔耳形兜 Tojinarikabuto （とじなりかぶと）	一種製成兔耳造型的變形兜。東京都靖國神社、千葉縣國立歷史民俗博物館等地的收藏品為其代表文物。
兔形兜 Usaginarikabuto （うさぎなりかぶと）	製作成兔子造型的變形兜。戰前加賀藩前田家的收藏品為其代表性文物，可惜現已不知所蹤。
兩引合胴 Ryoubikiawasedou （りょうびきあわせどう）	當世具足的胴甲之一。利用左右引合緒收束著裝使用的二枚胴。常見於足輕具足，此外也有4個角落均設有鉸鏈的六枚胴高級胴甲。仙台市博物館所藏「三寶荒神兜付六枚胴具足」為其代表文物。

兩引胴 Ryoubikidou （りょうびきどう）	兩引合胴之簡稱。
兩相引胴 Ryouaibikidou （りょうあいびきど う）	兩引合胴之俗稱。
兩面龜甲打 Ryoumenkikkouuchi （りょうめんきっこ ううち）	平打紐繩的一種。正反雙面均編成連續龜甲紋路的編繩。 奈良縣春日大社所藏（國寶）「紅糸威梅金物大鎧」的耳糸 為其代表文物。
兩高紐胴 Ryoutakahimodou （りょうたかひもど う）	兩引合胴之俗稱。
具足之覆 Gusokunoooi （ぐそくのおおい）	當世具足的附屬物之一。為保護與裝飾具足櫃而製作的皮 革（牛皮）。通常會塗成黑色、用金箔押上家紋。
具足包 Gusokutsutsumi （ぐそくつつみ）	當世具足的附屬物之一。將甲冑收納於甲冑櫃時用來包裹 甲冑的布。
具足羽織 Gusokuhaori （ぐそくはおり）	文獻中的語詞。記載於《室町殿日記》，應是種穿在甲冑外 面的大型陣羽織。山形縣上杉神社的收藏品當中便有這種 文物。
具足初 Gusokuhajime （ぐそくはじめ）	具足著初之別稱。
具足奉行 Gusokubugyou （ぐそくぶぎょう）	江戶時代的物具奉行、鎧奉行等官名。執行與甲冑相關所 有事務的官職。
具足唐櫃 Gusokukarahitsu （ぐそくからひつ）	收納當世具足的唐櫃。
具足著初 Gusokukihajime （ぐそくきはじめ）	武家用語，指武家男子初次穿著甲冑的儀式。《鎧著初式法 傳》記載曰「早則十四，遲則十八歲」。亦稱鎧著初、具足 初。

具足預 Gusokuazukari （ぐそくあずかり）	文獻中的語詞。記載於《越前國北庄分限帳》，應是室町時代甲冑相關之官位職役，詳情不明。
具足餅 Gusokumochi （ぐそくもち）	武家用語。武家的年中行事之一「鎧開」活動中拿來供奉獻神的糯米餅。
具足餅之祝 Gusokumochinoiwai （ぐそくもちのいわい）	武家用語。食用「鎧開」活動供奉糯米餅的儀式。
具足箱 Gusokubako （ぐそくばこ）	文獻中的語詞。記載於《慶長攝戰記》，應是具足櫃之別稱。
具足親 Gusokuoya （ぐそくおや）	鎧親之別稱。
具足櫃 Gusokubitsu （ぐそくびつ）	甲冑櫃的一種。收納當世具足的櫃（箱子）。通常以背負櫃、一荷櫃等名稱呼。
具足鏡餅 Gusokukagamimochi （ぐそくかがみもち）	武家用語。武家的年中行事之一「鎧開」活動吃的糯米餅。
刺髭 Sashihige （さしひげ）	一種於總面、目下頰的鼻子下方或嘴巴下方挖開小孔，植上毛髮的鬍鬚。
刻篠頭 Kirishinogashira （きりしのがしら）	切割成半圓形的圓滑札頭。例如：刻篠頭伊予札、刻篠頭板物。
卷紙形兜 Makigaminarikabuto （まきがみなりかぶと）	一種形狀如頭頂有捲攤開紙軸的變形兜。京都府高津古文化會館的收藏品為其代表文物。
卷鎖 Makigusari （まきぐさり）	杜秤鎖之別稱。

取迴之緒 Torimawashinoo （とりまわしのお）	緒所的一種。穿戴喉輪、曲輪時，綁在後頸部固定的繩索。亦稱懸緒。
受板 Ukeita （うけいた）	俗稱當世兜鞍的裾板。
受張 Ukebari （うけばり）	當世具足的部位名稱，指胴甲內側張貼一整面的皮革或布帛。
受缽 Ukebachi （うけばち）	古代冑的部位名稱。設置於眉庇付冑頂端的碗形裝飾物。
受緒 Ukeo （うけお）	袖甲的繩緒之一。從冠板內側前鐶牽出的繩索，綁在肩上前方的茱萸之上。
和冠形兜 Wakanmurinarikabuto （わかんむりなりかぶと）	一種衣冠束帶所用頭冠造型的變形兜。富山縣護國八幡宮的收藏品為其代表文物。
和紙小札 Washikozane （わしこざね）	一種以和紙製作的小札。可見於江戶時代的甲冑，明治時代以後端午節的裝飾用甲冑也有使用。
和鎖 Wagusari （わぐさり）	請參照鎖鏈項目說明。
奈良小札 Narakozane （ならこざね）	一種札寬約1cm的極細小札。可見於室町時代末期至安土桃山時代，乃奈良的甲冑師所製，亦稱鰕齒小札。
奈良菊 Naragiku （ならぎく）	八重菊之別稱。
妻取威 Tsumadoriodoshi （つまどりおどし）	一種將單色威毛的袖甲或草摺的妻（末端）改為其他色調的威毛。現有白糸妻取、淺蔥糸妻取、白綾妻取、萌黃綾妻取等文物留存，文獻則可記載紫糸妻取、熏韋妻取、萌黃糸妻取、黃糸妻取等。

岩井派 Iwaiha （いわいは）	奈良甲冑師的一派。據說自古便從事甲冑相關工作，然而詳細情況不明。岩井派主要從事穿威繩和組裝的工作，江戶時代則成為製作將軍家甲冑的專屬甲冑師，受幕府命令前往各地調查並修理留存於各地佛寺神社之古甲冑。
岩木頭 Gankigashira （がんきがしら）	將棋頭之別稱。
岩摺 Iwazuri （いわずり）	文獻中的語詞。記載於《安齋隨筆》，文中雖指為北条氏康的甲冑，然而實際情況不明。
延喜之鎧 Enginoyoroi （えんぎのよろい）	愛媛縣大山祇神社所藏「逆澤瀉威大鎧」（國寶）之俗稱。傳為現存最古老的大鎧，自古便說此甲是延喜年間（901～923年）的產物，然而實際詳情不明。
弦入 Tsuruire （つるいれ）	鼻紙袋之別稱。
弦走 Tsurubashiri （つるばしり）	弦走韋之簡稱。
弦走下 Tsurubashirishita （つるばしりした）	弦走韋的內側。
弦走之板 Tsurubashirinoita （つるばしりのいた）	1.文獻中的語詞。記載於《源平盛衰記》卷十五，應是指弦走韋內側的小札板。 2.鳩尾板之俗稱。
弦走韋 Tsurubashirigawa （つるばしりがわ）	革所的一種。包覆大鎧、胴丸鎧胴甲前方的韋。為避免弓弦勾到小札而設置。
所毛引 Tokorokebiki （ところけびき）	寄毛引之俗稱。
所懸 Tokorogake （ところがけ）	寄懸之俗稱。
抱花 Dakibana （だきばな）	透返花之別稱。

押付板 Oshitsukeita （おしつけいた）	一種金具迴。位於胴丸、腹巻、當世具足的胴甲背面最頂端的金屬配件。
押韋 Oshikawa （おしかわ）	韋之別稱。
拔刺吹返 Nukisashifukikaeshi （ぬきさしふきかえし）	一種可拆解的板物吹返。
於女里 Omeri （おめり）	平造金具迴下方厚約3mm的細長魚板形構造。裝設於連結部位，用以保護小札頭。
昇梯子之鎧 Noboribashigonoyoroi （のぼりばしごのよろい）	著名的甲冑之一。信濃國（長野縣）松代藩真田家傳承、傳為真田昌幸所用「茶糸威二枚胴具足」之俗稱。因胴中繪製的昇梯子圖案，故名。
明珍派 Myouchinha （みょうちんは）	甲冑師的一派。明珍派據説發祥自京都一帶，然詳情不明。江戶時代以後，明珍派憑藉其獨特經營手腕活躍於江戶一帶。各地有許多旁枝分脈，稱為脇明珍。留有62間、32間星兜、筋兜等眾多作品，質量有高有低。
昔具足 Mukashigusoku （むかしぐそく）	相對於當世具足的説法，中世甲冑的俗稱。
昔冑 Mukashikabuto （むかしかぶと）	指戰陣當中使用新胴甲搭配舊頭盔，亦寫作昔兜。
昔兜 Mukashikabuto （むかしかぶと）	相對於當世兜的説法，中世頭盔的俗稱。
昔鞐 Mukashijikoro （むかしじころ）	相對於當世鞐或日根野鞐的説法，中世鞐的俗稱。
東方結 Touhoumusubi （とうほうむすび）	記載於《貞丈雜記》的總角俗稱。

松葉籠手 Matsubagote （まつばごて）	俗稱筏細如松葉的鎖籠手。
板小鰭 Itakobire （いたこびれ）	小鰭的一種。以鐵板製作出半圓形，然後以鉸鏈裝設於肩上。仙台胴與鐵胴便有使用。
板札 Itazane （いたざね）	板物之別稱。小札的相對語，指以延展板材製成的小札板。
板甲 Itayoroi （いたよろい）	統稱以板材製成的鎧甲，如短甲、橫矧胴、縱矧胴、佛胴等。
板合當理 Itagattari （いたがったり）	以木材或皮革板製作的合當理。可見於初期的當世具足，以押付板所附的繩索固定。
板佩楯 Itahaidate （いたはいだて）	佩楯的一種。這種佩楯的板材是以皮革串連大型伊予札，並塗漆固定而成。靜岡縣久能山東照宮所藏「金溜塗黑糸威二枚胴具足」（重要文化財）、同處所藏「金白檀塗黑糸威二枚胴具足」（重要文化財）等所附佩楯為其代表文物。
板物打出小札 Itamonouchidashikozane （いたものうちだしこざね）	小札板的一種。將札頭剪成小札形狀、從內側捶打成本小札模樣的板物。
板物甲 Itamonoyoroi （いたものよろい）	古代的板式鎧甲。札甲通常多指短甲，《延喜式》卻將短甲、掛甲均稱作札甲，而板物甲便是用以區別札甲的暫稱。
板金 Itagane （いたがね）	矧板之俗稱。
板脇引 Itawakibiki （いたわきびき）	以板物製成的脇當。
板袖 Itasode （いたそで）	一種變形袖甲。使用單片鐵板或皮革延展板材製作的袖甲。

板鞓 Itajikoro （いたじころ）	以鉚釘固定長形板材、製作成板狀的鞓。京都府平等院淨土院、山口縣吉川史料館等處收藏之粗製阿古陀形筋兜的鞓為其代表性文物。
枕 Makura （まくら）	腰枕之簡稱。
枚 Mai （まい）	文獻中的語詞。記載於《三代實錄》，頭盔的計數單位。
枝菊透金物 Edagikuzukashikanamono （えだぎくずかしかなもの）	一種挖成枝葉環繞八重菊圖案的金屬裝飾。大阪府金剛寺所藏「黑韋威肩白腹卷」（重要文化財）、京都府高津古文化會館所藏「黑韋肩紅胴丸」（重要文化財）等甲冑的金物為其代表性文物。
沓込 Kutsukomi （くつこみ）	臑當的部位名稱之一，指臑當的下端。
沓縹之緒 Kutsujirushinoo （くつじるしのお）	下緒之別稱。
油烟形 Yuennari （ゆえんなり）	俗稱具備水走之穴構造的鞓。
法螺貝形兜 Horagainarikabuto （ほらがいなりかぶと）	一種法螺貝造型的變形兜。愛媛縣東雲神社的收藏品為其代表文物。
波座 Namiza （なみざ）	透返花之俗稱。
波鎖 Namigusari （なみぐさり）	南蠻鎖之別稱。
物具 Mononogu （もののぐ）	文獻中的語詞。記載於《保元物語》、《平家物語》、《源平盛衰記》、《吾妻鏡》等文獻，指甲冑、刀劍、弓箭、旌旗等所有武具，是語義指稱極為廣泛的用語。

物具之毛 Mononogunoke （もののぐのけ）	文獻中的語詞。記載於《承久記》上卷，應該就是指威毛的意思。
物具奉行 Mononogubugyou （もののぐぶぎょう）	武家職役之一。專門從事有關甲胄所有事務的職役。亦稱鎧奉行。
物射籠手 Monoigote （ものいごて）	一種籠手。既無座盤亦不用鎖環，僅有家地的片籠手，主要是拉弓射箭時使用。留有江戶復古調時期的文物，卻已無中世時期文物留存。
狐面 Kitsunemen （きつねめん）	狐頬之別稱。
狐頬 Kitsuneboo （きつねぼお）	一種下顎如狐狸鼻子般尖起，上顎往前端有個嘴巴構造的燕頬。亦稱狐面。
直平形兜 Chokuheinarikabuto （ちょくへいなりかぶと）	一種頂部呈水平、有如頭巾形狀的變形兜。笹間良彥《日本甲胄武具事典》（柏書房1981）雖有記載，然其所在地等詳情不明。
直眉庇 Sugumabisashi （すぐまびさし）	棚尾庇之別稱。
直頭 Sugugashira （すぐがしら）	板物的札頭種類之一。無捻返構造、邊緣呈一直線的札頭。
直鞠 Sugujikoro （すぐじころ）	一種上下幾乎同寬的鞠。
空小札 Karakozane （からこざね）	一種從小札背面錘打、藉此模擬盛上小札造型的小札。室町時代以後南九州地區（鹿兒島、宮崎一帶）所造。相對於盛上小札而言，謂之空。
空星 Karaboshi （からぼし）	一種錘打鐵板讓中央呈空洞的星。為減輕重量所製，可見於平安鎌倉時代的嚴星。無垢星之相對語。
空胴 Karadou （からどう）	文獻中的語詞。記載於《太平記》，應是金胴的誤記，但詳情不明。

肩 Kata （かた）	籠手的部位名稱，指肩頭至手肘之間的部分。
肩上付板 Watagaminotsukeita （わたがみのつけいた）	押付板之俗稱。
肩上持 Watagamimochi （わたがみもち）	胴立的部位名稱，用來架設肩上的橫木。
肩上橫板 Watagaminoyokoita （わたがみのよこいた）	押付板之俗稱。
肩之管 Katanokuda （かたのくだ）	肩靭之別稱。
肩之瓢 Katanofukube （かたのふくべ）	一之瓢的別稱。
肩甲 Katayoroi （かたよろい）	短甲、掛甲的小具足之一。覆蓋肩膀至上臂處，也就是後來發展成覆蓋肩上至袖甲的部分。
肩白 Katajiro （かたじろ）	一種將單色威毛最頂端的2段或3段改用白色的威毛。《八坂本平家物語》、《源平盛衰記》、《吾妻鏡》等文獻均有記載，島根縣出雲大社所藏「赤糸威肩白大鎧」（重要文化財）、大阪府金剛寺所藏「黑韋威肩白腹卷」（重要文化財）等為其代表文物。
肩取 Katatori （かたとり）	肩威之別稱。
肩威 Kataodoshi （かたおどし）	一種將單色威毛最頂端的2段或3段改用其他單色色調編製的威毛。肩白、肩紅、肩淺蔥等威毛法之統稱。亦稱肩取。

肩紅 Katakurenai （かたくれない）	一種將單色威毛最頂端的2段或3段改用紅色的威毛。記載於《伊達成實上洛日記》，青森縣櫛引八幡宮所藏「白糸威肩紅胴丸」（重要文化財）、廣島縣嚴島神社所藏「黑韋威肩紅大鎧」（重要文化財）為其代表文物。
肩脇引 Katawakibiki （かたわきびき）	釣脇引之別稱。
肩被 Kataooi （かたおおい）	滿智羅之俗稱。
肩當 Kataate （かたあて）	當世具足的部位名稱。墊在肩上和押付板底下，防止肩膀磨擦的墊子。通常和襟迴連接成一體。
肩裏 Kataura （かたうら）	籠手的部位名稱之一。上臂部家地的內層底材。
肩摺 Katazuri （かたずり）	俗稱當世鞜或日根野鞜的裾板。
肩緒 Katanoo （かたのお）	籠手的部位名稱。裝備合籠手時用來從前後綁成襷的繩子，設置於冠板或家地之上。
肩鎧 Kengai （けんがい）	肩鎧之別稱。
肩匂 Katanioi （かたにおい）	匂肩之別稱。
肩鞊 Katakohaze （かたこはぜ）	籠手的部位名稱。設置於冠板的笠鞊，套在當世具足肩上內側或外側的縮繩圈上。
芝突之緒 Shibatsukinoo （しばつきのお）	上緒之別稱。
花田威 Hanadaodoshi （はなだおどし）	縹糸威之俗稱。

花先形 Hanasakigata （はなさきがた）	一種裝飾圖案。模擬花瓣形狀，呈圓弧至末梢細尖。
花糸威 Hanaitoodoshi （はないとおどし）	飄糸威之俗稱。
花色威 Hanairoodoshi （はないろおどし）	文獻中的語詞。記載於《越州軍記》，應是縹糸威之別稱。
花形吹返 Hananarifukikaeshi （はななりふきかえし）	一種花瓣形狀板物的吹返。宮城縣仙台市博物館所藏「紺糸威仙台胴具足（伊達政宗所用）」（重要文化財）頭盔的吹返為其代表文物。
花菱書韋 Hanabishinokakigawa （はなびしのかきがわ）	一種繪韋。《前九年合戰繪詞》便有描繪，分別染成紺、淺蔥、赤紅三種顏色花菱紋路連續圖案的韋。京都府石清水八幡宮舊藏「紺糸威大鎧復元模寫」（京都府高津古文化會館所藏）便有使用。
花緘 Hanagarami （はながらみ）	緘付的一種。於平造金具廻的腳狀構造挖出2排或1排（僅重要處所設置2排）小孔，對準小札板的緘穴，使用皮繩或編繩穿綴編成菱形（✕形）的手法。一般可見於胴丸、腹卷之金具付。
花鎖 Hanagusari （はなぐさり）	一種鎖鏈。將鎖環編成六瓣花朵的連續圖形，故名。六入之別稱。
表革 Omotegawa （おもてがわ）	俗稱使用踏込[66]染法製作的韋。
返花 Kaeshibana （かえしばな）	透返花之簡稱。
采配付鐶 Saihaidukenokan （さいはいづけのかん）	一種鐶的俗稱。設置於當世具足的胴甲，以及江戶復古調時期胴丸、腹卷左胸處。拿來綁采配繩紐的鐶。

金小札 Kinkozane （きんこざね）	一種施以金箔押或金溜塗製作的金色小札。東京都西光寺所藏「金小札色色威胴丸」（重要文化財）、鹿兒島縣鬼丸神社所藏「金小札色色威腹卷」等為其代表文物。
金交 Kanamaze （かなまぜ）	文獻中的語詞。記載於《保元物語》卷二，指混合鐵札製作的小札板。
金具 Kanagu （かなぐ）	金具迴之簡稱，或為金屬配件之俗稱。
金具足 Kingusoku （きんぐそく）	文獻中的語詞。記載於《安西軍策》，整體使用金箔押或金溜塗製成的金色甲冑。
金物 Kanamono （かなもの）	金具迴之別稱。
金陀美塗 Kindaminuri （きんだみぬり）	金溜塗之別稱。
金唐革 Kinkaragawa （きんからがわ）	皮革精工的一種手法。取金泥塗抹於薄質皮革然後押製出各種紋路的皮革精工。
金胴 Kanadou （かなどう）	文獻中的語詞。記載於《太平記》卷二十二，應指鐵製板式胴甲或鐵質伊予札製作的胴甲，然實際詳情不明。亦讀作「こんどう」（kondou）。
金胴 kondou （こんどう）	同上，唯日文念法不同。
金胴丸 kanadoumaru （かなどうまる）	一種鐵製的最上胴丸，亦寫作鐵胴丸。
金迴 Kanamawari （かなまわり）	金具迴之簡稱。
金腹卷 Kanaharamaki （かなはらまき）	一種鐵製的最上腹卷，亦寫作鐵腹卷。

金銅札 Kondouzane （こんどうざね）	一種小札，指以銅質薄板包裹鐵質底材、施以鍍金的掛甲札。
金銅裝 Kondousou （こんどうそう）	以銅質薄板包裹底材、施以鍍金的鐵板。
金銅鎧 Kondouyoroi （こんどうよろい）	文獻中的語詞。記載於《百鍊抄》卷九，應是指金胴製甲胄，詳情不明。
金敷 Kanejiki （かねじき）	鐵製的敷。請參照敷項目說明。
金鍬形 Kinkuwagata （きんくわがた）	文獻中的語詞。記載於《奧州永慶軍記》卷二，應是施以鍍金的金色鍬形。
金鑞流 Kinrounagashi （きんろうながし）	一種工藝技術。用鑞（錫與鉛的合金）混合黃金沖灌於鐵質底材、使呈現類似鍍金效果的技法，可見於加賀具足。
長烏帽子形兜 Kagaeboshinarikabuto （ながえぼしなりかぶと）	一種製成又長又大烏帽子造型的變形兜。愛知縣德川美術館、熊本縣本妙寺的收藏品，以及傳為加藤清正用品的頭盔，均是此兜的代表文物。
長曾根派 Nagasoneha （ながそねは）	甲胄師的一派。據說此派發祥自近江國（滋賀縣）產根的長曾根，江戶時代則遷徙至越前國（福井縣）以甲胄鍛冶為業。後來轉向從事刀劍鍛冶，其中尤以長曾根虎徹更是以名匠為世所知。
長髭 Nagahige （ながひげ）	一種總面、目下頰等所用長度特別長的髭鬚。多是使用白熊（氂牛的毛）製作。
長篠 Nagashino （ながしの）	大篠之別稱。
長篠籠手 Nagashinogote （ながしのごて）	篠籠手之別稱。

長鍬形 Kagakuwagata （ながくわがた）	一種形狀細長的鍬形。奈良縣春日大社所藏（國寶）「紅糸威梅金物大鎧」、廣島縣嚴島神社所藏（國寶）「淺蔥綾威大鎧」等頭盔的鍬形為其代表文物。
阿古陀瓜 Akodauri （あこだうり）	一種瓜類。整體呈圓潤隆起狀，形狀類似的兜鉢、茶壺、香爐、酒瓶、燈罩均可冠名阿古陀形。
阿伊佐 Aisa （あいさ）	纏腰帶的俗稱。
雨走 Amabashiri （あまばしり）	出眉庇、卸眉庇的表面之俗稱。亦讀作「あめばしり」（amebashiri）。
青糸威 aoitoodoshi （あおいとおどし）	文獻中的語詞。記載於《武家節用集》中卷，應是縹糸威之類青色系威毛。
青塗 Aonuri （あおぬり）	漆的塗色之一。朱合漆顏料混合群青[67]製作的青色系塗色。
青鮫革 Aozamegawa （あおざめがわ）	表面帶有青色細小顆粒的鮫革，亦稱「聖多馬革」。山口縣毛利博物館所藏「色色威腹卷」（重要文化財）、同縣源久寺所藏「紅糸威肩白阿古陀形筋兜」的革所為其代表文物。
九劃	
保呂衣 Horogoromo （ほろごろも）	母衣之別稱。
冠板 Kanmuriita （かんむりいた）	一種金具迴。位於袖甲、栴檀板和籠手最頂端的金屬配件。
冠金物 Kanmurikanamono （かんむりかなもの）	袖甲或栴檀板的冠板上所有金物之暫稱，是1928年山上八郎於《日本甲冑新研究》當中提倡的用語。奈良縣春日大社所藏「赤糸威竹雀金物大鎧」（國寶）、青森縣櫛引八幡宮所藏「赤糸威菊金物大鎧」（國寶）等甲冑的冠板為其代表文物。

前合胴 Maeawasedou （まえあわせどう）	胴甲形式的一種，引合位於正面的胴甲。短甲、胴丸式掛甲和少數當世具足胴甲會採取前合胴形式。亦稱前割胴。
前胴 Maedou （まえどう）	胴甲的部位名稱之一，指胴甲的前側部分。
前掛胴 Maegakedou （まえがけどう）	當世具足胴甲形態的一種。採取一枚胴或三枚胴形式，從正面保護到左右兩邊側腹的胴甲。利用皮繩或紐繩綁成襷固定於背後。絕大多數前掛胴都是足輕具足的胴甲，幕末時期卻也有高級武士使用的小札式或板式高級前掛胴。
前袋 Maebukuro （まえぶくろ）	草摺的部位名稱之一。正前方草摺內側用來裝小東西的袋子。可見於當世具足的草摺。
前割胴 Maewaridou （まえわりどう）	前合胴之別稱。
前勝山 Zenshouzan （ぜんしょうざん）	形容兜鉢形狀的用語。記載於《古法鎧之卷》，為前方正中央高高隆起的筋兜或星兜。通常稱作前勝山形。
南都系 Nantokei （なんとけい）	甲冑師的派別之一。以南都（奈良市）為中心活動的甲冑師門派，如春田派、左近士派、岩井派、脇戶派等。
南蠻肩 Nanbangata （なんばんがた）	南蠻肩上之俗稱。
南蠻肩上 Nanbanwadakami （なんばんわだかみ）	肩上的一種。複製南蠻胴的肩上，與押付板製作成一體、內側反折成立襟形狀。江戶時代初期鮮有當世具足胴甲使用。
南蠻帽子形兜 Nanbanbousinarikabuto （なんばんぼうしなりかぶと）	一種製成南蠻人所戴帽子造型的變形兜。高知縣山內神社寶物資料館之收藏品為其代表文物。
南蠻鎖 Nanbangusari （なんばんぐさり）	一種僅以丸輪編綴製成的鎖鏈。又因鎖鏈的形狀而稱八重鎖、繰南蠻、縮緬南蠻。請參照各項目說明。

南蠻襟 Nanbaneri （なんばんえり）	一種模擬西洋人衣襟、有許多皺褶的襟迴。
南蠻籠手 Nanbangote （なんばんごて）	一種施以鑲嵌、鑞流、凸紋錘打等裝飾、做成西洋風格的籠手。
厘劣 Rinotori （りんおとり）	星的設置方法之一。低處使用較大的星、高處使用較小的星。
厚烏帽子形兜 Atsueboshinarikabuto （あつえぼしなりかぶと）	文獻中的語詞。記載於《武用辨略》，應是烏帽子形兜的一種，然則關於其形狀、所在地等詳情不明。
品韋威 Shinagawaodoshi （しながわおどし）	文獻中的語詞。記載於《平家物語》、《源平盛衰記》，亦稱科韋威。應是齒朵韋威發音混淆形成之語，然詳情不明。
型染 Katazome （かたぞめ）	一種使用剪裁成各種圖案的型紙染色的手法。亦以友禪染之名為世所知，甲冑的韋染也會使用。
型紙 Katagami （かたがみ）	型染染法中，雕成各種圖案的紙模。
姜合當理 Hajikamigattari （はじかみがったり）	一種方框一角有個轉軸、轉一下便可將其從胴甲卸下的合當理。
姥面 ubamen （うばめん）	姥頰之別稱。
姥頰 Ubaboo （うばぼお）	一種目下頰。記載於《甲冑便覽》，是種採取老太婆面容造型的無鬚無齒目下頰。亦稱「姥面」。
威小鰭 Odoshikobire （おどしこびれ）	一種使用小札板穿威繩編成的小鰭。

威付 Odoshiduke （おどしづけ）	1.金具付的一種。於平造金屬配件的腳上開1排小孔，直接用威繩把小札板吊在下方的手法。愛媛縣大山祇神社所藏「赤糸威胴丸鎧」（國寶）的大袖、栴檀板的冠板為其代表性文物。 2.當世具足的金具付手法之一。於金具迴下方挖設上下間隔約2cm的小孔，先將下排小孔對準疊合小札板穿皮繩連綴，然後再搭配上排小孔穿成威。
威穴 Odoshiana （おどしあな）	穿威繩用的孔洞。合稱縅穴與毛立穴的用語。
威立胴 Odoshitatedou （おどしたてどう）	威胴之別稱。
威色目 Odoshiirome （おどしいろめ）	威毛的各種顏色或紋路的色調。
威衣 Odoshiginu （おどしぎぬ）	家地之俗稱。
威佩楯 Odoshihaidate （おどしはいだて）	一種主體以繩索或皮繩編綴小札物、板物的佩楯。高級當世具足便有使用。東京國立博物館所藏「日之丸威二枚胴具足」（美濃國岩村藩主所用）的佩楯為其代表性文物。
威脇引 Odoshiwakebiki （おどしわけびき）	一種使用威繩連繫小札板的脇當。
威綾 Odoshiaya （おどしあや）	穿威繩用的綾。以麻布為芯覆以綾布並且從內側縫起來，一條一條製作的繩索。
室丸 Muromaru （むろまる）	文獻中的語詞。記載於《秀鄉草子》，文獻中指其為藤原秀鄉之甲冑，然詳情不明。
彥根具足 Hikonegusoku （ひこねぐそく）	赤具足、朱具足之俗稱。此語因為近江國（滋賀縣）彥根藩井伊家的赤備，故而成為赤具足、朱具足之代名詞。

後胴 Ushirodou （うしろどう）	胴甲的部位名稱，指胴甲的後側部分。
後銘 Atomei （あとめい）	作者以外的人後來才追加的銘文。
指物 Sashimono （さしもの）	文獻中的語詞。記載於《市河文書》，是旗指物之簡稱。也有可能是腰指之類作敵我識別用途之物，詳情不明。
指物金 Sashimonogane （さしものがね）	合當理之俗稱。
指物竿 Sashimonozao （さしものざお）	當世具足的附屬物之一，拿來樹立旗指物的竿子。一般頂端會利用「T」形金屬配件伸出橫木、藉此樹起旗幟。可以像釣竿般拆解，收納於具足櫃中。
指掛 Yubikake （ゆびかけ）	指掛緒之簡稱。
指掛緒 Tekakenoo （てかけのお）	手首之緒的別稱。
指掛緒 Yubikakenoo （ゆびかけのお）	籠手的部位名稱之一。設置於手甲內側，裝備籠手時供使用者中指穿過的緒，或者設置於大指內側，供使用者大姆指穿過的緒。
指貫 Yubinuki （ゆびぬき）	指貫緒之簡稱。
指貫緒 Yubinukinoo （ゆびぬきのお）	指掛緒之別稱。
指貫籠手 Sashinukigote （さしぬきごて）	一種左右家地與背部連接成一體的籠手。
指番 Yubitsugai （ゆびつがい）	籠手的部位名稱，指連繫手甲與摘的鎖環。

星 Hoshi （ほし）	頭盔的部位名稱，指突出於兜缽表面的鉚釘頭。將鉚釘頭比喻成天空星辰，故名。亦稱星鉚釘。
星白 Hoshijiro （ほしじろ）	文獻中的語詞。記載於《保元物語》卷二、《平家物語》卷四，應是白星的同義語。
星韋 Hoshigawa （ほしがわ）	五星赤韋之俗稱。
星缽 Hoshibachi （ほしばち）	星兜的兜缽。
星鉚釘 Hoshibyou （ほしびょう）	銜接矧合星缽使用的鐵鉚釘。星之別稱。
春田派 Harutaha （はるたは）	奈良甲冑師之一派。奈良甲冑師的代表流派，主要從事製作兜缽的鍛冶（鐵工）工作。從總覆輪阿古陀形筋兜等高級品，到頭形兜、突盔形兜等簡易形頭盔，有各種形形色色的作品。進入江戶時代以後，春田派開枝散葉至全日本各地。
辰 Chuushin （ちゅうしん）	筋兜之俗稱。
染韋威 Somekawaodoshi （そめかわおどし）	文獻中的語詞。記載於《石山退去錄》，應是種不知染成何種顏色的韋威毛，詳情不明。
段威 Danodoshi （だんおどし）	將兩種顏色的色繩交互編製的威毛。使用於室町時代後期以後，兵庫縣湊川神社所藏（重要文化財）「金朱札紅白段威胴丸」、同處所藏「赤白段威腰取腹卷」等為其代表文物。
段替胴 Dangaedou （だんがえどう）	一種當世具足胴甲，立舉和長側分別使用不同手法製作。靜岡縣久能山東照宮所藏（重要文化財）「金溜塗黑糸威二枚胴具足」為其代表文物。
段替蝶番 Dangaechoutsugai （だんがえちょうつがい）	可見於最上胴丸、最上腹卷和初期當世具足的胴甲，指長側各段分別獨立製作的鉸鏈（蝶番）。亦稱側切蝶番。

毘沙門鉢 Bishamonbachi （びしゃもんばち）	前勝山形兜鉢之俗稱。
毘沙門袖 Bishamonsode （びしゃもんそで）	大袖之俗稱。
毘沙門臑當 Bishamonsuneate （びしゃもんすねあて）	筒臑當之俗稱。
毘沙門籠手 Bishamongote （びしゃもんごて）	一種上臂縫設小型袖甲的籠手，多見於安土桃山時代至江戶時代前期。愛媛縣大山祇神社所藏「色色威最上腹卷」（重要文化財）、廣島縣嚴島神社所藏「紅糸威丸胴具足」（重要文化財）等所附籠手為其代表文物。由於袖甲屬於籠手的一部分，故亦稱仕付籠手。
洗韋 Araigawa （あらいがわ）	鞣製成白色的鹿皮（韋）。
洗韋妻取 Araigawatsumadori （あらいがわつまどり）	文獻中的語詞。記載於《明德記》中卷，應是整體以洗韋穿繩，妻（末端）色線交雜的威毛。
洗韋威 Araigawaodoshi （あらいがわおどし）	一種整體使用洗韋穿繩的威毛。大阪府金剛寺所藏「洗韋威腹卷」（重要文化財）為其代表性文物。
洞芯 Doushin （どうしん）	丸唐打之別稱。
疣 Ibo （いぼ）	星之俗稱。
疣鉢 Ibobachi （いぼばち）	星兜鉢之俗稱。
皆具 Kaigu （かいぐ）	文獻中的語詞。《源平盛衰記》卷十四記載曰「黑糸威之鎧兜皆具」，指三物與小具足俱全之狀態。

相引 Aibiki （あいびき）	纏腰帶的俗稱。
相引 Aibiki （あいびき）	文獻中的語詞。記載於《明德記》中卷、《高館草子》等文獻，推測應是指稱高紐。
相州系 Soushuukei （そうしゅうけい）	甲冑師的派別之一。接受後北条氏庇護，以相模國（神奈川縣）為中心活動的甲冑師門派。
相傳之鎧 Soudennoyoroi （そうでんのよろい）	重代之鎧的別稱。
矧缽 Hagibachi （はぎばち）	一種梯形鐵板矧合銜接製作的兜缽。主要指星兜、筋兜、突盔形兜之類。亦稱合缽。
研出鮫 Togidashizame （とぎだしざめ）	鮫革的一種。取鮫革塗漆並以砥石研磨撫平表面凹凸，使呈現出無數白色圓點的皮革。兵庫縣湊川神社所藏「紅白段威胴丸」（重要文化財）、東京都西光寺所藏「金小札色色威胴丸」（重要文化財）等甲冑的金具迴都有使用。
紅下濃 Kurenaisusogo （くれないすそご）	文獻中的語詞。記載於《平治物語》、《吾妻鏡》、《太平記》等文獻，讀作「紅之下濃鎧」，應該與紅裾濃同義。
紅糸 Kurenaiito （くれないいと）	一種以紅花染料染成的鮮艷赤紅色的編繩。會因為紫外線照射等因素而褪色變黃為其重要特徵。
紅糸威 Kurenaiitoodoshi （くれないいとおどし）	一種整體使用紅糸穿繩製作的威毛。記載於《吾妻鏡》、《源平盛衰記》等，奈良縣春日大社所藏「紅糸威梅金物大鎧」（國寶）、同縣長谷寺所藏「紅糸威大鎧」（重要文化財）、廣島縣嚴島神社所藏「紅糸威丸胴具足」（重要文化財）等為其代表文物。
紅糸威中白 Kurenaiitoodoshinakajiro （くれないいとおどしなかじろ）	一種整體使用紅糸穿繩、中間使用白糸穿繩的威毛（亦稱胴白）。兵庫縣太山寺所藏「紅糸威中白腹卷」（重要文化財）為其代表文物。

紅糸威中淺蔥 Kurenaiitoodoshinakaasagi （くれないいとおど しなかあさぎ）	一種整體使用紅糸穿繩、中間使用淺蔥糸穿繩的威毛（亦稱胴淺蔥）。埼玉縣西山歷史博物館所藏「紅糸威中淺蔥腹卷」為其代表文物。
紅糸威中萌黃 Kurenaiitoodoshinakamoegi （くれないいとおど しなかもえぎ）	一種整體使用紅糸穿繩、中間使用白糸穿繩的威毛（亦稱胴白）。名古屋市博物館所藏「金小札紅糸威中萌黃腹卷」為其代表文物。
紅威 Kurenaiodoshi （くれないおどし）	文獻中的語詞。記載於《源平盛衰記》、《吾妻鏡》等文獻，應是紅色威毛之統稱。
紅裾濃 Kurenaisusogo （くれないすそご）	文獻中的語詞。記載於《平家物語》、《源平盛衰記》、《吾妻鏡》等文獻，為赤紅繩的繰繝（漸層）威毛，越往下襬顏色越濃。雖可見於江戶復古調時期，卻無中世文物留存至今。
紅匂 Kurenainioi （くれないにおい）	一種赤紅繩的繰繝（漸層）威毛，越往下襬顏色越淡。中世並無文物留存，亦無文獻記載，僅有少數江戶復古調時期文物。
美女頰 Bijoboo （びじょぼお）	一種目下頰。記載於《甲冑便覽》，製作成美女面容造型的目下頰。亦稱女面、女顏。
冑甲 Chuukou （ちゅうこう）	文獻中的語詞。記載於《難波戰記》卷二十，應是指稱甲冑之用語。
冑持 Kabutomochi （かぶともち）	文獻中的語詞。記載於《相國寺堂供養記》，負責替將軍拿頭盔的人。
背板 Seita （せいた）	用來覆蓋腹卷背部縫隙的小具足。背板和腹卷的主要構造一樣，也是使用威繩串連成1塊長板，從頂端的金具迴覆蓋立舉、長側直到第一間草摺處為止。大分縣柞原八幡宮「金白檀塗淺蔥糸威腹卷」（重要文化財）、靜岡市淺間神社所藏「紅糸威小腹卷」所附為其代表文物。
背板指 Seitazashi （せいたざし）	板合當理之俗稱。

背割胴 Sewaridou （せわりどう）	當世具足的胴甲形式之一，引合縫位於背部的胴甲。大多是將鉸鏈設置於兩邊側腹的三枚胴，但也有少數是使用小札製成的丸胴。
背溝 Semizo （せみぞ）	室町時代大鎧、胴丸和當世具足胴甲背後，位於背筋附近的窟窿構造。亦稱背撓。
背旗 Sebata （せばた）	當世具足的附屬物之一。使用合當理、受筒、待受、腰枕等裝置樹立於背後的小型旗幟。至於不用待受、直接把受筒綁在腰枕上的方法，則稱作土龍付。
背撓 Sedame （せだめ）	背溝之別稱。
背隱板 Sekakushinoita （せかくしのいた）	背板之俗稱。
胡桃形兜 Kuruminarikabuto （くるみなりかぶと）	一種形似胡桃的突盔形兜。笹間良彦《日本甲冑武具事典》（柏書房1981）雖有記載，然所在地等詳情已不得而知。
胡粉 Gofun （ごふん）	取貝殼敲碎製作的粉末。
胡粉下地 Gofunshitaji （ごふんしたじ）	一種底漆，以膠質混合胡粉塗抹，增加底材厚度。增厚效率比木糞盛上更佳，因此常見於有大量需求的幕末時期甲冑。
胡麻殼篠 Gomagarashino （ごまがらしの）	一種形似芝麻果篋、特別細的小篠。
要害之板 Yougainoita （ようがいのいた）	頭盔的部位名稱，用來填補眉庇與腰卷之間縫隙的方形鐵板。
負革 Oigawa （おいがわ）	背負櫃的部位名稱，指套在肩頭部位的皮帶。
負根指 Oinezashi （おいねざし）	土龍付之別稱。

負櫃 Oibitsu （おいびつ）	背負櫃之簡稱。
重代之鎧 Juudainoyoroi （じゅうだいのよろい）	文獻中的語詞。記載於《保元物語》、《源平盛衰記》、《梅松論》等文獻，指從祖先代代流傳下來的鎧甲。亦稱相傳之鎧。
重打 Shigeuchi （しげうち）	一種平打組紐。奈良縣春日大社所藏「紅糸威梅金物大鎧」（國寶）的弦走下、島根縣甘南備寺所藏「黃櫨匂大鎧」的威毛等就有使用。
重佩楯 Omohaidate （おもはいだて）	1928年《日本甲冑新研究》作者山上八郎提倡的鱗佩楯之暫稱。
重鎖 Kasanegusari （かさねぐさり）	八重鎖之俗稱。鎖環造形看起來層層疊疊，故名。
重鎧 Omoyoroi （おもよろい）	文獻中的語詞。記載於《八坂本平家物語》、《太平記》等文獻，相對於腹卷等輕便甲冑，應是用來指稱大鎧等厚重甲冑的用語，然而詳情不明。
重鞢 Kasanejikoro （かさねじころ）	一種鞢。在鞢的內側另外設置1個鞢，共計2層。山形縣上杉神社所藏「色色威腹卷」（重要文化財）、靜岡久能山東照宮所藏「黑糸威丸胴具足」（重要文化財）等所附頭盔的鞢為其代表文物。
面垂 Mendare （めんだれ）	須賀之別稱。
面影 Omokage （おもかげ）	著名的甲冑之一。尾張國（愛知縣西部）幻崎神社所藏「仕返物腹卷」之俗稱。
面頰 Menboo （めんぼお）	面頰當之簡稱。
革札 Kawazane （かわざね）	一種以練革（牛皮）製作的小札。

革甲 Kawayoroi （かわよろい）	古墳時代一種用皮革製作的甲冑。從出土埴輪人偶推測應是以皮革製作。
革吊 Kawatsuri （かわつり）	一種金具付。將皮繩設置於小札的毛喰撓、穿過棚造金具迴的棚穴，以類似懸掛的方式綁結裝設的手法，可見於平安、鎌倉時代。
革胴丸 Kawadoumaru （かわどうまる）	一種皮革製作的最上胴丸。
革畦目 Kawauname （かわうなめ）	一種赤革製成的畦目，可見於平安鎌倉時代。
革菱 Kawabishi （かわびし）	一種使用赤革的菱縫。見於平安、鎌倉時代，室町時代至安土桃山時代亦有少數使用例。據説使用的是猿猴皮，亦俗稱猿菱。
革著 Kawagise （かわぎせ）	一種底漆。以皮革包裹板材然後塗漆製成底材，可大幅縮短製作底材的工程和時間，因而誕生。
革腹卷 Kawaharamaki （かわはらまき）	一種皮革製作的最上腹卷。
革緋威 Kawahiodoshi （かわひおどし）	文獻中的語詞。記載於《本朝軍器考》、《武用辨略》等，中世文獻卻遍尋不見一例。應是顏色較深的赤韋威。
革覆輪 Kawafukurin （かわふくりん）	皮革材質的覆輪。包覆周圍藉以保護裾板或金具迴的皮革。
韋威 Kawaodoshi （かわおどし）	一種用鞣製鹿皮（韋）製作的威。
韋緒 Kawao （かわお）	韋紐之別稱。
風折烏帽子形兜 Kazaorieboshinarikabuto （かざおりえぼしなりかぶと）	製成禮帽風折烏帽子造型的變形兜。山形縣上杉神社收藏有相傳上杉謙信使用過之用品，為其代表文物。

風留金物 Kazadomarinokanamono （かざどまりのかな もの）	一種對準裾板邊角設置的三角形金物。
首板 Kubinoita （くびのいた）	袖甲冠板之俗稱。
首輪 Kubiwa （くびわ）	曲輪之俗稱。
十劃	
唇 Kuchibiru （くちびる）	面頰當的部位名稱，為總面、目下頰所附的嘴唇構造。
唐人笠形兜 Toujingasanarikabuto （とうじんがさなり かぶと）	一種製成南蠻人所戴笠帽造型的變形兜。其代表文物則當屬個人收藏家所藏的頭盔，據傳丹羽氏次曾經使用過。亦稱唐人笠、唐笠。
唐之頭 Karanokashira （からのかしら）	文獻中的語詞。相傳是武田信玄曾經大加讚揚的德川家康所有物。傳說是頂以白熊或赤熊（均是氂牛的毛）製作的頭盔，詳情不明。
唐皮 Karakawa （からかわ）	文獻中的語詞。記載於《長門本平家物語》卷十五，是平家世傳的名甲之一。文獻指其威毛乃以虎皮編綴，詳情不明。
唐糸 Karaito （からいと）	文獻中的語詞。室町時代初期的史料《碩田叢史》中曾有鎧甲威毛使用淺蔥唐糸的記載，應是指亞洲大陸舶來的繩索，實際詳情不明。
唐花 Karahana （からはな）	一種大陸系花朵圖案。京都府法住寺佛殿遺跡曾有唐花金物出土，應是作為總角鐶的座金使用。
唐花襷 Karahanadasuki （からはなだすき）	一種繪韋圖案，為大陸系花朵圖案連續交錯的襷紋路。廣島縣嚴島神社所藏「小櫻威大鎧」（國寶）、同處所藏「紺糸威大鎧」（國寶）的革所為其代表文物。

唐草透金物 Karakusazukashikanamono （からくさずかしかなもの）	一種鏤空雕成唐草紋路圖案的金物。流行於室町時代以後，山形縣致道博物館所藏「色色威胴丸」（重要文化財）、山口縣毛利博物館所藏「色色威腹卷」（重要文化財）等甲冑金物為其代表文物。
唐草襷 Karakusadasuki （からくさだすき）	一種繪韋圖案，為大陸系蔓草圖案連續交錯的襷紋路。東京都御嶽神社所藏「赤糸威大鎧」（國寶）的革所為其代表文物。
唐笠 Karakasa （からかさ）	唐人笠形兜之別稱。
唐帽子形兜 Karaboushinarikabuto （からぼうしなりかぶと）	製成南蠻人帽子造型的變形兜。高知縣山內神社寶物資料館的收藏品為代表文物。
唐絓 Karakagari （からかがり）	諸絓之別稱。
唐綾威 Karaayaodoshi （からあやおどし）	文獻中的語詞。記載於《保元物語》、《長門本平家物語》、《太平記》等文獻，應是指使用亞洲大陸舶來綾製作的威毛，或為綾威之美稱。
唐錦威 Karanishikiodoshi （からにしきおどし）	文獻中的語詞。記載於《高館草子》，應指用亞洲大陸舶來的錦製作的威毛，詳情不明。
宮田派 Miyataha （みやたは）	甲冑師的一派。江戶時代以肥前國（佐賀縣）為根據地活動。特別擅長鐵板的凸紋錘打裝飾，留有許多俗稱為佐賀胴的優秀作品。
家 Ie （いえ）	家地之簡稱。
家衣 Ieginu （いえぎぬ）	家地之俗稱。
家表 Ieomote （いえおもて）	家地的外層布材。江戶時代初期以前，大多使用染成深藍、水藍、茶褐色的麻布，後來則多使用染出各種圖案的麻布，或是使用金緞、銀緞、花緞、綾羅等高級紡織物。

家腕鎖 Iedenokusari （いえでのくさり）	籠手的部位名稱，指連繫手甲與摘的鎖環。
家裏 Ieuchi （いえうら）	家地的底層布材，為染成深藍、水藍、茶褐等色的強韌麻布。
射手鞈 Itejikoro （いてじころ）	沒有吹返構造的鞈。見於安土桃山時代以後，當初是持弓者的用品，故名。
射向之草摺 Imukenokusazuri （いむけのくさずり）	武家用語，指大鎧左側的草摺。
射向之袖 Imukenosode （いむけのそで）	武家用語，指左側的袖甲。
峰界形兜 Houkainarikabuto （ほうかいなりかぶと）	一種變形兜。使一之谷形兜中央凹陷、製成雙峰造型的頭盔。其定義和二之谷形兜相同，至於兩者間究竟有何差別則不明。
座金 Zagane （ざがね）	座金物之簡稱。
息才 Sokusai （そくさい）	天邊之穴的俗稱。
息出之穴 Ikidashinoana （いきだしのあな）	天邊之穴之俗稱。
息佛 Ikibotoke （いきぼとけ）	汗流之穴之俗稱。
扇鞈 Oogijikoro （おおぎじころ）	一枚鞈之俗稱。
栓差 Senzashi （せんざし）	鉸鏈之俗稱。

栗色馬革 Kuriirobawara （くりいろばかわ）	一種施以溜塗的馬革。作為胴裏或金具迴的包革使用。
栴檀鳩尾 Sendankyuubi （せんだんきゅうび）	栴檀板與鳩尾板之簡稱。
根尾派 Neoha （ねおは）	甲冑師的一派。據説此派發祥自美濃國（岐阜縣）根尾村，江戶時代則是以奈良為中心活動。特別擅長製作百二十間筋兜，留下不少優秀作品。
根來具足 Negorogusoku （ねごろぐそく）	鱗具足之別稱。
根津敷 Nedushiki （ねづしき）	腰枕之別稱。
根緒 Nenoo （ねのお）	頭盔的部位名稱，為用來綁忍緒的縮。起初使用皮繩，後來才改用紐繩。設置於腰卷內側，有三所付、四所付、五所付等手法。請參照各項目説明。
桐打 Kiriuchi （きりうち）	平打繩紐的一種。使用2色以上繩線編成連續桐文圖案的繩紐。僅見於奈良縣長谷寺所藏「紅糸威大鎧」（重要文化財）的繰締緒。
桐葉 Kirinoha （きりのは）	文獻中的語詞。《見聞雜錄》有「仁科重代所有名曰桐葉之金實鎧」之記載，詳情不明。
海老形兜 Ebinarikabuto （えびなりかぶと）	製成蝦子（海老）形狀的變形兜。愛媛縣東雲神社、京都府高津古文化會館等處的收藏品為其代表性文物。
海老金物 Ebikanamono （えびかなもの）	繰締鐶之俗稱。
海老殼胴 Ebigaradou （えびがらどう）	朱塗桶側胴之俗稱。

海鼠手甲 Namakotekou （なまこてこう）	一種末端呈圓形、無指頭等突出構造的手甲。狀似海鼠頭，故名。靜岡縣久能山東照宮所藏（重要文化財）「金溜塗黑糸威二枚胴具足」、同處所藏（重要文化財）「金白檀塗黑糸威二枚胴具足」等籠手手甲為其代表文物。
烈勢頰 Resseiboo （れっせいぼお）	一種表情彷彿勢不可擋的目下頰。
烏金 Ukin （うきん）	赤銅之別稱。
留釘 Tomarinokugi （とまりのくぎ）	俗稱相同鐵材的三光鉚釘。
真向 Makkou （まっこう）	頭盔的正面，或指眉庇之俗稱。
真向金物 Makkoukanamono （まっこうかなもの）	一種設置於眉庇中央的金物。可見於平安、鎌倉時代至南北朝時代期間。岡山縣所藏（國寶）「赤韋威大鎧」的菊重、青森縣櫛引八幡宮所藏（國寶）「白糸妻取大鎧」的桐文為其代表文物。
神宿 Kanyadori （かんやどり）	八幡座之俗稱。
笈掛胴 Oikakedou （おいかけどう）	連尺胴之俗稱。
笊形兜 Zarunarikabuto （ざるなりかぶと）	一種製作成笊（竹篩）造型的變形兜。高知縣山內神社寶物資料館的收藏品為其代表文物。
笑頰 Emiboo （えみぼお）	一種製成笑容的目下頰，記載於《甲冑便覽》。因為面容安祥平和，故亦稱大黑頰。
粉消 Funkeshi （ふんけし）	一種消燒手法。主要使用金粉、銀粉施加於凹凸起伏的雕金部分。

紋柄威 Mongaraodoshi （もんがらおどし）	一種編織成家紋、圖案、文字等圖形的威毛。可見於安土桃山時代以後，愛知縣德川美術館所藏「日之丸威丸胴具足」、長野縣上田市博物館所藏「三葉葵文威丸胴具足」等為其代表文物。
紋筏 Moroikada （もろいかだ）	泛指製成各種紋路、形狀的筏。
紋鉚釘 Monbyou （もんびょう）	一種鉚釘頭施以各種紋路雕刻的鉚釘。青森縣櫛引八幡宮所藏（國寶）「白糸妻取大鎧」的桐紋、愛媛縣大山祇神社所藏（國寶）「赤糸威胴丸鎧」的扇紋、同處所藏（國寶）「紫綾威大鎧」的車輪紋等為其代表文物。
紋頭 Mongashira （もんがしら）	鐶台、鉚釘頭的裝飾，刻有各種紋路。
紋臑當 Monsuneate （もんすねあて）	一種臑當。篠上方使用切金細工，抑或篠與篠之間使用筏的篠臑當。
紋籠手 Mongote （もんごて）	一種使用紋筏製作的籠手。
素穴 Suana （すあな）	未設鵐目的單純孔洞。
素鉢 Subachi （すばち）	尚未裝設鞇和尾庇的兜鉢。
素銅 Suaka （すあか）	指並未鍍金鍍銀、原原本本的銅。靜岡市淺間神社所藏「紅糸威小腹卷」為使用素銅金物之代表文物。
翁頰 Okinaboo （おきなぼお）	目下頰、總面的一種。記載於《甲冑便覽》，做成老人面容造型的目下頰、總面。亦稱翁面。
胴 Dou （どう）	三物之一。胴是甲冑最主要的部分，為覆蓋胴身、保護胸腹背的部位。

胴丸式掛甲 Doumarushikikeikou （どうまるしきけいこう）	一種以紐繩串連小札包住胴身、引合縫位於前方的掛甲。
胴丸鎧 Doumaruyoroi （どうまるよろい）	中世甲冑的形式之一，介於大鎧與胴丸之間，原本就搭配頭盔、大袖以及障子板、弦走韋、栴檀板、鳩尾板、逆板等配件的胴丸。愛媛縣大山祇神社所藏「赤糸威胴丸鎧」（國寶）為其代表文物。
胴札 Douzane （どうざね）	一種胴甲使用的小札。鎌倉時代末期以後，胴甲的小札變得比袖甲、草摺的小札還要短，遂以此語作為區別。
胴先 Dousaki （どうさき）	胴甲引合縫的末端處。
胴先緒 Dousakinoo （どうさきのお）	一種緒所。從胴甲尾部牽出來、用來收束胴甲下半部的紐繩。
胴尾 Doujiri （どうじり）	胴甲的部位名稱，指胴甲的最下端。亦稱發手。
胴卷 Doumaki （どうまき）	古代冑的部位名稱，指環繞於衝角付冑、眉庇付冑等冑缽缽體中段附近的帶狀板材。有些眉庇付冑甚至還有上下共2條胴卷。福岡縣月岡古墳、大阪府七觀古墳的出土品為其代表文物。亦稱胴卷板。
胴高 Doukou （どうこう）	胴甲的高度，指從胸板上緣到胴尾的高度。
胴掛 Doukake （どうかけ）	胴立之別稱。
胸合胴 Munaawasedou （むなあわせどう）	前合胴之俗稱。

胸取佛胴 Munatorihotokedou （むなとりほとけど う）	當世具足胴甲的一種形態，指胸板以花縅手法裝設金屬配件，縅繩穿綴2段或3段前立舉的佛胴。靜岡縣久能山東照宮所藏（重要文化財）「金溜塗黑糸威二枚胴具足」、同處所藏（重要文化財）「金白檀塗黑糸威二枚胴具足」等胴甲為其代表文物。
胸板金物 Munaitanokanamono （むないたのかなも の）	文獻中的語詞。記載於《長門本平家物語》卷三，應是指設置於胸板的据金物。
胸割胴 Munawaridou （むなわりどう）	前合胴之俗稱。
脇引 Wakibiki （わきびき）	脇當之別稱。
脇戶派 Wakidoha （わきどは）	甲冑師的一派。以奈良的脇戶鄉為根據地，主要從事兜鉢的製作等鐵匠工作。僅有少數作品有屬名，詳情不明。
脇明珍 Wakimyouchin （わきみょうちん）	俗稱分布於各地的明珍派甲冑師。
脇板 Wakiita （わきいた）	一種金具迴。設置於大鎧左側、腹丸、腹卷、腹當、當世具足兩側最頂端的金屬配件。大鎧、胴丸、腹卷起初並無脇板構造，直到南北朝時代以後才開始固定搭配使用。
脇威 Wakiodoshi （わきおどし）	當世具足的胴甲當中，用來連繫、固定立舉與脇板的繩索。
脇指 Wakizashi （わきざし）	旗指物的設置方法之一。指旗指物的位置稍微往左或往右移。
脇壺 Wakitsubo （わきつぼ）	指未裝設脇板的側腹部位。可見於古式大鎧、胴丸、腹卷。
脇鞋 Wakikohaze （わきこはぜ）	大鎧、胴丸、腹卷當中，用來連繫固定立舉與脇板的鞋。

茜威 Akaneodoshi （あかねおどし）	一種威毛。以茜草根部的染料染出紅色的繩線或皮革，再穿成威毛。
茶糸威 Chaitoodoshi （ちゃいとおどし）	一種整體用染成茶色的色糸穿繩的威毛。岐阜縣清水川社所藏「茶糸威胴丸」（縣指定文化財）為其代表文物。
茶染韋 Chazomekawa （ちゃぞめかわ）	一種染韋。染成茶色單色的藻獅子文韋、正平韋等。可見於室町時代末期與江戶時代後期。
草摺取付 Kusazuritoriduke （くさずりとりづけ）	威付或蝙蝠付等使草摺連結胴甲不致脫落的手法。腰革付的相對語。
荒目札 Aramezane （あらめざね）	中札之俗稱。
荒目威 Arameodoshi （あらめおどし）	素懸威之俗稱。
迴 Mawashi （まわし）	佩楯的部位名稱之一。指踏込式佩楯的家地要繞到後方綁結的部位。有整條同寬（一文字）與中間較細（千切形）兩種。亦稱相引。
迴刺 Mawarisashi （まわりさし）	百重刺之別稱。
迴鉢 Meguribachi （めぐりばち）	一種兜鉢。分成上下2層，中間有個用來設置頭立的角元、角元之中設有芯棒，使得上半部鉢體可以旋轉，藉此抵禦火槍彈丸的攻擊。從前武藏國（埼玉縣）川越藩便有使用，埼玉縣川越市立博物館、同縣西山歷史博物館收藏品為其代表文物。
迴菱縫 Mawashihishinui （まわしひしぬい）	俗稱新羅形吹返。
迴菱縫 Megurihishinui （めぐりひしぬい）	設置於吹返外圍3個方向側邊的菱縫。可見於新羅形吹返。

追掛銘 Oikakemei （おいかけめい）	後銘之別稱。
逆澤瀉威 Sakaomodakaodoshi （さかおもだかおどし）	一種利用重疊手法使中央色塊呈倒三角形的威毛。形狀看起來就像水草澤瀉的葉子倒過來的樣子，故名。記載於《杉原本保元物語》卷二，《蒙古襲來繪詞》亦有描繪。其代表文物包括「逆澤瀉威大鎧雛型」（天皇御物）、愛媛縣大山祇神社所藏「逆澤瀉威大鎧」（國寶）。
釘綴銅 Kugitojidou （くぎとじどう）	一種用釘子狀的鐵鉚釘固定而成的橫矧胴。
釜之段 kamanodan （かまのだん）	饅頭鞴之俗稱。
除鞴 Nokejikoro （のけじころ）	一饅頭鞴之俗稱。
馬刀殼篠 Mategarashino （まてがらしの）	丸篠之俗稱。形狀酷似馬手貝殼，故名。
馬刀殼臑當 Mategarasuneate （まてがらすねあて）	以丸篠製作的篠臑當之俗稱。丸篠狀似馬手貝殼，故名。
馬刀殼籠手 Mategaragote （まてがらごて）	使用丸篠製作的篠籠手之俗稱。丸篠狀似馬刀貝殼，故名。
馬手草摺 Metenokusazuri （めてのくさずり）	武家用語，指大鎧右側的草摺。
馬手袖 Metenosode （めてのそで）	武家用語，指右邊的袖甲。
馬甲 Umayoroi （うまよろい）	一種戰場上用來保護馬匹的馬具。大多是以家地縫上馬甲札而成。記載於《太平記》、《明德記》等文獻，琦玉縣騎西城址便曾有中世馬甲出土。亦讀作「ばこう」（bakou）。

馬甲 Bakou （ばこう）	同上，唯日文念法不同。
馬甲札 Umayoroizane （うまよろいざね）	馬甲使用的小札。取邊長約2cm的正方形皮革片為底材，中央開設圓孔、從周圍挖開小孔，然後縫在家地上面使用。少數疊具足也會使用。
馬甲札之鎧 Umayoroizanenoyoroi （うまよろいざねのよろい）	一種將馬甲札縫在家地上製成的疊具足。
馬面 Bamen （ばめん）	馬甲的部位名稱，指保護馬匹顏面的部分。固然也有和歌山縣大谷古墳出土、日本文化廳收藏的鐵製馬面（重要文化財），但現存文物大多是江戶時代的作品，皆為用皮革或木材做成誇張的龍形或獅子頭形象。
馬面派 Bamenha （ばめんは）	甲胄師的一派。以越前國（福井縣）豐原為根據地，主要從事星兜、筋兜的製作。其特徵是使用名為霰星的矮胖形狀星構造。除此以外，兜缽內側下方每塊矧板分別篆刻1個字的橫向銘文，也是未見於其他流派的重要特色。
馬迴七騎 Umamawarishichiki （うままわりしちき）	七騎之鎧之別稱。
馬齒 Umanoha （うまのは）	大荒目札之俗稱。
高八幡座 Takahachimanza （たかはちまんざ）	下半部做得較長的八幡座。可見於鎌倉時代後期以後，青森縣櫛引八幡宮所藏「白糸妻取大鎧」（國寶）、同處所藏「赤糸威菊金物大鎧」（國寶）頭盔的八幡座為其代表文物。
高角 Takatsuno （たかつの）	文獻中的語詞。記載於《平家物語》、《源平盛衰記》等文獻，應該如同《結城合戰繪卷》所繪，是對左右成雙的角形前立。亦寫作鷹角。
高紐 Takahimo （たかひも）	緒所的一種，為連繫肩上與胸板的繩索。平安、鎌倉時代大鎧使用的是赤韋的絎紐，南北朝、室町時代的胴丸、腹卷則是使用源氏打。當世具足的胴甲使用的多是丸唐打，卻也不乏少數使用的是名為貝之口組的平打繩紐。

高紐 Takahimo （たかひも）	引合緒之俗稱。
高雕 Takabori （たかぼり）	一種金屬雕刻手法。將背景部分鏤空，留下隆起的圖案。其代表文物可見於青森縣櫛引八幡宮所藏「白糸妻取大鎧」（國寶）的据金物、奈良縣春日大社所藏「黑韋威胴丸」（重要文化財）的鍬形台等。
鬼板 Oniita （おにいた）	冠板之俗稱。
鬼筏 Oniikada （おにいかだ）	一種有如好幾個矢筈（V形）重疊在一起的筏。
鬼會 Onidamari （おにだまり）	俗稱當世具足的胸板。
鬼頭形兜 Onigashiranarikabuto （おにがしらなりかぶと）	製成鬼頭造型的變形兜。京都府高津古文化會館收藏品為其代表文物。

十一劃

側切蝶番 Gawakirichoutsugai （がわきりちょうつがい）	段替蝶番之別稱。
兜巾形兜 Tokinnarikabuto （ときんなりかぶと）	一種製成兜巾（山伏等修驗者披戴之物）造型的變形兜。山口縣毛利博物館的收藏品為其代表文物。
兜之三之板 Kabutonosannoita （かぶとのさんのいた）	文獻中的語詞。記載於《保元物語》卷二，應指鞠的第三段，實際詳情不明。
兜之手先 Kabutonotesaki （かぶとのてさき）	文獻中的語詞。記載於《保元物語》卷二、《八坂本平家物語》卷四等文獻，應指吹返的末梢，實際詳情不明。

兜之役 Kabutonoyaku （かぶとのやく）	文獻中的語詞。記載於《鎌倉年中行事》、《兵具雜記》，冑持之別稱。
兜之役人 Kabutonoyakunin （かぶとのやくにん）	文獻中的語詞。記載於《鎌倉年中行事》、《兵具雜記》，冑持之別稱。
兜之眉間 Kabutonomiken （かぶとのみけん）	文獻中的語詞。記載於《最上義光物語》下卷，應是指稱眉庇中央之用語，實際詳情不明。
兜之真中 Kabutonomannaka （かぶとのまんなか）	文獻中的語詞。記載於《國府台戰記》、《四戰記聞》卷二等文獻，應是指稱兜缽中央部位之用語，實際詳情不明。
兜立 Kabutotate （かぶとたて）	兜掛之別稱。
兜印 Kabutojirushi （かぶとじるし）	笠標之別稱。
兜耳 Kabutomimi （かぶとみみ）	吹返之俗稱。
兜緒 Kabutonoo （かぶとのお）	文獻中的語詞。記載於《杉原本保元物語》、《平治物語》、《承久記》等文獻，是忍緒之別稱。
副板 Soeita （そえいた）	一種兜缽裝飾。重疊設置於地板下方的板材。與檜垣一樣，通常橫幅較寬。
動金 Ugokigane （うごきがね）	鉸鏈之俗稱。
啄木打 Dakubokuuchi （だくぼくうち）	一種平打繩紐，為使色線左右對稱編製的常組繩。使用於威毛，以及室町時代後期以後的胴丸、腹卷、部分當世具足的耳糸、畦目。
啄木威 Dakubokuodoshi （だくぼくおどし）	一種整體使用啄木打繩紐的威毛。記載於《義經記》、《謙信家記》、《慶元鬥戰記》等文獻。奈良縣長谷寺所藏（重要文化財）「啄木糸威大鎧」為其代表文物。

執加緒 Shikkanoo （しっかのお）	一種袖緒，設置於冠板內側中央的鐶。鎌倉時代後期以前是用編繩綁於縱鐶之上，連接至肩上的茱萸。鎌倉時代後期以後則採用皮繩，部分仍然連繫至茱萸，也有些直接綁結於肩上之上。亦稱中緒。
堅地 Kataji （かたじ）	一種底漆。混合地粉與砥石粉調製成漆，再分數層塗抹。
寄毛引 Yosekebiki （よせけびき）	將緘穴穿成繩目（斜紋）狀的寄懸。愛知縣德川美術館所藏「銀箔押白糸威五枚胴具足」為其代表文物。
寄素懸 Yosesugake （よせすがけ）	將緘穴穿成菱綴（╳形）形狀的寄懸。常見於加賀具足。
寄懸 Yosegake （よせがけ）	威的手法之一。各處穿威繩使其並排達3列以上的威繩手法。可分成寄毛引與寄素懸兩種。
將棋頭 Shougigashira （しょうぎがしら）	一種伊予札、板物的札頭。切割成三角形，就像成排的將棋棋子。例如：將棋頭的伊予札、將棋頭的板物。亦稱駒頭、岩木頭、劍頭。
帶通 Obitooshi （おびとおし）	引上縮之別稱。
常組 Tsunegumi （つねぐみ）	一枚高麗之別稱。江戶時代甲冑師的用語。
張出 Haridashi （はりだし）	頭盔的部位名稱。製作星兜、筋兜、突盔形兜的兜缽之際，供矧板相互銜接矧合之基礎。平安、鎌倉時代的兜缽將張出設置於左右兩側，鎌倉時代以後則將其設置於後方。
張出板 Haridashinoita （はりだしのいた）	一種作張出用途使用的矧板。
張留 Haridome （はりどめ）	頭盔的部位名稱，指兜缽矧板相互重疊的部分，為設置星的位置，或指鉚釘的位置。

張貫 Harinuki （はりぬき）	變形兜的部位名稱。指利用皮革或和紙（部分使用金屬）張貼、懸掛於變形兜上的部位。
御小袖 Onkosode （おんこそで）	文獻中的語詞。記載於《梅松論》下卷《太平記》卷二十七等文獻，文中指為足利將軍家代代相傳之甲冑，實情則不得而知。
御小袖番眾 Onkosodebanshuu （おんこそでばんしゅう）	文獻中的語詞。室町時代時，負責保護足利將軍家代代相傳的甲冑御小袖的幕府官職。
御免革 Gomengawa （ごめんがわ）	正平韋之別稱。
御免樣革 Gomenyounameshi （ごめんようなめし）	文獻中的語詞。記載於《義經記》卷二，應是正平韋之別稱。
御借具足 Okarigusoku （おかりぐそく）	御貸具足之別稱。
御家猿頰 Oiesaruboo （おいえさるぼお）	越中頰之俗稱，取名自熊本藩細川家之御家流。
御家頰 Oieboo （おいえぼお）	一種製成祥和表情的目下頰，記載於《甲冑便覽》。
御徒具足 Okachigusoku （おかちぐそく）	足輕具足之別稱。
御著長 Onsekinaga （おんせきなが）	文獻中的語詞。記載於《保元物語》、《源平盛衰記》等文獻，《貞丈雜記》則稱其為大鎧之美稱。
御貸具足 Okashigusoku （おかしぐそく）	一種簡素型的當世具足，借給諸侯大名所雇的大批足輕。
据文 Suemon （すえもん）	据文金物之簡稱。

据文金物 Suemonkanamono （すえもんかなもの）	一種金屬裝飾。設置於小札、金具迴、小具足等處的菊重，或是裝飾以各種紋路的飾金物。亦可以簡稱据文、据物。
据物 Suemono （すえもの）	据文金物之簡稱。
捻耳 Hinerimimi （ひねりみみ）	捻返之別稱。
掛甲札 Kakekouzane （かけこうざね）	掛甲使用的參差不齊小札。掛甲有別於中世甲冑，小札的形狀和大小會因不同部位而異。
掛脇引 Kakewakibiki （かけわきびき）	總稱作為小具足各自獨立的脇當。
控緒 Hikaenoo （ひかえのお）	一種緒所，設置於鳩尾板內側下方內端的綰，用來綁高紐，以免鳩尾板翻起。
桶側胴 Okegawadou （おけがわどう）	橫矧胴之別稱。
梅韋 Umegawa （うめがわ）	五星赤韋之俗稱。
梔子實形兜 Kuchinashinominarikabuto （くちなしのみなり かぶと）	一種突盔形兜，造型隆起、酷似梔子果實。笹間良彥《日本甲冑武具事典》（柏書房1981）便有記載，其所在地等相關詳情不明。
條帶 Kumiobi （くみおび）	穿著掛甲時綁在腰際使掛甲緊貼身體的腰帶。
梨打烏帽子形兜 Nashiuchieboshinarikabuto （なしうちえぼしな りかぶと）	一種製成利打烏帽子（揉烏帽子）造型的變形兜。笹間良彥《日本甲冑武具事典》（柏書房1981）雖有記載，然其所在地等詳情不明。

梨地塗 Nashijinuri （なしじぬり）	漆的塗色之一。塗抹薄漆、撒上金粉使表面如梨皮般的塗色。靜岡縣富士山本宮淺間大社所藏（縣指定文化財）「紅糸威最上胴丸」、長野縣諏訪大祝家所藏「紅糸威胴丸」等金具迴便有使用。
毬栗形兜 Igagurinarikabuto （いがぐりなりかぶと）	製作成栗子形狀的變形兜。笹間良彥《日本甲冑武具事典》（柏書房1981）雖有記載，然所在地等詳情不明。
涎金 Yodaregane （よだれがね）	喉輪之俗稱。
涎懸 Yodarekake （よだれかけ）	喉輪之俗稱。
深淺蔥糸威 Fukaasagiitoodoshi （ふかあさぎいとおどし）	文獻中的語詞。記載於《足利將軍御內書並奉書留》，應是指顏色比淺蔥深、比縹淺的糸威。
混甲 Hitakabuto （ひたかぶと）	文獻中的語詞。記載於《平家物語》卷四、《太平記》卷二十三，指一軍全員披戴頭盔之狀態。
淺蔥糸 Asagiito （あさぎいと）	一種編繩。浸泡藍色染料、染成淺蔥色（水藍色）的繩線所編成的繩索。
淺蔥糸妻取 Asagiitotsumadori （あさぎいとつまどり）	整體以淺蔥糸穿繩，妻（末端）使用其他色線交雜的威毛。山口縣防府天滿宮所藏「淺蔥糸妻取大鎧」（重要文化財）、愛媛縣大山祇神社所藏「淺蔥糸妻取大鎧」（重要文化財）為其代表文物。
淺蔥糸威 Asagiitoodoshi （あさぎいとおどし）	整體使用淺蔥糸穿繩的威毛。記載於《保元物語》、《平家物語》《相國寺堂供養記》等文獻，大分縣柞原八幡宮所藏「金白檀塗淺蔥糸威腹卷」（重要文化財）為其代表文物。
淺蔥糸威肩紅 Asagiitoodoshikatakurenai （あさぎいとおどしかたくれない）	整體以淺蔥糸穿繩，僅最上方2段或3段以紅糸穿繩編成的威毛。青森縣櫛引八幡宮所藏「淺蔥糸威肩紅筋兜、同大袖」（重要文化財）為其代表文物。

淺蔥綾 Asagiaya （あさぎあや）	使用浸泡藍色染料、染成淺蔥色（水藍色）的絲線織成的綾布。
淺蔥綾威 Asagiayaodoshi （あさぎあやおどし）	整體以淺蔥綾穿繩編成的威毛。廣島縣嚴島神社所藏「淺蔥綾威大鎧」（國寶）變為其代表，一說應作「淺蔥練緯威大鎧」。
添脇引 Soewakibiki （そえわきびき）	一種利用靽或釦裝設於籠手的脇當。
瓶覗 Kamenozoki （かめのぞき）	一種藍染。極淡淺蔥色的俗稱，可見於加賀具足之威毛。
產衣 Ubugi （うぶぎ）	文獻中的語詞。記載於《源平盛衰記》卷十六，指為攝津源氏源賴政之甲胄，實際詳情不明。
產衣之鎧 Ubuginoyoroi （うぶぎのよろい）	第一次新穿的甲胄之別稱。
產佩楯 Ubuhaidate （うぶはいだて）	佩楯的一種。將篠、鎖環、龜甲金等埋進家地之中製成的佩楯。
產物 Ubumono （うぶもの）	以製作完成的原始狀態保留至今的文物。
產臑當 Ubusuneate （うぶすねあて）	一種將篠、鎖環、龜甲金等埋進家地之中製成的臑當。
產籠手 Ubugote （うぶごて）	將座盤、篠、龜甲金、鎖環埋進家地中製作的籠手。山形縣上杉神社所藏「熏韋威腹卷」、廣島縣嚴島神社所藏「紅糸威丸胴具足」（重要文化財）等所附籠手為其代表性文物。
畦目綴胴 Unametojidou （うなめとじどう）	一種綴胴。以皮革或繩糸將鐵板或皮革板編綴成畦目形狀的胴甲。

畦眉庇 Unemabisashi （うねまびさし）	天草眉庇之別稱。
盔帶緒 Paitainoo （ぱいたいのお）	兜緒之俗稱。
盛上小札 Moriagekozane （もりあげこざね）	一種為追求凹凸起伏之美而塗漆增厚的小札。可見於南北朝時代以後。請參照錆地盛上、木糞盛上項目說明。
笠鉚釘 Kasabyou （かさびょう）	一種鉚釘頭中央高高隆起、狀似斗笠的鉚釘。
笠標付鐶 Kasajirushitsukenokan （かさじるしつけの かん）	後勝鐶之別稱。
笠饅頭鞠 Kasamanjuujikoro （かさまんじゅうじ ころ）	鎌倉時代後期下襬張開角度並不大的笠鞠，或者江戶復古調時期張開角度不大的笠鞠。奈良縣春日大社所藏「紅糸威梅金物大鎧」（國寶）、廣島縣嚴島神社所藏「淺蔥綾威大鎧」（國寶）的鞠為其代表文物。
笠鞠 Kasajikoro （かさじころ）	一種如斗笠般張開的鞠。為求使用劈砍武器（太刀、薙刀）戰鬥時手臂活動方便而問世於鎌倉時代後期。島根縣日御碕神社所藏「白糸威大鎧」（國寶）、青森縣櫛引八幡宮所藏「赤糸威菊金物大鎧」（國寶）等頭盔的鞠為其代表文物。
細文韋 Komongawa （こもんがわ）	統稱染上無數細小圖案的韋，抑或染上無數反白細小圖案的韋。如菖蒲韋、五星赤韋、小櫻韋、齒朵韋等。
細札 Komakazane （こまかざね）	奈良小札之俗稱。
紺下濃 Konsusogo （こんすそご）	文獻中的語詞。記載於《太平記》，讀作「紺之下濃鎧」，應該與紺裾濃同義。

紺糸 Konito （こんいと）	一種編繩。使用浸泡藍色染料染成的深藍色繩線編成的繩紐。
紺糸威 Konitoodoshi （こんいとおどし）	整體使用紺糸串綴穿繩的威毛。記載於《延慶本平家物語》、《源平盛衰記》、《太平記》等文獻，廣島縣嚴島神社所藏「紺糸威大鎧」（國寶）、鹿兒島縣鹿兒島神宮所藏紺糸威大鎧（重要文化財）為其代表文物。
紺村濃 Konmurago （こんむらご）	文獻中的語詞。記載於《長門本平家物語》卷十六，應是指使用深藍與淺蔥兩種顏色交互編織製成的威毛，然詳情不明。有些地方將其寫作邑濃、端濃，因此紺村濃也可以說是和越往末端越濃的青色系裾濃同義。
紺唐綾威 Konkaraayaodoshi （こんからあやおどし）	文獻中的語詞。記載於《太平記》，應是指整體使用深藍色唐綾穿繩製成的威毛。請參照綾威、唐綾威項目説明。
紺綾 Konaya （こんあや）	使用藍色染料染成的深藍色繩線織成的綾布。
紺裾濃 Konsusogo （こんすそご）	青色系繧繝（漸層）越往下襬顏色越濃的威毛。《平治物語繪詞》、《蒙古襲來繪詞等》均有描繪，雖可見於江戶復古調時期，卻無中世文物留存至今。
紺匂 Konnioi （こんにおい）	威毛的一種。中世文獻雖然找不到相關記載，但此語應是指青色系繧繝（漸層）越往下襬顏色越淡的威毛。有江戶復古調時期文物留存至今，卻並無中世遺物流傳。
組交糸 Kumimazeito （くみまぜいと）	此已非現代所知之用語名稱，是種分類不明的多色編繩。東京國立博物館所藏「組交糸威肩紅胴丸」（重要文化財）為其代表文物。
鉢 Hachi （はち）	兜鉢之簡稱。
鉢付板 Hachidukeita （はちづけいた）	文獻中的語詞。記載於《夏原本保元物語》、《長門本平家物語》、《源平盛衰記》等文獻，應是指稱鞍的第一段板材（第一段板材）的用語。鞍直接裝設於兜鉢的小札板。
鉢付鉚釘 Hachidukebyou （はちづけびょう）	鞍付鉚釘之別稱。

缽卷革 Hachimachigawa （はちまちがわ）	笹緣之俗稱。
缽金 Hachigane （はちがね）	兜缽之別稱。
缽請 Hachiuke （はちうけ）	胴立、兜立、陣押兜立的部位名稱。胴立、兜立、陣押兜立上方用來承接兜缽的圓形板材。
脛巾 Habaki （はばき）	臑當之俗稱。
船手具足 Funadegusoku （ふなでぐそく）	鱗具足之別稱。
蛇口 Hebikuchi （へびくち）	一種緒所。設置於總的相反側的小繩圈。先將紐繩穿過鐶、再穿過繩圈打結。
蛇腹伏 Jyabarabuse （じゃばらぶせ）	一種伏組。使用2條色糸編成捻繩、排列好縫成「V」字形連續圖案，藉以模擬本伏的裝飾。
袋籠手 Fukurogote （ふくろごて）	一種將家地內側縫成筒狀的籠手，可見於安土桃至時代至江戶時代前期的實用時期。
袖付中緒 Sodedukenonakao （そでづけのなかお）	執加緒之俗稱。
袖付前緒 Sodedukenomaeo （そでづけのまえお）	受緒之俗稱。
袖付後緒 Sodedukenoushiroo （そでづけのうしろお）	懸緒之俗稱。
袖付茱萸 Sodedukenogumi （そでづけのぐみ）	供人綁結袖緒的茱萸。

袖付緺 Sodedukenowana （そでづけのわな）	設置於當世袖冠板上的緺。
袖付緒 Sodedukenoo （そでづけのお）	袖緒之別稱。
袖付鞐 Sodedukenokohaze （そでづけのこはぜ）	供袖甲裝設於肩上外側的責鞐。可見於部分胴丸、腹卷、當世具足胴甲。
袖甲 Sode （そで）	三物之一。以威繩串綴小札板設置於冠板的防具，用以保護肩頭至上臂部位。以形狀分成大袖、寬袖、壺袖、當世袖、變形袖等種類。請參照各項目說明。
袖留 Sodedome （そでどめ）	指使用鞐或釦連繫當世袖與籠手，以免當世袖翹起。
袖留釦 Sodedomenobotan （そでどめのぼたん）	袖留用的釦。將袖甲內側的釦套在籠手肩部的緺以固定。
袖留鞐 Sodedomenokohaze （そでどめのこはぜ）	袖留用的鞐。將袖甲內側的笠鞐套在籠手肩部的緺以固定。亦為肩鞐之俗稱。
袖袋 Sodebukuro （そでぶくろ）	設置於籠手家地內側的袋子。據說這袋子原是用來裝鎧甲底下衣服的衣袖，但大多只是裝飾而已。
袖楯 Sodedate （そでだて）	大袖之俗稱。從前平安、鎌倉時代騎射戰當中，便曾經把大袖當成楯使用。
袖裏鐶 Sodeuranokan （そでうらのかん）	設置於大袖、寬袖和壺袖的冠板內側，用來穿袖緒的3個鐶。
袖摺韋 Sodezurikawa （そでずりかわ）	記載於《大三島寶物甲冑注文》，應是矢摺韋的同義語。
袖緒 Sodenoo （そでのお）	一種緒所，用來將袖甲裝設於肩上的繩紐。主要分成受緒、執加緒、懸緒、水吞緒等繩紐。請參照各項目說明。亦稱袖付緒。

袖隱 Sodekakushi （そでかくし）	小鰭之俗稱。
袖鐶 Sodenokan （そでのかん）	設置於大袖、寬袖、壺袖冠板內側，拿來穿袖緒的3個鐶。
貫 Tsuranuki （つらぬき）	毛沓之別稱。
貫緒 Nukio （ぬきお）	文獻中的語詞。記載於《肥前風土記》，應是指威繩。
貫臑當 Nukisuneate （ぬきすねあて）	俗稱以鎖環製作的筒臑當。
責革具足 Semekawagusoku （せめかわぐそく）	練胴之俗稱。
責鞐 Semekohaze （せめこはぜ）	將2個穿繩用的管子並排組成的鞐。用來押住笠鞐使其不致鬆脫。
透返花 Sukashikaeshibana （すかしかえしばな）	一種花瓣裝飾垂直豎起的座金。可見於室町時代中期以後的八幡座，形狀看起來就像是環抱著玉緣似的，故亦稱抱花。
透金物 Sukashikanamono （すかしかなもの）	施以透雕法製成的金屬裝飾。室町時代以後有枝菊透、唐草等飾金物。請參照各項目説明。
透漆 Sukiurushi （すきうるし）	生漆經過精製、剔除雜質的漆。
透雕 Sukashibori （すかしぼり）	一種金屬雕刻手法。僅留下圖案部分，其他部位鏤空挖除。
這糸 Hawaseito （はわせいと）	這縫使用的糸繩。將龜甲金周圍邊緣縫成六角形的糸繩。亦稱龜甲糸。

這縫 Hawasenui （はわせぬい）	固定龜甲金的手法。將龜甲金排列於家地之中，將龜甲金周圍用糸繩縫成六角形狀的手法。
連 Tsugari （つがり）	籠手的部位名稱。設置於家地內側的繩索。
連山道 Tsureyamamichi （つれやまみち）	山道的一種。曲形構造的頂端有個小小窪窿的山道，多用於加賀具足。
連尺之穴 Renjakunoana （れんじゃくのあな）	當世具足的鐵胴甲當中，下腹部與押付板處各有2個的孔洞。將繩子從押付板的連尺之穴穿過胴甲內側、鑽過肩上下方然後從下腹部的連尺之穴穿出，最後用力打結。這是為使肩上稍稍浮起於肩頭的設計。設有連尺之穴的胴甲，稱作連尺胴。
連尺胴 Renjakudou （れんじゃくどう）	一種當世具足的胴甲，指設有連尺之穴的胴甲。請參照連尺之穴。
連脇引 Tsurewakibiki （つれわきびき）	越中脇引之俗稱。
釣脇引 Tsuriwakibiki （つりわきびき）	一種以繩索懸掛於肩上的脇當。脇板於室町時代末期有許多複雜而多樣的變化，從而也開始考量到手臂的活動便利性。愛媛縣大山祇神社所藏（重要文化財）「紺糸威胴丸」、奈良縣談山神社所藏「紫糸威腹卷」的脇板為其代表。亦稱肩脇引。
雪下派 Yukinoshitaha （ゆきのしたは）	甲冑師之一派。以相模國（神奈川縣）雪下（鎌倉市）為根據地，活躍於小田原後北条氏勢力範圍下。尤以將鐵石錘打展平成鐵板、再製成五枚胴式形雪下胴的技術為世所知。
雪下胴 Yukinoshitadou （ゆきのしたどう）	當世具足的胴甲種類之一。仍維持中世甲冑之形態的五枚胴形式鐵製胴甲，相傳此即仙台胴之原型。近江國（滋賀縣）彥根藩井伊家流傳品為其代表文物。請參照雪下派項目說明。
頂 Chou （ちょう）	計算我方頭盔數量的單位。

魚子 Nanako （ななこ）	一種金屬雕刻圖案。高雕圖案之間泡沫狀的細小窟窿。
魚頭形兜 Uogashiranarikabuto （うおがしらなりかぶと）	製作成鯉魚或虎鯨等頭顱造型的變形兜。京都府高津古文化會館的收藏品為其代表性文物。
魚頭形兜 Gyotounarikabuto （ぎょとうなりかぶと）	製成魚頭造型的變形兜。大阪府某收集家的收藏品為其代表文物，其所在地等詳情不明。
魚鱗札 Gyorinzane （ぎょりんざね）	鱗札之別稱。
鳥兜 Torikabuto （とりかぶと）	舞樂使用的帽盔頭巾之一。愛媛縣大山祇神社的收藏品為其代表文物。亦稱鳶兜。
鹿角 Kaduno （かづの）	製成鹿角造型的立物。以木雕或乾漆製作，通常作脇立使用。東京都本多家所藏、傳為本多平八郎忠勝用品的「黑糸威二枚胴具足」（重要文化財）所附頭盔脇立為其代表文物。
麥漆 Mugiurushi （むぎうるし）	一種將漆混合麵粉製作的接著劑。
麥藁筬 Mugiwarashino （むぎわらしの）	俗稱細如麥桿的丸筬。
麻葉鎖 Asanohagusari （あさのはぐさり）	一種鎖鏈。將鎖環編織起來以後，形似麻葉連續形狀，故名。六入之別稱。
十二劃	
割小札 Warikozane （わりこざね）	本小札之俗稱。

割立物 Waritatemono （わりたてもの）	統稱拆解後可收納於甲冑櫃的立物。
割襟 Warieri （わりえり）	一種襟迴。分成左右與後方3股，利用靽或釦連繫固定。
割鞘 Warijikoro （わりじころ）	分成左右與後方共3股的鞘。可見於室町時代末期以後，山形縣上杉神社所藏「頭形兜」、廣島縣嚴島神社所藏「紅糸威丸胴具足」（重要文化財）、宮城縣仙台市博物館所藏「銀箔押白糸威丸胴具足」（重要文化財）等頭盔的鞘為其代表文物。亦稱下散鞘。
勝川 Kachigawa （かちがわ）	文獻中的語詞。《四戰紀聞》卷四記載到「勝川之冑塚」，其名應是來自於愛知縣春日井市勝川此地名，關於冑塚位於何處等詳情不明。
勝糸威 Katsuitoodoshi （かついとおどし）	一種威毛。《大緒記》、《貞丈雜記》等文獻稱勝色為「黑色」，應是種極濃的深藍色威毛。江戶時代前期和後期有種稍帶綠色的濃厚藍染威毛。亦有其他說法指其為縹糸威之別稱。
勝虫 Kachimushi （かちむし）	蜻蜓之別稱。蜻蜓自古便受武士視為好兆頭，許多立物或圖案也會使用此形象。
勝緒 Kachio （かちお）	兜緒的俗稱。
喉卷 Nodomaki （のどまき）	曲輪的部位名稱，為環在喉頭的主要金屬配件。以鐵板做成立襟形狀，利用左右鉸鏈開闔著裝。
喉輪仕立 Nodowajitate （のどわじたて）	須賀的組裝方法。指將半頰或面頰當的須賀比照曲輪，使用蝙蝠付韋懸掛。奈良縣春日大社的「萌黃糸威半頰」為其代表文物。亦稱喉輪形。
喉輪形 Nodowanari （のどわなり）	喉輪仕立之別稱。
喉鎧 Nodoyoroi （のどよろい）	喉輪之俗稱。

單鉚釘 Tanbyou （たんびょう）	八雙鉚釘的設置方法。只打1個的八雙鉚釘。可見於南北朝時代至室町時代，奈良縣春日大社所藏（國寶）「黑韋威胴丸」、大阪府金剛寺所藏（重要文化財）「黑韋威肩白腹卷」等鎧甲所設八雙鉚釘為其代表文物。
喰合鎖 Hamiawasegusari （はみあわせぐさり）	一種鎖鏈。以菱輪小口相互銜接編製的鎖鏈。菱輪僅有1層，故亦稱一重鎖。
壺穴 Tsuboana （つぼあな）	開設於壺板中央的孔洞。平安時代至鎌倉時代前期均為二孔式，至鎌倉時代中期以後則演變形成三孔式。
壺尾 Tsubojiri （つぼじり）	壺板的下襬。
壺板 Tsuboita （つぼいた）	一種金具迴，位於大鎧脇楯上方的主要金屬配件。平安、鎌倉時代前期使用的大多是上下同寬或下襬較寬的壺板，不過鎌倉時代中期以後為求緊密貼合腰部線條，下襬反而做得越來越窄。
壺緒 Tsubonoo （つぼのお）	大鎧的部位名稱，指穿過壺板中央茱萸的繩。可見於平安時代至鎌倉時代前期。
富士山形兜 Fujisannarikabuto （ふじさんなりかぶと）	一種製成富士山造型的變形兜。東京都靖國神社的收藏品為其代表文物。靜岡縣淺間大社曾經收藏有富士山造型的前立，兩者都是富士淺間信仰的產物。
富永指貫籠手 Tominagasashinukigote （とみながさしぬきごて）	一種左右籠手的家地和背部連結、與襟迴呈一體的籠手。
富永籠手 Tominagagote （とみながごて）	和襟迴呈一體的籠手。
帽子形兜 Mousunarikabuto （もうすなりかぶと）	一種製成僧侶帽造型的變形兜。一說是由「坊主形」（僧侶之意）發音演變而成，詳情不明。

帽子兜 Boushikabuto （ぼうしかぶと）	文獻中的語詞。記載於《平家物語》、《源平盛衰記》等文獻，應是中世簡易型頭盔的一種。《平治物語繪卷》、《春日權現靈驗記繪卷》等繪卷雖然有畫到應是帽子兜的頭盔，然現已無文物留存，無法得知帽子兜是何形狀、使用何種材質。
復古調甲冑 Fukkochounokacchuu （ふっこちょうのかっちゅう）	請參照復古調。
惣毛 Souge （そうげ）	總毛引之俗稱。
揉韋 Momigawa （もみがわ）	韋之俗稱。
描菱 Kakibishi （かきびし）	一種菱縫。模擬菱縫以朱漆塗成「✕」形的裝飾。可見於南北朝時代至室町時代，部分江戶復古調時期也有使用。亦寫作書菱、畫菱。
描髭 Kakihige （かきひげ）	總面、目下頰使用蒔繪或押箔手法繪製的鬍鬚。
描覆輪 Kakifukurin （かきふくりん）	頭盔、金具迴的裝飾之一。沿著頭盔的筋或金具迴的邊緣使用金粉、銀粉，使看起來就像是施有覆輪似的裝飾法。
提燈胴 Chouchindou （ちょうちんどう）	疊胴之俗稱。
握拳形兜 Nigirikobushinarikabuto （にぎりこぶしなりかぶと）	一種製成握拳造型的變形兜。東京都靖國神社收藏品為其代表文物。
替臑當 Kaesuneate （かえすねあて）	臑當的一種，指替代使用的輕便型臑當，是規模宏大的大立舉臑當的相對語。

最上大鎧 Mogamiooyoroi （もがみおおよろい）	板式大鎧，為江戶復古調時期的文物，但相當罕見。美國大都會美術館收藏品為其代表文物。
最上胴丸 Mogamidoumaru （もがみどうまる）	板式胴丸。使用4個角落的鉸鏈開闔穿脫。靜岡縣淺間大社所藏（縣指定文化財）「紅糸威最上胴丸」為其代表文物。以材質分成鐵胴丸、革胴丸等。
最上袖 Mogamisode （もがみそで）	一種袖甲。附屬於最上胴丸、最上腹卷，製作風格與胴甲相同。
最上腹卷 Mogamiharamaki （もがみはらまき）	板式腹卷。使用4個角落的鉸鏈開闔穿脫。愛媛縣大山祇神社所藏（重要文化財）「紫糸威最上腹卷」、大阪府建水分神社所藏「朱塗紅糸威最上腹卷」等為其代表文物。以材質分成鐵腹卷、革腹卷等。
最上鞄 Mogamijikoro （もがみじころ）	一種鞄。裾板呈水平構造並設置有畦目和1段菱縫、呈直線方向展開。一般認為最上鞄乃室町時代末期起源自山形縣的最上地區，遂得此名，然詳情不明。
朝顏形兜 Asagaonarikabuto （あさがおなりかぶと）	一種變形兜。牽牛花的日語漢字寫作「朝顏」，朝顏形兜便是造形宛如牽牛花低頭般的變形兜。高知縣山內神社寶物資料館收藏品為其代表文物。
朝顏具足 Asagaonogusoku （あさがおのぐそく）	著名甲冑。毛利家所傳「金小札白糸威肩紅二枚胴具足」之俗稱。頭盔下半部側面繪有朝顏（牽牛花）圖案，故名。相傳乃慶長4年（1599年）豐臣秀賴於大坂城賜予毛利秀就之物。
棚穴 Tanaana （たなあな）	於棚造金具迴的棚板處開設的孔洞。用於金具付的革吊手法。
棚造 Tanadukuri （たなづくり）	金具迴形狀的一種。將腳折成直角、製成棚狀的金具迴。連接金具迴和小札板的時候，是將棚狀構造對準小札板裝設。可見於大鎧的胸板、栴檀板的冠板、大袖的冠板等處。
植髭 Uehige （うえひげ）	一種黏貼於總面、目下頰嘴唇上方的鬍鬚。多使用馬鬃製成的白毛。
無垢星 Mukuboshi （むくぼし）	一種星。切削鐵塊所製、連芯材均為鐵製。空星之相對語。

煮染 Nizome （にぞめ）	以染料熬煮將纖維染色的染色法。
犀角形兜 Saikakunarikabuto （さいかくなりかぶと）	一種製作成犀牛角造形的變形兜。高知縣山內神社寶物資料館收藏品為其代表文物。
琴緘 Kotogarami （ことがらみ）	繩目威之俗稱。
番具足 Bangusoku （ばんぐそく）	簡單樸素的前掛胴（一枚胴）之俗稱。足輕具足便有使用。
發手 Hotte （ほって）	胴尾之別稱。
筋卷込 Sujimakikomi （すじまきこみ）	當世具足裝飾的一種。將兜筋或金具迴邊緣捲將起來、加以共鐵材質覆輪的裝飾方法。福井縣藤島神社的四十二間筋兜缽為其代表文物。
筋板 Sujiita （すじいた）	用作筋構造的縱向細長鐵板。
筋留 Sujidomari （すじどまり）	檜垣之俗稱。
筋缽 Sujibachi （すじばち）	筋兜的兜缽。
筏 Ikada （いかだ）	一種板所，三具使用的金屬零件。以形狀分成篠筏、角筏、丸筏、龜甲筏、紋筏、平筏等種類。雖不乏使用練革材質製作的筏，不過大多數均是使用鐵材製作，故亦稱「筏金」。
筏流佩楯 Ikadanagashihaidate （いかだながしはいだて）	一種佩楯，主要結構處設有筏或小篠的鎖佩楯。

筏籠手 Ikadagote （いかだごて）	鎖環之間設置筏的鎖籠手。長野縣上田市立博物館所藏「三葉葵文紋柄威丸胴具足」所附籠手為其代表文物。
筒臑當 Tsutsusuneate （つつすねあて）	一種使用鐵板或皮革板做成筒形的臑當。岐阜縣可成寺、滋賀縣兵主神社的收藏品是平安、鎌倉時代的代表性文物，山口縣防府天滿宮、石川縣多太神社的收藏品則為南北朝、室町時代的代表性文物。
筒籠手 Tsutsugote （つつごて）	一種使用鐵板或皮革板將前臂做成筒形的籠手。通常上臂大多會使用鎖環、小篠、筏、小板等物。靜岡縣久能山東照宮所藏「黑糸威丸胴具足」（重要文化財）的籠手為其代表文物。
紫下濃 Murasakisusogo （むらさきすそご）	文獻中的語詞。記載於《平治物語》、《源平盛衰記》、《太平記》等文獻，讀作「紫之下濃鎧」，應是紫裾濃之同義語。
紫糸 Murasakiito （むらさきいと）	編繩的一種。使用以紫根、蘇芳等染料染成的紫色繩線編成的繩索。
紫糸妻取 Murasakitsumadori （むらさきつまどり）	文獻中的語詞。記載於《相國寺堂供養記》，整體使用紫糸穿繩，僅妻（末端）雜以其他色繩編成的威毛。奈良縣春日大社曾有件大鎧堪為其代表文物，可惜寬政3年（1791年）年遭祝融燒燬，其殘件現則以甲冑金具名義受指定為重要文化財。
紫糸威 Murasakiitoodoshi （むらさきいとおどし）	一種整體使用紫糸穿繩編成的威毛。記載於《源平盛衰記》、《吾妻鏡》、《義經記》等文獻，廣島縣嚴島神社所藏「鶉韋包紫糸威丸胴具足」為其代表文物。
紫糸威中紅 Murasakiitoodoshinakakurenai （むらさきいとおどししなかくれない）	一種整體使用紫糸穿繩，中間使用紅糸穿繩編成的威毛。亦稱腰紅。愛媛縣大山祇神社所藏（重要文化財）「紫糸威中紅胴丸」為其代表文物，其頭盔則是收藏於同縣的東雲神社。
紫糸威腰紅 Murasakiitoodoshikoshikurenai （むらさきいとおどししこしくれない）	紫糸威中紅之別稱。
紫威 Murasakiodoshi （むらさきおどし）	文獻中的語詞。記載於《長門本平家物語》、《源平盛衰記》，應是紫糸威、紫韋威、紫綾威之統稱。

紫韋 Murasakigawa （むらさきがわ）	使用紫根、蘇芳等染料染成紫色的韋。
紫韋威 Murasakigawaodoshi （むらさきがわおどし）	威毛的一種。整體使用紫韋穿威繩編成的威毛。記載於《保元物語》、《梅松論》，山口縣防府天滿宮、愛媛縣大山祇神社收藏有（重要文化財）「紫韋威大鎧」為其代表文物。
紫綾 Murasakiaya （むらさきあや）	使用以紫根、蘇芳等染料染成的紫色繩線織成的綾布。
紫綾威 Murasakiayaodoshi （むらさきあやおどし）	一種整體使用紫綾穿繩編成的威毛。愛媛縣大山祇神社所藏（國寶）「紫綾威大鎧」為其代表文物。請參照綾威項目說明。
紫裾濃 Murasakisusogo （むらさきすそご）	紫色繧繝（漸層）越往下襬色調越濃的威毛。記載於《平家物語》、《源平盛衰記》等文獻，東京都御嶽神社所藏「紫裾濃大鎧」（重要文化財）為其代表文物。
紫匂 Murasakinioi （むらさきにおい）	威毛的一種。記載於《萬松院穴太記》，紫色糸繩的繧繝（漸層）威毛。雖有江戶復古調時期之文物，卻無中世時期紫匂文物留存至今。
腕 Ude （うで）	籠手的部位名稱，指手肘至手腕部位。亦稱「手先」。
腕掛 Udekake （うでかけ）	文獻中的語詞。記載於《平家物語》卷十，應是指籠手之用語。
菊丸 Kikumaru （きくまる）	一種和菊座重疊使用的圓形座金。東京都御嶽神社所藏「赤糸威大鎧」（國寶）、同處所藏「紫裾濃大鎧」（重要文化財）等甲冑的据金物為其代表文物。
菊丸鉚釘 Kikumarubyou （きくまるびょう）	菊重鉚釘之別稱。
菊重 Kikugasane （きくがさね）	將好幾個菊座重疊起來製成的座金。東京都御嶽神社所藏「赤糸威大鎧」（國寶）、同處所藏「紫裾濃大鎧」（重要文化財）等甲冑之据金物為其代表文物。

著初之甲冑 Kihajimenokacchuu （きはじめのかっち ゅう）	武家用語之一。指武士子弟首次穿戴的甲冑。亦稱產衣之鎧。
著長 Kisenaga （きせなが）	文獻中的語詞。記載於《保元物語》、《源平盛衰記》等文獻的大鎧之美稱。
酢漿草 Katabami （かたばみ）	一種金物圖案。四方均採花瓣形狀，中間飾以猪目鏤空的金物。因形似酢漿草紋遂有此暫稱。可見於平安時代，愛媛縣大山祇神社所藏「逆澤瀉威大鎧」（國寶）、廣島縣嚴島神社所藏「紺糸威大鎧」（國寶）的大座為其代表文物。
間之金物 Aidanokanamono （あいだのかなもの）	八雙鉚釘之俗稱。
隅取袖 Sumitorisode （すみとりそで）	角取袖之別稱。
隆武頬 Ryuububoo （りゅうぶぼお）	製成武勇顏面造型的目下頬。
雁木篠 Gankishino （がんきしの）	漆藝裝飾的一種。於金具迴或肩上塗抹多層塗漆、製造出段差的裝飾。靜岡縣久能山東照宮所藏「黑糸威丸胴具足」（重要文化財）的金具迴為代表文物。
集宿 Shuushuku （しゅうしゅく）	小星之俗稱。
須彌座 Shumiza （しゅみざ）	八幡座之別稱。此用語是相對於屬於神道信仰的八幡座，特意以佛教信仰之聖地須彌山為名。
黃白地 Kishiroji （きしろじ）	文獻中的語詞。記載於《義經記》卷四，應是指小櫻黃返之類染成黃底藍色圖形的韋。
黃糸妻取 Kiitotsumadori （きいとつまどり）	文獻中的語詞。記載於《梅松論》，應是指整體使用黃色繩線編綴、妻（兩端）摻雜其他顏色繩線的威毛。已無中世遺物留存。

黃糸威 Kiitoodoshi （きいとおどし）	文獻中的語詞。記載於《太平記》、《梅松論》等文獻，應是黃色繩線編綴的威毛。已無中世遺物留存。
黃返 Kigaeshi （きがえし）	韋染的一種。先將皮革染出各種細小圖案，然後再用黃色顏料染過一遍的手法。例如將小櫻韋施以黃返製成小櫻黃返。
黃威 Kiodoshi （きおどし）	文獻中的語詞。記載於《梅松論》，是黃糸威、黃韋威、黃綾威之統稱。
黃韋威 Kigawaodoshi （きがわおどし）	文獻中的語詞。記載於《桂川地藏記》，應是黃色韋的威毛。已無中世遺物留存。
黃櫨匂 Hajinioi （はじにおい）	威毛的一種。利用匂呈現黃櫨秋天樹葉變紅模樣的威毛。記載於《平治物語》、《源平盛衰記》、《長門本平家物語》等文獻，文物則有島根縣甘南備寺所藏（重要文化財）大鎧殘欠的赤紅色調威毛。
黑糸 Kuroito （くろいと）	編繩的一種。使用鐵汁將繩線染成純黑然後編製的編繩。使用的是種俗稱八幡黑的染色手法。平安、鎌倉時代將染成極濃深藍色的紺糸也稱作黑糸。
黑糸威 Kuroitoodoshi （くろいとおどし）	整體以黑糸穿繩製成的威毛。可見於安土桃山時代至江戶時代，靜岡縣久能山東照宮所藏「黑糸威丸胴具足」（重要文化財）、同處所藏「金溜塗黑糸威二枚胴具足」（重要文化財）等為其代表文物。亦記載於《保元物語》、《源平盛衰記》等文獻，平安、鎌倉時代將染成極濃深藍色的紺糸威毛也稱作黑糸威。
黑色馬革 Kuroirobakawa （くろいろばかわ）	塗黑漆的馬革，作為金具迴或胴裏的包革使用。
黑具足 Kurogusoku （くろぐそく）	文獻中的語詞。記載於《奧羽永慶軍記》、《會津陣物語》，應是指使用黑漆塗的紺糸威或黑韋威手法製作、整體呈黑色的甲冑。
黑韋 Kurokawa （くろかわ）	染韋的一種。使用藍色染料漬染或引染成極濃深藍色的韋。

黑韋包 Kurogawadutsumi （くろがわづつみ）	韋包的一種。指整體使用黑韋包裹藉以代替威繩穿綴的作法。大阪府金剛寺所藏「黑韋包腹卷」（重要文化財）為其代表文物。
黑韋威 Kurokawaodoshi （くろかわおどし）	整體以黑韋穿繩編成的威毛。記載於《保元物語》、《長門本平家物語》、《源平盛衰記》等文獻，奈良縣春日大社所藏「黑韋威胴丸」（國寶）、愛媛縣大山祇神社所藏「黑韋威大鎧」（重要文化財）等為其代表文物。
黑韋威中白 Kurokawaodoshinakajiro （くろかわおどしなかじろ）	威毛的一種。整體使用黑韋穿繩，中間使用白糸穿繩編成的威毛。美國大都會美術館所藏「黑韋威中白筋兜」為其代表文物。亦稱黑韋威腰白。
黑韋威中紫 Kurokawaodoshinakamurasaki （くろかわおどしなかむらさき）	威毛的一種。整體使用黑韋穿繩，中間使用紫糸穿繩編成的威毛。石川縣藩老本多藏品館所藏「黑韋威中紫大袖」為其代表文物。亦稱黑韋威腰紫。
黑韋威肩白 Kurokawaodoshikatajiro （くろかわおどしかたじろ）	威毛的一種。整體使用黑韋穿繩，上方2段或3段使用白糸穿繩編成的威毛。大阪府金剛寺所藏「黑韋威肩白腹卷」（重要文化財）為其代表文物。
黑韋威肩紅 Kurokawaodoshikatakurenai （くろかわおどしかたくれない）	威毛的一種。整體使用黑韋穿繩，上方2段或3段使用紅糸穿繩編成的威毛。廣島縣嚴島神社所藏「黑韋威肩紅大鎧」（重要文化財）、奈良縣長谷寺所藏「黑韋威肩紅大袖」（重要文化財）等為其代表文物。
黑韋威肩淺蔥 Kurokawaodoshikataasagi （くろかわおどしかたあさぎ）	威毛的一種。整體使用黑韋穿繩，上方2段或3段使用淺蔥糸穿繩編成的威毛。茨城縣水戶八幡宮所藏「黑韋威肩淺蔥筋兜」（縣指定文化財）為其代表文物。
黑唐綾威 Kurokaraayaodoshi （くろからあやおどし）	文獻中的語詞。記載於《保元物語》，應指使用深藍色繩糸織成的舶來綾布所製威毛，詳情不明。
黑熊 Kurokuma （くろくま）	用來裝飾頭盔或面頰當的素材之一。犛牛（棲息於西藏地方的牛科動物）尾巴的黑毛。

黑頭 Kurogashira （くろがしら）	兜蓑植附熊毛或黑熊（氂牛尾巴毛）的頭盔之俗稱。
黑鎧 Kuroyoroi （くろよろい）	文獻中的語詞。記載於《關東兵亂記》，以黑漆塗的紺糸威或黑韋威製作、整體呈黑色的甲冑。

十三劃

働之甲冑 Hadarakinokacchuu （はだらきのかっちゅう）	適於實戰、製作方便的甲冑之俗稱。
圓座 Maruza （まるざ）	一種圓形的座金。經常施有唐草、枝菊等雕金裝飾。可見於鎌倉時斂後期以後，奈良縣春日大社所藏「紅糸威梅金物大鎧」（國寶）、青森縣櫛引八幡宮所藏「赤糸威菊金物大鎧」（國寶）等頭盔所附八幡座為其代表文物。請參照八幡座項目說明。
圓鉢 Marubachi （まるばち）	半球形兜鉢之俗稱。
塗固 Nurikatame （ぬりかため）	小札板的製作工程之一。指小札縫製完成後，塗漆固定製成小札板的製程。
塗冠 Nurikanmuri （ぬりかんむり）	塗漆收尾的冠板。安土桃山時代以後更有施以蒔繪的塗冠。大分縣柞原八幡宮所藏（重要文化財）「金白檀塗淺蔥糸威腹卷」、愛知縣德川美術館所藏「日之丸威丸胴具足」等所附大袖之冠板為其代表文物。
塗鉢 Nuribachi （ぬりばち）	兜鉢的一種。相對於錆地兜鉢，指最終塗漆收尾的兜鉢。
塗頰 Nuriboo （ぬりぼお）	面頰當的一種。相對於錆地面頰當，指最終塗漆收尾的面頰當。
奧州胴 Oushuudou （おうしゅうどう）	文獻中的語詞。記載於《慶元鬥戰記》，應是雪下胴、仙台胴之類的俗稱。

愛染明王兜 Aizenmyououkabuto （あいぜんみょうおうかぶと）	變形兜的一種。愛染明王是大日如來的化身，同時也是染物業者的守護神，而愛染明王兜就是種做成愛染明王造型的變形兜。以防長（山口縣）大守毛利家支藩長門府中毛利甲斐守家流傳品最有名。
搖 Yurugi （ゆるぎ）	胴甲的部位名稱，指連繫胴甲與草摺的部分。
搖札 Yurugizane （ゆるぎざね）	小札板的一種。為不塗漆固定的小札板，如掛甲、胴甲和腹卷長側、佩楯的伊予札，或指江戶復古調時期僅施以下縅的小札板。京都府建勳神社所藏（重要文化財）「紺糸威胴丸」、愛知縣蟹江町歷史民族資料館所藏「萌黃糸威胴丸」為江戶復古調時期之代表文物。
搖糸 Yurugiito （ゆるぎいと）	胴甲的部位名稱之一，指連繫胴甲與草摺的威毛（穿繩）。
新羅形吹返 Shiraginarifukikaeshi （しらぎなりふきかえし）	吹返的一種。末端寬如圓扇，中央以繪圍包裹、三方施以菱縫的吹返。分成1片吹返和2片吹返兩種。亦讀作「しんらなりふきかえし」（shinranarifukikaeshi）。
新羅形吹返 Shinranarifukikaeshi （しんらなりふきかえし）	同上，唯日文念法不同。
楊梅籠手 Youbaigote （ようばいごて）	籠手的一種。筏與筏之間還置入裝飾圖樣，為圖形繁複熱鬧的筏籠手。
楯板 Tatenoita （たてのいた）	大袖之俗稱。
楯無 Tatenashi （たてなし）	1.文獻中的語詞。記載於《保元物語》、《平治物語》，源家所傳8套名甲的其中1套。應是使用三目札製作的厚重小札板大鎧，然詳情不明。 2.文獻中的語詞。記載於《甲陽軍鑑》、《武田三代軍記》等文獻中，為甲斐源氏武田家代代相傳的甲冑。一説即為山梨縣菅田天神社所藏「小櫻黃返大鎧」（國寶）。

楯無形 Tatenashinari （たてなしなり）	甲州胴之俗稱。應是取意自武田家代代相傳的甲冑楯無，藉此名強調胴甲之牢固堅韌。
楯無籠手 Tatenashigote （たてなしごて）	富永籠手之俗稱。應是源自楯無（源家八領的其中1套），然則詳情不明。
源太產衣 Gentaubugi （げんたうぶぎ）	文獻中的語詞。記載於《保元物語》卷一，是源家八領當中的1套。《義經記》卷一曾記載到八幡太郎義家的產衣之鎧，然則詳情不明。
源氏打 Kenjiuchi （げんじうち）	丸打繩紐的一種。使用白、深藍、紫色等色繩編成「Ｗ」連續圖形的繩索。可見於室町時代胴丸、腹卷使用的高紐。
源家八領 Genkehachiryou （げんけはちりょう）	文獻中的語詞。記載於《保元物語》卷一，是源家代代相傳的鎧甲，即月數、日數、源太產衣、八龍、澤瀉、薄金、楯無、膝丸，總共8套。請參照各項目說明。
猿面 Sarumen （さるめん）	半首之俗稱。
猿面形兜 enmennarikabuto （えんめんなりかぶと）	製成猿猴臉部造型的變形兜。兵庫縣出石神社的收藏品為其代表性文物。
猿菱 Sarubishi （さるびし）	革菱之俗稱。據說這是因為猿猴的皮可以剝得很薄，適合用來製作革菱。
猿頰 Saruboo （さるぼお）	小田頰之別稱。或為半首之俗稱。
獅子王 Shishiou （ししおう）	文獻中的語詞。《酒吞童子物語》曾記載到「緋威之腹卷與人稱獅子王之冑」一語，然詳情不明。
獅子牡丹文 Shishibotanmon （ししぼたんもん）	藻獅子文韋所繪圖樣。水藻當中繪有唐獅子和牡丹，首見於鎌倉時代末期，經常作為象徵武家霸氣的圖案使用。
獅子頭 Shishigashira （ししがしら）	文獻中的語詞。記載於《太平記》，應是《集古十種》「山城國鞍馬寺藏義經朝臣甲冑圖」所繪的獅子頭形甲冑，然詳情不明。

當世小札 Touseikozane （とうせいこざね）	切付小札之別稱。
當世踏込 Touseifumikomi （とうせいふみこみ）	鎖袴之別稱。
當世鞋 Touseijikoro （とうせいじころ）	鞋的一種。規模較小、下緣及於肩頭，裾板呈一直線。
睪玉隱 Kintamakakushi （きんたまかくし）	俗稱懸掛於正中央的草摺。
碁石頭 Goishigashira （ごいしがしら）	伊予札、板物的札頭形式之一。切割成彷彿2顆圍棋子並列的圓形札頭。例如：碁石頭的伊予札、碁石頭的板物。
稚兒頭形兜 Chigogashiranarikabuto （ちごがしらなりかぶと）	植毛兜的一種。製成稚兒髮造型的植毛兜。笹間良彥《日本甲冑武具事典》（柏書房1981）雖有記載，其所在地等詳情不明。
稚兒鎧 Chigoyoroi （ちごよろい）	腹卷之俗稱。此為薩摩（鹿兒島縣）地區方言，應是因為腹卷看起來比其他甲冑來得小，故有此名。
稜威星 Iduboshi （いづぼし）	小星的一種，形狀尖銳。使用於室町時代後期至安土桃山時代上州系和相州系的小星兜。亦稱「伊賀星」。
窠文 Kamon （かもん）	繪韋圖案的一種。襷文中間飾以木瓜紋的花朵圖案。廣島縣嚴島神社所藏「小櫻威大鎧」（國寶）的繪韋為其代表文物。
節繩目 Fushinawame （ふしなわめ）	伏繩目之俗稱。
經如板 Kyoujyoita （きょうじょいた）	化妝板之俗稱。

置手拭形兜 Okitenuguinarikabuto （おきてぬぐいなり かぶと）	造型就像頭頂披著條手帕的變形兜。山口縣西村博物館的舊收藏品為其代表性文物。
置袖 Okisode （おきそで）	當世袖之別稱。
義經形 Yoshitsunenari （よしつねなり）	江戶復古調時期模仿奈良縣春日大社所藏（國寶）俗稱「義經籠手」製作的籠手。長野縣真田寶物館、山口縣毛利博物館等處收藏品為其代表文物。
義經籠手 Yoshitsunegote （よしつねごて）	奈良縣春日大社所藏（國寶）「籠手一雙」之俗稱。自古便傳說此籠手為源義經用品，故名。採諸籠手形式，根據籠手所用雕金技法判斷，應是鎌倉時代後期至南北朝時代的產物。
聖多馬革 Santomegawa （さんとめがわ）	鮫革的一種，青鮫革之別稱。此名源自印度烏木海岸地區的地名聖多馬，據說皮革便是從此地的港口傳入日本。亦寫作棧留革。
聖德太子玩具鎧 Shoutokutaishiganguyoroi （しょうとくたいし がんぐよろい）	天皇御物「逆澤瀉威大鎧雛型」之俗稱。奈良縣法隆寺寺傳記載為「聖德太子使用過的玩具」，一同流傳至今的鎧甲雛型。
腰札 Koshizane （こしざね）	使用於掛甲腰際部位的細長形小札。
腰卷 Koshimaki （こしまき）	頭盔的部位名稱之一。有如腰帶般圍繞著兜缽下緣、以鉚釘固定的板材。
腰取 Koshitori （こしとり）	文獻中的語詞。記載於《石田軍記》，應是中威之別稱。
腰枕 Koshimakura （こしまくら）	當世具足的附屬物之一。鋪設於待受底下的小墊枕。
腰威 Koshiodoshi （こしおどし）	中威之別稱。

腰革付 Koshikawaduke （こしかわづけ）	一種當世具足的草摺裝設方法。將搖糸串綴於皮革使呈一體、捲在胴尾，然後用鞐或釦子固定，抑或以繩索綁結固定的裝設方法，可見於鐵製胴甲。
腰紐 Koshihimo （こしひも）	腰緒之別稱。
腰帶 Koshiobi （こしおび）	腰緒之別稱。
腰當 Koshiate （こしあて）	當世具足的附屬物之一。將刀劍繫於左側腰際使用的葫蘆狀皮革用具。利用兩端的繩子纏在腰際固定。
腰鉚釘 Koshinobyou （こしのびょう）	缽付鉚釘之俗稱。
腰緒 Koshio （こしお）	佩楯的部位名稱之一。裝備佩楯時纏繞腰際的繩緒。亦稱腰帶、腰紐。
腰鎖 Koshigusari （こしぐさり）	當世具足的部位名稱之一，縫設於搖糸內側家地的鎖環。
腳絆臑當 Kyahansuneate （きゃはんすねあて）	臑當的一種。無立舉的篠臑當。仙台市博物館所藏「白糸威丸胴具足」（重要文化財）所附臑當為其代表文物。
腹卷之桶 Haramakinooke （はらまきのおけ）	文獻記載語之一。《了俊大雙紙》曾記載到「腹卷之桶置蓋而參」，應是種收納腹卷（胴丸之古稱）的桶子。
腹卷鎧 Haramakiyoroi （はらまきよろい）	文獻中的語詞。記載於《市河文書》、《長門本平家物語》、《南部本平家物語》、《源平鬥諍錄》的胴丸鎧之古稱。
腹板 Haraita （はらいた）	胸板之俗稱。
葛布威 Kuzufuodoshi （くずふおどし）	文獻中的語詞。《東源軍記》（卷三）指其為由良判官則綱之甲冑，應是以藤蔓纖維織成的布作威繩穿製的威毛，然詳情不明。

葵座 Aoiza （あおいざ）	葵葉座之簡稱。
葵葉座 Aoibaza （あおいばざ）	將邊緣製作成葵葉般凹凸形狀的座金，亦稱「葵座」。見於南北朝時代以前的八幡座，東京都御嶽神社所藏「赤糸威大鎧」（國寶）、青森縣櫛引八幡宮所藏「白糸妻取大鎧」（國寶）等所附頭盔之葵葉座為其代表文物。
裏威 Uraodoshi （うらおどし）	威的一種。指穿用威繩使威毛從小札板內側伸出的作法。除古代冑盔的錣以外，少數當世具足的威毛也會採取這種作法。
裏張 Urabari （うらばり）	1.頭盔的部位名稱之一。直接張貼於兜缽內側的皮革。亦稱內張。 2.袖甲的部位名稱之一。包覆當世袖甲內側的布帛。
裏菊座 Uragikuza （うらぎくざ）	一種菊座花瓣中央有個凹窪構造的座金。
裝束之穴 Shouzokunoana （しょうぞくのあな）	響穴之俗稱。
裝束之綰 Shouzokunowana （しょうぞくのわな）	引迴緒之俗稱。
解胴 Hodokidou （ほどきどう）	文獻中的語詞。記載於《伊達治家記錄》，統稱當世具足的胴甲等只須抽出鉸鏈芯材便可分解的胴甲。
試札 Tameshizane （ためしざね）	為測試是否堅韌牢固而以火槍射擊、留有彈痕的小札。又或者是指故意模擬彈痕的小札。特別強調堅韌程度是江戶時代的行銷手法。
試胴 Tameshidou （ためしどう）	為測試是否堅韌牢固而以火槍射擊、留有彈痕的當世具足的胴甲。又或者是指故意模擬彈痕的當世具足。特別強調堅韌程度是江戶時代的行銷手法。
試鎧 Tameshiyoroi （ためしよろい）	試具足、試胴之別稱。

鈷 Ko （こ）	佛具的一種。在密教裡是能打破煩惱的菩提心之象徵。從前古印度是將鈷作武器使用。有獨鈷、三鈷、五鈷等。
鋲釘 Byou （びょう）	金物的一種。兼具實用與裝飾的笠頭釘。
鋲釘綴胴 Byoutojidou （びょうとじどう）	綴胴的一種。以鋲釘編綴製作的綴胴。
鋲釘頭 Byougashira （びょうがしら）	鋲釘的部位名稱，為鋲釘的主要部分，即笠頭的部分。
韮山鉢 Nirayamabachi （にらやまばち）	伊豆國（靜岡縣）韮山所製兜鉢之俗稱。據說此處製有六十二間小星兜，然詳情不明。
飾木 Kazarigi （かざりぎ）	胴立之別稱。
飾甲冑 Kazarikacchuu （かざりかっちゅう）	承平之世的江戶時代業已脫離實用，而流於虛飾的甲冑之俗稱。亦稱飾鎧。
飾兜 Kazarikabuto （かざりかぶと）	承平之世的江戶時代業已脫離實用，而流於虛飾的頭盔之俗稱。
飾鋲釘 Kazaribyou （かざりびょう）	專為裝飾而設置的鋲釘。
飾鎧 Kazariyoroi （かざりよろい）	飾甲冑之別稱。
鳩目 Hatome （はとめ）	如鴿子眼睛般的小小圓形圖案。例如：鏤以鳩目的金物。
鳩尾板 Hatoonoita （はとおのいた）	鳩尾板之俗稱。

鼠尾 Nezuo （ねずお）	腰枕之別稱。
鼠熏 Nezumifusube （ねずみふすべ）	熏韋的一種。以松葉燃煙燻製染成茶色的韋。

十四劃

摘 Tsumami （つまみ）	籠手的部位名稱之一。摘手甲的指頭部分。
摘手甲 Tsumitekou （つみてこう）	手甲的一種。指頭和手背部分各自分開，中間以鎖環連接的手甲。靜岡縣久能山東照宮所藏「黑糸威丸胴具足」（重要文化財）、宮城縣仙台市博物館所藏「紺糸威仙台胴具足」（重要文化財）等籠手的手甲為其代表文物。
旗指具足 Hatasashigusoku （はたさしぐそく）	當世具足的胴甲種類之一。採背割三枚胴形式，肩上可抵腰際為其重要特徵。背後應當設有可供豎立大馬印或大幟等物的大型受筒狀構造，然該裝置相關詳情不明。
旗指物 Hatasashimono （はたさしもの）	當世具足的附屬物之一。設置於背部的合當理、受筒、待受、腰枕等裝置的小型旗幟。
槍留 Yaridomari （やりどまり）	捻返之俗稱。
滿智羅 Manchira （まんちら）	小具足的一種。保護肩膀周圍至頸部一帶的小具足。大多是將鎖環縫於家地上所製，卻也有少數受西洋甲冑影響是以鐵板製作。著裝方式分成上滿智羅與下滿智羅兩種。請參照各項目說明。
漬染 Tsukezome （つけぞめ）	染色方法的一種。如藍染或紅染般，浸泡染料渲染的染色方法。
熊毛植 Kumageue （くまげうえ）	當世具足裝飾的一種。用漆將熊毛黏在三物、小具足整體抑或裾板處的裝飾方法。
熊毛植具足 Kumageuegusoku （くまげうえぐそく）	當世具足的一種。將三物、小具足整體植上熊毛的當世具足。愛知縣德川美術館所藏「熊毛植黑糸威五枚胴具足」為其代表文物。

熊頭形兜 Kumagashiranarikabuto （くまがしらなりかぶと）	製成熊頭造型的變形兜。京都府高津古文化會館收藏品為其代表文物。
熏白地 Fusubeshiroji （ふすべしろじ）	文獻中的語詞。記載於《武家名目抄》，應是指染成細小藍色圖紋的熏韋。
熏韋包 Fusubegawadutsumi （ふすべがわづつみ）	韋包的一種。指整體使用熏韋包裹藉以代替威繩穿綴的作法。愛媛縣大山祇神社所藏「熏韋包胴丸」（重要文化財）、大阪府金剛寺所藏「熏韋包腹卷」（重要文化財）為其代表文物。
熏韋妻取 Fusubegawatsumadori （ふすべがわつまどり）	威毛的一種。整體以熏韋穿繩，妻（末端）使用其他色線交雜的威毛。其代表文物除東京都三井家收藏品以外，戰前在香川縣小豆島曾經發現1具傳為飽浦信胤用品的大鎧，但據説已遭戰禍燒燬，現在下落不明。
熏韋威 Fusubegawaodoshi （ふすべがわおどし）	威毛的一種。整體使用熏韋穿繩製作的威毛。記載於《太平記》、《應仁記》等，愛媛縣大山祇神社所藏（重要文化財）「熏韋威胴丸」、大阪府金剛寺所藏「熏韋威腹卷」（重要文化財）等為其代表文物。
瑠璃齊胴 Rurisaidou （るりさいどう）	當世具足的一種胴甲。利用正面鉸鏈開闔、設有排氣通風用小窗口的鐵胴甲。該名稱源自研究此種胴甲的考據學者瑠璃齊。
端喰 Hashibami （はしばみ）	水引之俗稱。
端裾濃 Hatasusogo （はたすそご）	威毛的一種。中央白、朝向兩端做成繧繝（漸層）色調趨濃的威毛。耳坐滋、村濃威應為其同義語。
端匂 Hatanioi （はたにおい）	端裾濃之俗稱。1928年山上八郎於著作《日本甲冑的新研究》當中提倡用來解釋端裾濃含意的用語。
箔足 Hakuashi （はくあし）	金箔、銀箔的末梢處。
箔消 Hakukeshi （はくけし）	消燒手法的一種。使用金箔、銀箔等，主要使用於鍬形或覆輪等平坦處。請參照消燒項目説明。

箙 Ebira （えびら）	弓具的一種。綁在右側腰際、攜帶箭矢的道具。
管金物 Kudakanamono （くだかなもの）	統稱製作成管狀的金物。八幡座、鴉目、茱萸、繰締鐶、責靼之類。
管緒 Kudanoo （くだのお）	1.袖緒之俗稱。 2.指掛緒之俗稱。
綴 Tsuduru （つづる）	指使用糸繩、韋繩橫向縫置固定。
綴牛皮 Tekobi （てこび）	文獻中的語詞。記載於《太神宮雜事記》、《帥記》、《解》等平安遺文，指稱騎乘用甲冑之用語。綴牛皮是平安時代中期新興武士的私製私藏甲冑，應是後來大鎧的原型。
綸子包 Rinzudutsumi （りんずづつみ）	當世具足的裝飾之一。指使用綸子包裹三物、小具足等物。京都府妙心寺所藏（重要文化財）「白綸子包童具足」為其代表文物。
綾 Aya （あや）	一種絲織品，織紋呈斜線形狀。跟平織、繻子[68]同為最基本的紡織樣式。
綾包 Ayadutsumi （あやづつみ）	布帛包的一種。省略威繩、將整體物件以綾布包裹起來的作法。滋賀縣兵主神社所藏「白綾包腹卷」（重要文化財）為其代表文物。
綾包胴丸 Ayadutsumidoumaru （あやづつみどうまる）	用綾布整個包裹起來的胴丸。就筆者個人所知，現今並無此類文物留存。
綾包胴具足 Ayadutsumidougusoku （あやづつみどうぐそく）	當世具足的裝飾之一。以綾布包裹小札板、金具迴的當世具足。
綾包腹卷 Ayadutsumiharamaki （あやづつみはらまき）	用綾布整個包裹起來的腹卷。滋賀縣兵主神社所藏「白綾包腹卷」（重要文化財）為其代表文物。

綾威 Ayaodoshi （あやおどし）	威毛的一種。整體使用威綾穿繩製成的威毛。愛媛縣大山祇神社所藏「紫綾威大鎧」（國寶）為其代表文物。
綿甲冑 Menkacchuu （めんかっちゅう）	文獻中的語詞。記載於《續日本紀》、《續日本後紀》，應是大陸系布帛（可能為棉質）製甲冑，關於構造或材質之詳情不明。
綿糸 Wataito （わたいと）	無搓捻的糸繩，縒糸之相對語。
綿襖冑 Menouchuu （めんおうちゅう）	文獻中的語詞。記載於《續日本紀》，應是大陸系布帛（可能為棉質）製頭盔，關於構造或材質之詳情不明。
綯染 Danzome （だんぞめ）	染色手法的一種。平安時代王朝貴族的服飾所用，將1條色線染成各種顏色的染色手法。可見於大阪府四天王寺所藏（國寶）「懸守」，以及岩手縣中尊寺藤原秀衡棺中發現的太刀韋緒伏組。
緋威 Hiodoshi （ひおどし）	文獻中的語詞。記載於《平家物語》、《吾妻鏡》等文獻，亦寫作火威、日威，因此應是指顏色特別深的赤紅色威毛。
緒 O （お）	繩索的別稱。
緒付之鐶 Odukenokan （おづけのかん）	力金之別稱。
緒便金 Odayorigane （おだよりがね）	豎緒便之別稱。
緒便釘 Odayorinokugi （おだよりのくぎ）	半頰、面頰當的部位名稱。為免忍緒歪斜錯位而設置於下巴左右的釘狀金屬配件。
緒留革 Odomekawa （おどめかわ）	小猿革之俗稱。
緒掛 Okake （おかけ）	胴立、兜立、陣押兜立的部位名稱。拿來綁忍緒的橫木。

蒔地 Makiji （まきじ）	底漆的一種。先塗生漆，然後撒地粉呈現粗糙質地的底漆。
蒔繪 Makie （まきえ）	工藝技術的一種。於薄塗漆面灑上金粉或銀粉，繪製成各種情境、紋路等圖案的工藝技術。
蒔繪胴 Makiedou （まきえどう）	當世具足胴甲的一種。統稱整體施以蒔繪裝飾的胴甲。山口縣毛利博物館所藏「栗色革包瓢簞唐草蒔繪四枚胴具足」為其代表文物。
蒙古形眉庇付冑 Moukonarimabisashitsukikabuto （もうこなりまびさ しつきかぶと）	古代冑的一種。半球形缽體上方另外設置1個小缽的眉庇付冑。呈高頭形狀、風格近似蒙古頭盔，奈良國立博物館的收藏品為其代表文物。
蒲生鞴 Kamoujikoro （かもうじころ）	鞴的一種。用鎖鏈將割鞴分割開的部分連繫起來的鞴。安土桃山時代有少數頭盔使用。
蒲團 Futon （ふとん）	合綴緣之俗稱。
蒸籠鎖 Seirogusari （せいろぐさり）	鎖鏈的一種。以3層丸輪編組的鎖鏈。鎖環層層疊疊看似蒸籠，故名。亦稱螺鈿鎖。
蓋付瓢 Futatsukifukube （ふたつきふくべ）	瓢籠手座盤的一種。有個利用鉸鏈連接開闔的蓋子，可以拿來裝小東西的葫蘆形狀座盤。少數瓢籠手會將蓋付瓢作為二之瓢使用。
蜘蛛手 Kumode （くもで）	合當理之別稱。
蜷結 Ninamusubi （になむすび）	懸通位於肩上中央的繩結。
蜻蛉尾 Tonbojiri （とんぼじり）	袚立的一種。根部狀似蜻蜓尾部的袚立。可見於義通與早乙女派的頭盔。
蜻蛉結 Tonbomusubi （とんぼむすび）	總角之俗稱。

裲襠式掛甲 Ryoutoushikikeikou （りょうとうしきけいこう）	掛甲的一種。利用肩上連繫前胴與後胴，以脇楯覆蓋左右側腹縫隙的掛甲。和歌山縣椒浜經塚古墳出土品為其代表文物，其修復後的復元品則收藏於關西大學博物館。
裳落 Shouraku （しょうらく）	下襬較細的鱗佩楯之俗稱。
裾金物 Susokanamono （すそかなもの）	飾金物的一種，設置於裾板的金物。其代表文物可見於奈良縣春日大社所藏「紅糸威梅金物大鎧」（國寶）、同處所藏「赤糸威竹雀金物大鎧」（國寶）等。
裾落 Susootoshi （すそおとし）	指下襬較窄的造型，如胴丸、腹卷、當世具足的胴甲以及壺袖、佩楯等。
裾濃 Susogo （すそご）	威毛的一種。繰綢（漸層）越往下襬顏色越濃的威毛。東京都御嶽神社所藏「紫裾濃大鎧」（重要文化財）為其代表文物。
酸漿形兜 Houzukinarikabuto （ほうずきなりかぶと）	製成酸漿造型的變形兜。笹間良彥《日本甲冑武具事典》（柏書房1981）亦有記載，然其所在地等詳情不明。
鉸具摺革 Kakozurigawa （かこずりがわ）	臑當的部位名稱之一。裝設於臑當內側下半部的塗漆皮革。安土桃山時代以其利於騎乘遂應運而生。
鉾形 Hokonari （ほこなり）	末端呈花瓣末梢形狀的篠垂之俗稱。
銀小札 Ginkozane （ぎんこざね）	小札的一種。施以銀箔押或銀溜塗製作的銀色小札。廣島縣嚴島神社所藏「銀小札白糸威丸胴具足」（重要文化財）為其代表文物。
銀之冑 Ginnokabuto （ぎんのかぶと）	文獻中的語詞。記載於《今昔物語集》卷二十五，應是指鍍銅裝飾的兜缽，詳情不明。
銀具足 Gingusoku （ぎんぐそく）	文獻中的語詞。記載於《陸奧話記》、《古今著聞集》，整體施以銀箔押或銀溜塗製成的銀色甲冑。

銀陀美塗 Gindaminuri （ぎんだみぬり）	銀溜塗之別稱。
銀銅裝 Gindousou （ぎんどうそう）	以銅質薄板包覆、施以鍍銀的鐵板。
銀鍬形 Ginkuwagata （ぎんくわがた）	文獻中的語詞。記載於《源平盛衰記》卷四十二、《明德記》中卷，應是施以鍍銀的銀色鍬形。
銀鑞流 Ginrounagashi （ぎんろうながし）	工藝技術的一種。用鑞（錫與鉛的合金）混合銀沖灌於鐵質底材、使呈現類似鍍銀效果的技法。可見於加賀具足。
銅鑲嵌 Douzougan （どうぞうがん）	鑲嵌技法的一種。先於鐵板底材雕刻出圖案紋路，再於銅板上錘打出刻痕，然後施以鍍金、鍍銀。僅平安時代後期某段期間使用過此法，滋賀縣木下美術館所藏「雲龍文銅鑲嵌鐵鍬形」（京都市法住寺殿出土品）為其代表文物。
銘板 Meinoita （めいのいた）	前正中板或後正中板之俗稱。這2塊板內側經常刻有銘文，故名。
際絡繰 Kiwakarakuri （きわからくり）	吹返的一種。跟鞘分別製作，然後才裝設的吹返。共吹返的相對語。
領取迴金 Eritorimawashigane （えりとりまわしがね）	喉卷之俗稱。
鳶兜 Tobikabuto （とびかぶと）	鳥兜之別稱。
鼻 Hana （はな）	1.覆輪的釘留穴附近橫幅較寬的部分。或指覆輪的裝設方法。 2.面頰當的部位名稱之一，兼具保護鼻子與裝飾兩種目的。首見於室町時代末期的半頰，到後來面頰當的目下頰與總面方才固定下來。

鼻紙袋 Hanakamibukuro （はなかみぶくろ）	當世具足的胴甲部位名稱之一。設置於胴甲左邊側腹的袋子（口袋）。除鍔當用途以外，還能用來裝些小東西。亦稱弦入。

十五劃

劍月 Kengetsu （けんげつ）	細長尖銳的新月形立物之俗稱。仙台市博物館所藏「紺糸威仙台胴具足」（重要文化財）所附頭盔前立為其代表文物。
劍形 Kennari （けんなり）	一種劍形的立物。這柄劍在真言密教信仰當中乃是不動明王的象徵。可見於南北朝時代至室町時代的三鍬形。《結城合戰繪詞》繪有偌大的劍形前立，而大阪府金剛寺所藏「頭形兜」前立為其代表文物。
劍形 Tsuruginari （つるぎなり）	篠垂之俗稱。
劍形吹返 Kennarifukikaeshi （けんなりふきかえし）	一種末梢尖銳如劍的板式吹返。
劍頭 Kengashira （けんがしら）	將棋頭之別稱。
劍鍬形 Kenkuwagata （けんくわがた）	文獻中的語詞。記載於《武家閑談》，應是意指三鍬形之語，詳情不明。
墨入 Sumiiri （すみいり）	雕金手法的一種。為使高雕圖案更加突出明顯，將魚子底板部位塗成黑色的金物。見於安土桃山時代以後。
撓革 Itamegawa （いためがわ）	練革之俗稱。
敷 Shiki （しき）	鋪設於下緘內側的細長形皮革。安土桃山時代至江戶時代前期的這段期間內，曾經受到板物的力金影響而使用鐵板鋪底，謂之鐵敷。

敷目 Shikime （しきめ）	三目札之俗稱。記載於《義經記》卷八、《太平記》卷二十二，其語源應是「滋」（しげめ／shigeme），意為有許多孔洞。
敷目之鎧 Shikimenoyoroi （しきめのよろい）	以三目札製作的大鎧。岡山縣所藏「赤韋威大鎧」（國寶）、愛知縣猿投神社所藏「樫鳥威大鎧」（重要文化財）、島根縣甘南備寺所藏「黃櫨匂大鎧」（重要文化財）為其代表文物。
敷目札 Shikimezane （しきめざね）	三目札之俗稱。請參照敷目項目說明。
敷目威 Shikimeodoshi （しきめおどし）	文獻中的語詞。記載於《應仁私記》，應是指《伴大納言繪詞》、《年中行事繪詞》所繪，使用2～3色色糸抑或色韋，以固定間隔依序排列穿繩編製成的威毛。另有說法指其為石疊紋路圖案的威毛，然詳情不明。
敷座 Shikiza （しきざ）	設置於八幡座的玉緣跟葵座、圓座中間的座金。菊座、裏菊座、甲菊座、小刻座、透返花之類。
敷絕 Shikitae （しきたえ）	文獻中的語詞。《義經記》卷一記載到「名為敷絕之腹卷」，然詳情不明。
數具足 Kazugusoku （かずぐそく）	指足輕具足之類相同形式一次量產的當世具足。
標返鎖 Shimekaeshigusari （しめかえしぐさり）	使菱輪小口交錯、疊合編製的鎖鏈；菱輪會呈2層相疊，故亦稱二重鎖。
樫鳥糸 Kashidoriito （かしどりいと）	平打繩紐的一種。模擬樫鳥（冠藍鴉）羽毛編成深藍、淺藍、白色連續循環色調的編繩。
樫鳥威 Kashitoriodoshi （かしどりおどし）	整體使用樫鳥系編成的威毛。記載於《八坂本平家物語》、《太平記》等文獻，愛知縣猿投神社所藏「樫鳥威大鎧」（重要文化財）為其代表文物。
皺革 Shibokawa （しぼかわ）	馬革的一種。造成皺紋然後塗漆製作的馬革。可見於金具廻的包革。靜岡縣富士淺間大社所藏「色色威胴丸」的金具廻就有使用。又讀作「しわかわ」（shiwakawa）。

皺革 Shiwakawa （しわかわ）	同上，唯日文念法不同。
皺瓢 Shiwafukube （しわふくべ）	瓢籠手的座盤種類之一。可見於高級品瓢籠手，是表面帶有皺紋的葫蘆形狀座盤。使用小塊板材銜接矧合、以鉚釘固定，作工相當精巧。
皺頬 Shiwaboo （しわぼお）	面頬當的一種。製作成老人面容造型的多皺紋目下頬。
盤繪文 Banemon （ばんえもん）	繪韋圖案的一種。於襷文韋中間繪製圓形的鳥獸花草等圖樣。
稻荷籠手 inarigode （いなりごて）	指稱籠手家地形狀之用語。把布條縫進家地內側，好讓手肘稍稍彎曲、呈「く」字形的籠手。安土桃山時代以後幾乎所有籠手的家地都會使用。
箱立 Hakodate （はこだて）	袱立之俗稱。
緘付 Karamiduke （からみづけ）	金具付的一種。於平造金具迴的腳部挖出2排或1排（僅重點挖成2排）小孔，將其對準小札板的緘穴並以皮繩或編繩穿綴的手法。多使用名為花緘的手法，僅少數會使用一種叫作繩目緘的手法。
緘穴 Karaminoana （からみのあな）	小札穴的一種。從上面數下來的第一段和第二段的孔洞。
線組 Sengumi （せんぐみ）	文獻中的語詞。記載於《東大寺獻物帳》，應是穿威繩使用的繩紐，詳情不明。
線雕 Senbori （せんぼり）	金屬雕刻手法的一種，指沿著圖案雕刻的雕金手法。僅以細如毛髮的細線雕成，故亦稱毛雕。
線繩 Sennawa （せんなわ）	文獻中的語詞。記載於《東大寺獻物帳》，應是穿威繩使用的繩索，詳情不明。

締板 Shimarinoita （しまりのいた）	裾板之俗稱。
緣革 Herikawa （へりかわ）	笹緣之俗稱。
緣韋 Herikawa （へりかわ）	小緣韋之簡稱。
編笠形兜 Amigasanarikabuto （あみがさなりかぶと）	模擬編笠形狀的變形兜。笹間良彥《日本甲冑武具事典》 （柏書房1981）雖有記載，然而所在地等詳情不明。
練革 Nerikawa （ねりかわ）	素材的一種。用來製作小札、肩上（部分兜缽、面具、小 具足）的皮革。將牛皮浸泡於膠質中、錘打使質地緊實然 後乾燥，如此製成。
練革具足 Nerikawagusoku （ねりかわぐそく）	當世具足的一種。僅以練革製作的板式當世具足。
練胴 Neridou （ねりどう）	當世具足的胴甲種類之一。僅以練革製作的板式胴甲。
練缽 Neribachi （ねりばち）	兜缽的一種。以練革製作的兜缽。奈良縣石上神宮的鎌倉 時代文物為其代表物。
練緯 Nerinuki （ねりぬき）	平織的一種。以生絲為縱絲、熟絲為橫絲織成的絲織品。
練緯威 Nerinukiodoshi （ねりぬきおどし）	布帛威的一種。《異本明德記》曾經記載到大內義弘的甲冑 便屬此類，應是種使用練緯製作的威毛。廣島縣嚴島神社 所藏「淺蔥綾威大鎧」（國寶）亦可因其所用布帛而稱為 「淺蔥練緯威大鎧」。
練頰 Neriboo （ねりぼお）	以練革製作的面頰當。神奈川縣靈山寺所藏目下頰為其代 表文物。

膝丸 Hizamaru （ひざまる）	文獻中的語詞。記載於《保元物語》卷一，是源家8套名甲的其中1套，然則詳情不明。
膝隱 Hizakakushi （ひざかくし）	臑當的立舉之俗稱。
膝鎧 Hizayoroi （ひざよろい）	文獻中的語詞。記載於《太平記》卷八，應是寶幢佩楯之別稱。
蔓肩上 Tsuruwadakani （つるわだかみ）	重疊多層皮革製作的肩上。柔軟性佳，主要使用於胴丸、腹卷。
蝗鞘 Inagojikoro （いなごじころ）	日根野鞘之俗稱。因其造型沿著肩膀線條向上掀起，看起來就像蝗蟲的後腳，故名。
蝶番札 Choutsugaizane （ちょうつがいざね）	板物的一種。利用蝶番（鉸鏈）連動的板物。岐阜縣大垣城的「朱塗蝶番札淺蔥糸威大袖」為其代表文物。
蝶番垂 Choutsugaidare （ちょうつがいだれ）	一種以蝶番札製作的須賀。
蝶番胴 Choutsugaidou （ちょうつがいどう）	統稱利用蝶番（鉸鏈）開闔穿脫的胴甲。除丸胴、兩引胴以外的當世具足胴甲、最上胴丸、最上腹卷等。
蝶番袖 Choutsukaisode （ちょうつがいそで）	變形袖的一種。以蝶番札製作的袖甲。岐阜縣大垣城的「朱塗蝶番札淺蔥糸威大袖」為其代表文物。
蝶頭形兜 Chougashiranarikabuto （ちょうがしらなりかぶと）	製成蝴蝶翅膀張開形狀的變形兜。山口縣嚴國歷史美術館的收藏品為其代表遺物。
諏訪法性之兜 Suwahosshounokabuto （すわほっしょうのかぶと）	文獻中的語詞。記載於《甲陽軍鑑》，傳為武田信玄所使用的頭盔。據說是個整體以犛牛毛覆蓋的唐頭頭盔，然詳情不明。長野縣諏訪湖博物館有頂類似的頭盔，可惜年代和形式均不相同。

諸小札 Morokozane （もろこざね）	伊予札之俗稱。
諸絓 Morokagari （もろかがり）	合綴手法的一種。將穿綴於絓目的紐繩再次交叉、穿過縫隙，藉此收束籠手家地的手法。亦稱二重絓。
諸綴 Morotsuduri （もろつづり）	合綴之別稱。
諸籠手 Morogote （もろごて）	籠手的一種。有別於單籠手，指左右雙手都有使用的籠手。亦寫作雙籠手。
豎立物 Tachitatemono （たちたてもの）	中立物之別稱。
豎矧板 Tatehaginoita （たてはぎのいた）	腰卷之俗稱。
豎替胴 Tategawaridou （たてがわりどう）	縱向變換威毛色調的當世具足胴甲之俗稱。
豎緒便 Tateodayori （たておだより）	半頰、面頰當的部位名稱之一。縱向裝設於兩頰防止忍緒歪斜的細長金屬配件。亦稱緒便金。
踏込 Funkomi （ふんこみ）	同下，唯日文念法不同。
踏込 Fumikomi （ふみこみ）	韋染手法之一。將模型使勁押在皮革上、施加壓力然後引染的手法。能使皮革圖案浮現得更加鮮明，並使受到加壓的區塊產生些微的高低段差。
踏込式 Fumikomishiki （ふみこみしき）	佩楯的著裝方法之一。為將主要構造固定於大腿處而將家地的兩端加長，或者縫合於後方，或者利用鞐或釦固定。
踏込式 Funkomishiki （ふんこみしき）	同上，唯日文念法不同。

踏込佩楯 Funkomihaidete （ふんこみはいだて）	同下，唯日文念法不同。
踏込佩楯 Fumikomihaidate （ふみこみはいだて）	家地呈踏込式的佩楯。請參照踏込式。
輪貫 Wanuki （わぬき）	立物的一種。圓中有圓的甜甜圈形狀立物。德川家康的旗本眾便曾將輪圓當作合印使用。
餓鬼腹胴 Gakibaradou （がきばらどう）	裸體胴的一種。特別在胸口和肋骨間做出大幅落差、使腹部腫脹鼓起的胴甲。應是模擬佛法中所謂餓鬼所製，然其下落等實際詳情不明。
駒爪 Komanotsume （こまのつめ）	頂緣呈一直線的當世兜的眉庇之俗稱。
駒頭 Komagashira （こまがしら）	將棋頭之別稱。
髮出之穴 kamidashinoana （かみだしのあな）	浮張頂端的圓孔，原是供武士將髮髻穿出的圓孔，江戶時代則是為通風而設置。
齒 Ha （は）	面頰當的一種裝飾。設置於目下頰或總面作為裝飾的牙齒。可見於室町時代末期以後，通常施以鍍金或鍍銀。
齒朵韋 Shidagawa （しだがわ）	染韋的一種。染成齒朵葉片圖案的韋，或指染成齒朵葉片反白圖案的韋。
齒朵韋威 Shidagawaodoshi （しだがわおどし）	威毛的一種。《後三年合戰繪詞》亦有描繪，是以齒朵韋穿繩串綴的威毛。已無中世文物留存。
十六劃	
橫冠 Yokokanmuri （よこかんむり）	冠板的一種。以垂直小札板的方向裝設的冠板，可見於寬袖、壺袖、當世袖等。

横撓 Yokodame （よこだめ）	小札所用撓的一種。指並札、三目札的札頭往左右彎曲的部分。編綴小札板時，這個間隙有助於編綴者穿綴和整理威毛。
横締 Yokojime （よこじめ）	縮的設置方法。相對於主要構造，以横向設置的縮。
横縫 Yokonui （よこぬい）	下緘之俗稱。
横鐶 Yokokan （よこかん）	鐶的設置方法之一。相對於主要構造，以垂直方向亦即横向設置的鐶。
澤瀉 Omodaka （おもだか）	文獻中的語詞。記載於《保元物語》、《平治物語》，源家八領的其中1套甲冑。推測應是澤瀉威的大鎧，然而實際詳情不明。
澤瀉威 Omodakaodoshi （おもだかおどし）	威毛的一種。利用不同色調，使中央色塊呈三角形的威毛。狀似水草澤瀉的葉子，故名。記載於《保元物語》、《平治物語》、《源平衰記》等文獻，《平治物語繪詞》、《蒙古襲來繪詞》、《春日權現靈驗記繪卷》等繪卷亦有描繪。青森縣櫛引八幡宮所藏「白糸妻取大鎧」（國寶）頭盔的威毛為其代表性文物。
燒付漆 Yakitsukeurushi （やきつけうるし）	兜缽、鐵札、金具迴、板所等處塗漆時的第一層底漆，指將鐵板加熱，然後塗漆使其附著的方法。亦稱燒漆。
燒漆 Yakiurushi （やきうるし）	燒付漆之簡稱。
燕尾形兜 Enbinarikabuto （えんびなりかぶと）	製成燕尾造形的變形兜。東京都靖國神社收藏品為其代表性文物。
燕尾形裾板 Enbinarinosusoita （えんびなりのすそいた）	末梢呈波浪形狀的裾板。山形縣上杉神社所藏「紫糸綴丸胴具足」所附頭巾形兜的鞠、宮城縣仙台市博物館所藏「紺糸威仙台胴具足」（重要文化財）的面頰當裾板為其代表性文物。

獨鈷 Tokko （とっこ）	佛具的一種。請參照鈷項目說明。
瓢佩楯 Fukubehaidate （ふくべはいだて）	佩楯的一種，座盤呈葫蘆形狀的鎖佩楯。偶見於江戶時代。 亦稱小田佩楯。
瓢籠手 Fukubegote （ふくべごて）	籠手的一種。座盤呈葫蘆形狀的籠手。山口縣防府天滿宮 收藏有室町時代的此類代表文物，江戶時代使用的則是名 為平瓢、皺瓢的座盤。亦稱小田籠手。請參照各項目說明。
縒糸 Yoriito （よりいと）	搓捻製成的糸繩。綿糸之相對語。
蕨手 Warabide （わらびで）	模擬蕨類繪製成「3」形狀的圖案。例如：挖有蕨手鏤空圖 形的鍬形。
衡胴 Kabukidou （かぶきどう）	長側之別稱。
錆下地 Sabishitaji （さびしたじ）	將漆液混合地粉的細緻底漆。顏色和觸感和鐵銹相似，故 名。
錆地 Sabiji （さびじ）	鐵錆地之簡稱。
錆地盛上 Sabijimoriage （さびじもりあげ）	底漆的一種。於底材重複塗抹錆下地漆藉以增厚的底漆。
錆地塗 Sabijinuri （さびじぬり）	漆的塗色之一。焦茶色漆面帶有細小凹凸起伏，模擬鐵錆 地的塗漆方法。亦稱錆塗。

錆塗 Sabinuri （さびぬり）	錆地塗之別稱。
錐形兜 Kirinarikabuto （きりなりかぶと）	製作成高聳圓錐形狀的變形兜。愛知縣德川美術館收有相傳初代尾張藩主德川義直使用過的頭盔，為其代表性文物。
錦包 Nishikidutsumi （にしきづつみ）	當世具足的裝飾之一。以錦包覆小札板、金具迴等物的手法。岐阜縣岩村歷史資料館所藏「錦包萌黃糸威二枚胴具足」（市指定文化財）為其代表文物。
錦韋 Nishikigawa （にしきがわ）	文獻記載語之一。《源平盛衰記》曾記載到錦之赤韋，應是種染成白錦模樣的赤韋，然詳情不明。
錫白檀 Suzubyakudan （すずびゃくだん）	漆的塗色之一。張貼錫箔然後塗上朱合漆，使呈紅色金屬色澤的塗色。
雕金 Choukin （ちょうきん）	工藝技術的一種。使用鑿銼等工具將金屬雕成各種圖案模樣的工藝技術。以手法分成線雕、透雕、高雕、肉雕等種類。請參照各項目說明。
頭入 Zuire （ずいれ）	浮張之俗稱。
頭上立 Zujoudate （ずじょうだて）	頭立之俗稱。
頭巾形兜 Zukinnarikabuto （ずきんなりかぶと）	一種製作成頭巾造型的變形兜。山形縣上杉神社收藏有傳為上杉景勝用品的「紫糸綴丸胴具足」，其頭盔為其代表文物。
頭巾兜 Zukinkabuto （ずきんかぶと）	疊兜的一種。將鎖環或骨牌金縫於家地製成的頭巾。

頭受 Zuuke （ずうけ）	浮張之俗稱。
頰掛之出 Houkakenode （ほうかけので）	胴立、兜立、陣押兜立的部位名稱之一。拿來掛形突向前突出之面頰當的橫木部分。
頰當 Houate （ほうあて）	文獻中的語詞。記載於《太平記》卷十七的半頰別稱。
頰鳶 Houtobi （ほうとび）	目下頰的一種。記載於《甲冑便覽》，鼻子尖如鳶嘴的目下頰。
頸甲 Akabeyoroi （あかべよろい）	文獻中的語詞。記載於《日本書紀》，應是古墳時代用於保護頸部至肩頭一帶的小具足。
髭 Hige （ひげ）	面頰當的裝飾之一。為裝飾而設置於總面、目下頰的鬍鬚。以不同材質或形狀分成刺髭、植髭、長髭、描髭等種類，位置則可分上髭、下髭。請參照各項目說明。
鮑形兜 Awabinarikabuto （あわびなりかぶと）	製作成鮑魚形狀的變形兜。笹間良彥《日本甲冑武具事典》（柏書房1981）雖有刊載，但所在地等詳情不明。
龍頭 Tatsugashira （たつがしら）	同下，唯日文念法不同。
龍頭 Ryuuzu （りゅうず）	文獻中的語詞。記載於《平家物語》、《源平盛衰記》、《太平記》等文獻，應是《前九年合戰繪詞》所繪籠形頭立。
龍鎧 Ryuuyorohi （りゅうよろひ）	文獻記載語之一。《嘉吉物語》記載到「尊氏將軍御給龍鎧」，然詳情不明。
龜甲小鰭 Kikkoukobire （きっこうこびれ）	以家地包裹龜甲金製作的小鰭。
龜甲之系 Kikkounoito （きっこうのいと）	這糸之別稱。

龜甲打 Kikkouuchi （きっこううち）	平打繩紐的一種。使用2色以上繩線編成連續龜甲紋路的繩索，可見於鎌倉時代後期以後的耳糸、引合緒、繰締緒等。一般都作單面龜甲打，卻也有少數雙面龜甲打。
龜甲札 Kikkouzane （きっこうざね）	以龜殼製作的小札，相當罕見。
龜甲立舉 Kikkoutateage （きっこうたてあげ）	一種臑當的立舉。以家地包裹龜甲金製作的立舉。又可以視其形狀而分成十王頭三割、山形兩種。
龜甲佩楯 Kikkouhaidate （きっこうはいだて）	四處設有龜甲筏的鎖佩楯。大阪府金剛寺收藏品為其代表文物。
龜甲金 Kikkougane （きっこうがね）	板所的一種。錘打使中央隆起、開有4孔的直徑約2cm正六角形鐵板或皮革板。一般將龜甲金排列於家地中央、使用這縫手法縫製固定，並以糸繩將4個孔穿綴成菱形（╳形）使用。
龜甲袖 Kikkousode （きっこうそで）	變形袖的一種。以家地包裹龜甲金製作的袖甲。
龜甲筏 Kikkouikada （きっこういかだ）	正六角形的筏。
龜甲須賀 Kikkousuga （きっこうすが）	以家地包裹龜甲金製作的須賀。
龜甲頭巾兜 Kikkouzukinkabuto （きっこうずきんかぶと）	將內部包裹龜甲金的家地披在鐵缽上製成的頭巾兜。山形縣上杉神社有據傳上杉謙信使用過的收藏品，為其代表文物。
龜甲縫鎖胴 Kikkounuigusaridou （きっこうぬいぐさりどう）	疊具足的一種。以家地包裹龜甲金製作的胴甲。
龜甲鎖 Kikkougusari （きっこうぐさり）	鎖鏈的一種。編成連續六角形狀的鎖鏈。

龜甲襟 Kikkoueri （きっこうえり）	襟迴的一種。以家地包覆龜甲金製作的襟迴。
龜甲籠手 Kikkougote （きっこうごて）	籠手的一種。以家地包裹龜甲金製作的產籠手。

嬰海板 Einoita （えいのいた）	設置於筒膊當的据文之俗稱。
彌陀胴 Midadou （みだどう）	裸體胴的一種。取意自阿彌陀如來，造型敦厚穩重的胴甲。其所在地等詳情不明。
檜板 Hiita （ひいた）	檜垣之俗稱。
檜垣 Higaki （ひがき）	兜缽的裝飾金物之一。設置於兜缽下襬周圍的金物，呈連續並排的八雙（二股）形狀，帶有豬目形狀鏤空裝飾。可見於鎌倉時代後期以後。
櫛形 Kushigata （くしがた）	平安、鎌倉時代大袖所用，中央隆起呈櫛（梳子）形狀的冠板之俗稱。
澀染 Shibuzome （しぶぞめ）	染色的一種。利用澀柿子萃取的單寧染成茶褐色的染色方法。
澀麻 Shibuasa （しぶあさ）	施以澀染的麻布。
篠 Shino （しの）	板所的一種。小具足使用的細長金屬配件，因狀似篠竹，故名。又以長度分成大篠（亦稱長篠）和小篠，以形狀分成丸篠、角篠、平篠。請參照各項目說明。
篠立膊當 Shinodatesuneate （しのだてすねあて）	篠膊當之俗稱。

篠袖 Shinosode （しのそで）	變形袖甲的一種。比照篠臑當使用4～5條大篠排列，以繩絲或皮繩串綴成菱形（╳形）製作的袖甲。
篠筏 Shinoikada （しのいかだ）	一種細長的長方形筏。
篠臑當 Shinosuneate （しのすねあて）	一種使用大篠的臑當。宮城縣仙台市博物館所藏「銀箔押白糸威丸胴具足」（重要文化財）的臑當為其代表文物。
篠籠手 Shinogote （しのごて）	前臂處使用大篠的籠手。通常肩部（上臂處）會使用鎖環、小篠、筏和小板等構造。宮城縣仙台市博物館所藏「銀箔押白糸威丸胴具足」（重要文化財）的籠手為其代表文物。亦稱大篠籠手。
糠星 Nukaboshi （ぬかぼし）	小星之俗稱。
縫延 Nuinobe （ぬいのべ）	板物的一種。伊予札並排模擬本縫延，並且塗漆增厚的板物。近世經常利用此法修補板物外觀。請參照本縫延項目說明。
縫重 Nuigasane （ぬいがさね）	小札板的製作工程之一。將小札疊合起來、施以下緘的製程。
縮緬南蠻 Chirimennanban （ちりめんなんばん）	細的南蠻鎖之俗稱。
縱色色威 Tateiroiroodoshi （たていろいろおどし）	威毛的一種。縱向變換色調的色色威。東京都寶永堂所藏「縱色色威腹卷」為其代表文物。
縱取威 Tatedoriodoshi （たてどりおどし）	穿威繩手法的一種。縱向串綴緘穴的威繩手法。這是種古老形式的毛引威，愛媛縣大山祇神社所藏「逆澤瀉威大鎧」（國寶）為其代表文物。
縱矧替胴 Tatehagikaedou （たてはぎかえどう）	縱矧胴的一種。將矧板形狀稍作變化製作的縱矧胴。

縱撓 Tatedame （たてだめ）	小札的撓的一種。胴尾使用的小札撓。南北朝時代以後，為使胴尾朝外側反折所設。部分長側或鞋使用的小札也會採取縱撓構造。
縱締 Tatejime （たてじめ）	綰的設置方法。指將綰繩圈縱向設置於主體構造。
縱鐶 Tatekan （たてかん）	鐶的設置方法。指將鐶縱向設置於主體構造。
縹糸 Hanadaito （はなだいと）	編繩的一種。使用藍染染出色調明亮的青色糸繩然後編成的編繩。
縹糸威 Hanadaitoodoshi （はなだいとおどし）	威毛的一種。整體使用縹糸穿威繩編綴的威毛。岡山縣林原美術館所藏「縹糸威胴丸」（重要文化財）、奈良縣川上村筋目眾所藏「縹糸威胴丸」（重要文化財）所附三十八間筋兜、大袖等為其代表文物。
縹糸威肩白 Hanaitoodoshikatajiro （はないとおどしかたじろ）	威毛的一種。整體使用縹糸穿威繩，僅上方2段或3段使用白糸穿威繩製作的威毛。島根縣日御碕神社所藏「縹糸威肩白筋兜」（重要文化財）為其代表文物。
總糸 Souito （そういと）	文獻中的語詞。記載於《備中國總社文書》，應是指全數使用糸穿繩製作的威毛。
總吹返 Soufukikaeshi （そうふきかえし）	將所有鞋都做成反折構造的吹返。廣島縣嚴島神社所藏（國寶）「小櫻威大鎧」頭盔的吹返為其代表文物。
總角付板 Agemakidukenoita （あげまきづけのいた）	逆板之俗稱。
總角著 Agemakitsuke （あげまきつけ）	文獻中的語詞。記載於《太平記》卷三十一，應是指稱押付下部之用語。

總裏 Souura （そううら）	五月人形的行話。主要見於京都的製作家，用鐵板或塑膠板貼在壓成波浪狀的小札板內側，藉以模擬當世小札質感的技法。塗以金白檀顏色，以江戶時代的諸侯大名高級甲冑為模板製作，是中世、近世文物均未嘗得見的技法。
總鎖 Sougusari （そうぐさり）	形容鎖鏈之用語，指編成一整面、毫無間隙的鎖鏈。
繁目 Shigeme （しげめ）	敷目之俗稱。
臂覆 Taooi （たおおい）	文獻中的語詞。記載於《東大寺獻物帳》，應是指籠手之語。
臆病板 Okubyouita （おくびょういた）	背板之俗稱。
臆病金 Okubyougane （おくびょうがね）	臑當的部位名稱之一。裝備筒臑當時，用來填補覆蓋後方空隙的板材。記載於《明德記》中卷，山口縣防府天滿宮所藏、石川縣多太神社所藏「大立舉筒臑當」附件為其代表性文物。
薄金 Usugane （うすがね）	1.文獻中的語詞。記載於《保元物語》卷一，為源家八領的其中1套甲冑。根據神社記錄文獻推測，應該就是愛知縣猿投神社所藏「樫鳥糸威大鎧」（重要文化財）。 2.文獻中的語詞。記載於《太平記》卷十六，應是新田家代代相傳之甲冑，實際詳情不明。
薄紅糸威 Usukurenaiitoodoshi （うすくれないいとおどし）	文獻中的語詞。《長門本平家物語》卷十六記曰「薄紅綴之冑」，應是種淺紅色的糸威。
薄紫威 Usumurasakiodoshi （うすむらさきおどし）	文獻中的語詞。記載於《相國寺堂供養記》、《中古治亂記》等文獻，應是種淡紫色的威毛。

薄雲 Usugumo （うすぐも）	文獻中的語詞。記載於《異制庭訓往來》，應是平家所傳其中1套名甲，實際詳情不明。
螺鈿鎖 Radengusari （らでんぐさり）	蒸籠鎖之別稱。
謙信籠手 Kenshingote （けんしんごて）	富永籠手之別稱。此物和其名稱由來上杉謙信之間究竟有何關聯，詳情不明。
隱板 Kakushiita （かくしいた）	要害之板之俗稱。
隱鉚釘 Kakushibyou （かくしびょう）	指裝設固定金物時，搭配運用雕金圖案隱藏其中的鉚釘。
鮫革 Samekawa （さめかわ）	分成表皮顆粒較粗的赤魟鮫革，以及顆粒較細並帶點青色的青鮫革。使用於室町時代以後的革所。前者也可以用來製作刀柄，有些像愛媛縣大神祇神社所藏（重要文化財）「色色威胴丸」是塗漆使用，有些則是會製成研出鮫使用。請參照各項目說明。
齋垣 Igaki （いがき）	檜垣之俗稱。
十八劃	
櫃輪 Hitsuwa （ひつわ）	菱輪之俗稱。
簡易兜 Kanikabuto （かんいかぶと）	相對於星兜、筋兜等正式頭盔，統稱經過簡化的頭盔，如頭形兜、突盔形兜、桃形兜等。此為1976年淺野誠一於《如何鑑賞頭盔》書中提倡的用語。
織物脇引 Orimonowakibiki （おりものわきびき）	具備家地構造的脇當。有以鎖環、筏、骨牌金等物縫製而成的，也有使用家地覆蓋包裹龜甲金製作的。
藁熏 Warafusube （わらふすべ）	橋子熏之別稱。

藍白地 Aishiroji （あいしろじ）	文獻中的用語。出自《保元物語》卷一，應是種類似小櫻韋、白底染上藍色小紋圖樣的皮革。
藍韋 Aikawa （あいかわ）	染韋的一種。使用藍色染料漬染或引染成深藍色皮革，用於威毛、化妝板、小緣等處。
藍韋威 Aikawaodoshi （あいかわおどし）	整體以藍韋穿繩編成的威毛。愛媛縣大山祇神社所藏「藍韋威大鎧」（重要文化財）、同處所藏「藍韋威胴丸」（重要文化財）、同處所藏「藍韋威腹卷」（重要文化財）為其代表文物。顏色特別濃的稱作黑韋威。
覆金 Ooigane （おおいがね）	覆輪之俗稱。
鎖小鰭 Kusarikobire （くさりこびれ）	小鰭的一種。將鎖環縫設於家地製作的小鰭。
鎖甲懸 Kusarikoukake （くさりこうかけ）	甲懸的一種。以鎖環連結骨牌金、縫設於家地之上的甲懸。
鎖立舉 Kusaritateage （くさりたてあげ）	立舉的一種。將鎖環縫在家地上製成的臑當的立舉。
鎖佩楯 Kusarihaidate （くさりはいだて）	佩楯的一種。於主要構造的鎖環之間混以小篠、筏和骨牌金等物所製成的佩楯。宮崎縣仙台市博物館所藏「銀箔押白糸威丸胴具足」（重要文化財）、東京都永青文庫所藏「黑糸威二枚胴具足」的佩楯為其代表文物。
鎖具足 Kusarigusoku （くさりぐそく）	疊具足之別稱。
鎖家 Kusariie （くさりいえ）	搖的一種。將鎖環縫設於家地製成的搖。
鎖胴丸 Kusaridoumaru （くさりどうまる）	胴丸的一種。用鎖環串綴骨牌金、縫在家地上製成的胴丸。

鎖脇引 **Kusariwakibiki** （くさりわきびき）	脇當的一種。將鎖環縫在家地上製成的脇當。
鎖袖 **Kusarisode** （くさりそで）	袖甲的一種。將鎖環縫在家地上製成的袖甲。
鎖袴 **Kusaribakama** （くさりばかま）	佩楯的一種。將鎖環縫在家地上，其間設置小篠、筏、骨牌金等物的袴狀造型佩楯。亦稱當世踏込，此語為「現代的踏込佩楯」之意。
鎖須賀 **Kusarisuga** （くさりすが）	須賀的一種。將鎖環縫於家地上的須賀。
鎖腹卷 **Kusariharamaki** （くさりはらまき）	腹卷的一種。用鎖環串綴骨牌金、縫在家地上的腹卷。東京都靖國神社收藏品為其代表文物。
鎖腹當 **Kusariharaate** （くさりはらあて）	腹當的一種。用鎖環串綴骨牌金、縫在家地上的腹當。
鎖頭巾 **Kusarizukin** （くさりずきん）	頭巾兜的一種。只用鎖環縫在家地之上的頭巾兜。
鎖臑當 **Kusarisuneate** （くさりすねあて）	臑當的一種。將鎖環縫在家地上的臑當。
鎖籠手 **Kusarigote** （くさりごて）	籠手的一種。將小篠、筏等縫於家地的籠手。東京都本多家所藏（重要文化財）「黑糸威丸胴具足」、東京都永青文庫所藏「黑糸威二枚胴具足」等所附籠手為其代表文物。請參照「鎖環」項目說明。
鎖鞈 **Kusarijikoro** （くさりじころ）	鞈的一種。用鎖環串綴骨牌金、縫在家地上的鞈。或指用鎖環串綴骨牌金製成的鞈。奈良縣法隆寺收藏、大阪府金剛寺所藏頭盔的鞈為其代表文物。
鎧毛 **Yoroinoke** （よろいのけ）	文獻中的語詞。記載於《長門本平家物語》卷十，應是指威毛之意。

鎧付 Yoroiduki （よろいづき）	文獻中的語詞。記載於《平治物語》卷二、《平家物語》卷九、《太平記》卷十七等文獻，指把甲冑穿得極好、毫無縫隙。
鎧作 Yoroidukuri （よろいづくり）	文獻中的語詞。記載於《日本書記》，應是指甲冑的製作者。同書亦作甲作、鎧匠。
鎧初 Yoroihajime （よろいはじめ）	鎧著初之別稱。
鎧奉行 Yoroibugyou （よろいぶぎょう）	物具奉行之別稱。
鎧唐櫃 Yoroikarahitsu （よろいからひつ）	甲冑櫃的一種。收納甲冑用的唐櫃。青森縣櫛引八幡宮、山口縣防府天滿宮等處收藏品為其代表文物。請參照唐櫃、冑櫃項目說明。
鎧著初 Yoroikihajime （よろいきはじめ）	武家固定行事之一。武家男子初次裝備甲冑的儀式。《鎧著初式法傳》記載曰「早則十四，遲則十八歲」。
鎧開 Yoroibiraki （よろいびらき）	武家的固定行事之一。正月的行事，將鎧甲擺設裝飾起來、供奉糯米餅慶祝的行事。
鎧餅 Yoroimochi （よろいもち）	鎧開儀式供奉的糯米餅。
鎧親 Yoroioya （よろいおや）	武家的職役之一。專門幫主君穿著甲冑的職役。特別遴選有武功者擔任。亦稱具足親。
鎧櫃 Yoroibitsu （よろいびつ）	甲冑櫃之別稱。
鎬筏 Shinogiikada （しのぎいかだ）	筏的一種。中央設有鎬（稜線）的筏。
鎹綴胴 Kasugaitojidou （かすがいとじどう）	綴胴的一種。以鎹穿綴製作的胴甲，或指使用鉚釘頭呈鎹形的鉚釘穿綴製作的胴甲。

鎹撓 Kasugaidame （かすがいだめ）	草摺的部位名稱。室町時代胴丸、腹卷的草摺都有使用，呈鎹（連接固定兩塊木材使用的「匸」字釘）形狀的撓。
雙筏 Moroikada （もろいかだ）	一種將2個相同形狀物體排列在一起的筏。
雜兵具足 Zouhyougusoku （ぞうひょうぐそく）	足輕具足之別稱。
雞尾形兜 Keibinarikabuto （けいびなりかぶと）	一種製成雞尾造型的變形兜。笹間良彦《日本甲冑武具事典》（柏書房1981）雖有記載，但所在地等詳情不明。
離山道 Hanareyamamichi （はなれやまみち）	山道的一種，彎曲的山道頂端有個大大窟窿，常見於加賀具足。
鞭差 Muchizashi （むちざし）	佩楯的部位名稱之一。騎乘時拿來插馬鞭的孔洞。開設於佩楯的家地左右、周圍設有小緣的縱長形孔洞。
額佩楯 Gakuhaidate （がくはいだて）	佩楯的一種。主要構造施有各種圖案鑲嵌或凸紋搥打等裝飾的額狀座盤佩楯。
額板 Gakunoita （がくのいた）	瓢籠手的部位名稱。施有切金細工、設置於肩頭葫蘆處的方形板金。
額金 Hidaigane （ひだいがね）	額當之別稱。
額當形 Hidaiatenari （ひだいあてなり）	眉形之俗稱。
額皺 Hidaijiwa （ひだいじわ）	見上皺之別稱。
顎 Ago （あご）	半頰、面頰當的部位名稱之一。與下顎相當的部位。

顎當 Agoate （あごあて）	越中頰之俗稱。
鵐目 Shitodome （しとどめ）	一種用來裝飾綁結繩索孔洞周圍的金物，同時也具備避免繩索磨耗的作用。

十九劃

櫓留 Yaguradome （やぐらどめ）	浮張的一種。從兜缽內側的響穴牽出丸打紐繩、從縱橫2個方向結成雙層斗器的形狀，並以四天鉚釘固定藉以取代浮張。是江戶明珍派的常用手法。
簾臑當 Sudaresuneate （すだれすねあて）	俗稱以鎖環連繫許多細篠、有如竹簾般的篠臑當之。
繩目 Nawame （なわめ）	繩目緘當中緘的部分。
繩目刻 Nawamekizami （なわめきざみ）	座金、覆輪、板物的裝飾之一。利用鑿銼等工具於邊緣或筋卷込等處刻出斜向連續刻痕的裝飾。
繩目威 Nawameodoshi （なわめおどし）	威的手法之一。是整個中世、近世最常見的毛引威手法。使用繩目緘手法穿綴威繩。
繩目韋 Nawamegawa （なわめがわ）	染韋的一種。染成繩目模樣的韋。《源平盛衰記》卷五記載到「繩目之色革」，應是種使用於伏繩目威毛的韋。
繩目座 Nawameza （なわめざ）	座金的一種。邊緣刻成繩目（斜紋）的座金。
繩目緘 Nawamegarami （なわめがらみ）	1.緘付的一種。平造金屬配件迴下方挖設2排小孔，對準小札板緘穴並以皮繩或糸繩編綴成繩目形狀的手法。廣島縣嚴島神社所藏（國寶）「黑韋威胴丸」、愛媛縣大山祇神社所藏（重要文化財）「紫韋威胴丸」為其代表文物。 2.緘的手法之一。將緘穴一個個錯開、斜向穿綴威繩的手法。是整個中世、近世最常見的毛引威手法。

繩目頭 Nawamegashira （なわめがしら）	板物的札頭種類之一。施以繩目刻的捻返札頭。
繩目覆輪 Nawamefukurin （なわめふくりん）	覆輪的一種。施以繩目刻的覆輪。
繩目鎖 Nawamegusari （なわめぐさり）	鎖鏈的一種。以刻成繩目（斜紋）的丸輪與菱輪編成的鎖鏈。
繰半月 Kurihangetsu （くりはんげつ）	立物的一種。圓形頂端開有些許縫隙的立物。多作前立使用。以金屬、皮革、和紙等材質製作。
繰南蠻鎖 Karakurinanbangusari （からくりなんばんぐさり）	鎖鏈的一種。為避免丸輪鬆脫而使用鉚釘一一固定編成的南蠻鎖。
繰締付緒 Kurijimedukenoo （くりじめづけのお）	緒所的一種。綁結於胴甲下部的繰締所用繩索。從繰締根緒牽出2條繩索，取其中1條穿過繰締緒或繰締鐶，拉回來和另一條繩索綁在身體正面使用。
繰締根緒 Kurijimenoneo （くりじめのねお）	用來銜接繰締付緒的根繩。位於胴丸、右引合當世具足的前胴甲左側胴尾處。
繰締綰 Kurijimenowana （くりじめのわな）	繰締緒之別稱。
繰締緒 Kurijimenoo （くりじめのお）	緒所的一種。拿來穿繰締付緒的綰。位於胴丸、右引合當世具足的後胴甲右側胴尾處。亦稱繰締綰。
繰締鐶 Kurijimenokan （くりじめのかん）	鐶的一種。拿來穿繰締付緒的半圓形金屬環。位於胴丸、右引合當世具足的後胴甲右側胴尾處。
繰鎖 Karakurigusari （からくりぐさり）	鎖鏈的一種。為避免丸輪鬆脫而使用鉚釘一一固定編成的鎖鏈。

藤威 Fujiodoshi （ふじおどし）	文獻中的語詞。記載於《吾妻鏡》、《義貞記》等文獻，應是顏色鮮明的薄紫色威毛的美稱。
藥入 Kusuriire （くすりいれ）	鼻紙袋之俗稱。
襟 Eri （えり）	襟迴之簡稱。
襟卷 Erimaki （えりまき）	曲輪之俗稱。
襟板 Eriita （えりいた）	當世具足的部位名稱之一。為補強肩上結構而設置於押付板之上、橫跨左右肩上的板材。首見於江戶時代前期，因為形狀而亦稱三日月板。
襟迴 Erimawashi （えりまわし）	當世具足的部位名稱。肩上內側的襟，亦稱「立襟」、「襟裏」。
襟裏 Eriura （えりうら）	襟迴之別稱。
鏡地 Kagamiji （かがみじ）	金具迴的裝飾之一。以薄合金包覆鐵材，使其看起來就像鏡子的裝飾方法。可見於愛媛縣大山祇神社所藏「赤糸威胴丸鎧」（國寶）的金具迴。
關東具足 Kantougusoku （かんとうぐそく）	當世具足的一種。俗稱室町時代末期以後關東地區以鐵材為主材料製作的甲冑。
饅頭錏 Manjuujikoro （まんじゅうじころ）	錏的一種。整體呈圓鼓形狀，裾板呈一直線的錏。形似饅頭，故名。常見於江戶時代高級甲冑之頭盔。
鯨札 Kujirazane （くじらざね）	小札的一種。以鯨魚鬚製作的小札。是江戶時代極為罕見的小札。
鯰手甲 Namazutekou （なまずてこう）	手甲的一種。鯰籠手所附手甲。

鯰尾形兜 Namazuonarikabuto （なまずおなりかぶと）	變形兜的一種。製成又長又大鯰魚尾巴造型的變形兜。東京都前田育德會所藏前田利用所用品、山口縣吉川史料館所藏吉川廣島所用品等為其代表文物。
鯰籠手 Namazugote （まなずごて）	籠手的一種。鎌倉、南北朝時代使用的籠手。手甲末端呈圓形、狀似鯰魚頭，故名。奈良縣春日大社所藏（國寶）「籠手一雙」、滋賀縣兵主神社所藏「銀銅製籠手」為其代表文物。
鶉韋 Uzuragawa （うずらがわ）	染韋的一種。將立涌圖形方向交互變換製成的韋。廣島縣嚴島神社所藏「鶉韋包紫糸威丸胴具足」（重要文化財）為其代表性文物。
二十劃	
寶珠形兜 Boujunarikabuto （ほうじゅなりかぶと）	變形兜的一種。製成佛法寶珠造型的變形兜。笹間良彥《日本甲冑武具事典》（棉書房1981）雖有記載，然其所在地等詳情不明。
寶瓶 Houhei （ほうへい）	上玉之別稱。
懸通 Kaketooshi （かけとおし）	高紐的設置方法之一。指當世具足（及部分胴丸）把高紐從押付板一直牽到肩上末端的設置方法。亦稱掛緒。
懸緒 Kakeo （かけお）	1.文獻中的語詞。記載於《延喜式》，語意應該與「威」相同，詳情不明。 2.袖緒的一種。從冠板內側的後鐶牽出的繩索，綁在設置於背部或肩上的後方茱萸，或者綁在腹卷押付板所設八雙金物的鐶上。 3.緒所的一種。裝備喉輪、曲輪時繞到後頸綁結的繩子。亦寫作掛緒，或稱迴之緒。 4.半頰、面頰當的部位名稱之一。須得先綁在頭部、然後才能用忍緒綁結固定的繩緒。亦寫作掛緒。
朧銀 Oborogin （おぼろぎん）	四分一銀之別稱。

繼籠手 Tsugigote （つぎごて）	籠手的一種。分成肩（上臂）、腕（前臂）、手甲3個部分，中間以鞢或繩紐綁結固定使用的籠手。
藻韋 Mogawa （もがわ）	繪韋的一種。水草藻中央繪製牡丹的韋。室町時代以後作胴丸、腹卷的革所使用。
蠑螺形兜 Sazaenarikabuto （さざえなりかぶと）	變形兜的一種。製作成角蠑螺造型的變形兜。東京國立博物館、京都府高津古文化會館等地的收藏品為其代表文物。
襦絆籠手 Jubangote （じゅばんごて）	籠手的一種。襟迴至脇當乃呈一體的籠手。
鐙摺 Abumizuri （あぶみずり）	鉸具摺之俗稱。
鐙摺革 Abumizurigawa （あぶみずりがわ）	鉸具摺革之俗稱。
霰乂 Araremon （あられもん）	繪韋圖案的一種。襷文紋路之間飾以微小六角形顆粒狀的圖案。
霰星 Arareboshi （あられぼし）	小星的一種。在馬面派、相州系、加州系等流派的甲冑師製作的星兜上，可以看見矮胖形狀的小星，即為霰星。
二十一劃	
櫻威 Sakuraodoshi （さくらおどし）	文獻中的語詞。記載於《吾妻鏡》卷五，應是種近似櫻花色的淺紅色威毛，卻亦有部分說法指其為小櫻威之謬誤。
櫻鉚釘 Sakurabyou （さくらびょう）	小櫻鉚釘之簡稱。
續小札 Tsudukikozane （つづきこざね）	當世小札之俗稱。

鐵札 Tetsuzane （てつざね）	小札的一種。用鐵製作的小札。請參照小札項目說明。
鐵肩上 Tetsuwatagami （てつわたがみ）	肩上的一種。表面使用鐵製作的肩上。室町時代末期的鐵胴丸等當世具足都已經固定要搭配鐵肩上使用。靜岡縣淺間大社所藏「紅威最上胴丸」（縣指定文化財）的肩上為其初期文物。
鐵當 Kanaate （かなあて）	手甲之俗稱。
鐵錆 Kanasabi （かなさび）	鐵錆地之簡稱。
鐵錆地 Tetsusabiji （てつさびじ）	「鐵錆地」（かなさびじ／kanasabiji）的另一種日文念法。
鐵鍬形 Tetsukuwagata （てつくわがた）	鍬形的一種。平安、鎌倉時代使用的鐵製鍬形。施以鑲嵌裝飾，長野縣清水寺所藏「雲龍文鑲嵌鐵鍬形」（重要文化財）、滋賀縣木下美術館所藏「雲龍文鑲嵌鐵鍬形」（重要文化財）等為其代表文物。
鑌台 Kandai （かんだい）	金物的一種。裝設鑌的台。平安、鎌倉時代使用的大多是切子頭，鎌倉時代以後除圓頭以外，還另有刻著布紋、菊紋、紋章等紋路的頭。
露 Tsuyu （つゆ）	於女里之俗稱。
露落之穴 Tsuyuotoshinoana （つゆおとしのあな）	汗流之穴的別稱。或指待受底下的孔洞。
露落之管 Tsuyuotoshinokan （つゆおとしのかん）	汗流之管的別稱。
鰄齒小札 Esonohakozane （えそのはこざね）	奈良小札之俗稱。

鶴切 Tsurukiri (つるきり)	文獻中的語詞。記載於《京師本保元物語》卷二，應是意指栴檀板之用語，然詳情不明。
鶴首 Tsurukubi (つるくび)	頭盔的附屬物之一。連繫祓立與立物的「S」形金屬配件。
二十二劃	
疊胴丸 Tatamidoumaru (たたみどうまる)	鎖胴丸之俗稱。
疊腹卷 Tatamiharamaki (たたみはらまき)	鎖腹卷之俗稱。
疊腹當 Tatamiharaate (たたみはらあて)	鎖腹當之俗稱。
疊摺台板 Tatamizurinodaiita (たたみずりのだいいた)	胴立、兜立的部位名稱之一。最下方的台座部分。
疊瓢 Tatamifukube (たたみふくべ)	皺瓢之俗稱。
疊臑當 Tatamisuneate (たたみすねあて)	能縮小折疊的臑當之統稱。
疊額金 Tatamihitaigane (たたみひたいがね)	額當的一種。左右設有機關，能夠折疊縮小的額當。
疊鞢 Tatamijikoro (たたみじころ)	能縮小折疊的鞢之統稱。如最上鞢、當世鞢、日根野鞢之類。
籠手二之板 Kotenoninoita (こてのにのいた)	文獻中的語詞。記載於《難太平記》，應是指籠手的二之座盤的用語，詳情不明。

籠手之袋 **Kotenofukuro** （こてのふくろ）	文獻中的語詞。記載於《太平記》卷三十一，應是指籠手的家地，詳情不明。
籠手之番 **Kotenotsugai** （こてのつがい）	文獻中的語詞。記載於《義經記》卷四，應是指連接籠手一之座盤和二之座盤的鎖鏈，詳情不明。
籠手之覆 **Kotenoooi** （こてのおおい）	文獻中的語詞。記載於《平治物語》卷二，此語應是手甲的意思，詳情不明。
籠手手覆 **Kotenoteooi** （こてのておおい）	文獻中的語詞。記載於《太平記》卷三十一，應該跟籠手之覆同意。
籠手付緒 **Kotedukenoo** （こてづけのお）	籠手的部位名稱之一。裝備合籠手時用來在身體前方和後方綁成襷的繩子。設置於冠板或家地之上。
籠手付鞐 **Kotedukenokohaze** （こてづけのこはぜ）	籠手的部位名稱之一。用來將籠手裝設於肩上之上的鞐。可見於安土桃山時代以後，絕大多數用的都是設置於冠板之上的笠鞐。
籠手地 **Koteji** （こてじ）	文獻中的語詞。記載於《蜷川親元記》，應是指籠手的家地，詳情不明。
籠手摺革 **Kotezurikawa** （こてずりかわ）	袖甲的部位名稱之一。為保護小札板免受籠手的座盤或鎖環碰撞而設置於袖甲內側中央的縱長形狀皮革。
籠手隱 **Kotekakushi** （こてかくし）	小鰭之俗稱。
籠目鎖 **Kagomegusari** （かごめぐさり）	鎖鏈的一種。編成連續籠目（八角形）形狀的鎖鏈。
二十三劃	
變形兜 **Kawarinarikabuto** （かわりなりかぶと）	變兜之別稱。

變形袖 Kawarisode （かわりそで）	袖甲的一種。相對於大袖、寬袖、壺袖、中袖、置袖（當世袖）等正式袖甲，統稱奇形異狀的袖甲。
鑞付 Rouduke （ろうづけ）	將鑞（錫與鉛的合金）融化，作為接合其他金屬的媒介，經常用來連接覆輪或鉚釘腳等物。
鑞流 Rounagashi （ろうながし）	銀鑞流、金鑞流之簡稱。
驗金 Shirushigane （しるしがね）	立物之俗稱。
鱗札 Urokozane （うろこざね）	一種上方下圓、形似魚鱗的小札。亦稱「魚鱗札」。
鱗佩楯 Urokohaidate （うろこはいだて）	在主構造縫上鱗札的佩楯。
鱗具足 Urokogusoku （うろこぐそく）	以家地縫上鱗札製成的疊具足。岡山縣林原美術館的收藏品為代表文物。亦稱「船手具足」、「根來具足」、「天狗具足」。
鱗臑當 Urokosuneate （うろこすねあて）	將鱗札縫在家地上製作的臑當。

二十四劃

鷹羽 Takanoha （たかのは）	頂端呈一文字的古式眉庇之俗稱。《前九年合戰繪詞》便有描繪，岡山縣所藏（國寶）「赤韋威大鎧」所附頭盔的眉庇為其代表文物。
鷹羽打 Takanohauchi （たかのはうち）	平打繩紐的一種。依序使用深藍、淺藍、白色編成「W」連續形狀的繩紐。東京都御嶽神社所藏「赤糸威大鎧」（國寶）的耳糸、畦目為其代表文物。
鷹羽模樣 Takanohamoyou （たかのはもよう）	依序使用深藍、淺藍、白色排列成「V」或「W」連續形狀的圖案。

鷹羽襷 Takanohadasuki （たかのはだすき）	襷文章的一種。鷹羽圖案連續交錯的襷文章。其代表文物可見於奈良縣春日大社所藏「片身替澤瀉威大鎧」的原尺寸構造圖的革所。
鷹度 Takabakari （たかばかり）	南北朝時代以後將1尺1寸5分（南北朝時代以後的大袖寬度）改為1尺，藉此量測甲冑的尺寸。亦稱竹計。

二十五劃

鑲嵌 Zoukan （ぞうかん）	工藝技術的一種。將切割成細條的金板或銀板錘打使嵌入底材鐵板，藉此呈現各種圖案的工藝技術。又因技法分成本鑲嵌、布目鑲嵌兩種，此外還有較特殊的技法稱作銅鑲嵌。請參照各項目說明。

日文漢字

匂 Nioi （におい）	威毛的一種。各色繧繝（漸層）的威毛。廣泛記載於《平家物語》、《源平盛衰記》、《承久記》、《太平記》等文獻。裾濃也是匂的一種，不過匂又特指越往下襬顏色越淺的威毛。
匂肩 Nioigata （においがた）	威毛的一種。上方2段或3段做成繧繝（漸層）的威毛。青森縣櫛引八幡宮所藏「匂肩白大鎧」（重要文化財）為其代表文物。
匂肩白 Nioiwatajiro （においわたじろ）	威毛的一種。上方2段或3段做成繧繝（漸層），第一段則使用白色的威毛。記載於《異本曾我物語》、《大塔軍記》，青森縣櫛引八幡宮所藏「匂肩白大鎧」（重要文化財）為其代表文物。
緄付之本 Horotsukenomoto （ほろつけのもと）	文獻中的語詞。記載於《天正本太平記》卷三十二，從裝設母衣之語義判斷，應是指押付的上半部分，然詳情不明。
鞐 Kohaze （こはぜ）	金物的一種，用來綁結固定繩紐的金屬配件。形狀分成笠鞐和責鞐兩種，通常是成對使用。有些當世具足還會使用水牛角或象牙材質的鞐。請參照各項目說明。
鞐留 Kohazedome （こはぜどめ）	指使用鞐來取代鉸鏈開闔和分解的功能用途。可見於少數當世具足的胴甲。
鞦付 Jikoroduke （じころづけ）	腰卷之俗稱。

錏付鉚釘 Jikorodukebyou （じころづけびょう）	將錏裝設於兜缽所使用的鉚釘。貫穿錏打在腰卷上的鉚釘。亦稱缽付鉚釘。
錏札 Jikorozane （じころざね）	小札的一種。製錏使用的小札。札丈要比胴甲或袖甲所用小丈來得短，有些甚至會配合錏的張開角度而將下襬做得特別寬。
錏蓑 Shikoromino （しころみの）	腰蓑之別稱。

譯者注釋

注 1：**埴輪**：日本古墳頂部和墳丘四周排列的素陶器之總稱。分為圓筒形埴輪和形象埴輪。在日本各地的古墳均有分布。埴輪大部分均為中空，製作方法為先用黏土做成細泥條，盤起來後進行造型。

注 2：**間**：草摺的數量單位。

注 3：**緘**：同「緘」。指以皮革或繩線將小札板上下串連起來的樣式，或指其連結處。

注 4：**刺縫**：日本刺繡手法之一。首先刺出花紋的輪廓，再交互刺上長短針將中央填滿。

注 5：**筋金**：為補強結構而增添的金屬條。

注 6：**神佛習合**：指融合日本原生神祇與外來佛教的信仰。早在奈良時代，佛教寺院裡便祭有日本神，而神社內則建有神宮寺。到平安時代，本地垂迹說（神佛同體）才正式開始流行，始有兩部神道等信仰成立。又稱作「神佛混淆」。

注 7：**平將門**：平安時代中期的武將，高望王之孫。天慶九年（939年），他聲稱受到八幡大菩薩的神諭囑託，自命「新皇」舉兵造反。翌年二月，他與藤原秀鄉、平貞盛的軍隊交鋒時，敵方的弓箭乘著突然轉變的風勢射中平將門，殘餘勢力也被剿滅。將門的首級雖然被帶回京城，但是過了 3 個月仍沒有一絲腐敗跡象，每夜高聲吵著想要自己的身體，最後朝向東國飛去。首級落下之處，就是今天東京大手町的首塚。

注 8：**暗縫繩**：所謂暗縫指將縫線隱藏起來的裁縫技法。

注 9：**五倍子樹**：同翅目蚜蟲科的角倍蚜或倍蛋蚜雌蟲，會在鹽膚木及其同屬其他植物的嫩葉、葉柄上形成蟲癭。這個蟲癭經過烘焙、乾燥後，便是「五倍子」。因此所謂五倍子樹，便是指鹽膚木及其同屬植物。

注 10：**源義家**（1039～1106 年）：日本平安時代後期著名武將，河內源氏嫡流出身。源義家在前九年之役、後三年之役中成功鎮壓了安倍氏、清原氏等蝦夷敗戰豪族的反亂，之後在關東戰事中亦大顯神威，被白河法皇譽為「天下第一武勇之士」。源義家致力於士族地位的確保，成為武士的領袖，其言行處事也樹立了武士道的典範。

注 11：**後三年之役**：平安時代後期發生於陸奧、出羽（東北地方）的戰役。前九年之役之後，成為東北地方霸者的俘囚清源氏被滅，奧州藤原氏因此奠定了在東北的基礎，源氏也確立了其在東國的地位。

注 12：**平重盛**（1138～1179 年）：平安時代末期的武將、公卿。平清盛的嫡長子，母親是高階基章之女，同母弟為平基盛。保元、平治之亂時跟隨父親立功，此後一直升遷至左近衛大將、正二位內大臣之職。《平家物語》將他描寫成溫厚柔和、冷靜沉著的理想化人物，是文武雙全的人才，被清盛及平家一門寄予厚望。

注 13：**源賴朝**（1147～1199 年）：日本鎌倉幕府首任征夷大將軍，也是日本幕府制度的建立者。他是平安時代末期河內源氏源義朝的第三子，幼名「鬼武者」。著名的源義經是他的同父異母弟。

注 14：**元寇**：元朝皇帝忽必烈與屬國高麗，於 1274 年和 1281 年 2 次派軍攻打日本，日本稱這兩次侵略為「元寇」、「蒙古襲來」，或依年號分別稱為「文永之役」與「弘安之役」。

注 15：**郎黨**：指稱主人的僕從、從者，或者中世武家當中與主家無血緣關係的家臣。

注 16：**二引**：亦稱子持筋、子持縞，指兩兩粗細相同的橫條紋樣。

注 17：**千鳥掛**：指左右繩線斜向交叉的模樣。

注 18：**枝菊**：早在平安時代便已經開始流行使用菊花紋路，鎌倉時代以後又特別喜歡使用帶有葉與莖的菊花紋路，謂之枝菊。具長壽祈願的意涵。

注 19：**唐草**：即蔓草，是依照蔓生植物成長狀態所構成的花紋，其曲線優美、構成自由，有連綿不斷的象徵意義。

注 20：**《青方文書》**：自鎌倉時代初期，青方氏便是現今日本長崎縣上五島町青方之地方領主，縣立長崎圖書館將青方氏自中世至近世期間留下的文件，統整為《青方文書》（共 1229 件）。《青方文書》記載了鎌倉幕府的訴訟制度和地方武士團之存在形態，不但是探究南北朝至室町時期日本農民起義現象的重要史料，同時也是重要的中世漁業關係史料，可說是長崎縣內極富質量的中世文書群。

注 21：**垂**：懸掛於頰當下方，用來保護喉嚨至上胸部位的多段構造。

注 22：**袴**：日本和服的一種下裳。袴本指褲子，但在現代日文中，袴一詞包括褲子和部分款式的下裳，中文也稱「摺裙」。袴實取自漢服中南北朝至隋唐流行的軍服、軍袴的大口袴，因褲腿寬大，再加上摺皺，外觀因而看似下裳。

注 23：**構樹**：桑科構屬的植物，也叫豬樹或谷樹，在台灣又俗稱鹿仔樹。

注 24：**素銅**：許多金工作品為追求加工與美觀，經常使用銅合金。江戶時代以前精鍊技術不佳，多是使用含有許多雜質的「山銅」，而含有高純度銅的則稱作「素銅」以作為區別。有時還會打磨素銅，使其表面略帶紅色，稱作「赤銅」。

注 25：**《應仁記》**：室町時代創作的作品，記載足利將軍家和畠山氏、斯波氏爭嫡以及後續應仁之亂的軍記物語。

注 26：**六曜**：一種類似梅花的形狀。6 個等大的圓形中，有 1 個置於中

央，其他 5 個則以等距圍繞於外。

注 27：**鎬**：刀劍武器貫穿中央的稜線，亦稱鎬筋。

注 28：**矢筈**：即箭鞘缺口，箭矢末端用來搭弓弦的缺口。

注 29：**碁石**：圍棋的棋子。

注 30：**陣羽織**：羽織是種較短的日式服飾。通常是為了防寒、禮裝等目的而將其穿在長著、小袖之上。陣羽織則是因為從前武士會穿著上陣，故有此名。

注 31：**襷**：一種束帶，通常用於挽住和服長袖以便活動。穿戴時從肩膀兩邊纏繞，在背後交叉然後在腋下附近打結。

注 32：**常陸**：日本舊國名之一。屬東海道，位於現在的茨城縣東北部。亦稱常州。

注 33：**髻**：日本的傳統髮型，指頭頂的束髮。

注 34：**銀白檀**：所謂「白檀塗」就是指張貼金銀或金泥打底，表面再上漆修飾整平的塗漆技法。

注 35：**菩提寺**：日本一種寺廟種類，為代代歸依、埋葬祖先遺骨、弔菩提之寺，也稱作菩提所、菩提院等。日本皇室的泉涌寺、德川家康的寬永寺、增上寺都是有名的菩提寺。

注 36：**切金**：亦稱截金、細金，是一種日本的傳統技法。疊合數枚金箔、銀箔或白金箔裁成直線形狀後，利用毛筆和接著劑讓金箔呈現出各種圖案。

注 37：**錆地**：漆器會先用錆漆打底，錆地則是指只有上錆漆的作法。

注 38：**踩踏式**：有些佩楯會左右家地的內側設置名為阿伊佐的帶子，穿的時候必須踩踩進這個帶子裡面，因此稱作「踩踏式」。如此既能利用佩楯保護大腿，也便於活動。

注 39：**毛沓（貫）**：毛沓是騎馬、狩獵用的毛皮製鞋靴，通常以鹿、山豬等獸皮製作。

注 40：**轡**：指韁繩與套在牲口嘴中的銜勒。

注 41：**澤瀉**：澤瀉是植物和中藥材的統稱。澤瀉為多年生草本，屬澤瀉科。野生澤瀉一般生長在沼澤地，分布於中國、日本和印度等地。

注 42：**熏韋**：皮革工藝的一種。指將鞣製皮革用松葉等植物烤火燻製，使其染成茶色。

注 43：**巴形**：模擬湧泉漩渦形狀的紋路。又視漩渦方向分左巴和右巴，並視漩渦數量分成一巴、二巴、三巴等。

注 44：**右引合**：指胴甲的引合（接縫）設於右方的形式。

注 45：**撓製**：取生牛皮用火烘烤過，並以魚獸皮骨煮沸，取其膠質加入水中製成溶液，再以牛皮沾取溶液、以木槌捶打，可使牛皮更加堅韌。

注 46：**唐花**：指從中國傳入的花朵圖案，以 4 瓣最為常見，也有 5 瓣、6 瓣的唐花。

注 47：**聖多馬**（São Thomé）：即今日印度的清奈（Chennai），是印度東南部的大型城市，地處烏木海岸（Coromandel Coast），緊鄰孟加拉灣。1552 年葡萄牙人來到此地建立港口，並根據曾在 1552 年到 1570 年來此傳道的基督教使徒多馬命名為聖多馬。

注 48：**漬染**：染色技法的一種。將繩線或布匹浸泡於染液中，再以染媒使其發色、定色。

注 49：**引染**：染色技法的一種。攤開布匹，以刷毛等物沾染液塗抹染色的方法。

注 50：**立涌**：指縱向曲線兩兩相對排列的紋路，間隔隨著曲線變化時寬時窄。

注 51：**石疊**：原指石磚形狀，此處則指呈「井」字、四邊相互交疊的繩結形狀。

注 52：**晒布**：指漂白的麻布或棉布。

注 53：**海鼠**：即海參。

注 54：**白金物**：指甲冑上銀製或鍍銀的金屬配件。

注 55：**茜草**：又名血茜草，古名茹藘，又有地血、西天王草等別名，是種茜草科攀緣植物。茜草的根可以做大紅色染料，也可以做藥，主要醫些吐血、尿血、瘀血之類的病，故又名血見愁。

注 56：**山陰地區**：日本的地理位置。日本海該側的地區，包括鳥取縣、島根縣以及山口縣北部地區。

注 57：**信濃**：日本的舊國名。屬東山道，相當於現在的長野縣。信州。

注 58：**五曜**：指 5 個等大的圓形圍繞排列成類似梅花的形狀。

注 59：**打刀、脅指**：打刀是日本刀的一種，一般而言，室町時代以後所說的「刀」指的通常就是打刀。不同於主要用於馬上作戰的太刀，打刀主要用於徒步戰。脅指（亦稱脅差）平時與打刀配對，帶於腰間，是備用武器，平時並不使用，當主要兵器打刀損毀時才使用。

注 60：**函人**：即日語古語所謂甲冑師。

注 61：**切竹**：截切下來的竹段。

注 62：**鎹**：連接固定兩塊木材使用的「ㄈ」字釘。

注 63：**有職文樣**：平安時代以後公家裝束調度甚至車駕等使用的傳統紋路圖案。奈良時代隨著唐風文化傳入日本，平安時代則隨著和風文化興起而演變、固定下來，終致不同家族各擁其特有代表圖案。

注 64：**縮緬**：縐織物，如縐綢、縐布等。

注 65：**蘇芳**：亦稱蘇木、蘇方、蘇方木、蘇枋、紅紫、赤木，多分布在東南亞和中國南部一帶。常綠小喬木，每年 6 月至 9 月開黃色花，紅棕色木質莢果。可提取紅色染料，與靛藍、槐花等其他植物染料搭配使用時，在鐵、鋁、銅、鉛等不同媒染劑的作用下，可變為黃、紅、紫、褐、棗紅、深紅、肉紅等顏色。

注 66：**踏込**：使用模板、染出特定圖案的染法。

注 67：**群青**：Ultramarine，一種藍色顏料，主要成分為雙矽酸鋁鹽和鈉鹽以及其他一些硫化物或硫酸鹽，出現在自然情況下生成的近似成分的青金石。

注 68：**繻子**：即沙典（Satin），是種表面光亮、背面黯沉的紡織品。繻子是種以經線為主的織造技術，使織物的交織點保持在最低水平。

索引

499

二十二劃

日文漢字

參 考 文 獻

末永雅雄著『日本上代の甲冑』創元社，1944 年

笹間良彦著『日本甲冑図鑑』雄山閣，1964 年

歴世服装美術研究会編『日本の服装』上　吉川弘文館，1964 年

尾崎元春『日本の美術 24 号「甲冑」』至文堂，1968 年

尾崎元春、佐藤寒山著『原色日本の美術 21「甲冑と刀剣」』小学館，1970 年

山上八郎著『日本甲冑の新研究』歴史図書社，1972 年

山上八郎著『日本甲冑 100 選』秋田書店，1974 年

山上八郎、山岸素夫著『鎧と兜』保育社，1975 年

浅野誠一著『兜のみかた』雄山閣，1976 年

尾崎元春、佐藤寒山著『日本の美術 42「甲冑と刀剣」』小学館，1976 年

鈴木敬三編集解説『古典参考図録』国学院高等学校，1978 年

笹間良彦著『図録日本の合戦武具事典』柏書房，1981 年

山岸素夫、宮崎真澄著『日本甲冑の基礎知識』雄山閣，1990 年

山岸素夫著『日本甲冑論集』つくばね舎，1991 年

山岸素夫著『日本甲冑の実証的研究』つくばね舎，1994 年

金子賢治『日本の美術 342「革工芸」』至文堂，1994 年

鈴木敬三著『有職故実大辞典』吉川弘文館，1996 年

笹間良彦著『新甲冑師銘鑑』里文出版，2000 年

土井輝生著『武具甲冑紀行』同信社，2000 年

藤本正行著『鎧をまとう人びと』吉川弘文館，2000 年

名古屋市博物館編『鉄　攻めと護り・武士の美』名古屋市博物館，
2004 年
稲田和彦監修『図説・日本刀大全』学習研究社，2006 年
藤本巖監修『大名家の甲冑』学習研究社，2007 年
『大徳川展』「大徳川展」主催事務局，2007 年
竹村雅夫編著『図説・戦国の実戦兜』学習研究社，2009 年

後　記

　　刊行在即，謹將本書獻給已故的片岡球子老師，她生前不斷勉勵筆者從事歷史畫及其考證研究。

　　筆者進大學以後，便立志學習歷史畫，可惜身邊懂得畫古典歷史畫的老師並不多。筆者曾以寫生手法為基礎，於大學四年級時發表了《安土炎上》，畢業作品則發表了《松平元康初陣》（現收藏於太田市役所尾島廳舍尾島生涯學習中心、行政中心），同時也受到多方指教，認為筆者的作品「考證不足」。

　　就在這個時候，經過片岡老師的轉介，筆者承蒙專攻朝廷公家裝束的高田倭男老師介紹，得以結識武家裝束的專家鈴木敬三老師，並獲得鈴木老師的寶貴建言——去研究真正的甲冑。為描繪實際穿著甲冑、並做出各種動作的模樣，筆者決定對 NHK 大河電視劇進行寫生，當時負責電視劇時代考證工作的磯目篤郎老師也曾給予寶貴的建議：「你應該去研究真正的甲冑，而不是描摹而已。」於是筆者遂埋首博物館、美術館從事甲冑素描，同時還趁機向在這些地方結識的幾位研究家老師請求指點，藉以加深自身的甲冑知識。起初，筆者求教於東京的豐田勝彥老師，後來因為距離較遠，才又輾轉獲得介紹，認識了住在名古屋市的三浦一郎老師，筆者便與三浦老師結下了緣分。筆者也參加了由已故甲冑師佐藤敏夫老師主辦的研究會，他是三浦老師的老師。在會中跟著頭號弟子三浦老師等眾多會員圍繞著真實的甲冑，展開諸多熱烈的討論。

　　筆者認為，歷史畫的進步便存在於像前田青邨老師和安田靫彥老師這種研究家和畫家的交友關係中，透過日復一日的研究，不斷獲得新的發現。本書所有圖畫全都是根據三浦老師的考證所繪，衷心祈望能夠為下一個世代的研究盡一份心力。

最後要感謝碧水社社長清水淳郎先生、責任編輯小和田泰經先生以及新紀元社的各位，衷心感謝各位促成提供如此機會。

永都康之

國家圖書館出版品預行編目資料

日本甲冑圖鑑（精裝）/ 三浦一郎著；王書銘
譯.-- 初版. -- 臺北市：奇幻基地出版：家庭傳媒
城邦分公司發行, 民106.12
　　面：公分. – （聖典系列：42）
譯自：日本甲冑図鑑
ISBN 978-986-95634-9-9（精裝）

1.軍服 2.圖錄 3.日本

594.72025　　　　　　　　　　106023126

NIHON KACCHU ZUKAN
by MIURA Ichiro
Copyright ©2010 MIURA Ichiro
Illustration ©2010 NAGATO Yasuyuki
All rights reserved.
Originally published in Japan by SHINKIGENSHA CO
LTD, Tokyo.
Chinese (in complex character only) translation rights
arranged with SHINKIGENSHA CO LTD, Japan
through THE SAKAI AGENCY.

Complex Chinese translation copyright ©2017 by
Fantasy Foundation Publications, a division of Cité
Publishing Ltd.

著作權所有・翻印必究
ISBN　978-986-95634-9-9
Printed in Taiwan.

奇幻基地粉絲團
https://www.facebook.com/ffoundation/

城邦讀書花園
www.cite.com.tw

聖典系列 **042**
日本甲冑圖鑑（精裝）

原 著 書 名／日本甲冑図鑑
作　　　者／三浦一郎
繪　　　者／永都康之
譯　　　者／王書銘
企劃選書人／陳珉萱
責 任 編 輯／何寧
發 行 人／何飛鵬
副 總 編 輯／王雪莉
業 務 主 任／范光杰
資深行銷企劃／周丹蘋
行銷業務經理／李振東
法 律 顧 問／元禾法律事務所　王子文律師
出版／奇幻基地出版
　　　台北市 104 民生東路二段 141 號 8 樓
　　　電話：(02)2500-7008　傳真：(02)2502-7676
　　　網址：www.ffoundation.com.tw
　　　e-mail：ffoundation@cite.com.tw
發行／英屬蓋曼群島商家庭傳媒股份有限公司城邦分公司
　　　台北市 104 民生東路二段 141 號11 樓
　　　書虫客服服務專線：(02)25007718・(02)25007719
　　　24 小時傳真服務：(02)25170999・(02)25001991
　　　服務時間：週一至週五09:30-12:00・13:30-17:00
　　　郵撥帳號：19863813　　戶名：書虫股份有限公司
　　　讀者服務信箱 E-mail：service@readingclub.com.tw
　　　歡迎光臨城邦讀書花園 網址：www.cite.com.tw
香港發行所／城邦（香港）出版集團有限公司
　　　香港灣仔駱克道 193 號 1 東超商業中心 1 樓
　　　電話：(852) 2508-6231 傳真：(852) 2578-9337
馬新發行所／城邦（馬新）出版集團
　　　【Cite(M)Sdn. Bhd.(458372U)】
　　　11, Jalan 30D/146, Desa Tasik,
　　　Sungai Besi, 57000 Kuala Lumpur, Malaysia.
　　　電話：603-9056-3833　　傳真：603-9056-2833

封面設計／黃聖文
排　　版／極翔企業有限公司
印　　刷／高典印刷有限公司
■2017年（民106）12月28日初版
■2022年（民111）6月10日初版3刷

定價／1000元　特價／799元

104台北市民生東路二段141號11樓

英屬蓋曼群島商家庭傳媒股份有限公司城邦分公司 收

請沿虛線對摺，謝謝

每個人都有一本奇幻文學的啟蒙書

奇幻基地官網：http://www.ffoundation.com.tw
奇幻基地粉絲團：http://www.facebook.com/ffoundation

書號：**1HR042C**　　書名：日本甲冑圖鑑（精裝）

讀者回函卡

謝謝您購買我們出版的書籍！請費心填寫此回函卡，我們將不定期寄上城邦集團最新的出版訊息。

姓名：_____　　性別：□男　　□女

生日：西元_____年_____月_____日

地址：_____

聯絡電話：_____傳真：_____

E-mail：_____

學歷：□1.小學 □2.國中 □3.高中 □4.大專 □5.研究所以上

職業：□1.學生 □2.軍公教 □3.服務 □4.金融 □5.製造 □6.資訊

　　　□7.傳播 □8.自由業 □9.農漁牧 □10.家管 □11.退休

　　　□12.其他_____

您從何種方式得知本書消息？

　　　□1.書店 □2.網路 □3.報紙 □4.雜誌 □5.廣播 □6.電視

　　　□7.親友推薦 □8.其他_____

您通常以何種方式購書？

　　　□1.書店 □2.網路 □3.傳真訂購 □4.郵局劃撥 □5.其他

您購買本書的原因是（單選）

　　　□1.封面吸引人 □2.內容豐富 □3.價格合理

您喜歡以下哪一種類型的書籍？（可複選）

　　　□1.科幻 □2.魔法奇幻 □3.恐怖 □4.偵探推理

　　　□5.實用類型工具書籍

您是否為奇幻基地網站會員？

　　　□1.是□2.否（若您非奇幻基地會員，歡迎您上網免費加入，可享有奇幻
　　　　　基地網站線上購書75折，以及不定時優惠活動：
　　　　　http://www.ffoundation.com.tw/）

對我們的建議：_____

　　　　　　　_____

　　　　　　　_____